Markus Koller

Die Grenzen der Kunst

Markus Koller

Die Grenzen der Kunst

Luhmanns gelehrte Poesie

VS VERLAG FÜR SOZIALWISSENSCHAFTEN

Bibliografische Information Der Deutschen Nationalbibliothek
Die Deutsche Nationalbibliothek verzeichnet diese Publikation in der Deutschen Nationalbibliografie; detaillierte bibliografische Daten sind im Internet über <http://dnb.d-nb.de> abrufbar.

Die vorliegende Arbeit wurde von der Philosophischen Fakultät der Universität Zürich im Wintersemester 2005/06 auf Antrag von Prof. Dr. Aldo Lanfranconi und Prof. Dr. Peter-Ulrich Merz-Benz als Dissertation angenommen.

1. Auflage Juni 2007

Lektorat: Monika Mülhausen / Marianne Schultheis

Der VS Verlag für Sozialwissenschaften ist ein Unternehmen von Springer Science+Business Media.
www.vs-verlag.de

Umschlaggestaltung: KünkelLopka Medienentwicklung, Heidelberg
Druck und buchbinderische Verarbeitung: Krips b.v., Meppel
Gedruckt auf säurefreiem und chlorfrei gebleichtem Papier
Printed in the Netherlands

ISBN 978-3-531-15449-7

Inhalt

Vorwort

Ich möchte zuerst Gabriela Muri, meiner Frau, danken. Ohne sie und unsere beiden Töchter, Michelle und Chiara, hätte die Ausarbeitung des vorliegenden Buches nur halb so viel Freude gemacht. Ohne dieses sehr schöne und bereichernde Zusammenleben wäre diese Arbeit kaum denkbar gewesen.

Aldo Lanfranconi, mein prägender langjähriger Lehrer und Freund, und Peter-Ulrich Merz-Benz, den ich als scharfsinnigen und kritischen Denker kennen und schätzen lernen durfte, haben dieses Projekt von Anfang an unterstützt und mir die Freiheit gelassen, meine Ideen konsequent zu verfolgen.

Herzlich bedanken für so vieles möchte ich mich bei meinen Eltern, Hans und Therese Koller. Ohne von ihnen Gelassenheit, ein Auge für die Schönheit sowie Lebensfreude gelernt zu haben, hätte ich mich wohl kaum an dieses Thema gewagt.

Bekannt geworden mit geistiger Abenteuerlust bin ich ohne Zweifel durch Michel Mettler. Ich habe von ihm gelernt, eigene Wege in das scheinbar undurchdringbare Dickicht von Kunst, Wissenschaft und Sprache zu treten.

Großen Dank schulde ich Philip Ursprung, Urs Stäheli und Michael Hampe. Sie alle haben Teile dieser Arbeit gelesen und mir mit konstruktiven Anregungen weitergeholfen.

Das Projekt wäre ohne die großzügige Unterstützung des Forschungskredits der Universität Zürich unmöglich gewesen: herzlichen Dank! Profitiert hat diese Arbeit von kritischen Fragen vieler Studierender der Universität Zürich, denen ich Teile dieser Arbeit in verschiedenen Vorlesungen vortragen durfte und bei denen ich mich ebenfalls bedanken möchte.

Last but not least thanks to Thomi Geiger, mit dem ich als Hausmann und Familienvater Stunden auf Spielplätzen verbracht habe.

Zürich, im Januar 2007 — Markus Koller

Man muss sich erinnern, dass ein Bild, ehe es ein Schlachtross, eine nackte Frau oder irgendeine Anekdote ist, vor allem und in erster Linie eine glatte Oberfläche ist, die mit Farben bedeckt ist, welche in gewisser Ordnung aneinandergefügt sind.

Maurice Denis

Zu sagen, was Kunst tut, heisst nicht zu sagen, was Kunst ist; doch gebe ich zu bedenken, ob uns nicht ersteres eigentlich wirklich interessiert.

Nelson Goodman

Er las immer *Agamemnon* statt *angenommen*, so sehr hatte er seinen Homer gelesen.

Georg Christoph Lichtenberg

Einleitung

Das zentrale Thema dieses Buches ist eine Ausfaltung des Problems der Grenze: Wie kann das operativ geschlossene Kunstsystem gesellschaftliche Bedeutung erlangen? Niklas Luhmanns verschiedene Versuche, die paradoxe Figur der gleichzeitigen Geschlossenheit und Offenheit von Kunst zu plausibilisieren, werden hier – ebenso *mit* wie *gegen* Luhmann – analysiert. Jene Grenze, die Kunst gegen äußere Einflüsse schützt, aber auch abschottet, jene Demarkationslinie, die ständig überschritten und neu gezogen werden muss, soll in der Kunstwissenschaft, der Philosophie, der Germanistik und der Soziologie kontextualisiert und problematisiert werden. Unter Berücksichtigung des *autopoietischen Charakters* von Kunst ebenso wie ihres *Umweltbezugs* wird ein möglichst differenziertes Bild der Kunst in der heutigen Gesellschaft gezeichnet. Hintergrund dieses Versuchs ist die Luhmannsche Systemtheorie, die maßgeblich auf der Evolutionsbiologie Humberto Maturanas und Francisco Varelas, der Beobachtungskybernetik Heinz von Foersters und dem mathematischen Formenkalkül George Spencer-Browns fußt.

Ein Problem, das dabei besondere Aufmerksamkeit verdient, ist die Frage nach der Schnittlinie von Kunst und Wissenschaft. Der britische Kunsthistoriker Martin Kemp umschreibt den Problemhorizont gemeinsamer, Kunst und Wissenschaft zu Grunde liegender Motive mit dem Begriff der *strukturellen Intuition.* Mit diesem Begriff versucht er „das uralte Bestreben von Wissenschaftlern und Künstlern zu fassen, die Strukturen beobachteter Phänomene zu erkennen und aus dem Chaos der Erscheinungen Ordnungen unterschiedlicher Komplexität zu extrahieren."[1] Dieses Buch arbeitet, so seine These, die zentrale Stellung des Kunstsystems in Luhmanns wissenschaftlichem Projekt einer umfassenden Gesellschaftstheorie heraus. Auf dieser Grundlage soll deutlich werden, inwiefern Luhmanns Systemtheorie als ein Gesamtkunstwerk fassbar ist.

Luhmann versteht Kunst als ein selbstreferentielles System: „Das Theorem der operativen Schließung und, dazugehörig, die Theorie autopoietischer Systeme setzen voraus, dass Systeme als selbstreferentielle Systeme beobachtet werden müssen. Sie sind das, was sie aus sich selbst machen."[2] Selbstreferentialität

1 Kemp (2004), S. 389.
2 Luhmann (1996 a), S. 327.

ist dem Kunstsystem zugefallen als Folge der funktionalen Gesellschaftsdifferenzierung: Anleitungen, wie Kunstwerke zu machen seien, können von anderen gesellschaftlichen Teilbereichen – Religion, Politik, Wirtschaft usw. – nicht mehr erwartet werden. Die Systemautonomie der Kunst wird, wie Luhmann schreibt, „zum Schicksal, das als Abwehr externer Interventionen interpretiert wird; oder zum unsichtbaren Käfig, in dem der Künstler zur Selektion, zur Originalität, zur Freiheit genötigt wird."[3] Lange haben Künstler für ihre Freiheit gekämpft, sie haben sich von Auftraggebern befreit, von Referenzen und Motiven, von Materialien und Institutionen. Und nun, so konstatiert auch Hanno Rauterberg, „stehen viele vor der Situation einer Freiheit, die sie als bedrohlich empfinden: Sie wissen, wovon sie frei sind, aber nicht, wofür sie frei sind."[4]

Das Kunstsystem ist das, was es aus sich selbst macht. Wie aber organisiert und strukturiert es sich? Wenn es ein geschlossenes Gebilde ist, dann muss es bestimmen können, was Kunst ist und was nicht: Es muss Operationsweisen und Diskriminationsmerkmale bestimmen. Das Kunstsystem muss sich selbst Regeln geben, so dass jeder, der dieses Spiel spielen will, weiß, woran er sich zu halten hat. Den zu einem Kunstwerk führenden Operationsprozess stellt sich Luhmann als eine Unterscheidungskette vor.

Das Kunstwerk beginnt beliebig, mit einem Zufall. Schon die zweite Operation ist dann jedoch nicht mehr beliebig. Anhand des Codes passend/unpassend und geleitet von Programmen muss der Beobachter prüfen, welche Formfestsetzungen passen und welche nicht. Mit zunehmender Komplexität des Werkes nimmt der Möglichkeitsspielraum des noch Passenden ab. Über der Beliebigkeit des Anfangens verdichtet sich ein sich selbst organisierendes Ordnungsgefüge, das aus einer Folge von codeorientierten Formentscheidungen besteht.

Trotz aller Selbstbezüglichkeit der Kunstwerke und des Kunstsystems trägt Luhmanns Buch aber nicht den Titel *Kunst als Sperrzone,* sondern *Die Kunst der Gesellschaft*. Das will heißen, dass Kunst ein genuin gesellschaftlicher Bereich ist, eine Kommunikationsart unter anderen gesellschaftlichen Kommunikationsarten, die in einem engen Beziehungsgeflecht mit der Wirtschaft, der Politik, der Wissenschaft usw. steht. Kunst als System ist strukturell an ihre Umwelt gekoppelt. Wie aber – so die Leitfrage der vorliegenden Arbeit – lassen sich Selbstreferenz und Fremdreferenz zusammendenken? Wie kann es Kunst gelingen, autonom und trotzdem relevant zu sein?

Im Mittelpunkt dieses Buches stehen die Fragen: Was sind die Bedingungen der Möglichkeit von Fremdreferenz selbstreferentieller Systeme? Welche Chancen und Schwierigkeiten ergeben sich, wenn es laut Luhmann den Künstler als

---

3 Luhmann (1996 a), S. 335. Vgl. zum *Zwangscharakter der Freiheit* der Kunst auch Ullrich (2005).

4 Rauterberg (2005), S. 42.

Menschen nicht gibt, er sich vielmehr spaltet in ein psychisches System und in einen Teil des Kommunikationssystems Kunst? Wie lässt sich die von Luhmann postulierte operative Geschlossenheit des Kunstsystems und die von breiten Kreisen unterstützte Forderung an die Kunst nach gesellschaftlicher Abbildlichkeit vereinen?[5] Die Auffassung von Kunst als selbstreferentielles System untergräbt zunächst einmal die auf gesellschaftliche Veränderung abzielende Hoffnung vieler Künstler, denn die Macht und Wirkung ihrer Werke ist gemäß dieser Konzeption hauptsächlich eine Frage der systemischen Kommunikation. Inwiefern kann Kunst aber trotzdem expressiv, kritisch oder politisch sein?

Im Rahmen dieser Fragestellung versuchen wir, Kunst als eine zugleich selbstbestimmte und gesellschaftliche Größe zu sehen, als autonomer Vollzug von Gesellschaft. Die Fragen und Schwierigkeiten der Macht der Kunst im Zeitalter ihrer Selbstreferenz sind eine Folge der Ausdifferenzierung der Gesellschaft in autonome Teilsysteme wie Wissenschaft, Politik, Recht, Kunst usw. In dieser zersplitterten Gesellschaft muss die Kunst laut Luhmann als Vorhut, als Proband der Gesamtgesellschaft betrachtet werden: „Das Kunstsystem vollzieht Gesellschaft an sich selbst als exemplarischem Fall. Es zeigt, wie es ist. Es zeigt, auf was die Gesellschaft sich eingelassen hatte, als sie Funktionssysteme ausdifferenzierte und sie damit einer autonomen Selbstregulierung überließ. Es zeigt an sich selbst, dass die Zukunft durch die Vergangenheit nicht mehr garantiert ist, sondern unvorhersehbar geworden ist. (...) Die Kunst zeigt in der Form des Leidens an sich selbst, dass es so ist, wie es ist. Wer dies wahrnehmen kann, sieht in der modernen Kunst das Paradigma der modernen Gesellschaft."[6] Das vorliegende Buch arbeitet heraus, weshalb die Entwicklung der Kunst in Richtung Autonomie nicht auf einen Vakuumtod hinausläuft. Es wird gezeigt, dass Kunst in der modernen Gesellschaft einer oft widersprüchlichen, oft orakelhaften, oft störungsanfälligen, oft auch bedeutungslosen Vielzahl von Sonden gleichkommt, die die Gesellschaft in der Gesellschaft auf Signale hin abhorchen, die sich nur schwer linearisieren oder verbalisieren lassen.

Das Bezugsproblem dieser Arbeit liegt nicht in einer Besinnung auf die Unabhängigkeit ästhetischer Prozesse, sondern in dem für Kunst entscheidenden Konflikt zwischen formaler Autonomie und inhaltlichen Anliegen. Diese Spannung zwischen Selbstreferenz und gesellschaftlicher, also kommunikativer Rele-

---

5 „Ähnlich wie die frühen siebziger Jahre," so Rauterberg in der *Neuen Rundschau*, „in denen viele Künstler den Ausstieg aus dem Bild und den Einstieg in ein besseres Leben zu ihrem Programm machten, erlebt auch die Gegenwart eine Politisierung der Kunst. (...) [T]ief verwurzelt ist die Überzeugung, dass die Kunst ihre ‚gesellschaftliche Relevanz' (so die übliche Sprachregelung) unter Beweis stellen müsse. (...) Ein Künstler ist kritisch oder er ist gar nicht. Er muss umwandeln, aufbrechen, verändern, wahlweise die Weltlage, das Bewusstsein oder die Wahrnehmung." Rauterberg (2005), S. 41.

6 Luhmann (1995), S. 499.

vanz der Kunst ist bei Luhmann zentral, wird in seinem Werk aber an keiner Stelle schlüssig analysiert, geschweige denn aufgelöst. Boris Groys schreibt zwar in einer Stellungnahme zur *Kunst der Gesellschaft*: „Der theoretische Ansatz Luhmanns verbindet (...) den Respekt vor der Autonomie der modernen Kunst mit dem Versuch, die Kunst als Ganzes in einem noch größeren – als kommunikativ verstandenen – Ganzen einzuordnen."[7] Die Ausführungen Luhmanns über Beziehungen des Kunstsystems zu anderen Funktionssystemen der Gesellschaft fallen jedoch spärlich aus und sind in hohem Maße interpretationsbedürftig, wenn nicht gar offen widersprüchlich. Über weite Strecken ist Luhmanns vermeintliche *Gesellschaftstheorie* der Kunst eine werkzentrierte, beinahe formalistische Theorie des Einzelwerks. Strukturelle Kopplungen oder organisationstheoretische Gesichtspunkte, die Luhmann für andere Funktionssysteme breit ausführt, liegen in seinem Kunstbuch nur marginal vor.[8] Hier setzt die vorliegende Arbeit ein, indem sie – in kritischem Bezug auf Luhmanns Systemtheorie, aber auch in Auseinandersetzung mit kunst- und literaturwissenschaftlichen Konzeptionen sowie mit philosophischen und soziologischen Ansätzen – die Grenzen der Kunst zu ihrem Außen streckenweise abschreitet. Der Titel *Die Grenzen der Kunst*[9] bezieht sich also nicht auf eine Absolutheit der Kunst, sondern auf die Bedingungen und Möglichkeiten eines Grenztransfers zwischen Kunst und Gesellschaft, zwischen Kunstsystem und Individuum, zwischen Kunst und Wissenschaft. Die vorliegende Arbeit geht diese Probleme in vier Teilen an, wobei pauschal gesagt der erste Teil kunstwissenschaftlich gelagert ist, Teil zwei genuin soziologische Probleme thematisiert, Teil drei subjektphilosophische und -soziologische Figuren variiert und Teil vier schließlich wissenschaftstheoretisch ausgerichtet ist.

Der erste Teil stellt die Frage nach der *Selbstreferentialität von Kunst*. Das Kunstsystem ist gemäß Luhmann ein selbstreferentielles System, dessen Elemente Kommunikationen sind. Die kommunikativen Elemente der Kunstwerke sind Formen oder Beobachtungen, die aufeinander verweisen. Die Analyse der selbstreferentiellen Kommunikation des Kunstsystems findet auf einer abstrakten

---

7 Groys (1996), S. 160.

8 Diese Beobachtung teilt Urs Stäheli: „Am (...) Ende der Ausdifferenzierung des Kunstsystems findet sich ein System, das selbstreferentiell operiert und nur noch ein Mindestmass an fremdreferentiellen Bezügen erfordert. Deshalb interessiert sich Luhmanns Soziologie der Kunst nur wenig für Beziehungen (...) zu anderen Funktionssystemen. (...) [Die] Theorie des Kunstsystems [wird] von den Kunstwerken her aufgebaut (...) – und nicht etwa zuerst der institutionelle Rahmen (Museen, Galerien, Künstler etc.) von Kunst analysiert (...). Mehr noch, der letzte Bereich, das organisatorische Substrat des Kunstsystems, bleibt merkwürdig unterbelichtet." Stäheli (1996), S. 633 f.

9 Siehe für eine brillante kunsthistorische Studie, die beinahe denselben Titel trägt, jedoch thematisch anders gelagert ist, Philip Ursprungs Buch *Grenzen der Kunst: Allan Kaprow und das Happening, Robert Smithson und die Land Art.*

Ebene statt: Auf der Ebene des von Luhmann adaptierten Formenkalküls George Spencer-Browns und auf der Ebene der Beobachtung zweiter Ordnung. Es stellt sich die Frage, was eine derart abstrakte Theorie zu sehen vermag – und was nicht. Wird in Luhmanns Kunsttheorie die Selbstreferentialität seiner Systemtheorie vorgeführt und die Kunst wegabstrahiert? Oder ist die abstrakte, menschen- und materiallose Selbstreferentialität der Kunst ein neue Einsichten ermöglichender Versuch, die Eigenart von Kunst freizulegen? Ein besonderes Anliegen dieses ersten Teils liegt darin, Luhmanns Kunsttheorie im Feld der Kunstwissenschaft zu situieren. Kunstwissenschaftliche Konzeptionen, auf welche Luhmann zurückgreifen kann, werden hier ebenso vorgestellt wie produktive Aneignungen und Weiterführungen.[10]

Das Kunstsystem, so Luhmanns These, von der im zweiten Teil ausgegangen wird, steht inmitten der Gesellschaft, und trotzdem nimmt Kunst ausschließlich auf Kunst Bezug. Das Kunstsystem nimmt die Gesellschaft nur als Störung, als Irritation, wahr und es selbst wird von den gesellschaftlichen Teilsystemen in seiner Umwelt auch nur so wahrgenommen. Trotzdem unterhält das Kunstsystem offensichtlich Beziehungen zu seiner Umwelt. Teil zwei fragt, wie ein solcher Außenbezug möglich ist.

Ein allgemeines theoretisches Konzept, welches die Beziehungen eines sozialen Systems zu seiner Umwelt zu klären vermag, fehlt unserer Ansicht nach bei Luhmann. Die Begriffe *System/Umwelt*, *strukturelle Kopplung*, *Irritation*, *systemeigene Konstruktion der Realität* und *Organisation* – so wird hier gezeigt – entfalten die diversen Probleme des Umweltkontaktes autopoietischer Systeme, ohne diese jedoch lösen zu können. Schränkt man aber den Fokus auf das Kunstsystem ein, so muss in der *Funktion* der Kunst die überzeugendste Kontaktmöglichkeit gesehen werden. Die gesellschaftliche Funktion der Kunst besteht nach Luhmann im Nachweis von Ordnungszwängen im Bereich des nur Möglichen. In der Kunst wird die Unvermeidbarkeit von Ordnung schlechthin sichtbar, denn Kunstwerke sind geordnete Formengefüge, die sich nicht an allgemeinverbindliche Gesetze halten, vielmehr ihre eigenen *Ordnungsvorgaben selbst entwickeln.*

Kunst führt der Gesellschaft vor, dass trotz einem scheinbaren *anything goes* nicht Belieben herrscht, dass sich das Mögliche von selbst einschränken und begrenzen kann. Das Kunstsystem ist gegenüber der Gesellschaft insofern offen, als es mit seiner Funktion eine wichtige Aufgabe der Gesellschaft auf sich nimmt und löst. Denn in der ausdifferenzierten Gesellschaft gibt es keine Letztabsicherungen, keine metaphysischen Sicherheitshacken mehr. Die Folge ist eine große Unsicherheit in allen Funktionssystemen. Wie mit diesen Unsicherheiten umgegangen und wie trotz Kontingenz Vertrauen aufgebaut werden kann, kann

10 Die bislang bedeutendste Arbeit bildet sicherlich Hans Dieter Hubers Buch *Paolo Veronese. Kunst als soziales System*.

die Gesellschaft von der Kunst lernen. Dies zu zeigen ist die Aufgabe dieses auf soziologische Theoriebildung abzielenden Kapitels.

Teil drei problematisiert die Ausschließung des Menschen aus dem Kunstsystem. Gemäß Luhmanns Konzeption ist der Mensch nicht Teil des *sozialen Systems* Gesellschaft, er ist vielmehr ein System eigener Art: ein *psychisches System*. Eine radikale Grenzziehung zwischen Gesellschaft und Mensch lässt sich jedoch nicht aufrechterhalten. So wird das Individuum als Differenz gedacht. Beleuchtet werden müssen nicht nur die Begriffe *Inklusions- und Exklusionsindividualität*, *Person*, *Interpenetration*, *Sozialisation*, sondern auch Luhmanns Sprachbegriff und die Frage, ob diese Konzeption antihumanistisch sei. Welche Bedeutung haben Künstler für die sich selbstprogrammierenden Kunstwerke? Welche Chancen und Schwierigkeiten ergeben sich, wenn es laut Luhmann den Künstler oder den Kunstbetrachter als Menschen nicht gibt, sondern er nur thematisiert werden kann entweder als Wahrnehmungen prozessierendes psychisches System oder als eine den Kommunikationsvorgaben des Kunstsystems gehorchende ‚Person'?

Der wissenschaftstheoretisch ausgerichtete vierte Teil schließlich zeigt, welche Vorteile, aber auch welche Probleme sich ergeben, wenn, wie Luhmann fordert, Kunst *als soziales System*, d.h. im *Rahmen einer Gesellschaftstheorie*, thematisiert wird. Das Kunstsystem und das Wissenschaftssystem sind operativ geschlossene, selbstreferentielle Systeme. Luhmann beobachtet als Soziologe, als Wissenschaftler, das Kunstsystem. Als Kommunikationssystem ist die Wissenschaft Teil der Gesellschaft. Eine wissenschaftliche Analyse der Gesellschaft ist also stets Vollzug von Gesellschaft. In einer Gesellschaftstheorie beschreibt sich die Gesellschaft selbst und ist so in einem Zirkel gefangen. Wie muss mit dieser Zirkularität der Selbstbeschreibung umgegangen werden? Und wie kann das autopoietisch geschlossene Wissenschaftssystem seine eigenen Grenzen überwinden, um Aussagen über Kunst zu machen?

Die Interaktion zwischen Wissenschaft und Kunst ist komplex, und Luhmanns Texte zeigen implizit oft ein anderes Bild als von ihm explizit deklariert. Liest man genau, so erkennt man in Luhmanns Schreibweise, im Gestus und Duktus seiner Prosa, in seiner Ironie, aber auch in der komplexen Verschachtelung seiner Argumentationen eine mehr an Kunst als an Wissenschaft gemahnende Haltung. Luhmann wird selbst zum Künstler, zum Schriftsteller einer künstlerisch ambitionierten Prosa. Sein Theorieprojekt, so die Beobachtung der vorliegenden Arbeit, ist ein Gesamtkunstwerk aus dem Geiste der Poesie. Der vierte Teil analysiert, was Luhmanns Ausführungen zum Kunstsystem über sein eigenes wissenschaftliches Arbeiten besagen und welche Konsequenzen das für den Status seiner Theorie hat.

Insgesamt unternimmt diese Arbeit nicht zuletzt den Versuch, Luhmanns Kunstsoziologie in den Horizont kunstphilosophischer Diskussionen der Gegenwart zu holen. Laut Christoph Menke bilden gerade Autonomie und Souveränität, Ausdifferenzierung zur Autonomie und Potenzierung zur Souveränität, Grundkonzepte jeder Ästhetik, weil und insofern Kunst die Spannung beider als ihr *movens* austrage. Die Grundaufgabe jeder Philosophie der Kunst bestehe deshalb darin, die „Doppelbestimmung der Kunst – überschreitende Kraft und eigengesetzliche Besonderung –“[11] theoretisch zu fassen. Im Rahmen der damit angedeuteten kunstphilosophischen Debatte hat Luhmann bislang nur geringe Beachtung gefunden.[12] Genau hier setzt die vorliegende Arbeit an, indem sie deutlich macht, dass und wie Luhmanns Kunsttheorie eben jene Doppelbestimmung nicht nur als das „Wesen“ der Kunst, sondern auch als dasjenige des Verhältnisses von Kunst und Gesellschaft, ja ebenfalls als dasjenige von Kunst und Kunsttheorie zu denken und problematisieren erlaubt. Die Stossrichtung der vorliegenden, interdisziplinär angelegten Arbeit liegt mithin auch darin, Luhmann aus seiner selbstgewählten Isolation zu befreien, Problemlinien aufzuzeigen und zu verfolgen, die nicht nur in Luhmanns Kunsttheorie, sondern auch in der Ästhetik der Gegenwart zentral sind.

11 Menke (1991 a), S. 193.

12 Eine höchst beachtenswerte Ausnahme bildet hier Harry Lehmanns philosophische Arbeit *Die flüchtige Wahrheit der Kunst. Ästhetik nach Luhmann.*

I. Die Selbstreferentialität der Kunst

Dieser erste Teil der Arbeit stellt die Frage nach der Plausibilität von Luhmanns Gedanken der Selbstreferentialität des Kunstsystems. Es soll versucht werden zu zeigen, dass die abstrakte, menschen- und materiallose Selbstreferentialität der Kunst ein fruchtbarer Versuch ist, die Eigenart von Kunst freizulegen; eine Annäherung an das, was *Kunst* ist und nicht an das, was Mensch genannt wird; eine Annäherung an *Kunst als Kunst* und nicht an Kunst als Politik, als Metaphysik, als Repräsentation, als Ausdruck von irgendetwas.

Die Chancen und Vorteile dieser Systemtheorie der Kunst sollen jedoch nicht über deren Probleme hinwegtäuschen. Das grundlegendste Problem der Luhmannschen Gesellschaftstheorie ist die Spannung von Offenheit und Geschlossenheit, von Fremd- und Selbstreferenz, von Vernetzung und Autopoiesis. Wie kann sich das Sozialsystem Kunst als ein autopoietisches System etablieren ohne dabei in einer Art Vakuumtod jede gesellschaftliche Bedeutung zu verlieren, ohne dabei zu bloß selbstgenügsamer *l'art pour l'art* zu werden? Wie und was kann ein selbstreferentielles Kunstwerk über ein nur internes Spiel von Selbstverweisungen bedeuten, zeigen oder repräsentieren?

Das erste Kapitel stellt Luhmanns historische Perspektive auf das Kunstsystem dar. Kapitel zwei erläutert zentrale systemtheoretische Begriffe wie operative Schließung, Code, Programm usw. auf einer allgemeinen Ebene. Kapitel drei beschäftigt sich mit der Codierung und Programmierung des Kunstsystems. Luhmann spricht von einer *Selbstprogrammierung* des Kunstwerks. Er richtet seinen Fokus ganz auf das einzelne Werk und handelt sich so die Schwierigkeit der Vereinzelung ein. Kapitel vier stellt *das einzelne Kunstwerk* und sein operatives Geschehen ins Zentrum. Es wird gezeigt, dass der Gedanke einer radikalen Selbstbezogenheit des einzelnen Werks nicht haltbar ist und revidiert werden muss. Kapitel fünf setzt Luhmanns Kunsttheorie in Bezug mit ähnlich gelagerten kunstwissenschaftlichen Konzepten und lässt dadurch die Spezifik der Luhmannschen Konzeption deutlicher hervortreten. Kapitel sechs schließlich fokussiert auf das *Kunstsystem* als autopoietisches Gebilde und zeigt in einer ersten Annäherung die gesamtgesellschaftliche Bedeutung der Kunst.

1. Evolution und Ausdifferenzierung

1.1 Evolution

Luhmanns Evolutionstheorie[13] soll beschreiben und erklären, dass und wie ein strukturdeterminiertes System seine Strukturen durch seine Operationen ändern kann. „Das theoretische Interesse, das den Namen Evolutionstheorie angenommen hat, richtet sich (...) auf Bedingungen der Möglichkeit von Strukturänderung und dadurch eingeschränkt, auf die Erklärung des Entstehens struktureller und semantischer Komplexität."[14]

Die Evolutionstheorie arbeitet mit der Unterscheidung von Variation, Selektion und Restabilisierung. Trotz dieser Begriffe grenzt sich Luhmann aber ab von der klassischen Evolutionstheorie und vom Sozialdarwinismus. Die klassische Evolutionstheorie rechnet Variation endogenen Ursachen, d.h. Mutationen zu und begreift Selektion als einen von der Umwelt in Richtung auf Anpassung ausgeübten Selektionsdruck. Demgegenüber behauptet die Systemtheorie, dass selbstreferentielle autopoietische Systeme von Störungen aus der Umwelt bloß irritiert, nicht aber zu einer Anpassung gezwungen werden können.

Kunstwerke sind auf das Kunstsystem angewiesen. Erst ein geschlossener Bereich für Kunst macht das Entstehen von Kunstwerken wahrscheinlich. Nur im Kunstsystem „werden die gesellschaftlichen Bedingungen erzeugt, die eine Herstellung von Kunstwerken ermöglichen. Denn ohne eine hinreichende Separierung des Phänomens Kunst gäbe es weder jene Freiheit des Anfangens noch eine Vorstellung von dem, was man tut, wenn man Kunstwerke herstellt oder betrachtet."[15] Zu einem Kunstsystem kommt es aber nur durch Kunst*werke*. Kunstsystem und Kunstwerke bedingen sich gegenseitig. Die Frage ist: Wie können Kunstwerke ohne ein Kunstsystem entstehen? Und: Welche Bedingungen sind erforderlich, dass innerhalb der Gesellschaft ein Bereich Autonomie erlangen kann, dass sich innerhalb der Gesellschaft ein operativ geschlossenes, autopoietisches Teilsystem, ein autonomes Funktionssystem namens Kunstsystem etablieren kann?[16]

---

13 Siehe für eine knappe Zusammenfassung von Luhmanns Evolutionstheorie der Kunst Luhmann (1993 b). Für evolutionstheoretische Überlegungen im Rahmen der Gesellschaftstheorie siehe Luhmann (1985) sowie Luhmann (1997), S. 413-594. Werber (1995) arbeitet in Anschluss an Luhmann Grundlagen für eine Evolutionstheorie literarischer Kommunikation in Abgrenzung zu sozialgeschichtlichen Konzeptionen aus.

14 Luhmann (1995), S. 344.

15 Luhmann (1995), S. 348.

16 Entsteht ein soziales System wie das Kunstsystem kontinuierlich, indem es sich, ausgehend von unscheinbaren Vorarbeiten, mehr und mehr von seiner Umwelt abhebt? Oder kennt die Autopoiesis keine Gradualitäten? „Luhmanns Theorie", so Albrecht Koschorke in seinem vor-

Luhmann betont, dass die für die Evolution entscheidende „Differenzierung der evolutionären Mechanismen für Variation, Selektion und Restabilisierung“[17] erst auf der Ebene des Systems zum Zuge kommen. Gleichwohl geht er aber von einer „Minievolution des Einzelwerkes“[18] aus: „[B]ereits am einzelnen Kunstwerk wird sichtbar, wie Entstehungsunwahrscheinlichkeit sich in Erhaltungswahrscheinlichkeit verwandelt. (...) In dem Maße, als die Unterscheidungen aneinander Halt gewinnen und rekursiv aufeinander Bezug nehmen, tritt (...) das ein, was man von Evolution erwartet: das Kunstwerk gewinnt Halt an sich selbst, kann zum Beispiel wiedererkannt und immer neu beobachtet werden.“[19]

Operationen schaffen *Variation*. Als Operationen des Kunstsystems kommt nur „das am Kunstwerk orientierte Beobachten“[20], d.h. das kunsteigene Formengefüge, d.h. Kommunikation in Frage. Die kunsteigene Art des Beobachtens wird – noch bevor es ein Kunstsystem und Kunstwerke im eigentlichen Sinne gibt – am Ornament erprobt. Das Ornament ist ein relativ voraussetzungsloser Anfang, es kann „ein noch harmloses, nichts weiter bedeutendes, geradezu spielerisches, leicht verzichtbares Eigenleben entfalten.“[21] Die für das Ornament verantwortlichen Operationen führen ganz automatisch zu Variationen:

> „Ein gewohntes Muster verlangt geradezu nach Variation. Eine kleine Veränderung hat Konsequenzen, sie muss weitergeführt und ergänzt oder als unpassend wieder eliminiert werden, und dies in zahllosen erfolgreichen oder nichterfolgreichen, traditionsbildenden oder wieder verlorenen Anläufen. Form greift nach Form, die mitproduzierte freie Seite verlangt nach Besetzung, die Unterscheidungen müssen festgesetzt werden oder in sich zurückkehren – und all das mit einer die Ausführung determinierenden Eigenlogik ohne viel Rücksicht auf den Gegenstand. Natürlich: das Material muss es ermöglichen, der Benutzungszweck muss es erlauben. Aber das Ornament bestimmt für sich selbst, was passt und was nicht passt. Es erzeugt einen eigenen imaginären Raum, der durch anderes nur noch gehalten, aber nicht geprägt wird. Und all dies ist als eine Art preadaptive advance möglich, ohne dass man ein ausdifferenziertes System der Kunst oder auch nur Sonderrollen für Künstler und Kunstkenner voraussetzen müsste. (...) Die Evolution eines imaginären Raums für Kunst kann mit einem Sinn fürs Ornamentale beginnen, weil dabei noch keine Ab-

---

trefflichen Aufsatz *Die Grenzen des Systems und die Rhetorik der Systemtheorie*, „oszilliert zwischen zwei Logiken“ (Koschorke 1999, S. 58). „Autopoiesis kommt bei Luhmann in zwei unterschiedlichen Bestimmungen vor: erstens als *Ergebnis* von sozialer Evolution – durch funktionale Differenzierung; zweitens aber als *Voraussetzung* desselben Prozesses“ (Ebed., S. 56). Für eine Diskussion dieses Problems sei auf Koschorkes Aufsatz verwiesen. Vgl. dazu auch Roberts (1997), S. 63 f.

17 Luhmann (1995), S. 348.
18 Luhmann (1995), S. 348.
19 Luhmann (1995), S. 347 f.
20 Luhmann (1995), S. 366.
21 Luhmann (1995), S. 366.

sonderung des Künstlerischen vorausgesetzt ist, sie aber gleichwohl schon möglich ist, so als ob es gälte, eine noch unbekannte Zukunft in Reserve zu halten"[22]

Luhmann sieht den Ursprung der Kunst im Ornament: „Nimmt man die Theorie der Formenkombinationen als Ausgangspunkt, dann liegt es nahe, den Ursprung der Kunst unter Bedingungen, die keinen entsprechenden Begriff, geschweige denn ein autonomes Kunstsystem kennen, im *Ornament* zu vermuten."[23] Mit dem Ornament werden Voraussetzungen für die dann plötzliche Entwicklung von Kunst geschaffen: „Am Ornament konnte man gleichsam für Kunst trainieren, ohne dafür auf anspruchsvolle soziale Voraussetzungen angewiesen zu sein."[24]

Mit der Ausdifferenzierung des Kunstsystems wird der Sinn des Ornaments verändert. Das Ornament wird nicht mehr als Verzierung gesehen, vielmehr tritt das Moment der Formenkombination, das das Ornament konstituiert ins Zentrum: „[J]etzt ist Ornamentalität wirklich das geworden, was es immer schon war: die sich selbst dirigierende Formenkombination, die Zeitlichkeit des Beobachtungsvollzugs, die in jedem erreichten Moment das sucht, was noch entscheidungsbedürftig ist."[25]

Nicht alle Variationen sind möglich, nicht alle passen ins Kunstsystem: Es muss eine *Selektion* getroffen, eine für die Selektion verantwortliche Struktur geschaffen werden. Evolutionäre Selektion im engeren Sinn kommt durch Wiederverwendbarkeit von Selektionsgesichtspunkten zustande. „Eine evolutionär folgenreiche Strukturselektion beginnt erst, wenn Kunstwerke als solche Eindruck machen und andere Kunstwerke zu beeinflussen beginnen."[26] Entscheidend für die systemtheoretische Evolutionstheorie ist, dass Selektionsprozesse nur *innerhalb* des Systems stattfinden. Anders als in der klassischen Evolutionstheorie orientiert sich die Selektion nicht an *äußeren* Gegebenheiten. Selektion erfolgt deshalb nicht als Anpassung an ein Außen, da die Umwelt in autopoietischen Systemen nur als Irritation erfahrbar ist. „Die Evolution der Kunst ist (...)

---

22 Luhmann (1995), S. 366 f.

23 Luhmann (1995), S. 348 f. Vgl. Dazu auch: Binczek, (2002).

24 Luhmann (1995), S. 349.

25 Luhmann (1995), S. 360. Siehe für das Ornament als „Grundform des Entwickelns von Formen aus Formen" (Luhmann 1995, S. 193) Luhmann 1995, S. 193 ff sowie Luhmann 1994, S. 26-32. Michael Dürfeld versucht im Rückgriff auf Luhmann die Ornament-Diskussion für das architektonische Entwerfen fruchtbar zu machen. Dürfeld formuliert vier knappe und prägnante Thesen zur Charakteristik ornamentaler Schaffensprozesse: „Ornamentale Schaffensprozesse befreien das Kunstwerk vom narrativen Auftrag. Ornamentale Schaffensprozesse haben eine Tendenz zur Selbstorganisierung und lenken die Aufmerksamkeit auf die Morphogenese des Kunstwerkes. Ornamentale Schaffensprozesse forschen nach formalen Organisationsprinzipien im Kunstwerk. Ornamentale Schaffensprozesse produzieren durch Interferenzen eine komplexe Sinnfülle im Kunstwerk, die eine komplexe Rezeption erfordern" (Dürfeld 2003, S. 61 f.).

26 Luhmann (1993 b), S. 224.

ihr eigenes Werk. Sie kann nicht durch Eingriffe von Außen bewirkt werden: weder durch die spontane Kreativität genialer Künstler noch durch eine Art ‚natural selection' der gesellschaftlichen Umwelt (...)."[27] Im Falle sozialer Systeme kann von einer Selbstselektion der Kommunikation gesprochen werden. Im Falle des Kunstsystems, wo jedes Kunstwerk sein eigenes Programm ist, gibt es aber keine vorgegebenen Selektionskriterien:

> „Anders als in der Evolution anderer, stark programmierter Funktionssysteme wird man im Falle des Kunstsystems nicht davon ausgehen können, dass Selektionskriterien (...) vorgegeben sind. Wenn Kunstwerke ihre eigenen Programme sind, dann überzeugen sie erst nach ihrer Fertigstellung. Erfolgreiche Kunst lässt sich immer erst nachträglich auf Kriterien hin beobachten, und dann mit der Frage, ob man es nachahmen und besser machen will, oder ob die Innovation sich auf die Ablehnung bisher geltender Kriterien gründen soll."[28]

Selektion setzt eine Rekursivorientierung voraus. Der Bezug von Kunstwerken auf andere Kunstwerke ist aber nicht so zu verstehen, dass sich jedes Kunstwerk auf alle anderen Kunstwerke bezieht. Die Rekursivität wird vielmehr kunstsystemintern eingeschränkt, es kommt zu „Typenbildung"[29], es bilden sich Stile. Es ist ein Stil, der einem Kunstwerk als Referenzsystem dient. Der Stil dient als Struktur, an der sich die Selektionen orientieren können: „Wir können (...) die Formebene, auf der evolutionäre Strukturselektion stattfindet, mit dem Begriff des ‚Stils' bezeichnen."[30] Was aber, wenn sich moderne Kunst nur noch sehr eingeschränkt an Stilen orientiert? Luhmann stellt die Hypothese auf, „dass mit dem Übergang zur modernen Kunst eine Alternative zur Freigabe der Stilwahl gesucht und gefunden wurde, nämlich das Erweitern oder sogar Auflösen von Rahmenbedingungen (etwa: Tonalität in der Musik oder Gegenständlichkeit in der Malerei), die bisher Stilbestimmungen und Stilvariationen ermöglicht hatten."[31]

Die Trennung von Variation und Selektion ist eine wichtige Voraussetzung für die Ausdifferenzierung des Kunstsystems und damit für dessen *Stabilität*: Das Kunstsystem koppelt sich von seiner Umwelt ab. Dies hat zur Folge, dass die Kunst im Herstellen und Beurteilen von Kunstwerken auf sich selbst zurückgeworfen wird: „Die Wirklichkeit wird als Instanz der Sinngebung depossediert. Don Quijote gewinnt den Sinn des Handelns und die Intensität und Unbeirrbarkeit der Erfahrung aus der Lektüre, nicht aus der Wirklichkeit, und dies wird, gleichsam gedoppelt, dem Leser als Sinn der Lektüre des Buches angeboten. Die

---

27 Luhmann (1995), S. 379.
28 Luhmann (1995), S. 370.
29 Luhmann (1995), S. 370.
30 Luhmann (1995), S. 371.
31 Luhmann (1995), S. 371.

Operationen, die jetzt als kunstspezifische Beobachtungen angesetzt werden, können ihren Sinn nur noch aus der Kunst selbst gewinnen."[32]

Eine kunsteigene Kriteriendiskussion wird notwendig. „Die Kunst mobilisiert (...) ein eigenes Gedächtnis, um sich selbst an ihrer eigenen Geschichte orientieren zu können."[33] Das Kunstsystem erhält eine Eigendynamik, welche es zwingt, seine *Stabilität* auf Autonomie zu gründen. Kunst muss als Kunst beobachtbar und unterscheidbar sein.

1.2 Ausdifferenzierung

Von Ausdifferenzierung spricht man, wenn ein System sich gegenüber der Umwelt differenziert und eine Grenze zu ihr zieht.[34] Ein wichtiges Merkmal der Ausdifferenzierung eines Systems für Kunst ist die interne Blockierung externer Referenzen. Dies bedeutet, „dass die *internen* Operationen des am Kunstwerk sich festlegenden Beobachtens *ohne externe Referenz verständlich sein müssen.*"[35] Die im Kunstwerk gebundenen Beobachtungen werden ausschließlich für das kunstsysteminterne Beobachten des Beobachtens produziert und müssen als solche verstanden werden können.

Nur durch operative Schließung kann das Kunstsystem offen sein. Nur aus einem geschlossenen Raum heraus kann Kunst die reale Realität in ihrer fiktionalen Realität erscheinen lassen. Autopoietische Geschlossenheit ist Bedingung für Offenheit. Die Möglichkeit eines eigenen Raumes für Kunst wird im kunsteigenen Verhältnis von Medium und Form gesehen: Ein „Kunstwerk zeichnet sich durch die *geringe Wahrscheinlichkeit seiner Entstehung* aus. Es ist sozusagen ein demonstrativ unwahrscheinlicher Sachverhalt."[36] Das Zusammenspiel von Medium und Form in einem Kunstwerk wird so gefasst: „Das Medium der Kunst ist (...) für alle Kunstarten die Gesamtheit der Möglichkeit, die Formgrenzen (Unterscheidungen) von innen nach außen zu kreuzen und auf der anderen Seite Bezeichnungen zu finden, die passen, aber durch eigene Formgrenzen ein weiteres Kreuzen anregen."[37] Da es für jeden Formanschluss mehrere Möglichkeiten gibt, ist das faktisch entstandene Kunstwerk unwahrscheinlich. Es entsteht so ein offener, unbestimmter „Raum von Möglichkeiten, die ein Medium bietet. Weder Situationen noch absehbarer Nutzen geben einen Anlass, ein Kunstwerk in der

---

32 Luhmann (1995), S. 386.
33 Luhmann (1995), S. 375.
34 Für einen kurzen und gut lesbaren Überblick über die Ausdifferenzierung sozialer Systeme anhand von Beispielen siehe Plumpe/Werber (1993), S. 19-22.
35 Luhmann (1995), S. 244.
36 Luhmann (1995), S. 247 f.
37 Luhmann (1995), S. 191.

Spezifik seiner Formen zu vermuten. Dass es trotzdem als Kunstwerk erkennbar bleibt, ist dann dem Kunstsystem und den systemeigenen Redundanzen zu verdanken; und im Prinzip: dem Kunstwerk selbst.“[38]

Zentral für die Autonomie des Kunstsystems ist, dass sich ihre *Formen* rein nach den Gesetzmäßigkeiten des Kunstsystems entwickeln, d.h. nach dem Kriterium des Passens. Die Fremdreferenz der Kunst spielt dann ganz auf der Ebene des *Mediums*: Farben, Töne, Wörter, Gesten, aber auch Materialien wie Holz Eisen, Filz, Bronze usw. haben immer auch kunstunspezifische Referenzen. Die *Formung* dieser Materialien durch die Kunst hat die Aufgabe, „am Material, das für Wahrnehmungszwecke unentbehrlich ist, eine Verwendungsdifferenz deutlich zu machen.“[39] Fremdreferenzen sind unvermeidlich, müssen aber der „inneren Passenskontrolle der Formen“[40] unterworfen werden. „Fremdreferenzen dürfen nie auf die Formen durchschlagen, die die Kunst frei wählen können muss, um operative Geschlossenheit zu erreichen. Sie müssen auf die Elemente beschränkt werden, die als mediales Substrat verwendet werden.“[41]

Ein System ist nicht mehr oder weniger autopoietisch, nicht mehr oder weniger operativ geschlossen, denn „entweder produziert das System seine Elemente selbst oder nicht“.[42] Innerhalb des einmal geschlossenen autopoietischen Systems gibt es ein Mehr-oder-weniger, was sich aber ausschließlich auf die Komplexität des Systems bezieht. Strukturänderungen und Komplexitätsgewinne, d.h. „Zunahme der Zahl und der Verschiedenartigkeit der Elemente“[43] sind möglich. Zu beobachten sind *Evolutionsschwellen*, die das System auf eine höhere Komplexitätsstufe heben. Mehr Eigenkomplexität bedeutet aber immer auch höhere Umweltabhängigkeit.

Das Autonomwerden eines Funktionssystems erfordert eine interne Blockierung externer Referenzen: Die Umwelt eines ausdifferenzierten Systems kann nur durch den eigenen Operationsmodus dieses Systems erschlossen werden. Mit dieser Einschränkung geht eine *Spezifikation von Umweltrelevanzen* einher: „Die Ausdifferenzierung eines gesellschaftlichen Teilsystems ist soziologisch an der Einschränkung und Spezifikation von Umweltrelevanzen zu erkennen.“[44] Das Kunstsystem sucht diejenigen Umweltbeziehungen, diejenigen Anlehnungskontexte, die seiner Ausdifferenzierung genügend Freiheiten lassen.

Ein wichtiger Schritt in Richtung Ausdifferenzierung des Kunstsystems, eine Vorstufe gewissermaßen, ist der Übergang von „einem magischen Gebrauch

---

38 Luhmann (1995), S. 248
39 Luhmann (1995), S. 251.
40 Luhmann (1995), S. 251.
41 Luhmann (1995), S. 252.
42 Luhmann (1995), S. 254.
43 Luhmann (1995), S. 254.
44 Luhmann (1995), S. 256.

zu einem educativen Gebrauch von Bildwerken im Kontext der christlichen Religion"[45]. Die Kunstwerke des christlichen Mittelalters dienten der Anschaulichkeit religiöser Inhalte. „Im Verhältnis zu einem wohlgeordneten, durch die Schöpfung zum Guten und Schönen bestimmten Kosmos hatte die Kunst memorative und educative Funktionen zu übernehmen. Ihre Aufgabe lag in der Transmission, nicht in der Innovation"[46]. Im Anschluss an diese mittelalterliche Kunstkonzeption lassen sich mehrere Ausdifferenzierungsstufen beobachten. Diesen soll hier ganz knapp nachgegangen werden.[47]

Der eigentliche Startpunkt zur Ausdifferenzierung des Kunstsystems „erfolgt, beginnend im 14. Jahrhundert, in der italienischen Renaissance"[48], im politisch motivierten Mäzenatentum des italienischen Fürstenstaates. Florenz[49] bot aus verschiedenen Gründen die erforderlichen Startbedingungen für die Ausdifferenzierung eines Sondersystems für Kunst: Stadtstaatliche oder auf kleinen Territorien beruhende Herrschaftsverhältnisse, das Fehlen eines Zentralstaates, wechselseitige Konkurrenz unter den Fürsten, d.h. unter den Mäzenen, Entwicklung einer Geldwirtschaft usw. Die Kunst wird hier nicht mehr in Abhängigkeit von sinngebenden Kontexten beurteilt, sondern aufgrund von kunstspezifischen Kriterien, die es bislang gar noch nicht gab. Plötzlich muss Kunst als Kunst beurteilt werden.

> „Der erste Ausdifferenzierungsschub kam (...) durch ein hochrangiges Patronagesystem zustande. Die wichtigsten Folgewirkungen dürften davon ausgegangen sein, dass Patronage Entscheidungen erfordert; und zwar nicht nur Entscheidungen über ein bestimmtes Bauwerk, einen bestimmten Ankauf oder Auftrag, sondern in einem schwer greifbaren, neuen Sinne auch Entscheidungen, die ein Urteil über Künstler und Kunstwerke erfordern. Da mögen Empfehlungen und Hofintrigen eine Rolle gespielt haben, aber schließlich ist am Kunstwerk selbst sichtbar, ob man sich als Auftraggeber damit zeigen kann oder nicht. Entscheidungen dieser Art erfordern mithin Kriterien"[50].

Gegen Ende des 17. Jahrhunderts tritt der nächste Entwicklungsschub ein, der durch einen Wechsel des Anlehnungskontextes veranlasst wird: Das fürstliche Patronagesystem wird abgelöst durch einen Kunstmarkt. Dieser Wechsel soll

---

45 Luhmann (1995), S. 256.
46 Luhmann (1995), S. 257.
47 Vgl. für eine ausführlichere Darstellung Luhmann (1994) und Luhmann (1995), S. 256-300.
48 Luhmann (1994), S. 13.
49 Für eine faktenreiche Darstellung der Ausdifferenzierung des Kunstsystems im Umfeld Venedigs des 16. Jahrhunderts, mit einer besonderen Berücksichtigung der Werkstatt Paolo Veroneses, siehe Huber (2005).
50 Luhmann (1995), S. 261.

nicht als eine scharfe zeitliche Zäsur verstanden werden, er müsste vielmehr nach Regionen und Kunstarten differenziert werden.

Fach- und personenkundige Vermittler nutzen den Zusammenbruch des Patronagesystems um die Mitte des 17. Jahrhunderts aus, es kommt zu einer europaweiten Fernpatronage für italienische Kunst. Der Übergang zu einer Produktion für den Kunstmarkt ist dann fließend: Mehr und mehr regelt der Markt Ankauf und Verkauf mit Hilfe erzielbarer Preise. Wichtige Impulse gehen von England aus: „Der erste große, auf Ankauf und Verkauf von Kunstwerken spezialisierte Kunstmarkt entsteht in dem auf Importe angewiesenen England."[51] Die Reputation eines Künstlers ist nicht mehr abhängig von der Empfehlung innerhalb des Kreises hochgestellter Patrone, vielmehr dienen die auf dem Markt erzielten Preise als symbolisches Äquivalent für die Qualität eines Künstlers. Dieselbe Entwicklung wie in der Malerei beobachtet Luhmann in der Dichtkunst. Wenn auch etwas später – in der zweiten und dritten Dekade des 18. Jahrhunderts – wird auch hier der Markt „mit seinen Agenten Leser/Käufer, Verleger, Rezensenten"[52] zum wichtigsten Anlehnungskontext.

Für die Ausdifferenzierung des Kunstsystems ist entscheidend, dass die Anlehnung an die Wirtschaft der Kunst *mehr Freiheit* gibt als die Anlehnung an Mäzene wie Kirchen oder Fürsten: „Die Abhängigkeit von Entscheidungen des Patrons und von Verhandlungen mit ihm wird durch den Doppelzugriff von Nachfrage auf dem Kunstmarkt und öffentlicher Kunstkritik ersetzt."[53] Mehr Freiheit bietet dieser neue Anlehnungskontext, weil einerseits die Nachfrage auf dem Kunstmarkt durch die Logik *des Marktes* gesteuert wird, also dem Wirtschaftssystem überlassen wird, und andererseits die öffentliche Kunstkritik in mehr und mehr Unsicherheiten gerät. Die Kunstkritik, so Luhmann, verliert zusehends den sicheren Boden und muss den Anspruch aufgeben, einzig richtige Ansichten zu vertreten. Sie kann sich „nicht mehr auf Wahrheit berufen, sondern allenfalls noch, wie im romantischen Begriff der Kritik, auf Mitarbeit am Kunstwerk."[54]

> „Auf die (...) Situation gesteigerter Unsicherheit im Bereich der Kriterien reagiert die akademische Philosophie in Deutschland unter der Fachbezeichnung Ästhetik mit eigenen Theorieversuchen. Das Niveau dieser Begriffsanstrengung kann jedoch

---

51 Luhmann (1995), S. 264.

52 Luhmann (1995), S. 267. Siehe hierzu die groß angelegte Studie Siegfried J. Schmidts *Die Selbstorganisation des Sozialsystems Literatur im 18. Jahrhundert.* Vgl. zum spannungsreichen Verhältnis Schmidts als Vertreter der *Empirischen Literaturwissenschaft* und Luhmanns Systemtheorie de Berg (2000), S. 197-200 sowie Jahraus/Schmidt (1998), S. 88-94. Mit der Ausdifferenzierung des Avantgardesystems als Subsystem des modernen Literatursystems setzt sich in kritischem Bezug auf Luhmann Jäger (1991) auseinander.

53 Luhmann (1995), S. 267.

54 Luhmann (1995), S. 266.

darüber hinwegtäuschen, dass, von ihr nicht registriert, die gesellschaftliche Situation des Kunstsystems sich abermals grundlegend geändert hat, und zwar durch den jetzt offensichtlichen und irreversiblen Übergang zu funktionaler Differenzierung."[55]

Die Ästhetik reagiert auf die Unsicherheit der Kriterien für die Beurteilung von Kunstwerken, auf Unsicherheiten, denen für den Kunst*mark*t arbeitende Experten und Kunstkritiker ausgesetzt sind. Diese Kritiker, die außerhalb des Kunstsystems positioniert sind, braucht das Kunstsystem nun aber gar nicht mehr, da es sich in ein autonomes, geschlossenes, funktional differenziertes System transformiert hat, das von keinem Anlehnungskontext mehr abhängig ist. „Wir vermuten", so Luhmann, „dass diese Philosophie der gesellschaftlichen Tatsache nicht gerecht wird, dass gegen Ende des 18. Jahrhunderts der Anlehnungskontext erneut gewechselt hat und jetzt erstmals die Autonomie des Kunstsystems reflektiert werden muss. Der erneute Strukturbruch ist, zumindest für die zeitgenössische Kunsttheorie, schwer zu erkennen, denn er liegt gerade in dem *gesellschaftlich erzwungenen Verzicht auf spezifische Anlehnungskontexte*."[56]

Die Romantik ist dann „der erste Kunststil, der sich auf die neue Situation einer dem System zufallenden Autonomie einlässt."[57] In der Romantik wird das Kunstsystem vollständig autonom, d.h. es kann jetzt keinen Anlehnungskontext mehr geben. Was Kunst bzw. gute, prestigeträchtige, schöne oder gewinnbringende Kunst ist, wird nicht mehr von der Umwelt des Kunstsystems bestimmt. Die Bestimmung dessen, was Kunst ist, fällt ganz dem Kunstsystem zu. Wie jedes gesellschaftliche Funktionssystem etabliert und reproduziert sich auch das Kunstsystem durch die eigene Kommunikation. „Die Kommunikation zwischen Künstlern und Kunstkennern und -genießern ist als Kommunikation ausdifferenziert, und sie findet nur im Kunstsystem statt, das sich auf diese Weise etabliert und reproduziert."[58]

Was die Romantik *Kunstkritik* nennt, hat dementsprechend seinen Platz im Kunstsystem selbst und kann mit einem Begriff Walter Benjamins als *Reflexionsmedium*[59] bezeichnet werden. Die romantische Kunst sieht in ihrem Reflexionsmedium geradezu „das Bemühen um Vollendung des vom Künstler vorgegebenen Werkes"[60].

---

55 Luhmann (1995), S. 268. Zur Ausdifferenzierung der Kunst als Problem der Ästhetik vgl. Disselbeck (1993).

56 Luhmann (1994), S. 21.

57 Luhmann (1995), S. 270.

58 Luhmann (1995), S. 269 f.

59 Walter Benjamin, Der Begriff der Kunstkritik in der deutschen Romantik, Frankfurt 1973. Dieser Hinweis findet sich bei Luhmann (1995), S. 270, Fn. 96.

60 Luhmann (1995), S. 270.

Die Funktionssysteme der Gesellschaft sind seit der zweiten Hälfte des 18. Jahrhunderts operativ geschlossen, sie haben keine über sie selbst hinausgehenden Kompetenzen. Ein Funktionssystem wie das der Kunst wird damit nicht mehr von anderen Systemen seiner Umwelt eingeschränkt. Man findet sich jetzt „mit der Sachlage konfrontiert, dass kein anderes Funktionssystem für Kunst zuständig ist und dass folglich alle Kunstkommunikation *innerhalb* des Kunstsystems ablaufen muss. (…) Die Autonomie ist dem Kunstsystem *aufgezwungen* – allein deshalb, weil kein anderes gesellschaftliches Teilsystem Kunst produziert oder auch nur entsprechende Urteilskompetenzen in Anspruch nimmt. Das Kunstsystem ist auf *Selbsteinschränkung* angewiesen – und nichts anderes besagt ‚Autonomie'. Aber woran soll es sich halten, wenn die Umwelt qua Natur oder qua Gesellschaft keinen Halt mehr gibt?"[61] Das ausdifferenzierte Kunstsystem hat keinen Anlehnungskontext mehr, es befindet sich in einem luftleeren Raum und muss das Vakuum durch Selbstbestimmung füllen; das ist die eigentliche Aufgabe der Kunstreflexion – bis heute: „Was (...) tatsächlich reflektiert wird, ist die dem Kunstsystem aufgenötigte Autonomie, ist also die funktionale Differenzierung des Gesellschaftssystems. Und daran scheint sich in den seither vergangenen zweihundert Jahren nichts mehr geändert zu haben. Was in die Vollendung getrieben wird, ist dann nur noch das Ausmaß der Selbstprovokation des Systems."[62]

Bis heute arbeitet sich das Kunstsystem an seiner eigenen Autonomie ab. Die Geschichte der Kunst seit der Romantik lässt sich laut Luhmann geradezu am Leitfaden des künstlerischen Umgangs mit Autonomie verstehen. „Die Kunstbewegungen des 19. und 20. Jahrhunderts bis hin zur Avantgarde und zur Postmoderne und zur Veranstaltung der Selbstnegation der Kunst als Kunstwerk führen vor, welchen Spielraum die eigene Autonomie dem Kunstsystem bietet. Exotik auf der einen, Trivialität auf der anderen Seite werden in der Kunst einbezogen (…). Letztlich ist die Einführung der Negation des Systems in das System die radikale Konsequenz der gesellschaftlichen Autonomie.[63]

2. Struktur und Code

2.1 Operative Geschlossenheit, Autopoiesis, Selbstorganisation

Ein ausdifferenziertes System wie das Kunstsystem zeichnet sich u.a. durch Autopoiesis, operative Geschlossenheit und Selbstorganisation aus. Diese drei Begriffe sind sich nahe, setzen aber unterschiedliche Akzente.

61 Luhmann (1994), S. 21 f.
62 Luhmann (1995), S. 270.
63 Luhmann (1994), S. 25.

Ausdifferenzierte Systeme sind *autopoietische*[64] Systeme. Autopoietisch heißt ein System, welches seine eigenen Elemente ausschließlich durch seine eigenen Elemente produziert und reproduziert. Die Elemente sozialer Systeme sind Kommunikationen. Unter einer Kommunikation versteht Luhmann ein Ereignis ohne Dauer, eine nur kurz aufflackernde Synthese der drei Selektionen *Mitteilung*, *Information* und *Verstehen* als der Differenz zwischen Mitteilung und Information. So gefasste, also extrem kurzlebige Kommunikationen müssen ständig produziert und reproduziert werden, das System ist in ununterbrochener Bewegung. Für die Selbigkeit des sich so fortwährend wandelnden Systems sorgt die *Autopoiesis*, also das Faktum der Produktion und Reproduktion der Kommunikationen aus und durch sich selbst. Das gelingt dadurch, dass die neu entstehenden Kommunikationen an das rekursive Netzwerk der systemeigenen Kommunikationen angeschlossen werden müssen.

Ein System, das Umweltkontakt nur durch Selbstkontakt herstellen kann, nennt Luhmann *operativ geschlossen*. Das bedeutet, dass das System Impulse aus der Umwelt nicht direkt aufnehmen kann. Umweltkontakt durch Selbstkontakt gelingt nur durch die paradoxe Figur eines re-entry, d.h. dadurch, dass die Differenz von System und Umwelt in das System wiedereingeführt wird. Die Umwelt ist dann nicht Umwelt an sich, sondern Umwelt eines Systems.

Von *Selbstorganisation* spricht man dann, wenn ein System seine eigenen Strukturen ausschließlich durch systemeigene Operationen aufbaut:

> „Von Selbstorganisation kann man immer dann sprechen, wenn ein operativ geschlossenes System nur die eigenen Operationen zur Verfügung hat, um Strukturen aufzubauen, die es dann wiederverwenden, ändern oder auch nicht mehr benutzen und vergessen kann."[65]

---

64 Luhmann transformiert den Begriff der Autopoiesis aus dem Bereich lebender Systeme, wofür er ursprünglich geschaffen wurde, in den Bereich soziale Systeme. Er belegt seinen Autopoiesis-Begriff mit einem Zitat des chilenischen Evolutionsbiologen Humberto Maturana: „Die autopoietische Organisation wird als Einheit definiert durch ein Netzwerk der Produktion von Bestandteilen, die 1. rekursiv an demselben Netzwerk der Produktion von Bestandteilen mitwirken, das auch diese Bestandteile produziert, und die 2. das Netzwerk der Produktion als eine Einheit in dem Raum verwirklichen, in dem diese Bestandteile sich befinden". Maturana (1982), S. 158. Zitiert bei Luhmann (1986), S. 667, Fn. 54.
Für eine Anbindung von Luhmanns Autopoiesis Begriff an Paul Natorps Konzept der Poiesis vgl. Merz-Benz (2004). Merz-Benz diskutiert hier auch die Kritik, die sich Luhmann mit seiner sehr freien Übernahme des Autopoiesis Begriffs von Maturana und Varela eingehandelt hat, und gegen die sich die beiden Schöpfer dieses Begriffs verwahren. Vgl. Merz-Benz (2004), S. 163-170.

65 Luhmann (1995), S. 301.

2.2 *Code und Programm*

Die Struktur, welche in einem Funktionssystem der Gesellschaft, also beispielsweise im Wirtschaftssystem, im Erziehungssystem, im politischen System oder im Kunstsystem den Bereich der möglichen Operationen einschränkt, nennt Luhmann *Code*:

> „Die grundlegende Struktur, die durch Operationen des Systems produziert und reproduziert wird, nennen wir im typischen Fall der Funktionssysteme einen Code."[66]

Der Code ist eine Struktur, welche die Zugehörigkeit von Operationen zu einem System regelt. Der Code ist „eine Struktur, die das Erkennen der Zugehörigkeit von Operationen zum System ermöglicht"[67]. Codes müssen so abstrakt formuliert sein, dass „sie jede Operation des entsprechenden Systems informieren können"[68].

Wichtig ist, dass ein Code nicht etwas von Außen an ein System Herangetragenes ist. Es ist nicht der Soziologe Luhmann, der die Systemcodes definiert, sondern die Systeme selbst entwickeln je ihren Code. Binäre Codes „[strukturieren] immer die Selbstbeobachtung und Selbstbeschreibung eines Systems"[69], sie sind also „nicht etwa irgendwelche Unterscheidungen (...), die durch einen externen Beobachter herangetragen werden"[70].

Ein Code ist in Luhmanns Verständnis ein binärer Schematismus, der nur zwei Werte kennt. Codes legen fest, welche Kommunikationen in einem System möglich sind. Ausschlaggebend für die Zugehörigkeit ist dabei nicht nur der positive Codewert (z.B. wahr), sondern auch der negative (z.B. falsch). Im Wissenschaftssystem ist nicht nur die Entdeckung einer Wahrheit, sondern auch die Entdeckung einer Falschheit eine positive Information über den Bereich der noch möglichen Wahrheiten. Der binäre Code ist von entscheidender Wichtigkeit für die Ausdifferenzierung eines Funktionssystems: Jede am Code orientierte Operation trägt dazu bei,

> „die Grenzen des Systems gegenüber dem Externen festzulegen und die inneren Verbindungen zu spezifizieren. Damit wird rekursiv ein Netzwerk von miteinander verbundenen Kommunikationen geschaffen, das eine Form der Unabhängigkeit von der übrigen Gesellschaft entwickelt. Die wissenschaftliche Kommunikation differenziert sich zum Beispiel in der Gesellschaft dank der Orientierung am Code wahr/unwahr aus und bildet ein autopoietisches System, dessen Operationen sich auf

---

66 Luhmann (1995), S. 301 f.
67 Luhmann (1995), S. 303.
68 Luhmann (1995), S. 305.
69 Luhmann (1990), S. 194 f.
70 Luhmann (1990), S. 195.

frühere, ebenfalls an wahr/unwahr orientierte Operationen (weil diese die Bedingungen und die Möglichkeiten von späteren Wahrheiten feststellen) und auf spätere Kommunikation (weil sie auf die gleiche Art den Bereich der künftigen Operationen spezifizieren) beziehen.

Die Codes sind also Unterscheidungen, mit denen ein System die eigenen Operationen beobachtet; sie bestimmen die Einheit des Systems. Sie ermöglichen es dem System, wiederzuerkennen, welche Operationen zu seiner Reproduktion beitragen und welche nicht. Dem Wissenschaftssystem gehören alle und nur die Kommunikationen an, die sich am Code wahr/unwahr orientieren, dem Rechtssystem nur diejenigen, die sich an Recht/Unrecht orientieren usw. Jedes System behandelt alle seine Kommunikationen ausschließlich mit den Werten seines Codes“[71].

Luhmann nennt sechs Bestimmungen eines Codes.

„Von einem Code muss erwartet werden, dass er (1) der Funktion des entsprechenden Systems entspricht, nämlich den Gesichtspunkt der Funktion in eine Leitdifferenz übersetzt; (2) dass er vollständig ist im Sinne der Definition Spencer-Browns: ‚Distinction is perfect continence‘[72] also nicht einfach nur Wald und Wiese unterscheidet. Er muss mithin den Funktionsbereich, für den das System zuständig ist, vollständig erfassen; er muss also (3) nach außen hin selektiv und (4) nach innen hin informativ wirken, ohne das System damit unirritierbar festzulegen; und er muss (5) offen sein für Supplemente (Programme), die erst Kriterien dafür anbieten (und ändern können), welcher der beiden Codewerte in Betracht kommt. Das alles wird dann (6) in die Form eines Präferenzcodes, also in eine asymmetrische Form gebracht, in der ein positiver und ein negativer Wert zu unterscheiden sind. Mit dem positiven Wert kann man im System etwas anfangen, er stellt zumindest verdichtete Akzeptanzwahrscheinlichkeit in Aussicht. Der negative Wert dient als Reflexionswert und damit vor allem der Kontrolle, mit welchen Programmen das Sinnversprechen des positiven Wertes eingelöst werden kann.“[73]

Ein Code zeichnet sich kurz gesagt also aus durch (1) die Übersetzung der Funktion in eine Leitdifferenz, (2) Vollständigkeit, (3) Selektivität nach außen, (4) durch seine informative Wirkung nach innen, (5) Offenheit für Programme, welche die Verteilung der Codewerte regeln und (6) durch die Asymmetrie seiner Form, durch die ungleichen Aufgaben des positiven und des negativen Codewertes.

Die Binarität des Codes führt immer dann zum Problem der Zirkularität oder der Paradoxie, wenn der Code auf sich selbst angewandt wird. Da der Code nur über zwei Werte verfügt, z.B. wahr/unwahr, muss er jeder Kommunikation einen davon zuschreiben – also auch, um bei unserem Beispiel zu bleiben, der Kommu-

71 Baraldi et. all. (1997), S. 35 f.
72 Spencer-Brown (1979), S. 1.
73 Luhmann (1995), S. 302.

nikation über das Thema wahr/unwahr. Mit dem Code wahr/unwahr kann aber nicht entschieden werden, ob die Unterscheidung zwischen wahr und unwahr ihrerseits wahr oder unwahr ist. Es kann vorerst nur zirkulär angenommen werden, dass die Unterscheidung wahr/unwahr wahr sei. Der Code ist also nicht in der Lage, „die Einheit des Systems im System paradoxiefrei zu repräsentieren."[74]

Dass der Code sich selber nicht legitimieren kann, dass also bspw. mittels des Codes wahr/unwahr nichts über die Wahrheit dieser Unterscheidung gesagt werden kann, ist das eine Problem. Ein weiteres Problem besteht darin, dass der Code in seiner Anwendung *aus sich selbst heraus* keinen Unterschied machen kann zwischen seinen beiden Werten und deren Zuweisung also nicht steuern kann. Der Code des Wissenschaftssystems kann nicht selbst entscheiden, welche Kommunikation als wahr und welche als unwahr zu beurteilen ist. Die strenge Binarität muss aufgebrochen, die Zirkularität des Codes unterbrochen werden, damit das System operationsfähig ist. Es braucht Entscheidungsinstanzen für die Zuweisung der Codewerte: Luhmann nennt sie *Programme* (wobei er sie im unten stehenden Zitat noch ganz allgemein als *Konditionierungen* bezeichnet). Programme regeln die Verteilung der beiden Codewerte. Programme entwickeln sich im System selbst und führen zur Selbstorganisation der Systeme, zur Anreicherung von Komplexität:

> „Man muss zusätzliche Informationen suchen, um zwischen positivem und negativem Wert unterscheiden zu können. Es können, anders gesagt, Konditionierungen eingebaut werden, die entscheidbar machen, unter welchen Bedingungen welcher Wert zu wählen ist; und erst durch solche Wenn/Dann Konditionierungen (...) bildet sich ein selbst organisierendes System. Abstrakt gesehen ist der Code nur eine invariante Unterbrechungsbereitschaft. Aber wenn diese gegeben ist, (...) kann das System zunächst auf Grund von Zufällen, dann auf Grund von Selbstorganisation wachsen und sich historisch irreversibel mit Komplexität anreichern."[75]

2.3 Code und Referenz

Code und Referenz eines Systems müssen streng unterschieden werden.[76] Referenzprobleme treten mit der Unterscheidung von Selbstreferenz und Fremdreferenz auf, sie beschäftigen sich beispielsweise mit der Frage, was Kunst ist und was nicht. Eine andere Fragestellung liegt Codierproblemen zugrunde:

---

74 Luhmann (1995), S. 304.
75 Luhmann (1995), S. 304 f.
76 Vgl. hierzu: Luhmann (1992 e), S. 29 f.

> „Codierprobleme haben es (...) mit der Wertungsdifferenz positiv/negativ zu tun, mit der das System die Zugehörigkeit von Operationen zum System markiert. Codierprobleme spalten die Selbstreferenz des Systems in akzeptabel/unakzeptabel, beziehen sich also immer auf das System selbst; denn für die Umwelt, die ist, wie sie ist, stellt sich diese Frage der Akzeptanz nicht; oder anders gesagt, das System hat in seiner Umwelt keine Freiheit."[77]

Beide Werte des Codes beziehen sich auf das System selbst. Der positive Wert stellt verdichtete Akzeptanzwahrscheinlichkeit in Aussicht: Fakten, die als wahr beurteilt werden, werden in das Wissenschaftssystem aufgenommen, weiter geprüft, kontextualisiert, in Frage gestellt usw. Der negative Wert dient als Reflexionswert des Systems: Als unwahr wird etwas *vom Wissenschaftssystem aus* bezeichnet und nötigt demselben ein Argumentarium, eine Reflexion der eigenen Begriffe ab. Es ist also nicht der Fall, dass der positive Wert bestimmt, was zum System, und der negative Wert, was zur Umwelt des Systems gehört. Beide Werte des Codes sind vielmehr systeminterne Werte mit je spezifischen Funktionen für das System.

Einerseits ist die für die Ausdifferenzierung eines Systems notwendige Unterscheidung von Selbst- und Fremdreferenz Voraussetzung für die Etablierung eines Systemcodes: „Die Unterscheidung eines Kunstwerks von etwas anderem [d.h. die Unterscheidung von Selbst- und Fremdreferenz] dient nur dazu, einen besonderen Beobachtungsraum einzugrenzen und darauf aufmerksam zu machen, dass hier Beobachtungsverhältnisse besonderer Art gelten"[78], d.h. dass hier die beobachtungsleitende Unterscheidung diejenige des Kunstcodes ist.

Andererseits ist der Systemcode Voraussetzung für die Ausdifferenzierung eines Systems, also für eine Unterscheidung von Selbst- und Fremdreferenz:

> „Das Kunstsystem muss codiert sein, es muss einen eigenen, im System nicht überbietbaren Code voraussetzen können, weil anders es nicht gelingen könnte, Kunstwerke als einen besonderen Beobachtungsbereich auszudifferenziern. (...) Wäre alles akzeptabel und nichts unakzeptabel, wäre es nicht möglich, Kunst von Nichtkunst zu unterscheiden."[79]

Das Verhältnis von Ausdifferenzierung und Code ist also zirkulär: Ohne Code keine Ausdifferenzierung, und ohne Ausdifferenzierung keinen Code.

---

77 Luhmann (1995), S. 306.
78 Luhmann (1995), S. 306 f.
79 Luhmann (1995), S. 307.

3. Codierung und Programmierung des Kunstsystems

Ein Systemcode löst das „Problem des Erkennens der Systemzugehörigkeit von Operationen"[80]. Wer über diese „Ausrüstung des Beobachtens"[81] nicht verfügt, wird auch mit den großartigsten Kunstwerken vor Augen alles Mögliche wahrnehmen, nur keine Kunst.

Bezüglich der Bestimmung des Codes der Kunst bemerkt Luhmann in *Die Kunst der Gesellschaft*, dass der Binarismus schön/hässlich nur schwer überwindbar ist, dass es heute aber zunehmend schwer fällt, die klassisch ästhetische Bezeichnungen „schön/hässlich für den positiven bzw. den negativen Codewert gegen die durchgehenden Proteste des Systems selbst beizubehalten."[82] Genau dies versuchte Luhmann aber noch in seinem 1981 publizierten Aufsatz *Ist Kunst codierbar?* Luhmann revidiert diese Auffassung bereits in der 1990 publizierten Schrift *Weltkunst*.

Ein Problem der Bestimmung schön/hässlich liegt darin, dass sie auf der Ebene der Beobachtung zweiter Ordnung, der Ebene der Herstellung und Betrachtung von Kunstwerken, nicht brauchbar ist, denn die codeorientierten Operationen des Kunstsystems sind ja weder schön noch hässlich. Luhmann stellt an den Code der Kunst die Anforderung, dass er auf die konkrete „Arbeitsweise und Entscheidung des Künstlers"[83] bezogen werden kann, und dies leistet der Binarismus schön/hässlich nicht. Unter Schönheit/Hässlichkeit verstand man vielmehr „einen Gesichtspunkt der Beurteilung"[84] einzelner Merkmale oder auch des Kunstwerks als Ganzes. Und da zwischen Code und Programm nicht unterschieden wurde, galt der positive Codewert als das Erstrebenswerte. Es wurden deshalb Versuche unternommen, „'objektive' Kriterien des Schönen"[85] zu bestimmen, was jedoch nie gelang. Das Problem der Bezeichnungen schön/hässlich, so Luhmann, „scheint (...) darin zu liegen, dass sie die *Kriterien* für die Beurteilung von Kunstwerken auf *deskriptiv fassbare Merkmale* der einzelnen Werke beziehen, bzw. umgekehrt aus solchen Merkmalen auf generalisierbare Kriterien Zurückschließen."[86]

Zu Recht hält Luhmann die Codebestimmung schön/hässlich schon deshalb für gescheitert, weil sie keine „Ebenendifferenz von Positivwert und Höchstwert"[87] macht. Angesichts dieser Probleme werden die Termini schön/hässlich, wo sie

80 Luhmann (1995), 305.
81 Luhmann (1995), S. 304.
82 Luhmann (1995), S. 310 f.
83 Luhmann (1995), S. 309.
84 Luhmann (1995), S. 310.
85 Luhmann (1995), S. 313.
86 Luhmann (1995), S. 311.
87 Luhmann (1995), S. 313.

überhaupt noch beibehalten werden, von Luhmann uminterpretiert und wollen jetzt verstanden werden als *stimmig/nichtstimmig* bzw. *passend/unpassend*:

> „Noch immer gibt es (...) [in der Ästhetik] keine überzeugende Alternative zu schön/hässlich. Diese Semantik darf aber nicht so verstanden werden, als ob es um ‚schöne Gestalten', ‚schöne Klänge' oder sonstige schöne Einzelformen gehe. Sie bringt, wenn man sie überhaupt beibehalten will, nichts anderes zum Ausdruck als ein zusammenfassendes Urteil über stimmig/unstimmig unter der Zusatzbedingung hoher Komplexität, also selbsterzeugter Schwierigkeiten."[88]

Für die Festlegung stimmig/unstimmig bzw. passend/unpassend muss man das Kunstwerk als Operationsgefüge, als Formenarrangement, vor Augen haben, als eine Aneinanderreihung und als ein Ineinandergreifen von Formen. Für jede Form, also für jede Unterscheidung, innerhalb des Kunstwerks muss festgestellt werden, ob sie passt oder nicht, ob sie an die bereits festgelegten Formen unter dem Kriterium stimmig/unstimmig angeschlossen werden kann und für weitere Formen anschlussfähig ist. Nur wenn dies gelingt, produziert das Kunstwerk eine eigene Ordnung mit einer eigenen Notwendigkeit, die dann als ‚schön' bezeichnet werden kann.

> „Jede Festlegung einer Form ist (...) eine Irritation mit noch offenen Anschlussentscheidungen, und jedes Fortschreiten von Form zu Form ein Experiment, das gelingen oder auch misslingen kann. Deshalb entsteht im Kunstbetrieb (...) ein ‚Code', nämlich eine laufend durchgehaltene binäre Orientierung nach ‚Passen' und ‚Nichtpassen' der zu wählenden Formen."[89]

Der Code des Kunstsystems wird inhaltlich nicht spezifiziert. Er bestimmt, was Kunst bzw. Kunstkommunikation ist und was nicht, *ohne essentialistisch zu sein.* Luhmann betont: Codes sind „mobile Strukturen, deren Anwendung von Situation zu Situation zwangsläufig wechselt. Es geht also nicht um eine Wesensaussage."[90] Dass der Code hier als eine *mobile Struktur* beschrieben wird, ändert nichts an der Tatsache, dass der Code *stabil* ist. Der Code *passend/nichtpassend* ist eine unveränderliche Ausrüstung des Beobachtens. Hat man diese Code-Brille an, besteht die Welt aus passenden und unpassenden Formfestlegungen. Der bloße Blick durch diese Brille reicht aber noch nicht, dass man sieht, was in einem spezifischen Fall passt und was nicht. Und diese Brille liefert schon gar keinen Durchblick auf das Wesen des Passens. Die Verteilung der Codewerte im System, die

88 Luhmann (1995), S. 317.
89 Luhmann (1995), S. 190.
90 Luhmann (1995), S. 304.

Frage also, was jeweils passt oder nicht passt, wird nicht auf der Ebene des stabilen Codes, sondern auf der Ebene variabler Programme entschieden.

Wie oben festgestellt, ist zwischen Codeproblemen und Referenzproblemen streng zu unterscheiden. Was nach dem Code *passend/nichtpassend* beurteilt wird, ist Kunst: Das schließt misslungene Kunstwerke mit ein. Der Negativwert des Codes dient als „Instrument der Selbstkontrolle"[91] des Systems, als Reflexionswert. Der Systemcode bestimmt also, welche Operationen zum System gehören und welche nicht: Operationen, in denen die Frage entscheidend ist, ob eine Form in das bereits festgelegte rekursive Netzwerk von Formen passt oder nicht, fallen in das Kunstsystem.

Vor dem Hintergrund seiner strickten Unterscheidung zwischen Codier- und Referenzproblemen grenzt sich Luhmann von Siegfried J. Schmidt ab, der in Bezug auf das Literatursystem für den Code literarisch/nichtliterarisch plädiert und von Peter Fuchs, der als Code der Kunst den Binarismus Kunst/Nichtkunst sieht.

> Diese Codes reichen nicht aus, „um die interne *Präferenz*struktur zu bezeichnen, die als Code funktioniert. Das Kunstsystem setzt sich selbst damit dem Unterscheidungsparadox von innen/außen oder auch: von Universalismus und Spezifikation aus. Aber ein Code müsste außerdem Programme generieren, die auf der Ebene der *Operation* die Systempräferenz ‚operationalisieren'. Und gerade in dieser Hinsicht bleibt die Unterscheidung Kunst/Nichtkunst ebenso unbefriedigend wie die Unterscheidung schön/hässlich."[92]

Auf der operativen Ebene des Kunstsystems, auf der das Formenarrangement beobachtet wird, kann der Code als *mitlaufendes Beobachtungsschema* verstanden werden. Jede hinzugefügte Form wird nach dem Kriterium bewertet, ob sie passt oder nicht – und zwar vom herstellenden sowie vom betrachtenden Beobachten.

Diese operative Ebene, diese Ebene der Beobachtung zweiter Ordnung, muss unterschieden werden von der Ebene der Beobachtung dritter Ordnung, d.h. von der Kunsttheorie oder von der Ästhetik.[93] Auf der Ebene der Beobachtung zweiter Ordnung orientieren sich die Operationen nach dem Code passend/nichtpassend – unabhängig davon, wie dieser Code offiziell *bezeichnet* wird. Explizit bezeichnet wird der Code der Kunst erst auf der Ebene der Beobachtung dritter Ordnung und zwar durch die Reflexionstheorie des Kunstsystems. Erst auf dieser Ebene der Beobachtung dritter Ordnung stellt sich auch *explizit* das Problem, was Kunst ist und was nicht: „Die Spezifik der Codierung

91 Luhmann (1995), S. 316.

92 Luhmann (1995), S. 306 f., Fn. 8. Vgl.: Siegfried J. Schmidt (1989), sowie Fuchs (1993 a) und zu Fuchs: Luhmann (1995), S. 482, Fn. 216.

93 Vgl. dazu im vierten Teil dieser Arbeit das zweite Kapitel: *Gesellschaftstheorie der Kunst versus Ästhetik.*

repräsentiert auf einer Ebene der Beobachtung dritter Ordnung die Unterscheidung des Systems von seiner Umwelt."[94]

In der Luhmann-Forschung wird die Codeproblematik breit diskutiert. Luhmanns alte Codebestimmung schön/hässlich wird teils übernommen[95], stößt aber auch auf zahlreiche Kritik.[96] So schlägt Georg Jäger[97] den Code *mit/ohne Geschmack* vor, während Gerhard Plumpe[98] und Niels Werber[99] für den Code *interessant/langweilig* unter der Funktion Unterhaltung votieren. Siegfried J. Schmidt[100] möchte den Kunstcode für literarische Kommunikation spezifizieren und führt die Opposition *literarisch/nicht-literarisch* ein. Rainald Goetz betrachtet die Leitdifferenz „Erkennen und Handeln oder Theorie und Praxis"[101] als den Code der Kunst. David Roberts sah den Code des Kunstsystems zuerst „in der selbstreferentiellen Verwendung der Differenz zwischen Selbstreferenz und Fremdreferenz"[102]. Später revidiert er diese Auffassung und argumentiert dann unter Herbeiziehung von Heideggers Kunstwerkaufsatz, „the difference real/ possible"[103] sei die Lösung.

Folgt man Natalie Binczek, so verfügt das Kunstsystem über gar keinen einheitlich definierten Code. „Schaut man sich *Die Kunst der Gesellschaft* (...) genauer an", urteilt sie, „dann muss man (...) feststellen, dass die Besonderheit des Kunstsystems (...) kaum in den Namen der Codewerte liegen kann. Das wird nicht zuletzt auch daran deutlich, dass Luhmann ihrer Bestimmung hier nicht einmal ernsthaft nachkommt. Im Verhältnis zu anderen Fragen scheint die Bezeichnung der Codewerte von nur marginaler Bedeutung für das Kunstsystem zu sein."[104]

Nach der Auffassung der vorliegenden Arbeit überzeugt keine dieser alternativen Code-Vorschläge. Überdenkt man das Code-Problem im Kontext von Luhmanns Kunsttheorie und berücksichtigt die an den Code gestellten Kriterien

94 Luhmann (1995), S. 317.

95 Z.B. Schwanitz (1990), S. 259.

96 Eine zusammenfassende Darstellung dieser Debatte gibt: Jahraus, (2001), Vgl. auch Plumpe/ Werber (1993), S. 22f. Eine gute Übersicht verschafft zudem: Werber (1996), S. 169 f.

97 Jäger (1991), 225 f.

98 Plumpe (1993 a), bes. S. 22 f. Vgl. auch: Plumpe/Werber (1993), bes. S. 22-41.

99 Werber (1992), Kap. 3, S. 61-101.

100 Schmidt (1989), S. 20, 59, 271, 420, 434, 436.

101 Goetz/Terkessidis/Werber (1992), S. 69.

102 Roberts (1993), S. 42.

103 Roberts (1997), S. 68. Roberts hebt den Code der Weltkunst ab vom Code der imitierenden Objektkunst: „For the art of imitation a binary difference is clearly indicated: perfect/imperfect, true/false, adequate/inadequate, but also beautyful/ugly. World art as project cannot of course be coded in this fashion since it can no longer appeal to representation. Here we need to recall that for Heidegger the opening of the dimension of the possible precedes and enables all coding. This precedence is preserved in the imaginary space, the ‚fictioning' of world art, and suggests that world art codes itself according to the unity of the difference real/possible."

104 Binczek (2002), S. 105.

wie: Offenheit für variable Programme, Gültigkeit für alle Kunstarten, Fähigkeit, auf der operativen Ebene des Anschließens von Formen an Formen als Kunst generierendes Beobachtungsschema zu dienen, Kompatibilität mit der Funktion der Kunst[105], dann scheint Luhmanns Code-Bestimmung *passend/nicht passend* tatsächlich die – man ist hier beinahe geneigt *passenste*, muss aber wohl sagen: *wahrste* – Lösung zu sein.[106]

3.1 Die Unterscheidung von Code und Programm

Historisch kontingente Programme sind verantwortlich für die Verteilung der Codewerte innerhalb des Kunstsystems. Sie bestimmen, was als schön gilt und was nicht, sie regeln also, was passt, was stimmig ist und was nicht. Wenn hier und im Folgenden für die Codewerte immer noch von schön und hässlich die Rede ist, so wird nun diese Semantik ganz im Sinne des späteren Luhmanns gebraucht: Die Semantik von schön und hässlich „bringt (...) nichts anderes zum Ausdruck als ein zusammenfassendes Urteil über stimmig/unstimmig"[107], bzw. über passend/nicht passend.

Die Differenz von stabilem Code und flexiblem Programm kannte die ästhetische Theorie nicht. Sie neigte daher dazu, aufgrund inhaltlicher und deshalb vergänglicher Bestimmungen Wesensaussagen über Kunst zu wagen, die immer nur von kurzfristiger Geltungsdauer waren. Schönheit im eigentlichen Sinne war lange Zeit ein solch bestimmendes Kriterium dafür, was Kunst ist und was nicht:

> „Bei Schönheit hatte die Tradition (...) an die Perfektionsform eines Werkes oder in einem Werk gedacht, also an eine Heraushebung, an eine Distinktion. Kunstwerke sind eben schön – oder anderenfalls keine Kunstwerke. Misslungene Kunst und Nichtkunst brauchten dann voneinander nicht unterschieden zu werden."[108]

Demgegenüber betont Luhmann, dass der Positivwert des Codes nicht als Höchstwert angesehen werden darf. Er ist bloß die Innenseite der Form schön/hässlich. Schönheit als die eine Seite des Codes bestimmt noch nicht, *was*

---

105 Vgl. zu dem für die Luhmannsche Kunsttheorie zentralen Gesichtspunkt der *Funktion* der Kunst, die ganz direkt an den Code *passend/nicht passend* anschließt und dadurch alle alternativen Codebestimmungen ausschließt, das siebte Kapitel des zweiten Teils dieser Arbeit: *Die Funktion der Kunst.*

106 Die Frage, inwiefern Luhmanns Kunstwissenschaft selbst Kunst, nämlich Textkunst und inwiefern sein systemtheoretisches Gebäude nach dem Kriterium passend/nichtpassend aufgebaut ist, stellt das fünfte Kapitel des vierten Teils dieser Arbeit: *Luhmanns (Kunst-)Sprache.*

107 Luhmann (1995), S. 317.

108 Luhmann (1995), S. 312.

schön ist oder *wie* ein Kunstwerk hergestellt werden soll, damit es stimmig ist. Schönheit in diesem Sinn ist keine inhaltliche Bestimmung, keine Aussage über ein Objekt, sondern nur die eine Seite einer inhaltlich noch unbestimmten Distinktion. Der Code des Kunstsystems bestimmt bloß, welche Operationen dem Kunstsystem zuzuordnen sind, nämlich diejenigen Beobachtungen, die nach passen/nichtpassen unterscheiden. Im Bezug auf die Verteilung seiner beiden Werte ist der Code gänzlich indifferent, er bestimmt nicht, was passt oder was als schön angesehen wird. Diese Aufgabe wird von Programmen übernommen:

> „Man muss (...) die positiv/negativ-Struktur der Codewerte unterscheiden von den Kriterien (oder: Programmen), die eine richtige Wahl des einen oder des anderen Wertes anleiten. Der positive Wert ist, mit anderen Worten, nicht schon ein sich selber begünstigender Wert, er ist nur die innere Seite einer Form, die eine andere Seite voraussetzt und ohne andere Seite auch gar nicht bezeichnet werden könnte. (...) Wenn man Codierung und Programmierung unterscheiden will, muss man darauf verzichten, Schönheit inhaltlich (...) zu bestimmen."[109]

Der Code ist verantwortlich für die Einheit eines Systems. Sein hoher Abstraktionsgrad hat aber zur Folge, dass er selbst die inhaltliche Bestimmung und Verteilung seiner Werte nicht regeln kann. Genau dies wird von Programmen geleistet, welche also festlegen, was jeweils passt und was nicht.

Programme werden in der „Relevanzhierarchie der Selbstorganisation als geringwertig angesehen. Sie gelten zum Beispiel nicht für alle Fälle, nicht für jede Operation, nicht mit Bezug auf die Einheit des Ganzen."[110] Luhmann vergleicht den theoretischen Status der Programme mit dem *supplément* Derridas und mit den *Parasiten* Michel Serres:

> „Die abstrakte Zweiwertigkeit, mit der ein Beobachter Kunstoperationen beobachtet, erfordert ein Drittes – etwas, was Derrida vielleicht ‚supplément' nennen würde, eine Ergänzung die respektiert und zugleich nicht respektiert, dass das System unter der Logik des ausgeschlossenen Dritten operiert. (...) Sie [Die Programme] sind in der Terminologie von Michel Serres die ‚Parasiten' des Systems: die eingeschlossenen ausgeschlossenen Dritten."[111]

Was aber muss man sich unter einem Programm eines Kunstwerks vorstellen? Laut Luhmann schafft sich jedes Kunstwerk selbst sein Programm: Luhmann spricht von der *Selbstprogrammierung des Kunstwerks*.

---

109 Luhmann (1995), S. 314.
110 Luhmann (1995), S. 314.
111 Luhmann (1995), S. 314 f.

Programme entscheiden darüber, ob ein Kunstwerk gelungen oder misslungen ist. Gemäß dem Code der Kunst ist ein Kunstwerks gelungen, wenn seine Formfestlegungen zueinander passen, wenn „ein Beobachter die Kontrolle über das Zusammenspiel der Formen“[112] nicht verliert.

Das vom Kunstsystem eingeforderte Kriterium der Neuheit verbietet die Existenz von Regeln und Rezepten für die Herstellung oder Beurteilung von Kunstwerken, weil erkennbare Regeln ja gerade nicht mehr neu sein können. Nach Luhmann ist die Lehre vom guten Geschmack, welche Codierung und Programmierung noch nicht deutlich unterscheidet, der letzte Versuch, die „Frage, ob eine nicht in die Form von Regeln zu bringende Kunstprogrammatik überhaupt möglich ist“[113], positiv zu beantworten. Sieht man vom Kontext, vom philosophischen Hintergrund ab, so ist Luhmanns Charakterisierung von Programmen der Kunst nicht allzu weit entfernt von der Lehre des guten Geschmacks.[114] Luhmanns Bestimmung lautet, „dass jedes Kunstwerk sein eigenes Programm ist und sich, wenn genau das gezeigt werden kann, als gelungen und eben damit als neu erweist.“[115] Jedes Kunstwerk ist sein eigenes Programm, und ob es gelungen ist oder nicht, kann von einem Beobachter festgestellt werden. Luhmann interpretiert Kants Ästhetik ganz im Sinne dieser Selbstprogrammierung des Kunstwerks:

> „In der kantischen Formulierung erscheint Selbstprogrammierung des Kunstwerks als Freiheit des Beobachters, sein Erkenntnisvermögen ohne strenge Führung durch Begriffe spielen zu lassen. Die Rede vom ‚Selbstzweck‘, von der Zweckmäßigkeit

---

112 Luhmann (1995), S. 328.

113 Luhmann (1995), S. 327.

114 Niels Werber sieht Luhmanns Theorie der Selbstprogrammierung des Kunstwerks nicht im Kontext von Kants Lehre des guten Geschmacks, sondern im Kontext von Friedrich Schlegels Hermeneutik: „Luhmanns am Werkbegriff orientierte Systemtheorie der Kunst mündet in eine Hermeneutik, die vor 200 Jahren auf das Problem der Individualität der Kunstwerke mit der Forderung reagiert hatte, die Werke nur noch mit sich selbst zu vergleichen. Friedrich Schlegel etwa sprach in seiner Rezension des ‚Wilhelm Meister‘ vom ‚Genius‘ des Werkes, der alle seine ‚Atome‘ zu einer überzeugenden ‚Einheit‘ organisiert. Jede Formentscheidung im Detail müsse mit der ‚Organisation des Werks‘ im Einklang stehen, um das höchste Lob zu rechtfertigen.“ Werber (1996), S. 172.

115 Luhmann (1995), S. 328. Hier setzt Luhmanns Kritik an Dantos Kunsttheorie an. Er setzt obiges Zitat so fort: „Die Programmatik durchdringt, könnte man sagen, das Einzelwerk, und erlaubt dann kein zweites derselben Ausführung mehr. Was damit begrifflich ausgeschlossen wird, ist der Fall, auf den Arthur Danto seine Kunsttheorie konzentriert: dass völlig gleich aussehende, ästhetisch nicht unterscheidbare Objekte durch Interpretationen zu verschiedenen Kunstwerken ‚transfiguriert‘ werden. (Nicht ausgeschlossen ist selbstverständlich, dass ein und dasselbe Kunstwerk verschieden interpretiert werden kann.)“

> ohne Zweck hat, bei Kant jedenfalls, genau diesen Sinn, Kunst von begrifflich fixierter Erkenntnis unterscheidbar zu machen. Diese Version registriert, formuliert aber nicht das, was wir hier Selbstprogrammierung nennen. (...) Immerhin bleibt, dass im Begriff der Freiheit die Frage nach dem Beobachter gestellt – und zugleich blockiert wird: die Frage nach dem Beobachter eines sich selbst programmierenden Kunstwerks."[116]

Luhmann kritisiert die Abstraktheit von Kants Analyse, den Umstand, dass dabei „die Kunst selbst noch kaum zur Sprache"[117] kommt. Es stellt sich die Frage, inwiefern diese Kritik auch auf Luhmanns Theorie zutrifft.

Was ist unter der „Frage nach dem Beobachter eines sich selbst programmierenden Kunstwerks" zu verstehen? Es ist die Frage, wie ein Kunstwerk adäquat beobachtet werden kann, wobei das Beobachten sowohl als herstellendes wie auch als betrachtendes Beobachten zu verstehen ist. Die Antwort lautet, dass das Erkennen des Programms, das sich das Kunstwerk selbst gibt, Bedingung für ein adäquates Beobachten ist: „Nur wenn man erkennt, wie es die Regeln, nach denen sich die eigene Formenwahl richtet, aus eben dieser Formenwahl entnimmt, kann man ein modernes Kunstwerk adäquat beobachten."[118] Das Kunstwerk selbst bestimmt, welche Beobachtungslinien Erfolg versprechend und welche unpassend oder korrekturbedürftig sind. Da jedes Kunstwerk andere Bedingungen an das Beobachten stellt, lässt sich das Wie des Beobachtens nicht weiter spezifizieren. Die Regeln, nach denen sich die Formenwahl eines Kunstwerks richtet, ergeben sich „nicht aus Gesetzen, sondern daraus, dass und wie man angefangen hat"[119]:

> „Selbstprogrammierung soll nicht heißen, das einzelne Kunstwerk sei ein autopoietisches, sich selbst erzeugendes System. Man kann jedoch sagen: es konstituiere die Bedingungen seiner eigenen Entscheidungsmöglichkeiten. Oder: es beobachte sich selbst. Oder vielleicht genauer: es sei nur als Selbstbeobachter beobachtbar."[120]

Luhmanns Unterscheidung von stabilem Code und variablen Programmen scheint eine neuartige Möglichkeit zur Überwindung des Essentialismusproblems zu bieten. Es stellt sich jedoch die Frage: Wird die Essentialismus-Problematik nicht einfach von der Ebene des Codes auf diejenige der Programme verlegt und bleibt damit als solche ungelöst? Oder wird das Wesen der Kunst

116 Luhmann (1995), S. 329.
117 Luhmann (1995), S. 329.
118 Luhmann (1995), S. 331.
119 Luhmann (1995), S. 330.
120 Luhmann (1995), S. 331. Vgl. hierzu auch das Kapitel *Die Selbstreferentialität der malerischen Oberfläche* in Huber (2005).

durch Luhmann auf der sehr abstrakten Ebene des Codes bestimmt? Ist es also das Wesen der Kunst, nach passen/nichtpassen zu unterscheiden?

Die Annahme, dass Programme die Essenz oder das Wesen der Kunst ausdrücken, ist zunächst wenig plausibel. Von einem Wesen der Kunst zu sprechen macht nur dann Sinn, wenn dieses Wesen als ein allen Kunstwerken zugrunde liegendes und unveränderliches Etwas betrachtet wird. Wenn jedes Kunstwerk jedoch sein eigenes Programm ist, sich aus sich selbst heraus programmiert, ist ein Bezug auf ein allen Kunstwerken gemeinsames Wesen schwer vorstellbar, denn die Selbstprogrammierung schafft enorme Freiheiten und erlaubt die Realisation unterschiedlichster Kunstwerke.

Der sich als dezidiert antimetaphysisch deklarierenden Theorie Luhmanns schleicht sich aber dann eine essentialistische Tendenz gleichsam unter der Hand wieder ein, wenn man die *Selbstprogrammierung* des Kunstwerks als solche als das Wesen der Kunst bezeichnet. Sich selbst programmieren zu müssen, aus dem Nichts eine Ordnung aufzubauen, deren Entstehen nachvollzogen werden kann, wäre dann das Wesen der Kunst. Und der leitende Gesichtspunkt der Selbstprogrammierung, der Code passen/nicht passen, wäre dann für die jeweilige Realisierung der Essenz verantwortlich.

Will man in dieser theoretischen Anlage also von einem Wesen der Kunst überhaupt noch sprechen, so kann man mit Luhmann sagen: „Das ‚Wesen' der Kunst ist die Selbstprogrammierung der Kunstwerke."[121] Es gibt also auch bei Luhmann so etwas wie ein Wesen der Kunst. Und es fragt sich, wie gerechtfertigt es ist, dass Luhmann von einem ‚Wesen' *in Anführungszeichen* spricht. Ist die Selbstprogrammierung des Kunstwerks nicht das Wesen der Kunst: *Wesen* ganz traditionell verstanden?

3.3 Kunstwerk, Stil, Kunstsystem

Die Selbstprogrammierung der Kunst wirft die Frage auf: Wenn sich jedes einzelne Kunstwerk selbständig und unabhängig, also auch unabhängig von anderen Kunstwerken, programmiert, sind dann die einzelnen Kunstwerke völlig zusammenhangslos zu denken? „Müsste das dann nicht heißen: Zufallsentstehung oder mindestens: Neubeginn in jedem Einzelfall?"[122] Müsste man dann nicht von der Autopoiesis jedes einzelnen *Kunstwerks* sprechen und die Autopoiesis des *Kunstsystems* wäre bedeutungslos?

---

121 Luhmann (1995), S. 332.
122 Luhmann (1995), S. 336.

Im Kontext dieses Problems führt Luhmann in seinem Aufsatz *Das Kunstwerk und die Selbstreproduktion der Kunst* den Begriff des *Stils* ein.[123] Schaffen Stile eine Verbindung zwischen den einzelnen Kunstwerken und der Ebene des Kunstsystems? Luhmann ist hier sehr vorsichtig und betont, dass Stile keine Metaprogramme sind. Stile liefern keine genauen Anweisungen dafür, was passt und was nicht. Es genügt nicht, einen Stil zu befolgen, um ein Kunstwerk zu generieren, das neu und einzigartig sein soll. Stile sind keine Anweisungsprogramme und doch scheinen sie den Zusammenhang einzelner Kunstwerke zu gewährleisten:

> „Einerseits ist (...) Stil kein Rezept und kein Entscheidungsprogramm, anhand dessen man die Richtigkeit der Ausführung und die Richtigkeit der Beurteilung eines Kunstwerkes beurteilen könnte. Dies zu steuern nimmt in historisch zunehmendem Maße das Kunstwerk selbst in Anspruch. Andererseits kann man sich aber nicht alles gefallen lassen. Die Souveränitätsproklamation des Kunstwerks wirft (...) das Problem der Beliebigkeit und der Willkürkontrolle auf; und hier scheint man (...) auf Stil zurückzugreifen."[124]

Die Ausdifferenzierung des Kunstsystems führt zur Individualisierung von Kunstwerken, bis schließlich „ab Mitte des 18. Jahrhunderts die Einmaligkeit des Objekts zur Anerkennungsbedingung wird"[125]. Das mit der Einmaligkeit, der Selbstprogrammierung des Kunstwerks verbundene Problem der Vereinzelung und Zusammenhangslosigkeit führt zur Fokussierung auf Stile:

> „Der Stil eines Kunstwerks ermöglicht es, zu erkennen, was es anderen Kunstwerken verdankt und was es für weitere, neue Kunstwerke bedeutet. (...) Die Funktion des Stils ist es, den Beitrag des Kunstwerks zur Autopoiesis der Kunst zu organisieren und zwar in gewisser Weise gegen die Intention des Kunstwerks selbst, die auf Geschlossenheit geht. Der Stil entspricht und widerspricht der Autonomie des Einzelkunstwerks. Er respektiert sie und zweigt trotzdem einen Mehrwert ab. Er belässt dem Kunstwerk seine Einmaligkeit und zieht gleichwohl Verbindungslinien zu anderen Kunstwerken."[126]

---

123 Vgl. hierzu auch Daianat/Kruckis (1996).

124 Luhmann (1986 b), S. 636.

125 Luhmann (1986 b), S. 659.

126 Luhmann (1986 b), S. 632. Wie ein Kunstwerk einzigartig und trotzdem einem Stil angehören kann, wird auch von Werber (1995), S. 205 ff. diskutiert. Werber führt an, dass dieses Problem der Kommensurabilität des Inkommensurablen traditionell mit der Unterscheidung einer Tiefenstruktur von einer Oberflächenstruktur angegangen wird.

Stil ist das, was ein Kunstwerk mit anderen Kunstwerken verbindet und dadurch die Autopoiesis des Kunstsystems ermöglicht. Autopoiesis heißt in diesem Fall aber nur: „*dass überhaupt* ... (weiterhin Kunst möglich ist), und sagt nicht: *wie* ..."[127]

Ein Kunstwerk kann an einem Stil teilhaben, indem es sich selbst mit vorausgegangener Kunst vergleicht. Es setzt sich in Beziehung zu anderen Kunstwerken, ohne sich durch sie programmieren zu lassen. Der Bezug auf andere Werke ist ambivalent, ein Es-so-*und-doch-anders*-Machen:

> Das Kunstwerk „vergleicht sich selbst mit vorausgegangener Kunst, sucht und gewinnt Abstand, zielt auf Differenz, schließt etwas aus, was als möglich schon vorhanden ist. Dadurch definiert es seinen Stil oder seine Stilzugehörigkeit."[128]

Anderenorts beschreibt Luhmann den Beitrag eines Stils zu einem Kunstwerk als „Beschränkung der Selbstselektion". Dies ist nur eine negative Bestimmung und darf nicht mit der Selbstprogrammierung des Kunstwerks verwechselt werden, wie Luhmann betont:

> „Die Individualisierung des Kunstwerks verlangt (...), dass in einem konkret entscheidenden Sinne das Kunstwerk sich selbst Programm ist, das heißt selbst limitiert, was in ihm möglich bzw. unmöglich ist. Stil ist dann nur, wie in anderer Weise auch das Kunstwerk selbst, Beschränkung der Selbstselektion"[129].

In seinem 1986 publizierte Aufsatz *Das Kunstwerk und die Selbstreproduktion der Kunst*, von dem bislang die Rede war, spricht Luhmann dem Stil nicht nur eine wichtige Vermittlungsfunktion zwischen Werk und System zu. Weit darüber hinausgehend etabliert er Stil sogar als „Kontaktebene zwischen Kunstsystem und gesellschaftlicher Umwelt"[130]. Diese Auffassung teilt Luhmann 1995 in *Die Kunst der Gesellschaft* nicht mehr. Er gewichtet nun die Selbstprogrammierung des Kunstwerks stärker:

> „Die Besonderheit des Kunstsystems im Vergleich zu anderen Funktionssystemen liegt weniger in den Namen der Codewerte, als vielmehr darin, dass die Asymmetrisierung (Konditionierung, Zeitbildung und Zeitgebrauch) weitgehend dem einzelnen Kunstwerk selbst obliegt und Zwischenebenen wie Regeln oder Stilvorstellungen zwar möglich, aber weitgehend entbehrlich sind."[131]

---

127 Luhmann (1986 b), S. 645.
128 Luhmann (1986 b), S. 643.
129 Luhmann (1986 b), S. 648.
130 Luhmann (1986 b), S. 646.
131 Luhmann (1995), S. 306.

Gleichwohl kommen auch in *Die Kunst der Gesellschaft* Kunstwerke nicht als vereinzelte und gegeneinander abgeschottete Einheiten vor. Luhmann setzt den Mechanismus der Autopoiesis nach wie vor nicht schon auf der Ebene der Kunstwerke, sondern erst auf derjenigen des Kunstsystems an. Die Vernetzung der einzelnen Kunstwerke zum System der Kunst erklärt sich nun nicht mehr durch die Zwischenebene des Stils: Sie ist vielmehr dadurch gegeben, dass die Elemente, aus denen Kunst besteht, Kommunikationen oder Beobachtungen, nicht an den Grenzen einzelner Werke Halt machen. Das Einzelwerk wird als „verdichtete Kompaktkommunikation“[132] gefasst, als ein Formenarrangement, das die Beobachtungen des Künstlers bindet und die Beobachtungen des Rezipienten lenkt.[133]

Der Systemcharakter der Kunst ergibt sich auch dadurch, dass ein Kunstwerk immer auf andere Kunstwerke angewiesen ist: es nimmt Bezug auf vorangehende und verweist auf kommende, es ist als einzelnes nur sehr beschränkt verstehbar. Ein Kunstwerk kommt, so Luhmann,

> „nur durch rekursive Vernetzung mit anderen Kunstwerken und breit gestreuter verbaler Kommunikation über Kunst, mit technisch reproduzierten Abbildungen, Ausstellungen, Museen, Theater, Gebäude usw. zustande. (...) Ein Kunstwerk ohne andere ist ebenso unmöglich wie eine Kommunikation ohne andere; und dies dann noch wiederholt innerhalb der Kunstarten, für Sonaten und Sonette, und für Statuen und für Stilleben, für Novellen wie für Komödien und Tragödien.“[134]

Unter Rückgriff auf Spencer-Brown'sche Begriffe sieht Luhmann die doppelte Bezogenheit des einzelnen Kunstwerks auf bereits vorliegende und auf zukünftige Kunstwerke ermöglicht durch die systeminterne *memory function* und die *oscillator function*. Das durch die *memory function* geschaffene Gedächtnis wird dabei verstanden als „Präsentation der Gegenwart als Resultat der Vergangenheit“ oder, anders gefasst, als „Ergebnis eines laufenden Diskriminierens von Vergessen und Erinnern“[135]. Mit der *oscillator function* hält sich das System die

---

132 Luhmann (1995), S. 90.

133 Von z.T. anderen Voraussetzungen als vorliegende Arbeit ausgehend, sieht Natalie Binczek im *Ornament* die Möglichkeit begründet, eine Brücke zwischen Kunstwerk und Kunstsystem schlagen zu können: „Mit der Einführung des Ornaments begegnet Luhmann all jenen Problemen, die aus der Zentrierung des Kunstsystems auf das einzelne, in sich zerstreute, Kunstwerk erwachsen: so z.B. der Beobachtung/Operation-Unterscheidung im Verhältnis zur System/Umwelt-Differenz. Mit der Einheit des Ornaments sichert Luhmann den internen Zusammenhalt der einzelnen Werke ab ebenso wie die Reproduktion des gesamten Kunstsystems, das von dem Dilemma gezeichnet ist, ohne eine vorbehaltlos benennbare binäre Codierung auskommen zu müssen.“ Binczek (2002), S. 114.

134 Luhmann (1995), S. 90.

135 Luhmann (1996 a), S. 329.

Zukunft offen: Jede benutzte Unterscheidung lässt einen Spielraum an nicht genutzten Möglichkeiten offen. Der Bezug auf die Vergangenheit und die Zukunft bettet das einzelne Werk in das System ein:

> „Mit der memory function bindet sich das System an die eigene, nicht mehr zu ändernde Vergangenheit. Es erzeugt auf diese Weise eine Gegenwart mit Vergangenheitshorizont, um sich selbst zu motivieren, vom gegenwärtigen Weltzustand auszugehen und nicht in jedem Moment alles als neu und unbekannt vorauszusetzen und von vorne anzufangen. (...) Es gibt deshalb keine ‚ursprüngliche' Gegenwart, keine Gegenwart, die ihr eigener Ursprung wäre. (...) Die *Differenz* der *gleichzeitig benötigten* memory und oscillator functions macht es nötig, Zeit zu konstruieren, Vergangenheit und Zukunft zu unterscheiden und dazwischen eine Gegenwart vorzusehen, in der allein das System operieren kann. (...) Die Zeithorizonte verschieben sich nur mit den, ja durch die Operationen des Systems, so dass von Moment zu Moment immer neue Vergangenheiten und Zukünfte selegiert werden."[136]

Mit den Begriffen der *memory function* und der *oscillator function*, mit der *rekursiven Vernetzung* von Kunstwerken, mit der Auffassung des Kunstwerks als *Kompaktkommunikation* sowie mit dem *Stilbegriff* versucht Luhmann aufzuweisen, dass das einzelne Kunstwerk nicht ein autopoietisches System sei. Als Soziologe und Systemtheoretiker muss Luhmann daran gelegen sein, den Systemcharakter des gesamten Kunstsystems in den Blick zu nehmen und der Vereinzelung der einzelnen Kunstwerke entgegen zu arbeiten. Die vorliegende Arbeit will nicht darüber hinwegtäuschen, dass dies Luhmann nur sehr beschränkt gelingt. Das liegt einerseits daran, dass die Theorie der Selbstprogrammierung hier nicht trennscharf vom Begriff der Autopoiesis abgegrenzt werden kann und so auf eine Werktheorie der Kunst hinausläuft. Andererseits ist in allen Schriften Luhmanns zur Kunst ein auffälliges Fehlen von Elementen auszumachen, die eine Verbindung einzelner Werke herstellen könnten: Gerade der Soziologe Luhmann unterlässt es erstaunlicherweise, die Funktion etwa von Museen, Galerien, Ausstellungsmachern, Firmensammlungen, Verlagen usw. zu analysieren.

Luhmann versucht hier einen Spagat. Er hebt die Selbstbezogenheit des Kunstwerks hervor ohne die Bezogenheit auf das Kunstsystem zu leugnen. Er wehrt sich deshalb dagegen, im Bezug auf das Einzelwerk von Autopoiesis zu sprechen, weil in seinem oftmals radikalen und deshalb – wie wir zunehmend feststellen werden – problematischen Denken Autopoiesis ein Begriff ist, der gar keinen Fremdbezug zulässt. Das Thema von Offenheit und Geschlossenheit, von Vernetzung, struktureller Kopplung usw. einerseits und Autopoiesis, Selbstreferenz usw. andererseits ist *das* Generalthema und *das* Generalproblem von Luh-

136 Luhmann (1996 a), S. 330 f.

manns Denken überhaupt. Von Luhmann liegen hier wohl eindeutige Antworten vor – diese stehen aber oft in einem eklatanten Widerspruch zueinander. Diese Spannung herauszuarbeiten ist die Aufgabe, die sich vorliegende Arbeit stellt.

Selbstprogrammierung des Kunstwerks besagt nach dem Verständnis der vorliegenden Arbeit, dass sich das einzelne Werk *hauptsächlich* auf sich selbst bezieht. Da es aber auch über es hinausweisende Verbindungslinien, in erster Linie solche zu anderen Kunstwerken, unterhält, darf hier nicht von *Autopoiesis* gesprochen werden.

Ein interessantes Bindeglied zwischen der für die Selbstreferenz verantwortlichen Selbstprogrammierung des Einzelwerks und dem für die Vernetzung des gesamten Kunstsystems verantwortlichen Code kann im Begriff der *Neuheit* gesehen werden.

Die Orientierung an Rezepten und Regeln – man denke etwa an die Zentralperspektive –, die lange Zeit für die Kunst ausschlaggebend war, gerät in der Neuzeit zusehendes in Bedrängnis. Das Kriterium der Neuheit gewinnt an Wichtigkeit. „Schon im 16. Jahrhundert häufen sich Hinweise darauf, dass Neuheit eine Bedingung dafür sei, dass Kunstwerke überraschen – und gefallen.“[137] Neuheit wird als Bedingung des Gefallens von Kunstwerken gefordert. Dieses Kriterium grenzt Kunst gegen andere Funktionssysteme ab, gegen Religion, Politik, Recht, Wissenschaft usw.

Das Beobachtungsschema neu/alt gewinnt durch die Ausdifferenzierung des Kunstsystems als geschlossenes System an Bedeutung und verlagert die Orientierung von der Sachdimension in die Zeitdimension, mit der Konsequenz einer weiteren selbstreferentiellen Schließung des Systems:

> „Die Sachweltabkopplung des Systems wird bewusst und wird als Autonomie gefeiert. Damit entfallen Repräsentations-, Imitations-, Korrespondenzannahmen, und für die Orientierung des Systems an sich selbst bietet sich die Zeitdimension als Beobachtungsschema an. Wenn es nicht mehr ausreicht, die Objekte abzubilden, müssen statt dessen andere systeminterne Kriterien entwickelt werden. Der dafür benutzte Slogan lautet seit dem 17. Jahrhundert: nur das Neue gefällt.“[138]

Im Unterschied zu schlichter Sachweltabhängigkeit und einfacher Kontinuität bedarf das Neue der Zurechnung und Begründung. Es entstehen „Tendenzen zur Personalisierung der Zurechnung bis hin zum Geniekult und andererseits Kriteriendiskussionen mit Abstraktionstendenzen, denn der Vergleich von neu und alt ist nicht so leicht zu vollziehen wie der von Gegenstand und Abbild.“[139]

---

137 Luhmann (1995), S. 324.
138 Luhmann (1990 a), S. 31.
139 Luhmann (1990 a), S. 31.

Das Kriterium der Neuheit bringt Probleme mit sich: So lässt sich das Kunstsystem nicht nach neu/alt codieren, denn damit würde man die gesamte vorliegende Kunst desavouieren. Neuheit eignet sich aber auch nicht als Programmformel, da sie als solche zu unspezifisch wäre: Sie gibt nicht zu erkennen, welche Neuerungen als Kunst qualifiziert sind und welche als misslungen abzulehnen sind. Neuheit als Erfordernis von Kunstwerken ist also weder auf der Ebene der Codierung noch auf der Ebene der Programmierung anzusiedeln. Der Beitrag der Neuheit für die Kunst liegt vielmehr in ihrer Scharnierfunktion zwischen Codierung und Programmierung:

> „Wie kommt man (...) zu Kriterien, die es ermöglichen, auch Neuerungen noch als misslungen abzulehnen? Die Lösung liegt in einer Differenzierung von Codierung und Programmierung. Der Code kann als binärer Schematismus stabil gehalten werden, während alles, was die Programmfunktion der richtigen Zuordnung der Codewerte erfüllt, dem Wechsel, dem Zeitgeist, dem Neuheitsgebot überlassen bleiben kann. Das Neuheitspostulat scheint mithin auf eine Scharnierfunktion hinauszulaufen, die Codierung und Programmierung trennt und verbindet."[140]

Die Programme des Kunstsystems sind also einer ständigen Neuerung unterzogen. Was zu einer gegebenen Zeit als passend bzw. unpassend bewertet wird, was also Eingang in das Kommunikationssystem Kunst erhält, wird von Programmen geregelt, die unter Neuerungsdruck stehen.

3.4 Die Welt als Fremdreferenz des sich selbst programmierenden Kunstwerks

Selbstprogrammierung des Kunstwerks bedeutet, dass keine kunstexternen Kriterien darüber entscheiden können, was passt und was nicht. Selbstprogrammierung bedeutet also, „dass die Direktiven für die Ausarbeitung und Beurteilung des Kunstwerks dem Kunstwerk selbst entnommen werden müssen"[141]. Was dies für den Aufbau und den Kontextbezug von Kunstwerken bedeutet, macht Elena Esposito am Beispiel des Romans und der perspektivischen Malerei deutlich:

> „Es handelt sich (...) [beim Roman] um den immer deutlicheren Bezug auf eine ‚narrative Notwendigkeit' (...), die von Gegebenheiten und Notwendigkeiten außerhalb des Kunstwerks vollkommen unabhängig ist und sich an eigenen Regeln und an eigenen Kriterien orientiert. Um den Roman zu interpretieren, nutzt es dann nichts, sich auf die Welt zu beziehen: nur die Anhaltspunkte gelten, die aus den Elementen innerhalb des Werkes gewonnen werden. Vom Bezug auf den Kontext geht man zu

140 Luhmann (1995), S. 326 f.
141 Luhmann (1995), S.334.

> einem drastischen Bezug auf den reinen Co-Text über. Ähnliche Betrachtungen gelten für die Entwicklung der Perspektive von der Renaissance an: es gilt heute als ziemlich selbstverständlich, dass eine zentralperspektivische Darstellung (...) deshalb realistisch aussieht (...), weil sie darauf abzielt, einen autonomen Repräsentationsraum ohne jeglichen Außenbezug herzustellen: weil sie also eine eigene fiktionale Realität produziert. Es handelt sich um einen Raum, der nichts natürliches mehr hat (man spricht von ‚perspectiva artificialis' (...)) und durch die Orientierung an einer Reihe vorgegebener Regeln produziert wird: es genügt, die Regeln zu befolgen, um ein Objekt herzustellen, das als fiktionale Realität absolut ‚realistisch', aber vollkommen autonom von der realen Realität außerhalb der künstlerischen Schaffung ist."[142]

Die ersten Festlegungen eines Kunstwerkes geben das Gesetz für alles Folgende. Wie angefangen werden kann ist weder strikt festgelegt noch völlig beliebig. Sicher ist, dass aus der Umwelt des Kunstsystems keine Direktiven unmittelbar Einfluss nehmen können. Die Kunst scheint vielmehr auf ihre eigene Geschichte verwiesen zu sein, „sei es an die Geschichte der Herstellung und Betrachtung eines Werkes im Einzelfall, sei es an die Stilgeschichte, an die Intertextualität des Kunstsystems selbst."[143]

Die Selbstreferentialität der Kunst führt unausweichlich eine Fremdreferenz mit sich. Ganz gemäß Luhmanns Formtheorie, die besagt, dass eine Form immer eine Zwei-Seiten-Form ist. Selbstprogrammierung ist ein Fall von Selbstreferenz, und Selbstreferenz ist nur möglich, wenn sie das, was sie bezeichnet, unterscheidet. Selbstreferenz kann nur bezeichnet werden als die eine Seite einer Unterscheidung, sie setzt die Unterscheidung von Selbstreferenz und Fremdreferenz voraus. Die Frage ist dann aber: Was ist die Fremdreferenz des sich selbst programmierenden Kunstwerks? Luhmanns Antwort lautet:

> Die Fremdreferenz des sich selbst programmierenden Kunstwerks „kann nach der Logik der Beobachtung zweiter Ordnung nur das sein, was durch das Unterscheidungsschema der Beobachtung erster Ordnung (...) unsichtbar gemacht wird. Die Fremdreferenz referiert also das, was durch Einsetzen von Unterscheidungen in die Welt unbeobachtbar gemacht wird: die Welt in ihrer unreduzierbaren Einheit als stets mitfungierender unmarked space."[144]

So versteht denn Luhmann als eine der wichtigsten Errungenschaften der modernen Kunst das „Sehen des Nicht-Sehen-Könnens"[145], also, dass man durch das

142 Esposito (1996), S. 72 f. Vgl. dazu auch Esposito (1995).
143 Luhmann (1995), S. 332.
144 Luhmann (1995), S. 333.
145 Luhmann (1991 a), S. 63.

von der modernen Kunst verlangte Beobachten zweiter Ordnung „sieht, dass man nicht sieht, was man nicht sieht“[146]:

> „Wenn die Beobachtung der Welt unmöglich ist, weil die Welt nicht als solche bezeichnet werden kann, dann tritt an die Stelle dessen das Beobachten der Beobachter und mir scheint, dass es in allen Funktionssystemen so läuft, aber nur das Kunstwerk diese Möglichkeit um ihrer selbst willen realisieren kann.“[147]

Die Fremdreferenz eines Kunstwerks ist *als solche* unbeobachtbar. Ein Kunstwerk wird bezeichenbar, indem es eine Unterscheidung in die Welt einführt, wobei sich das Kunstwerk auf der Innenseite der Form entwickeln kann. Die Außenseite ist dann alles andere, von dem sich das Kunstwerk abgrenzt. Ein operativ geschlossenes System kann sich zwar auf sein Außen beziehen, aber seine Umwelt ist dann immer *seine* Umwelt, eine vom System und seinem Code selbst konstruierte Umwelt. Zum Verhältnis von System und Umwelt, von Selbstreferenz und Fremdreferenz ein längeres Zitat Luhmanns:

> „Autonome Systeme haben ein eigentümliches Verhältnis zur Welt. Aus ihrer operativen Geschlossenheit ergibt sich, dass sie sich zwar auf sich selbst und ihre Umwelt beziehen können; aber immer nur mit eigenen Operationen und immer nur so, dass *die* Umwelt *ihre* Umwelt ist. Auch die Unterscheidung von Selbstreferenz und Fremdreferenz wird mithin selbstreferentiell gehandhabt. Und die Einheit dieser Differenz, eben die Welt, ist dann ein genaues Korrelat dieser Selbstreferenz in der Unterscheidung von Selbstreferenz und Fremdreferenz. Mit einer seit Korzybski geläufigen, seit Borges berühmten Metapher kann man auch sagen, dass das System sich an Hand seiner Landkarte orientiert und zu diesem Zwecke Landkarte und Territorium unterscheiden muss – aber dies weder ohne Landkarte im Territorium noch auf der Landkarte selbst tun kann. Die Welt zieht sich als Korrelat der Selbstreferenz hinter die Unterscheidung von System und Umwelt zurück; sie bleibt ebenso wie das Beobachten selbst für das Beobachten unzugänglich.[148]

Wie Kunst auf diese Einsicht in die Nicht-Beobachtbarkeit der Welt reagiert, wie sie sich von Objektkunst zu Weltkunst wandelt, soll im nächsten Kapitel eingehender thematisiert und problematisiert werden.

---

146 Luhmann (1991 a), S. 62.
147 Luhmann (1991 a), S. 63.
148 Luhmann (1990 a), S. 42.

4. Das selbstreferentielle Kunstwerk

In einem ersten Schritt soll hier versucht werden darzustellen, wie ein Kunstwerk mit Luhmann zu denken ist. Wer ein Kunstwerk verstehen will, muss es als ein dynamisches Gebilde sehen, dessen internes Spiel von Beziehungen es nachzuvollziehen gilt. Im Zentrum stehen dabei die Begriffe *Kommunikation*, *Form*, *Code* und *Beobachtung*, die die Produktions- und die Rezeptionstheorie übergreifen, so dass Luhmanns Produktionstheorie auch seine Rezeptionstheorie enthält.

Der mit *Weltkunst* betitelte Abschnitt kreist um die schwierige Frage nach dem Weltgehalt von Kunst. Was sieht der Betrachter eines Kunstwerkes: Sieht er, was die Welt im Innersten zusammenhält? Oder sieht er bloß ein blutleeres, selbstgenügsames Formengefüge, dem jeder Bezug auf eine Realität außerhalb seiner fehlt?

Schließlich soll ein, sich auf Luhmann berufendes, mit ihm aber in Konflikt stehendes, Text-Kontext-Modell untersucht werden.

4.1 Theorie der künstlerischen Produktion

4.1.1 Die erste Formfestlegung

Ein Kunstwerk entsteht durch eine *erste Formfestlegung*, an die sich weitere anschließen. „Am Anfang ist die Differenz, der Einschnitt einer Form, die das weitere zu regulieren beginnt".[149] Die erste Klangfolge, der erste Satz, die ersten Tanzschritte, der erste Pinselstrich usw. präfigurieren das Folgende, und mit jeder hinzukommenden Form wird der Bereich der noch möglichen Anschlüsse eingeschränkt. Das Kunstwerk gibt sich selbst sein Gesetz, es limitiert sich selbst zunehmend. Mehr und mehr entzieht es sich selbst der Willkür. Auto-Komposition ist jedoch nur möglich, wenn das Kunstwerk schon angefangen hat. Über seinen Anfang kann das Kunstwerk aber nicht verfügen. Das Kunstwerk braucht eine erste Unterscheidung, um aus der Welt einen Bereich bestimmbarer Komplexität auszuschneiden.

Die ersten Unterscheidungen beziehen sich meistens auf die *Ausarbeitung* des Kunstwerks. Dabei geht es um erste Entscheidungen wie beispielsweise: weibliche Hauptfigur, Motiv der Identitätssuche, einfache Syntax, Schauplatz Dänemark und Grönland, Anlehnung an das Genre des Thrillers usw. Die ersten Unterscheidungen können sich aber auch auf den *eigentlichen Beginn* des Werks

149 Luhmann (1995), S. 45.

beziehen. Der erste Satz kann lauten: „Es friert, außerordentliche 18 Grad Celsius, und es schneit.“[150]

Diese erste Zäsur erfährt weder von der unbestimmt komplexen Welt noch vom entstehenden Werk einen Anlass: Sie muss in diesen beiden Hinsichten als Zufall angesehen werden. Luhmann spricht von der „Willkür allen Anfangens“[151]. Er begründet diese Zufälligkeit und Willkür der ersten Formfestlegung, der ersten Unterscheidung oder – was hier dasselbe ist – der ersten Beobachtung so:

> „Es ist ein allgemeines Gesetz des Beobachtens: Wer etwas beobachten will, muss *etwas* beobachten wollen und dies von anderem unterscheiden. Er muss bezeichnen und unterscheiden, also Unterscheiden und Bezeichnen unterscheiden können. Aber wie kann er den Akt des unterscheidenden Bezeichnens als einen Akt vollziehen, wie kann er operieren, wenn dies Operieren bereits eine eingebaute Differenz voraussetzt, die man zunächst unterscheiden müsste, nämlich die Unterscheidung der Bezeichnung von der Unterscheidung, die sie voraussetzt? Offenbar führt dies in einen infiniten Regress der Rückfrage nach der ersten Unterscheidung, die nie beantwortet werden kann, weil man eben dazu anfangen müsste zu unterscheiden. Also muss man anfangen. Der Formenkalkül Spencer Browns beginnt aus diesem Grund (...) mit einer Weisung: draw a distinction, die keiner Begründung bedarf, weil sie alle weiteren Operationen erzeugt.“[152]

Die erste Formfestlegung muss blind gesetzt werden. Sie ist weder durch Vorgriff bestimmbar noch reflexiv einholbar. Sie ist wie *immer schon da,* bevor man sich ihr gewahr werden kann.

Aber – so soll hier kritisch nachgefragt werden – kann es Zufall sein, wenn einer ein Buch beginnt mit: „Während ich, bevor Karrer verrückt geworden ist, nur am Mittwoch mit Oehler gegangen bin, gehe ich jetzt, nachdem Karrer verrückt geworden ist, auch am Montag mit Oehler.“[153]? Ist es eine bloße Laune des Zufalls, wenn zu einer ganz anderen Zeit ein Schriftsteller mit einer ganz anderen Biographie einen Text, der auch vom *Gehen,* von einem *Spaziergang* handelt, ganz anders beginnen lässt, nämlich so: „Eines Vormittags, da mich die Lust, einen Spaziergang zu machen, ankam, setzte ich den Hut auf den Kopf, lief aus dem Schreib- oder Geisteszimmer weg und die Treppe hinunter, um auf die Strasse zu eilen.“[154]?

---

150 Hoeg (1994), S. 7.

151 Luhmann (1995), S. 72. Siehe für eine kritische Auseinandersetzung mit der „Willkür allen Anfangens“ auch das sechste Kapitel des dritten Teils dieser Arbeit: *Kunst als autopoietisches Kommunikationssystem?*

152 Luhmann (1995), S. 72 f.

153 Bernhard (1971), S. 7.

154 Walser (1978), S. 7.

Luhmanns Theorie der Willkür des Anfangens ist nach Ansicht der vorliegenden Arbeit zu relativieren, denn radikal verstanden ist sie kaum haltbar. Zur Klärung soll hier deshalb unterschieden werden zwischen zwei Perspektiven, zwischen Referenzsystemen: dem Kommunikationssystem Kunst einerseits und dem psychischen System andererseits. Luhmann interessiert zu Recht primär das Kunstsystem als ein geschlossener Rahmen, innerhalb dessen alleine Kunstwerke entstehen können. Wie alle sozialen Systeme besteht das Kunstsystem aus *Kommunikationen*, nämlich aus Formen, deren Differenz zwischen *Information* und *Mittelung verstanden* werden können. An Kommunikation können nur Kommunikationen anschließen, nicht aber Gedanken. Psychische Systeme, Biographien usw. liegen also in der Umwelt des Kunstsystems und können dieses nur irritieren und nur zufällig etwas auslösen. Die Person des Künstlers dient hier lediglich als „eine Maschine zur Erzeugung von Zufällen“[155].

Etwas ganz anderes ist es aber, wenn man nicht das Kunst- als Referenzsystem betrachtet, sondern einen Künstler als psychisches System, das über eine ganz eigene Logik verfügt. Von der Biographie des Künstlers her gesehen, von seinen sprachlichen Fertigkeiten, seinem Temperament, seinem Erfahrungshorizont usw. ist die Entstehung eines Kunstwerks nicht zufällig. Der unter einer rheumatischen Krankheit leidende französische Maler Raoul Dufy war einer der ersten, denen das neu entdeckte Cortison Linderung verschaffte. „Er war so erleichtert über seine wiedergewonnene Bewegungsfreiheit, dass er sogleich eine leuchtende Anemone malte.“[156] Im Kontext von Dufy's Biographie macht es hier sicherlich wenig Sinn, von der Willkür allen Anfangens zu sprechen. So gesehen kann eine Biographie gewisse Anhaltspunkte liefern, mehr aber nicht: Ein strenger Vater macht keinen Kafka.

Bezieht man sich aber auf das Kunstsystem und betrachtet *vom entstehenden Kunstwerk aus* die erste Formfestlegung, so kann keine Krankheit und kein Medikament klärend herbeigezogen werden. Der Raum, der vor der ersten Formfestlegung existiert, ist gänzlich unbestimmt. Da er durch keine Differenz organisiert und kenntlich gemacht ist, gibt der *unmarked state* keine Direktiven. Erkennbares, Wahrnehmbares entsteht erst mit der Setzung der ersten Unterscheidung, die den *marked space* gegen den *unmarked space* abgrenzt und so auf ihrer Innenseite Raum schafft für ein entstehendes Werk. Das Werk ist dann aber immer nur die Innenseite einer Zwei-Seiten-Form. Und als Innenseite, als der eine Teil einer es konstituierenden Differenz, ist das Kunstwerk immer auf sein Außen bezogen. Mit der ersten Unterscheidung schafft sich das Werk also erst sein Umfeld. Genauer: Eine vom entstehenden Werk her gesehen zufällige erste

155 Luhmann (1990 a), S. 11.
156 Albrecht (2004), S. 23.

Unterscheidung schafft gleichzeitig die Rahmenbedingungen für das entstehende Kunstwerk und dessen Kontext.

Zu bemerken ist, dass die erste Formfestlegung sehr oft nicht von Bestand ist. Die ersten Unterscheidungen vieler Werke sind Skizzen, erste Notizen, Farbschichten, die dann wieder übermalt werden, erste Proben mit dem Orchester, dem Ensemble usw. Oft steht also der definitive Anfang eines fertigen Werks schon mitten im Geschehen und ist Produkt eines längeren Prozesses, ist bereits die Konsequenz eines irgendwann einmal vollzogenen Anfangens. Der Anfang ist immer schon gemacht.[157]

4.1.2 Formenkalkül

Sobald eine erste Unterscheidung gesetzt ist, übernimmt das Kunstwerk selbst die Kontrolle über seine weitere Ausarbeitung:

> „[M]an zeichnet eine erste Linie auf ein Stück Papier und sagt dann: Was fordert die Linie jetzt für den leeren Raum? Man schränkt die Beliebigkeit ein. Das ganze Kalkül ist eine Einschränkung von Beliebigkeit des Hinzufügens zu einer ersten Unterscheidung. Das macht die Sache faszinierend, weil es eine Art Ordnungsaufbau beschreibt, wo man – wie immer willkürlich man anfängt – nicht willkürlich weitermachen kann (...). [Z]unächst einmal fängt sich jede Beobachtung in ihren eigenen Vorgaben ein, und das Kalkül, die Idee ist, dass die Mathematik – und gerade eine strenge Mathematik – die Umwandlung von Beliebigkeit in Nicht-Beliebigkeit beschreibt. Mit ganz wenigen Axiomen."[158]

Luhmann überträgt das vom Mathematiker George Spencer-Brown in seinem Hauptwerk *Gesetze der Form* entwickelte Formenkalkül auf den Bereich künstlerischer Gestaltung. Das Formenkalkül zeigt sich bei der Entstehung eines Kunstwerks – so die Beobachtung der vorliegenden Arbeit – in vier Punkten:

1. Eine Form ist eine Differenz. Sie besteht aus einer Innenseite und einer Außenseite.
2. *Draw a distinction!* Der erste Schritt besteht in der beliebigen Setzung einer ersten Unterscheidung: „Auf Grund des bloßen Unterscheidens kommt die Operationssequenz quasi selbstläufig in Gang. Ihr Anfangsmotiv bleibt (...) ein Zufall und für den Aufbau von Ordnung irrelevant."[159]

---

157 Zum Problem des Anfangs eines Kunstwerks und seinen Paradoxien, mit einem Seitenblick auf Derridas *Spur* und Heideggers *Riss*, siehe auch Roberts (1997), S. 56-58.

158 Luhmann (1994), S. 83.

159 Luhmann (1995), S. 55.

3. Auf der Innenseite dieser ersten Form werden weitere Formen angeschlossen, die sich auf einander beziehen und die gemäß dem Code der Kunst passen müssen. Glied um Glied, aber auch in komplexen Strukturen, greifen die Formen ineinander über. Die bezeichnete Seite einer Form, der marked space, legt die offene Seite, den unmarked space, einer bestehenden Form fest. Die so angeschlossene Form hat als andere Seite selbst wieder eine offene Flanke, die nach Bestimmung, nach Festlegung durch eine weitere Form verlangt usw. Die offene Flanke, der unmarked space, kann nicht durch beliebige Formen fixiert werden, sondern nur durch passende, wobei der Spielraum des Passens mit zunehmender Komplexität des Werkes abnimmt: „Zum Kunstwerk wird ein Objekt dadurch, dass die Formen, die es intern verwendet, die Möglichkeiten der jeweils anderen Seite einschränkt."[160]
4. Das Kunstwerk ist vollendet, wenn der Zirkel der aufeinander Bezug nehmenden Formen geschlossen ist, wenn die Außenseite der letzten Form an die Innenseite der ersten anschließt und somit keine weiteren Formhinzufügungen mehr möglich sind: „Das Kunstwerk führt an sich selbst vor, dass und wie das kontingent Hergestellte, an sich gar nicht Notwendige schließlich als notwendig erscheint, weil es in einer Art Selbstlimitierung sich selbst alle Möglichkeiten nimmt, anders zu sein."[161]

Form als Differenz, die beliebige Setzung einer ersten Form, das interne Zirkulieren von passenden Formen und schließlich die Vollendung des Zirkels: Diese vier Punkte von Luhmanns Theorie künstlerischer Produktion werden in gedrängter Form nochmals in folgender Stelle ausgedrückt:

> „Die Außenseite dieser Form ‚ein Kunstwerk' bleibt unmarked space. Erst mit der Beobachtung der intern zu verwirklichenden Formen entsteht die Möglichkeit, auch über deren andere Seite zu disponieren, also dort Entscheidungen zu treffen, die wiederum das verändern, was jetzt als andere Seite (von der man ausgegangen war) fungiert. Die Möglichkeiten, etwas noch dazu Passendes zu finden, nehmen ab, die Schwierigkeiten des Weitermachens nehmen zu. Der Schwung des Anfangens verliert sich in den Bemühungen um Rettung des Begonnenen. Aber da jede Festlegung als Bezeichnung der einen und nicht der anderen Seite ihrer Form jene andere Seite mitkonstituiert, wird immer weiterer Bestimmungsbedarf erzeugt, bis die Formen sich zirkulär schließen, einander wechselseitig kommentieren und das bestätigen, womit man angefangen hatte."[162]

160 Luhmann (1995), S. 62.
161 Luhmann (1986 b), S. 625.
162 Luhmann (1995), S. 63.

Bei dieser operativen Theorie künstlerischer Produktion ist von einem strengen mathematischen Formenkalkül zunächst nicht viel zu sehen. Luhmann weiß natürlich, dass der Künstler in der Regel nicht mit mathematischen Mitteln arbeitet. Deshalb macht er sich auch nicht die vergebene Mühe, Spencer-Browns Axiome und Theoreme, seine Gleichungen ersten und zweiten Grades, seine Oszillator- und Modulatorfunktion usw. für den Bereich künstlerischer Produktion zu explizieren. Der für Luhmann zentrale Punkt ist aber wohl der rekursive Anschluss von Formen an Formen bei zunehmender Einschränkung der Beliebigkeit. Die Entstehung eines Kunstwerks ist insofern mit einem mathematischen Kalkül vergleichbar, als auch sie als ein rigides, strenges, nachvollziehbares Setzen von Formen verstanden werden muss. Die Produktion und Rezeption eines gelungenen Kunstwerks ist eine Wissenschaft, die an Präzision und Exaktheit einem mathematischen Kalkül nahe kommt, wenngleich sie auch viel offener ist.

Der Unterschied zur Mathematik besteht hauptsächlich darin, dass jedes Kunstwerk seine *eigene* Theorie aufstellt. Das Kunstwerk ist ein eigengesetzliches Gebilde. Es stellt seine Voraussetzungen und die Bedingungen seiner Rezeption selbst auf. Das sehr vage Kriterium des Passens ausgenommen, gibt es für die Wissenschaft der künstlerischen Produktion keine *allgemeingültigen Gesetze*. Das Problem der Formgesetze eines Kunstwerks muss jedes Werk selber lösen, es ist „eine Frage, die man an den Künstler oder auch an den Beobachter des Kunstwerks stellen müsste“[163].

4.1.3 Der Code regelt Formanschlüsse

Auf die Frage, wie der Formbegriff im Bereich der Kunst genauer zu verstehen ist, antwortet Luhmann so:

> „[M]it Form meine ich immer die Produktion einer Differenz, also einer Grenzlinie. Das kann natürlich ein Kreis sein oder eine schnell oder langsam, gerade oder gestrichelt gezeichnete Linie. Aber immer mit dem Effekt, dass es zwei Seiten unterscheidet. Und mit der Folge, dass man Zeit braucht, um die Grenze zu überschreiten, also nur mit einer besonderen gedanklichen oder faktischen Operation zur anderen Seite kommt. Und das bedeutet, dass man bei allen Entscheidungen, die man bei der Anfertigung eines Werks oder auch bei der Analyse oder der Beobachtung eines Kunstwerks trifft, immer auch die andere Seite der Form mitsehen muss; dass man also, wenn man sich um eine bestimmte Seite, einen bestimmten Teil eines Bildes oder eine bestimmte Szene eines Dramas besonders kümmert, immer mitüberlegen muss, was passiert denn woanders, wenn ich hier Intensität, Emphase, Farbe, Aufregung oder was immer hineinstecke. Der Formbegriff soll also diese Zeitstruktur des

163 Luhmann (1990 b), S. 56.

‚was dann nun' und ‚was jetzt, wenn ich dies tue' bewusst machen, aber auch anspielen auf die Frage: Wo steckt denn der Zusammenhang, wenn ich etwas Bestimmtes tue und dabei etwas anderes passiert oder ich anderes tun muss, um meinen Anfang zu korrigieren, sei es zu vollenden, zu ergänzen oder zu zerstören. Das ist der Sinn des Formbegriffs, die Fragen nach Zeit, Differenz und der Einheit eines Zusammenhangs in etwas unkonventioneller Art zu stellen."[164]

Neu hinzukommende Formen müssen zu den bereits festgelegten passen, was mit zunehmender Ausarbeitung schwieriger wird. Nach der zufälligen Fixierung einer ersten Unterscheidung muss die Entstehung eines Werks als ein *selbstreferentiell gesteuerter Prozess* angesehen werden:

„[N]ach dem Zufall des Anfangs übernimmt das Werk die Kontrolle über seine Produktion und reduziert den Künstler auf einen Beobachter, der mit allmählich abnehmenden Freiheitsgraden arbeiten muss. Und nachher gibt es nur noch die Möglichkeit des Akzeptierens oder Verwerfens, der Einpassung weiterer Unterscheidungen oder der Destruktion; also nur noch die Möglichkeit der binär codierten Tätigkeit."[165]

Das Kunstwerk, das als „Umarbeitung von Zufall in zufallsabhängige Notwendigkeit"[166] entsteht, orientiert sich am Code passen/nichtpassen. Die Operationen des Kunstsystems zeichnen sich dadurch als solche aus, dass bei ihnen stets die Frage gestellt wird, ob sie passen oder nicht. Es steht also nicht die Frage wahr oder falsch? recht oder unrecht? Immanenz oder Transzendenz? im Zentrum. Jeder Schritt kann einfach nur gelingen oder misslingen, was sich aber oft erst in der weiteren Arbeit herausstellt.

„Unbestritten ist (...), dass die Arbeit am Kunstwerk selbst binär codiert ist oder sich zumindest laufend orientiert an Unterscheidungen wie stimmig/unstimmig, belebend/tötend, passend/unpassend (...). Es liegt auf der Hand, dass dieser Code nur mit Bezug auf den gerade erreichten Stand der Herstellung des Kunstwerks angewandt werden kann und dass der Formfindungsprozess nicht wie eine programmierte Maschine, sondern eher wie eine historische Maschine abläuft, also wie eine Maschine, die sich durch den gerade erreichten eigenen Zustand determinieren lässt."[167]

Binäre Codierung ist insofern ein „Gegenbegriff zu mechanischer Anfertigung Schritt für Schritt nach einem Plan, der nur noch richtige Ausführung oder Fehler zulässt"[168], als dass jede Form in ein ständig sich wandelndes räumlich und zeit-

164 Luhmann (1990 b), S. 55.
165 Luhmann (1990 a), S. 11.
166 Luhmann (1990 a), S. 11.
167 Luhmann (1990 a), S. 29.
168 Luhmann (1990 a), S. 11.

lich komplexes Gefüge eingepasst werden muss, und möglicherweise erst von einem anderen Ort oder zu einer anderen Zeit entschieden werden kann, ob die Form tatsächlich passt oder nicht.[169]

4.1.4 Kunst diszipliniert das Beobachten

Der abstrakte binäre Code passen/nicht passen lenkt – unterstützt von konkreteren Programmen, welche die Verteilung der Codewerte bestimmen – die Entstehung des einzelnen Kunstwerks und garantiert zugleich die Zugehörigkeit von Werken zum Kunstsystem. Die binär codierten Operationen des Kunstsystems disziplinieren das Beobachten, und zwar sowohl das Beobachten des Künstlers, der die bereits fixierten Beobachtungen beobachten muss, um entscheiden zu können, welche weiteren dazu passen, als auch die Beobachtungen des Betrachters, der die Eigentümlichkeit des Werks nur durch dessen Beobachtungsgefüge erschließen kann: „Der Künstler selbst muss (...) sein entstehendes Werk so beobachten, dass er erkennen kann, wie andere es beobachten werden. Er kann dabei nicht wissen, wie andere (...) das Werk in ihr Bewusstsein aufnehmen werden. Aber er wird in das Werk selbst die Führung der Erwartungen anderer einbauen und sie zu überraschen versuchen."[170] Wie der Betrachter, so ist auch der Künstler primär ein Beobachter des vor seinen Augen entstehenden Werkes. Der Künstler kann sein Herstellen „nur durch ein Beobachten steuern, er muss sich vom entstehenden Werk gewissermaßen zeigen lassen, was geschehen ist und was weiterhin geschehen kann."[171]

Ein Betrachten, ein Verstehen oder eine Interpretation eines Kunstwerks gelingt nur dann, „wenn der Betrachter die Unterscheidungsstruktur des Werkes entschlüsselt"[172]. Genauer:

> „Man muss Formen so beobachten können, als ob über ihre andere Seite noch nicht disponiert worden wäre, um dann feststellen zu können, wie, das heißt: durch welche anderen Formen, der Dispositionsspielraum ausgenutzt worden ist. Anders gesagt: Es geht um Rekonstruktion der Kontingenzen und ihrer wechselseitigen Reduktionen, und ein Zeitschema kann zu der Vorstellung verhelfen, es könnte alles anders gemacht werden – aber nicht so überzeugend, wie es im Kunstwerk tatsächlich entschieden ist. Jede festgelegte Form verspricht also etwas anderes, ohne es zu bestimmen. Sie löst zugleich die Homogenität all dessen, was sie nichts ist, auf und

---

169 Für eine Problematisierung des hier dargestellten Luhmannschen Kunstbegriffs vgl. das Kapitel 4.1 im zweiten Teil dieser Arbeit: *Politische Kunst, Unterhaltung.*

170 Luhmann (1995), S. 71.

171 Luhmann (1995), S. 67.

172 Luhmann (1995), S. 70.

durchsetzt ihren unmarked space mit Suggestionen und mit der Bifurkation des Gelingens /Misslingens weiterer Formfestlegungen.“[173]

Werke, die eine solche Disziplinierung des herstellenden und betrachtenden Beobachtens leisten, gehören dem Kunstsystem an: „Dass die Kunst als Einheit von anderen gesellschaftlichen Systemen unterschieden werden kann, folgt nicht aus einer besonderen Idee, sondern daraus, dass die Kunstwerke ein Beobachten (...): ein Beobachten des Beobachtens disziplinieren, indem sie den Beobachtern Unterscheidungen vorgeben, an die er sich zu halten hat, wenn er überhaupt an Kunst teilnehmen will.“[174] Das Kunstwerk ist zu verstehen als eine Disziplinierung des Beobachtens. Es selbst legt das Gesetz seiner Beobachtbarkeit fest, es bestimmt die Bedingungen der Beobachtung und zwar sowohl der herstellenden wie auch der betrachtenden Beobachtung. Das Kunstwerk „existiert aus sich selbst heraus“[175]. Es existiert nicht als Repräsentation, sondern als Setzung, es arbeitet mit Beschränkungen, die sich aus seinen eigenen Operationen ergeben. Es komponiert sich gleichsam selbst:

> „Man kann sich die Herstellung eines Kunstwerks als einen Entscheidungsprozess vorstellen, der Probleme sieht und unter Erwägung von Alternativen Problemlösungen sucht; oder auch etwas festlegt, um damit ein Problem zu erzeugen, das es ermöglicht, das Festgelegte als Lösung eines Problems zu behandeln und ihm damit gewissermaßen Intelligenz anzudrehen. Im Sinne der Entscheidungstheorie wird es sich immer um ‚schlecht definierte‘ Probleme handeln, und die Arbeit bestünde dann im Hinzufügen von immer neuen Beschränkungen für mögliche Problemlösungen, bis sich daraus gut definierte Probleme ergeben, die es erlauben, den Zusammenhang von Problem und eindeutig-richtiger Problemlösung mit einem Blick zu fassen.“[176]

4.2 Weltkunst

4.2.1 Die Welt entzieht sich sich selbst

Eine Kommunikation teilt die Welt, laut Luhmann, „nicht mit, sie teilt sie ein.“ Kommunikation trifft niemals die Welt, sie kann nur einen Bereich aus ihr ausschneiden. „Wie jede Operation (…) bewirkt die Kommunikation eine Zäsur. Sie sagt, was sie sagt; sie sagt nicht, was sie nicht sagt. Sie differenziert. Wenn wei-

---

173 Luhmann (1995), S. 54 f.
174 Luhmann (1990 a), S. 11.
175 Luhmann (1990 a), S. 23.
176 Luhmann (1990 a), S. 21 f.

tere Kommunikationen anschließen, bilden sich auf diese Weise Systemgrenzen, die den Schnitt stabilisieren. Keine Operation findet den Weg zurück zu dem, was vor ihr war – zu dem unmarked space [genauer: dem unmarked state] (Spencer-Brown).“[177] Was ist hier unter Welt – oder, was dasselbe ist: unter dem unmarked state – zu verstehen? Wenn man davon ausgeht, dass Kunst irgendetwas mit Welt zu tun hat, dann muss geklärt werden, was unter dem Begriff ‚Welt‘ verstanden und wie auf die Welt zugegriffen werden kann.[178] Luhmann entwickelt seinen Weltbegriff im Kontext einer modernen Mathematikkonzeption, im Anschluss an das Formenkalkül George Spencer-Browns. In einer zentralen, von Luhmann zitierten Anmerkung heißt es bei Spencer-Brown:

> „Thus we cannot escape the fact that the world we know is constructed in order (and thus in such a way as to be able) to see itself... But *in order* to do so, evidently it must first cut itself up into at leat one state which sees, and at least one other state which is seen. In this severed and mutilatet condition, whatever it sees is *only partially* itself. We may take it that the world undoubtedly is itself (i.e. is indistinct from itself), but, in any attempt to see itself as an object, it must, equally undoubtedly, act so as to make itself discinct from, and therefore false to, itself. In this condition it will always partially elude itself.“[179]

Es ist nicht möglich, aus der Welt auszutreten. Die Welt kann nur in sich selbst beobachtet werden. Der Beobachter setzt sich wohl ab, aber „alle Beobachtung von Welt ist nur als Beobachtung in der Welt möglich“[180]. Dabei entzieht sich

---

177 Luhmann (1989 a), S. 7. Luhmann ist hier (sowie in einem Zitat weiter unten) leider ungenau. Er unterscheidet hier nicht zwischen dem unmarked space und dem unmarked state und schreibt unmarked space wo ganz eindeutig der unmarked state gemeint ist. Unmarked state bezeichnet den Zustand der Welt vor einer sie zerschneidenden Beobachtung/Form/Unterscheidung. Der unmarked space ist dahingegen die unbezeichnete Seite einer Form.

178 Zu einigen allgemeinen Problemen von Luhmanns Weltbegriff vgl. Thomas (1992). Siehe auch Clam (2000), S. 310 f.

179 Spencer-Brown (1979), S. 105, zitiert bei Luhmann (1990 a), S. 8. In der deutschen Übersetzung lautet das Zitat: „Somit können wir der Tatsache nicht entkommen, dass die Welt, die wir kennen, aufgebaut ist, um (und somit in einer Weise, dass sie in der Lage ist) sich selbst zu sehen. (...) Aber *um* (*in order*) das zu tun, muss sie sich offenbar trennen in mindestens einen Zustand, der sieht, und in mindestens einen anderen Zustand, der gesehen wird. In diesem getrennten und verstümmelten Zustand ist, was immer sie sieht, *nur zum Teil* sie selbst. Wir können annehmen, dass die Welt unzweifelhaft sie selbst ist (d.h. von sich selbst nicht verschieden), aber bei jedem Versuch sich selbst als Objekt zu sehen muss sie ebenso unzweifelhaft so agieren, um sich von sich selbst verschieden zu machen und daher sich selbst untreu zu werden. Unter dieser Bedingung wird sie sich immer sich selbst teilweise entziehen.“ Spencer-Brown (1997), S. 91.

180 Luhmann (1990 a), S. 8. Für eine kurze und konzise Darstellung der von Luhmann in Anlehnung an Spencer-Browns Formenkalkül entwickelten Beobachtungstheorie siehe Roberts (1993), S. 23-32.

die Welt immer teilweise sich selbst. Die Beobachtung von Welt ist so letztlich nur als Beobachtung von Beobachtern möglich: „Es kommt darauf an, welche Differenz es macht, wenn Welt beobachtet wird; und das kann man nicht an der Welt, sondern nur an Beobachtern beobachten. Die Welt wird damit als das Unbeobachtbare par excellence vorausgesetzt (...).[181] Welt ist die Bedingung der Möglichkeit von Beobachtungen, aber als solche unbeobachtbar:

> „Welt ist nicht länger eine Sachgesamtheit, eine aggregatio corporum, eine universitas rerum, sondern die letzte und damit unbeobachtbare Bedingung der Möglichkeit von Beobachtungen, also von Unterscheidungsgebrauch jeder Art. Die Welt muss, anders gesagt, invisibilisiert werden, damit Beobachtungen möglich werden. Denn jede Beobachtung erfordert einen ‚blinden Fleck' (...), oder genauer: sie kann nur eine Seite der jeweils benutzten Unterscheidungen bezeichnen und als Ausgangspunkt für Anschlussbeobachtungen verwenden, nicht aber die Unterscheidung als Einheit und erst recht nicht den ‚unmarked space' [genauer: dem ‚unmarked state'], eben die Welt, gegen die jede Unterscheidung, wenn sie als Unterscheidung markiert wird, abgegrenzt sein muss."[182]

Differenzlos, als Ganze kann die Welt nicht beobachtet werden, denn jedes Beobachten zeichnet in die Welt immer schon eine Grenze ein zwischen sich und dem Beobachteten. Beobachtet werden kann nur mittels einer Form, welche die Welt als den unmarked state unbeobachtbar macht. Luhmann zieht daraus eine entscheidende Konsequenz: „Die sichtbare Welt, das große Lebewesen Platons, der Horizont aller Horizonte im Sinne der Phänomenologie Husserls, ist demnach nur eine Kunstwelt, nur das Artefakt ihrer Selbstbeschreibung."[183] Die so verstandene Welt kann nicht beobachtet, nicht als ganze auf einmal erfasst werden. Die Frage ist, ob und wie die Kunst dies erkennt und wie sie darauf reagiert.

4.2.2 Das Beobachten des Kunstwerks

Das Wissen um die Schwierigkeiten des Weltbezugs zeigt im Kunstsystem schon früh Wirkungen. Das kunstsystemische Beobachten von Beobachtern setzt im Italien des 14. Jahrhunderts ein, und zwar mit den Bemühungen um die Rekonstruktion der Zentralperspektive. Durch das Studium des Funktionierens der Wahrnehmung will der Künstler die Welt so wiedergeben, wie sie normalerweise wahrgenommen wird. Der Künstler will noch die Welt malen und nicht ein Bild, sein Beobachten soll ganz im Hintergrund bleiben. Der Betrachter soll durch die

181 Luhmann (1990 a), S. 8.
182 Luhmann (1996 a), S. 338.
183 Luhmann (1990 a), S. 8.

für ihn nicht sichtbare Perspektive dazu verführt werden, das Bild so zu sehen, wie er normalerweise die Welt sieht.

Die moderne Kunst setzt demgegenüber ihr *Beobachten selbst* der Beobachtung aus: „Offenbar (...) legt es [die moderne Kunst] darauf an, selbst als Beobachter beobachtet zu werden. Sie sucht Verständigung im wechselseitigen Beobachten des Beobachtens.“[184] Dies lässt sich in einer ersten Annäherung so verstehen:

> „Das Kunstwerk wird als Beobachtungsvorlage hergestellt und kann nur so angemessen gewürdigt werden. Dabei werden immer Verweisungen auf Nichtkunst mitbenutzt, aber mitbenutzt zur Akzentuierung der Selbstreferenz des Kunstwerks. Das Material lässt sich auch anders verwenden, Worte lassen sich auch anders benutzen, Geräusche anders sequenzieren. Gerade gegen diese anderen Möglichkeiten beweist das Kunstwerk seine unwahrscheinliche Ordnung. Ins Extrem getrieben kann diese mitspielende Fremdreferenz selbst als Selbstreferenz benutzt werden – die Badewanne, die nichtgespielte Musik, die die Aufmerksamkeit auf das lenkt, was man statt dessen hört, oder die Zeitungsanzeige, die sich fast (wenn man nicht aufpasst) wie eine normale Zeitungsanzeige liest. Aber das erfordert um so mehr, auf die Ebene des Beobachtens zweiter Ordnung überzugehen, weil anders einem das Phänomen Kunst entgeht. Das zu provozieren, das heißt: Beobachter zu sortieren, scheint mit in der Intention solcher Kunst zu liegen. Die Beobachtung zweiter Ordnung wird selbst reflexiv und macht auf ihre eigene Unwahrscheinlichkeit aufmerksam.“[185]

Moderne Kunst ist nicht darum bemüht, die Welt möglichst genau und realitätsnah abzubilden. Moderne Kunst, so Luhmanns durchaus einsichtige These, stellt nicht mehr Objekte dar, sondern sich selbst als Beobachtungsprozess. Im Zentrum stehen nicht Objekte oder Ausschnitte aus der Welt, sondern der problematisch gewordene Weltbezug. Der Künstler legt seine Mittel offen dar. „Wenn man Künstler in Operation beobachtet“, so Luhmann, „fällt auf, dass sie sich an ihre Mittel halten, den Einsatz ihrer Mittel beobachten, kontrollieren, eventuell korrigieren bis hin zur Destruktion und zum Wiederaufbau eines in Arbeit befindlichen Werkes“[186]. Der Künstler präsentiert die *Mittel* der problematisch gewordenen Repräsentation. Er glaubt zu Recht nicht mehr daran, die Welt als perfekte Kopie wiedergeben zu können, vielmehr stellt er den Vorgang, den Mechanismus der Wiedergabe dar. Zusammen mit der Kopie wird das Kopiergerät sichtbar, – ja dessen Operieren, Funktionieren und dessen Pannen rücken ins Zentrum der Kunst.

---

184 Luhmann (1990 a), S. 9.
185 Luhmann (1992 a), S. 71.
186 Luhmann (1990 a), S. 9.

Der selbstreferentielle Aspekt der Kunst tritt in den Vordergrund. Kunst als Beobachtung zweiter Ordnung führt ihre eigene Machart vor: Im Theaterstück wird ein Theaterstück aufgeführt, ein Film erscheint im Film, ein Gemälde im Gemälde, im Roman wird die Lektüre eines Romans thematisiert usw. „Die unsichtbare Grenze, d.h. die unsichtbare Unterscheidung, die Publikum und Stück, aber auch Stück und Welt trennt, wird durch den Wiedereintritt der Form, das heißt die Selbstbegrenzung der Form, sichtbar gemacht.“[187] Der sichtbare Wiedereintritt der Form in die Form dient dazu, die Differenz der beiden Seiten der Form – das Kunstwerk und sein Außen – thematisch zu machen.[188] Durch diese Selbstthematisierung, durch diese Selbstreflexion, demonstriert Kunst ihre Autonomie im Verhältnis zur Welt, d.h. aber auch ihre beschränkte Zugriffsmöglichkeit auf die Welt. Am Beispiel des selbstreferentiellen Romans:

> „Der selbstreferentielle Roman beobachtet sich selbst bei der Beobachtung der Welt und entdeckt dabei die Latenz, das ‚Unbewusste‘ seiner eigenen Form, die er durch den Wiedereintritt der Form, also den Nachweis der Begrenzung seiner Form, manifest werden lässt.“[189]

Ein in der Literaturgeschichte paradigmatisches Beispiel eines selbstreferentiellen Romans ist Cervantes *Don Quixote*. Der Titelheld verliert wegen seiner ausschließlichen Orientierung an Erzählungen, an Ritterromanen, seinen Realitätskontakt. Indem die Differenz zwischen Erzählen und erzählter Wirklichkeit nach innen, in die Erzählung selbst verlegt wird, kann die Erzählung mit der kritischen Thematisierung der Folgen des Lesens sowohl auf ihre Selbstreferenz wie auch auf ihre Fremdreferenz verweisen. Seit dem genialen Roman *Don Quixote*, so Dietrich Schwanitz, machen „die Geschichten selbst einen Unterschied zwischen dem, was wirklich ist, und was bloße Erzählung ist. Da hatte das Erzählen seine Unschuld verloren. (...) Die Welt und die Geschichten über sie brachen ausein-

---

187 Roberts (1993), S. 38. Für eine Reihe von Beispielen solcher Formen, von Rahmungen, die in sich selbst wieder eintreten können, siehe Schwanitz (1990), S. 102 ff.

188 Die gesellschaftliche Bedeutung, die *Funktion*, die die Kunst mit dieser Zurschaustellung ihrer eigenen Form, mit der Thematisierung der Beobachtung zweiter Ordnung erlangt, liegt, dies soll hier vorwegnehmend nur kurz angetönt werden, im Bewusstmachen der Kontingenz allen Beobachtens: „In discovering the latency of its own forms (the re-entry of the form in the form, the frame in the frame, the play in the play, the novel in the novel), art acquires an anticipatory social and cognitive function for society on the way to functional differentiation. The sphere of the fictional serves society as the training for the second order observation of latency, contingency, and possibility (...).“ Roberts (1997), S. 59. Vgl. zur Funktion der Kunst auch das siebte Kapitel des zweiten Teils: *Die Funktion der Kunst*, das siebte Kapitel des dritten Teils: *Sozialisation durch das Kunstsystem* sowie das vierte Kapitel des vierten Teils dieser Arbeit: *Gesellschaftstheorie und Kunst: Kontingenz.*

189 Roberts (1993), S. 41.

ander, der Mensch wurde aus dem Garten der Geschichten vertrieben, und das Erzählen wurde selbstreferentiell."[190]

Nicht das Problem des Lesens, wohl aber das des Erzählens in die Krise treiben wird ein anderes Werk der Weltliteratur: Laurence Sternes zwischen 1759 und 1767 in neun Bänden publizierter *Tristram Shandy*. Konsequent zum Scheitern getrieben wird hier Tristram Shandy's Versuch, sein Leben vollständig und in allen seinen Details zu erzählen. Sterne weist dabei die Unmöglichkeit nach, die Differenz zwischen den beiden Seiten der Form, zwischen Erzähltem und Erzählen, zwischen Erzählung und dem Leben des Erzählenden, zwischen Kunst und Wirklichkeit zu eliminieren:

> „Der ganze Roman ‚Tristram Shandy' ist ein Roman frustrierten Erzählens. (...) Wenn man die Geschichte, die man erzählt, mit der Erzählsituation, in der sie erzählt wird, konfrontiert, kommen sich beide allzu leicht ins Gehege. Die Geschichte selbst wird dann von der Erzählsituation aus unterbrochen, denn von ihr aus sieht man, dass man auch ganz anders erzählen könnte. (...) Das Erzählte (die Geschichte) und das Erzählen (die Erzählsituation) stören sich also gegenseitig. Beide finden kein ausgewogenes Verhältnis zueinander. (...) [Der Erzähler stößt] irgendwann an den Punkt, an dem er mit dem Erzählen angefangen hat, und dann wird die Erzählsituation zum Teil der Geschichte. Wenn aber das Erzählen sich selbst erzählen will, weiß man nicht mehr, ob es zum Erzählten gehört oder zum Erzählen. Die Differenz zwischen Erzähltem und Erzählen bricht zusammen, Fremdreferenz und Selbstreferenz verwirren sich in einem hoffnungslosen Knäuel, und heraus springen Paradoxien."[191]

4.2.3 Kunst als Produktion von Unterscheidungen

Kunst wird selbstbezüglich: Es wird dem Leser dargelegt, was lesen bewirken kann; Das Erzählen wird erzählt; im Theater wird Theater gespielt usw. „Künstler [halten] sich an ihre Mittel"[192]. Was aber sieht man, wenn man das beobachtet? Luhmanns Antwort lautet: Man beobachtet „die Produktion von Unterscheidungen"[193], das Einsetzen von Unterscheidungen in einen Raum oder eine Zeit, die zuvor leer sind, einen Eingriff in die an sich unsichtbare Welt, den unfassbaren unmarked state: „Das, was als Kunstwerk entsteht und zu sehen ist, ist die Entfaltung der jeweils eigenen Paradoxie, ist die Substitution von aufeinander

190 Schwanitz (1990), S. 154. Vgl. auch Schwanitz (2002).
191 Schwanitz (1990), S. 160.
192 Luhmann (1990 a), S. 9.
193 Luhmann (1990 a), S. 10.

bezogenen Formen für das, was als Einheit nicht beobachtet werden kann."[194] Diese mit künstlerischen Mitteln fixierten Unterscheidungen sind materialisierte Beobachtungen, beobachtbare Formen. In Anlehnung an Spencer-Brown bestimmt Luhmann den Formbegriff so:

> „Form ist (...) ein Einschnitt, eine Verletzung eines unbestimmten Bereichs von Möglichkeiten durch eine Unterscheidung, eine Transformation unbestimmbarer in bestimmbare Komplexität. Was vorlag, bleibt dabei erhalten, es nimmt nur Form an. Es entsteht (...) eine Innenseite und eine Außenseite. Und *beides* ist *die Form.* Und ‚beides', das heißt: die Welt als Differenz."[195]

Die Welt kann nicht *unversehrt* abgebildet oder repräsentiert werden, nur als verletzte, als zerschnittene, d.h. nur als Differenz. Eine Form, beispielsweise ein Kunstwerk, erzeugt bestimmbare Komplexität, sie limitiert das, was auf der einen oder auch auf der anderen Seite möglich ist. Eine Form macht das durch sie Eingeschlossene, aber auch das durch sie Ausgeschlossene lebendig, d.h. selektiv anschlussfähig. Die Welt jedoch als das Absolute, als das Unbedingte kann durch keine Form ein für alle Mal fixiert und so sichtbar gemacht werden:

> „Form ist (...) immer als Zwei-Seiten-Form gegeben, nie als Einheit. Sie kann zwar als Einheit bezeichnet werden, aber dies nur als Seite einer anderen Unterscheidung. Deshalb kann kein Formgebrauch, keine als Anfang oder Ende gesetzte Differenz das Unbedingte, das Absolute, die Welt fixieren, wie die Romantik es hoffte. Die Markierung einer Form macht gerade das unsichtbar, was als Einheit einer Unterscheidung vorausgesetzt sein muss. Denn Beobachten ist nur als Bezeichnung der einen (und nicht der anderen) Seite möglich."[196]

---

194 Luhmann (1995), S. 74.

195 Luhmann (1990 a), S. 10.

196 Luhmann (1990 a), S. 12. Zu dem mit den Begriffen von George Spencer-Browns Formenkalkül namhaft gemachten Problem der Referenz von Kunst siehe auch Roberts (1995) (vor allem S. 364 ff.). Roberts reformuliert und modifiziert in diesem Aufsatz mit dem Titel *The Law of the Text of the Law. Derrida before Kafka* Derridas Kafka Interpretation *Before the Law*: „The form is self-explicating because in Spencer Brown's words: ‚distinction is perfect continence'. The original distinction, the mark, presupposes nothing other than nothingness of unmarked space. The form is by the same token self-implicating because the calculus unfolds the implications of the original distinction in the distinction, of the form in the form. The original distinction, which gives the two sides of the form, is repeatet on the one side of the form, thereby marking the symmetry break between the two sides. (...) What *Before the Law* shows and Spencer Brown's calculus of form explicates is that the re-entry of the distinction in the distinction replaces (prohibited) reference by the self-referential difference between reference and self-reference." Roberts (1995), S. 365.

An die Stelle einer Abbildung der Welt tritt eine potentiell unendliche Abfolge aufeinander bezogener Formen. Ohne dass sie je greifbar würde, wird die Einheit der Welt dabei stetig verschoben. Luhmann nennt diesen Prozess *Entfaltung der Paradoxie.*

4.2.4 Fiktionalität

Ein gelungenes Kunstwerk vermag eine Realität ganz eigener Art zu errichten, die fantastisch, aber in sich so stimmig sein mag, dass sie wirklich sein könnte. Treten zu der realen Realität neue Realitäten hinzu, so wird diese zu einer Realität *unter anderen.* Kunst zeigt so die *Kontingenz* der Realität auf. Kunst führt vor, dass eine Realität durch ein Beobachtungsschema entsteht und lehrt, Beobachtungsschemata zu beobachten. Dieses Beobachten von Beobachtungen ist zentral für Kunst:

> „Der Sinn von Fiktionalität (...) erschließt sich (...) in einem Wechsel der Betrachtungsebene und im damit verbundenen Zugang zu neuen Konditionierungen, nämlich als Aufforderung zur Beobachtung von Beobachtungen, zur Beobachtung zweiter Ordnung. Dann lautet die Frage nicht: was gibt es noch und was gibt es nicht?, sondern: wie de-arbitrarisiert man Fiktion? Und darauf hat das Kunstwerk selbst zu antworten. Der Sinn solcher Deformierung bis hin zur Unkennbarkeit dessen, was deformiert wird, findet sich schließlich in der Selbstreferenz des Kunstwerks. (...) Und darauf soll der Beobachter achten."[197]

Fiktion muss, will sie nicht leere Selbstbehauptung sein, de-arbitrarisiert werden, d.h. ihre Bedeutung für die reale Realität muss ersichtlich werden. Dieser fremdreferentielle Bezug muss dabei mit kunsteigenen Mitteln geschaffen werden, mit *eigenen* Unterscheidungen, mit *eigenen* Formfestlegungen. Das kunstspezifische besteht darin, dass der Fokus auf das Zusammenspiel von Formen gerichtet wird. Das Kunstwerk ist geradezu zu verstehen als „Zirkel(...) seiner gegeneinander spielenden Unterscheidungen"[198], als immanente Selbstreferenz. Mit dem binären Code passend/unpassend als Maßstab werden Unterscheidungen platziert in bereits festgelegte Formgefüge. Da dies ein Beobachten von in Formen materialisierten Beobachtungen erfordert, kann das Beobachten zweiter Ordnung als Operationsweise des Kunstsystem angesehen werden.

---

197 Luhmann (1990 a), S. 13 f.
198 Luhmann (1990 a), S. 18.

4.2.5 Paradoxien der Sichtbarkeit

Das beobachtende Prozessieren von Formen, das auch die *nicht bezeichnete Seite der Form* im Blick hat, macht das *Unsichtbare* als kurz aufleuchtendes *sichtbar*:

> „Jede Entscheidung, etwas festzulegen, lenkt den Blick auf die andere Seite der Form, erzeugt Aufmerksamkeit für etwas, was daraufhin noch zu tun bzw. zu beachten ist. Auf diese Weise wird ein Prozess des (...) Durcharbeitens von Formzusammenhängen in Gang gebracht, der ein Kreuzen der durch die Form markierten Grenze erfordert. Auch auf der anderen Seite ist etwas geschehen, sobald die Ausgangsseite bestimmt wird. Auf diese Weise bedient sich der Beobachter des zunächst Unsichtbaren, nämlich der nichtbezeichneten Seite, und überführt es ins Sichtbare. Man kann deshalb Kunst als Sichtbarmachen des Unsichtbaren auffassen, allerdings mit der Maßgabe, dass das Unsichtbare erhalten bleibt. Es zieht sich in die Einheit der Unterscheidung, in das Nichtdifferente der Differenz zurück. Keine Formarbeit kann daran etwas ändern. Sie kann nur darüber disponieren, von welcher Form aus die Einheit des Differenten unsichtbar bleibt.[199]

Kunst macht nicht nur das Unsichtbare sichtbar. Kunst entfaltet diese Paradoxie auch in umgekehrter Richtung: Sie zeigt ebenso die Unsichtbarkeit des Sichtbaren: Das Betrachten von Kunstwerken schult die Beobachtungskompetenz und lehrt, dass etwas ist wie es ist, weil es auf eine bestimmte Art beobachtet wird. Kunst zeigt auf sinnlich wahrnehmbare Art und Weise die Bedingungen der Möglichkeit von Sichtbarkeit, von Beobachtbarkeit ganz generell: Es ist das Nicht-sehen-, das Nicht-beobachten-Können. Kunst zeigt und entfaltet die Paradoxie der Unsichtbarkeit des Sichtbaren. Zu dieser Paradoxie und deren Entfaltung durch ein Beobachten zweiter Ordnung sei hier ein längeres aber klärendes Zitat Luhmanns angeführt:

> „Alles Beobachten, sei es als Wahrnehmung oder als Denkleistung oder als Kommunikation, setzt ein unbezeichnet mitwirkendes Unterscheiden voraus. Der Beobachter kann sein eigenes Instrument (Psychologen sagen manchmal: Schema) nicht beobachten, also auch sich selbst in Operation nicht beobachten. Aber es gibt die Möglichkeit einer Beobachtung zweiter Ordnung, die genau darauf achtet, wie (mit welcher Unterscheidung) ein Beobachter beobachtet. Und das gibt uns den Schlüssel für die Auflösung der Paradoxie des Unsichtbarmachens durch Sichtbarmachen der Welt. Denn ein Beobachter zweiter Ordnung kann sehen, dass der Beobachter erster Ordnung nicht sehen kann, was er nicht sehen kann. Er kann also das Paradox auflösen in zwei rekursiv vernetzte Beobachtungsweisen, wobei das Beobachten zweiter Ordnung immer zugleich als Beobachten erster Ordnung fungiert, nämlich an das Bezeichnen eines beobachteten Beobachters gebunden ist, den zu unterscheiden

199 Luhmann (1990 a), S. 14.

dann wiederum einen unmarked space der Welt-im-übrigen voraussetzt. Der blinde Fleck allen Beobachtens kann dann sozusagen zirkulieren, aber nie im Sinne der Dialektik Hegels ‚aufgehoben' werden. Wenn einmal beobachtet wird, entzieht sich die Welt dem Totalzugriff, sie zieht sich, wie der Gott des Kusaners, hinter die Mauern des Paradieses zurück; und dies auch und um so schmerzlicher dann, wenn in der Welt für ein Beobachten zweiter Ordnung gesorgt wird."[200]

4.2.6 Weltkunst

Hervorgehoben sei hier noch einmal, dass Kunst nach der hier rekonstruierten Auffassung Luhmanns ein selbstreferentieller Zirkel des Prozessierens von Formen ist, ein eigenständiges, in sich geschlossenes soziales System, das nur sieht, ob Formen passen oder nicht. Kunst greift nach dieser Konzeption nicht aktiv in ihre Umwelt ein. Sie hat von sich aus kein Interesse an Erziehungsaufgaben, kein Sensorium für die Unterscheidung von wahr/unwahr, geschweige denn eine Übersicht oder gar ein Verantwortungsbewusstsein für die Gesellschaft als ganze. Trotz dieser Geschlossenheit leistet Kunst einen wichtigen Beitrag für die Gesellschaft als ganze. Geschlossenheit und Offenheit schließen sich nicht aus. Dies mit und gegen Luhmann zu zeigen, oder besser gesagt: aus den oft auf radikale Geschlossenheit abzielenden Ausführungen Luhmanns zu destillieren, ist das Anliegen der vorliegenden Arbeit.

Die sich seit der Romantik durchgesetzte Konzeption von Kunst als Weltkunst[201] führt das Sichtbar- und Unsichtbarmachen der Welt vor und leistet damit die Entfaltung einer doppelten Paradoxie: Der „Paradoxie des Unsichtbarmachens durch Sichtbarmachen der Welt"[202] und des „Paradox[es] der Beobachtbarkeit des Unbeobachtbaren"[203]:

> „Welt muss (...) verstanden werden als die in allen Unterscheidungen vorausgesetzte Einheit, als das Nichtschematische der Schemata oder auch als der blinde Fleck aller Beobachtungen, also das, was man nicht sehen kann, wenn man das, was man beobachtet, mit Hilfe einer bestimmten Unterscheidung bezeichnet. Bei allem Operieren bleibt die Welt selbst in ihrer Unzugänglichkeit erhalten. Sie bleibt transzendental vorausgesetzt. (...) Diese Überlegungen erlauben es, die Kunst als Weltkunst zu beschreiben. Sie leistet auf ihre Weise (...) das Sichtbar- und Unsichtbarmachen der

---

200 Luhmann (1992 a), S. 69. In einer Fußnote verweist Luhmann hier auf: Nikolaus von Kues, De visione Dei, zit. nach Philosophisch-Theologische Schriften Bd. 3, Wien 1977, S. 93-219.

201 „Die Romantik (...) entzieht den Objekten ihre Glaubwürdigkeit, deutet an, was unsichtbar zu bleiben hat, und vollzieht damit den Übergang von der Objektkunst zur Weltkunst." Luhmann (1990 a), S. 16.

202 Luhmann (1992 a), S. 69.

203 Luhmann (1990 a), S. 20.

> Welt. (...) Die Kunst hat es mithin mit dem Paradox der Beobachtbarkeit des Unbeobachtbaren zu tun, und ihre Bemühung um Form löst dieses Paradox auf (...). Aber die Auflösung lässt das Paradox intakt, sie invisibilisiert es nur und lässt ihm die Möglichkeit, in anderen Umständen andere Formen zu kreieren."[204]

Mit dieser Einsicht entzaubert Kunst die Welt, denn die „Magie der Dinge – dass sie sind, wie sie sind – wird auf diese Weise gebrochen"[205]. Der Beobachter gewinnt neue Möglichkeiten des Sehens und so Distanz. Weltkunst lehrt das Achten auf die Unterscheidungsgebundenheit allen Beobachtens:

> „Wir verstehen unter ‚Weltkunst' nicht eine Kunst, die die Welt auf überlegene Weise repräsentiert, sondern eine Kunst, die die Welt beim Beobachtetwerden beobachtet und dabei auf Unterscheidungen achtet, von denen abhängt, was gesehen und was nicht gesehen werden kann. Nur so kann für Fiktionalität das Recht zu eigener Objektivität reklamiert werden und nur so kann der realen Realität des Üblichen eine andere Realität gegenübergestellt werden."[206]

Etwas verkürzt könnte man sagen, dass Weltkunst auf die Fiktionalität aller Realität und auf die Realität gelungener Fiktionalität aufmerksam macht.

4.3 Text – Kontext

Der oben in enger Anlehnung an Luhmanns Texte herausgearbeitete Realitätsbezug von Kunstwerken wird von einigen Kommentatoren als weit weniger problematisch dargestellt. Henk de Berg und Matthias Prangel, die wohl prominentesten Vertreter des so genannten *Text-Kontext-Differenz-Modells*, kurz des *Leidener Modells*, sehen den fremdreferentiellen Bezug von Kunstwerken als immer schon gegeben, weil diese immer in einem konkreten Entstehungshorizont verortet sind, der rekonstruierbar ist. Das Leidener Modell stützt sich auf Luhmanns Kommunikationstheorie, in welcher der Sinn einer Kommunikation sich nur aus der Differenz zu anderen, nicht realisierten Kommunikationen erschließen lässt. Das Leidener Modell hebt das Außen, die Differenz, den Kontext eines Kunstwerks hervor. Das Verstehen von Texten, von Kunstwerken ganz allgemein, liegt demzufolge „im rekonstruktiven Erfassen der je besonderen bedeutungskonstituierenden Differenzen von Texten [von Kunstwerken] und ihren zugehörigen Kontexten".[207] Dieser Rekonstruktion des bedeutungskonstituierenden Kontex-

---

204 Luhmann (1990 a), S. 20.
205 Luhmann (1990 a), S. 14.
206 Luhmann (1990 a), S. 40.
207 Prangel (1995), S. 167.

tes, so die Meinung dieser Konzeption, haftet nichts Subjektives und nichts Zeitbedingtes an, sie führt vielmehr zu einer objektiven Bewertung des Werks. Jedes Kunstwerk besitzt „seine besondere historische Kontextdifferenz und damit Bedeutung“ welcher „grundsätzlich nachgespürt werden kann auf dem Wege der Rekonstruktion ihres ursprünglichen Abhebungskontextes“[208]:

> Schriftliche Texte verfügen „genauso wie mündliche immer über ihre eigene reale Kontextualität. Sie entstehen nicht im luftleeren Raum, und es ist nicht anders denkbar, als dass sie in engster Beziehung zu im Entstehungsmoment in anderen mündlichen oder schriftlichen Texten virulenten sozialen, politischen, künstlerisch-ästhetischen etc. Positionen gesehen werden müssen. Sie reagieren entsprechend ihrer künstlerischen Intention auf diese, nehmen Stellung, formulieren Antworten, problematisieren, thematisieren, nuancieren, kritisieren, korrigieren etc. und profilieren sich auf diese Weise eben als das, was sie sind. Oder mehr im systemtheoretischen Vokabular Niklas Luhmanns formuliert: Texte konstituieren ihre bedeutungsmäßige Identität nicht durch Verschmelzung mit ihren aktuellen Kontexten zur klassischen Einheit von Inhalt und Form, sondern umgekehrt gerade auf dem Wege der Selektion durch Negation des im umwelthaften komplexen und kontingenten Kontext je nicht Gemeinten. Sie erlangen ihre bedeutungsmäßige Identität, ihre Unterschiedenheit vom anderen, ihre Andersartigkeit und Einzigartigkeit durch ihre Differenzqualität gegenüber dem ihnen aktuellen Kontext.“[209]

Die Pointe dieser Sichtweise besteht darin, dass das Kunstwerk nicht vor dem Hintergrund, sondern immer in konstitutiver Differenz zu seinem Kontext gesehen werden muss. Prangel bringt dies auf „die griffige Formel“, „dass Bedeutung zu definieren sei als die Einheit der Differenz zwischen dem, was ein Text sagt und dem, was er negiert.“[210] Werkanalyse ist so Rekonstruktion der jeweiligen Negativfolie, denn Texte/Kunstwerke „stehen in einem sehr konkreten Spannungsverhältnis zur Umwelt ihres je aktuellen kommunikativen Umfelds und bauen aus dieser Spannung, aus dieser Differenz und nicht etwa aus dem Konsens mit der Umwelt ihre Bedeutung auf.“[211]

Aus Sicht der vorliegenden Arbeit liegt der Fehler des Leidener Modells darin, dass als Negativfolie einzig und alleine der Entstehungskontext des in sich geschlossenen Kunstwerks in Betracht gezogen wird. Das Werk wird somit verstanden als *eine* Kommunikation. Zu betonen bleibt jedoch, dass ein Kunstwerk im Normalfall ein Gefüge aus unzähligen Formen, aus einer Vielzahl von Beobachtungen, also aus einer großen Anzahl von Kommunikationen besteht, die

---

208 Prangel (1995), S. 167.
209 Prangel (1995), S. 165 f.
210 Prangel (1993), S. 19.
211 Prangel (1993), S. 19.

sich wechselseitig aufeinander beziehen, sich einschränken, zueinander passen müssen, sich kommentieren usw. Das Leidener Modell lässt die Operationalität des Kunstwerks gänzlich außer Acht. Ein Kunstwerk hat – so muss gegen das Leidener-Modell argumentiert werden – nicht nur einen äußeren historischen Kontext, aus dessen Differenz es seine Bedeutung bezieht. Die Erschließung eines Kunstwerks muss sich viel mehr auf das Werk selber beziehen, auf die *internen* Negativfolien der zueinander passenden Formen. Luhmann schreibt zu Recht:

> „Die künstlerischen Mittel, das sind eigentlich Unterscheidungen oder Unterscheidungen und Bezeichnungen. Dies wird gemacht, so und jetzt und nichts anderes wird gemacht. Das definiert dann immer auch die andere Seite der Unterscheidung mit. Nicht nur eine grelle, starke, laute Farbigkeit, sondern auch das, was im Kontrast dazu dann vielleicht dunkel, zurückhaltend, stumpf wird. Oder nicht nur eine tragische, dramatische Wendung im Theater oder im Roman, sondern auch das, was im Kontrast das normale, unaufgeregte Alltagsleben ist. Es ist also immer diese ‚Zwei-Seiten-Form' angesprochen im künstlerischen Vorgang, und dabei eben auch die Einladung zu einer Beschreibung der Welt, die auf diese Weise sichtbar und als Einheit dabei auch wieder unsichtbar gemacht wird."[212]

Der Schlüssel der Interpretation liegt nicht so sehr in der Umweltverankerung, als vielmehr im Nachvollzug der Selbstprogrammierung. Dieser Nachvollzug erst erschließt die Umwelt. Die primäre Frage lautet: Welcher Gesetzmäßigkeit gehorcht das Formenspiel? Und nicht: In welchen Differenzverhältnissen steht das Werk zu seinem Außen?

Damit soll die Bedeutung des Kontextes nicht geleugnet werden: „Kunst ohne Kontext [kann] nicht gedacht werden"[213]. Der Kunstwissenschaftler Wolfgang Kemp spricht ganz richtig geradezu von einem „existentielle[n] Aufeinanderangewiesensein der beiden Größen"[214]: „So wie der Text immer im Kontext situiert ist, so befindet sich der Kontext auch immer im Text wieder. Die Setzung des Werkes ist immer auch Besetzung, Gegensetzung, Fortsetzung, Übersetzung des Kontextes."[215]

Die Frage ist nur: Auf *welchen Kontext* nimmt das Kunstwerk Bezug? Luhmanns Theorie autopoietischer Systeme macht klar: Wenn auf das Außen des Werks Bezug genommen wird, so in erster Linie auf den *Kunstsystem-internen Kontext*: die Orientierung an anderen Werken, an Stilen, an der Kunstgeschichte usw. Die Wirkung von Kunstsystem-externen Gegebenheiten, der Einfluss von Politik, Wirtschaft, Recht, von psychischen Systemen usw. gestaltet sich dann

212 Luhmann (1991 a), S. 52.
213 Kemp (1991), S. 98.
214 Kemp (1991), S. 98.
215 Kemp (1991), S. 98.

sich dann schwieriger und indirekter. Er wird vom Kunstsystem nur noch als Irritation wahrgenommen. Auch der Kunsthistoriker Kitty Zijlmans plädiert dafür, *kunstsystemspezifische* Differenzen in den Vordergrund zu stellen und Kommunikationen aus dem Rest der Gesellschaft als nur indirekt wirksam zu bewerten:

> „Die Kunst bildet ein autopoietisch-geschlossenes System, dessen Elemente (die Kommunikationen, d.h. die Kunstwerke) nur dadurch Bedeutung erlangen können, dass sie sich differentiell gegen vorhergehende Kommunikationen absetzen. (...) Kunstwerke thematisieren (...) *kunstsystemspezifische* Differenzen und können sinnvoll nur in diesem spatio-temporell begrenzten Zusammenhang analysiert werden. (...) Die künstlerische Verarbeitung gleich welcher Motive und Themen erfolgt immer aufgrund kunstsystemspezifischer Kriterien (...). Das alles bedeutet nicht, dass die Erforschung der Beziehungen zwischen der Kunst und dem Rest der Gesellschaft unmöglich oder sinnlos wäre. Wohl aber ist impliziert, dass man bei solcher Problemstellung nicht um die jeweils spezifischen, historisch-kommunikativ bedingten Prozesse kürzen kann, die außerkünstlerische Problematiken in künstlerische transformieren und sie so zu kunstsystemisch bedeutungsvollen Elementen machen. In dem Moment, wo außerkünstlerische Themen, Motive etc. in künstlerische Diskussionen Eingang gefunden haben, fungieren sie in neuen, ganz anderen differentiellen Zusammenhängen – und indem die Zeichen andere Differenzen selegieren, verändert sich auch ihre inhaltliche Füllung."[216]

Das Leidener Text-Kontext-Modell, das von vorliegender Arbeit in Frage gestellt wird, erfährt nicht nur sanfte Modifikationen, wie hier von Zijlmans, es wird bisweilen auch harsch kritisiert. „[D]er Kern des Leidener Programms", schreiben etwa Blom und Nijhuis, „hat unserer Ansicht nach nicht nur wenig mit Luhmann zu tun, sondern ist mit dessen Auffassung geradezu in Streit."[217] Jahraus und Schmidt bezweifeln die Durchführbarkeit des Modells: „Fraglich bleiben (...) die konkreten Durchführungsbestimmungen einer solchen Textanalyse. Kann denn der negierte Horizont in seiner gesamten Spannbreite so weit methodengeleitet verfügbar gemacht werden, dass er in seiner konstitutiven Funktion ausgenutzt werden kann? Bleibt das Differenzschema nicht letztlich doch nur ein bloßes Postulat?"[218] In durchaus polemischem Ton meint Kramaschki: „Meine These lautet (...), dass das Leidener Modell nicht etwa einen theoretischen Surplus aus dieser scheinbar strikt differenztheoretischen Ausgangsposition verbuchen kann, sondern im Gegenteil noch hinter die Rezeptionsästhetik und sogar hinter die philosophische

---

216 Zijlmans (1995), S. 148 f.
217 Blom, Nijhuis (1995), S. 248.
218 Jahraus, Schmidt (1998), S. 86. Diesen Bedenken schließt sich auch de Berg (2000), S. 189-194 an.

Hermeneutik zurückfällt in eine anachronistisch anmutende Metaphysik der Präsenz (...) und die Vorstellung eines (ab)geschlossenen (Kunst)Werkes (...).“[219] Kramaschki's Kritik gilt hier vor allem der als objektiv verstandenen, theoriegeleiteten „Eruierung von historisch-ursprünglicher Textbedeutung“[220].

5. Kunstwissenschaftliche Konzepte

Luhmanns systemtheoretisch rekonstruierte Kunsttheorie steht nicht in einem luftleeren Raum, auch wenn Luhmann selbst die geistes- und sozialwissenschaftlichen Errungenschaften seiner Vorgänger und Mitstreiter mehr oder weniger durchs Band mit dem Banner ‚alteuropäisch‘ belegt und ablehnt. Seine *Kunst der Gesellschaft* nimmt – teils explizit, teils implizit – Bezug auf vorliegende Konzepte, sie grenzt sich von anderen ab und ist selbst Bezugspunkt von weiteren kunsttheoretischen Schriften. Deutliche Überlappungen lassen sich beispielsweise ausmachen mit George Kublers Theorie der künstlerischen Formenreihen oder mit Hans Beltings These, dass Bilder ihre eigene Theorie enthalten.[221] Die folgenden Ausführungen stellen Luhmanns Kunsttheorie in ein Bezugsfeld ähnlich gelagerter Studien, um so die Eigenarten der Luhmannschen Konzeption deutlicher hervortreten zu lassen. Dabei wird keinerlei Anspruch auf Vollständigkeit erhoben.

5.1 Henri Focillon: La Vie des Formes

Eine frühe und sowohl für George Kubler wie auch für Niklas Luhmann einflussreiche Konzeption einer kunstwissenschaftlichen Formentheorie liegt vor in Henri Focillon‘s 1934 erschienenem Buch *La Vie des Formes* (engl. 1942, reprint 1989, dt. 1954). Einer biologistischen Metaphorik sich bedienend spricht Focillon von einer „gewaltigen Wirksamkeit der Formen“[222] und davon, dass diese Formen „mit äußerster Kraft danach [streben], Wirklichkeit zu werden“[223]. Luhmanns Selbstprogrammierung von Kunstwerken vorwegnehmend formuliert *La Vie des Formes* die Vorstellung, dass den Kunstwerken selbst reproduktive Kräfte innezuwohnen scheinen. Formen haben ein Eigenleben, sie entwickeln eine eigene Logik. In ihrer Sukzession nehmen sie Bezug aufeinander und orga-

219 Kramaschki (1995), S. 276. Auf diese Kritik antworten de Berg/Prangel (1997).
220 Prangel (1993), S. 14, zitiert in Kramaschki (1995), S. 276.
221 Ich verdanke diese beiden Hinweise Hutter (1996), S. 157.
222 Focillon (1954), S. 13.
223 Focillon (1954), S. 13.

nisieren sich so zu einem größeren Ganzen: „Vom Leben der Formen sprechen, heißt notwendigerweise an die Vorstellung der Aufeinanderfolge erinnern.“[224] Folgende Zeilen Focillons könnten ebenso gut bei Luhmann stehen:

> „Nichts ist verlockender – und nichts in gewissen Fällen berechtigter – als zu zeigen, wie die Formen einer inneren Logik unterworfen sind, die sie organisiert. So wie unter den Strichen des Violinbogens auf einer vibrierenden Platte ausgebreiteter Sand in Bewegung gerät und verschiedenartige, symmetrisch aufeinander abgestimmte Figuren bildet, so ruft ein verborgenes Prinzip, das stärker und unerbittlicher ist als jede erfinderische Phantasie, die Formen eine zur anderen. Sie erzeugen sich gegenseitig durch Vervielfältigung, durch Spannungsverschiebungen, durch Entsprechungen.“[225]

Focillon sieht dieses verborgene Prinzip, diese Selbstprogrammierung, die bei Luhmann für alle Kunstwerke gilt, vor allem am Werk im „Reich der Ornamentik und in jeder Kunst, welche ihr Bilderschema dem Ornament entlehnt und ihm unterordnet“[226]. Bezeichnenderweise sieht Luhmann gerade auch im Ornament die „Grundform des Entwickelns von Formen aus Formen“[227]. Luhmann setzt die ornamentale Struktur geradezu als ein Synonym des internen Formengeflechts eines Kunstwerks: „Wenn man Kunstwerke als Kunstwerke auf ihr Formenspiel hin beobachten will, muss man nach ihrem Ornament fragen.“[228]

Wenn Focillon davon spricht, dass ‚fremde Beiträge‘ im Bereich des ornamentalen Stils nur dann Wirkung zeigen, wenn sie gemäß den eigenen Bedürfnissen der Ornamente angeeignet werden, so kommt das dem Luhmannschen Theorem gleich, dass die Kunst ein autopoietisches, selbstreferentielles System darstellt. Das Kunstsystem kann seine Umwelt nur als Irritation wahrnehmen und von seiner Umwelt nur insofern beeinflusst werden, als es sich jene gemäß den kunstsysteminternen Gesetzmäßigkeiten zueigen macht. Focillon, dessen Einfluss auf Luhmann nicht zu überschätzen ist, schreibt über die Wirkung fremder Beiträge:

> „[Es] ist unbedingt zutreffend, dass sich der ornamentale Stil als solcher nur durch die Entwicklung einer inneren Logik, einer Dialektik, die nur in Bezug auf sich selbst einen Wert besitzt, bildet und lebt. Seine Abwandlungen sind nicht bedingt durch die Aufnahme fremder Beiträge, nicht durch eine zufällige Wahl, sondern durch das Spiel seiner eigenen verborgenen Gesetzmäßigkeit. Diese nimmt die Bei-

---

224 Focillon (1954), S. 96.
225 Focillon (1954), S. 20.
226 Focillon (1954), S. 20.
227 Luhmann (1995), S. 193.
228 Luhmann (1995), S. 196.

träge auf, sie eignet sie sich an, aber nur nach ihren eigenen Bedürfnissen. Was diese Beiträge dem ornamentalen Stil geben, ist das, was ihm Gemäß ist. Er ist imstande sie sogar zu erfinden."[229]

Focillon bemerkt, dass sich daraus eine wesentliche Beschneidung der *Einflusstheorie* ergibt. Formenarrangements entwickeln sich aus sich selbst heraus und konstituieren dadurch eine *eigene* Bedeutungsebene. Kunstwerke erlangen schon Bedeutung an und für sich selbst. Ohne dass ein Formenspiel schon für etwas außerhalb seiner steht, ist es bedeutungsvoll. *La Vie des Formes* zieht einen Vergleich zwischen sprachlichen Zeichen und plastischen Formen in Kunstwerken:

> „Wenn wir (...) zu den höheren Regionen übergehen, wo die Sprache einen ästhetischen Wert erwirbt, dann sehen wir das schon formulierte Prinzip (...) von neuem bestätigt: das Zeichen dient einem Inhalt, drückt etwas aus, aber sobald es Form wird, strebt es danach, für sich selbst zu stehen, sich selbst auszudrücken, es erschafft seinen eigenen neuen Sinn, es sucht sich einen Inhalt, es gibt der Form durch Assoziationen oder durch Spaltung der verbalen Formen ein neues Leben. (...) Die plastischen Formen zeigen nicht weniger bemerkenswerte Eigenheiten. Wir haben allen Grund anzunehmen, dass sie eine Ordnung bilden und dass diese Ordnung von der Bewegtheit des Lebens durchpulst ist. Sie sind dem Prinzip der Verwandlung unterworfen, das sie dauernd erneuert, und dem Stilprinzip, das danach strebt, ihre Beziehungen zu erproben, sie festzulegen und aufzulösen."[230]

Ein Kunstwerk ist ein dynamisches Gebilde, in dem sich Formen aufeinander beziehen, sich widersprechen, ergänzen, kontrapunktieren usw.: „Das Kunstwerk, ob es nun aus Steinen aufgebaut, in Marmor gehauen, in Bronze gegossen, unter Lack fixiert, in Kupfer gestochen oder in Holz geschnitten ist, das Kunstwerk ist nur scheinbar unbewegt."[231] Wenn Luhmann in seiner, die Differenz von Produktions- und Rezeptionsästhetik hinter sich lassenden Kunsttheorie die *Dynamik* von Kunstwerken hervorhebt, bezieht er sich explizit auf Focillon:

> „Künstlerisches Herstellen ist (...) ein Beobachten der Unterscheidungen, die ein Ausfüllen ihrer Leerseiten verlangen, es ist mit einer schönen Formulierung von Henri Focillon ‚poetry of action'[232]. Und das Betrachten selbst ist ein Operieren – sowohl im Wahrnehmen als auch im Verstehen (oder Missverstehen), weil ja jedes Beobachten seinerseits ein Operieren ist mit der Besonderheit, dass es nicht einfach

---

229 Focillon (1954), S. 21.
230 Focillon (1954), S. 14 f.
231 Focillon (1954), S. 15.
232 Luhmann zitiert hier die englische Übersetzung, die 1989 neu gedruckt wurde: Focillon (1989), S. 103.

Differenzen erzeugt, sondern sich mit Hilfe von unterscheidungsgebundenen Bezeichnungen von Moment zu Moment reproduziert."[233]

Focillon liefert ein anschauliches Beispiele zu diesen abstrakten Formulierungen:

> „In ein und demselben Bild sind viele Bilder enthalten, wie in jenen Skizzen, auf denen die Meister, auf der Suche nach der Richtigkeit oder Schönheit einer Bewegung, mehrere Arme, die von derselben Schulter ausgehen, übereinanderzeichnen. Es wimmelt in den Bildern Rembrandts von Rembrandt-Entwürfen. Die Skizze bringt das Meisterwerk in Bewegung. Zwanzig neue oder bevorstehende Erfahrungen stehen wie ein Netz hinter der eindeutig bestimmten Sinnfälligkeit des Bildes."[234]

Focillon spricht auch explizit von der „Bewegtheit der Formen"[235] und von Figuren, die „von einer Art Fieber gepeitscht"[236] scheinen.

5.2 George Kubler: The Shape of Time

George Kubler schließt an seinen Lehrer Henri Focillon an[237], wenn er auch andere Akzente setzt. Sein 1962 veröffentlichtes Buch *The Shape of Time* wurde in Amerika breit rezipiert[238], auf deutsch aber erst 20 Jahre später bei Suhrkamp unter dem Titel *Die Form der Zeit* herausgegeben. Die thematische Nähe zu Luhmann liegt darin, dass auch Kubler „Kunst als ein System formaler Beziehungen"[239] auffasst. Luhmann erwähnt Kubler nie explizit, ob er sein Werk gekannt hat, lässt sich nicht sagen.

Kublers Rekurs auf Formen hält die Einsicht fest, dass alles, was Kunst an Bedeutung von sich aus zu artikulieren vermag, an die Beschaffenheit ihrer Form zurückgebunden bleibt. Jeder denkende Mensch, so Kubler, muss als richtig

---

233 Luhmann (1995), S. 68.

234 Focillon (1954), S. 15.

235 Focillon (1954), S. 15.

236 Focillon (1954), S. 16.

237 Kubler, der *La Vie des Formes* ins Englische übersetzt hat, schreibt über Focillon: „Die kühnste und zugleich poetischste Behauptung einer biologischen Konzeption der Kunstgeschichte war Henri Focillons *Vie des Formes* (1934). Die biologische Metapher war natürlich nur eines von vielen pädagogischen Mitteln, deren dieser hervorragende Lehrer sich bediente, und er nutzte alle Möglichkeiten, verkrustete Vorstellungen seiner Hörer aufzubrechen. Schlecht informierte Kritiker haben seine außerordentliche geistige Erfindungsgabe missverstanden als rhetorische Spielerei, während die ernster zu nehmenden auch ihn als Formalisten abtaten." (Kubler 1982, S. 70).

238 Vgl. Boehm (1982).

239 Kubler (1982), S. 29.

anerkennen, „dass keine Bedeutung ohne Form vermittelt werden kann“[240]. Der Rekurs auf Form bedeutet dabei keineswegs eine Begrenzung des Interesses auf diesen Aspekt der Kunst. Der Vorwurf, diese Art von Analyse sei bloßer ‚Formalismus‘ zielt ins Leere. Gottfried Boehm schreibt treffend in seinem Vorwort zu Kublers Studie:

> „Dass die Beschaffenheit der Form den Schlüssel für die gesamte Kunstanalyse darstellt, liegt schlicht in dem Faktum begründet, dass alle, auch ‚inhaltlich‘ zu qualifizierende ‚Botschaften‘, sich mittels ihrer überhaupt manifestieren. Der Vorwurf des Formalismus ist schon deshalb unsinnig, weil ohne Formstruktur das jeweilige Werk und seine Aussage gar nicht bestünden. Die höchste methodische Präzision gegenüber dem Primärphänomen der Form ist nicht formalistisch, sondern adäquat, da sich von ihm Sinn und Bedeutung jeweils herleiten lassen.“[241]

Dies gilt nach unserer Auffassung auch ganz für Luhmanns formtheoretische Ausführungen. Die von Kubler produktiv variierte Einsicht in die Bedeutung der Form steht in einem thematischen Kontext mit dem Prager und Moskauer Formalismus, ebenso wie mit dem Pariser Strukturalismus. Kubler betont mehrfach den Einfluss eines frühen Vertreters der formanalytischen Richtung innerhalb der Kunstgeschichte[242]: Henri Focillon.

Kublers Formanalyse bildet eine Gegenposition zu einer der prominentesten kunstwissenschaftlichen Richtungen: zur Ikonologie, als deren wohl wichtigster Vertreter Erwin Panofsky angesehen werden kann. Für die Ikonologie ist die künstlerische Form lediglich Anzeichen einer außerhalb ihrer liegenden Botschaft. Demgegenüber insistiert Kubler darauf, Kunstwerke nicht sofort als Ausdruck einer ihr *äußeren* Bedeutung zu sehen, sondern Kunstwerke vorerst *als Kunstwerke* zu betrachten, d.h. den Fokus auf das Vorhandensein, auf Verschiebungen und den Wandel von Formen zu richten. So grenzt er sich schon zu Beginn des Vorwortes von Cassirers Unternehmen ab, die Kunstgeschichte der übrigen Geschichte einzugliedern:

> „Cassirers einseitige Definition der Kunst als einer symbolischen Sprache hat die Kunstforschung unseres Jahrhunderts beherrscht. So wurde eine neue Kunstgeschichte ins Leben gerufen, die das Kunstwerk als einen symbolischen Ausdruck zur Grundlage hat. Auf diese Weise wurde die Kunst mit der übrigen Geschichte in Verbindung gebracht.“[243]

---

240 Kunst (1982), S. 29.
241 Boehm (1982), S. 10.
242 Vgl. Boehm (1982), S. 9 f.
243 Kubler (1982), S. 29.

Panofsky hat Cassirers Gedanken im Rahmen der Kunstwissenschaft weitergedacht. Panofskys wissenschaftliches Ideal der Ikonologie lautet, so Boehm: „die Werke der Kunst aus korrespondierenden Texten der Kulturgeschichte verständlich zu machen“[244]:

> „Kunstgeschichte wird zur Bedeutungsforschung, zur der sie Panofsky, auf Cassirer fußend, dann auch ausgebildet hat. Demgegenüber hält Kubler die bahnbrechende Einsicht der formalanalytischen Linguistik fest: ‚Strukturen können unabhängig von Bedeutungen wahrgenommen werden‘, und: Formen (z.B. Phoneme) und ihre Variationen haben ihre eigene Geschichte.“[245]

Kublers Anliegen besteht also darin, das *Kunstsystem als solches* ins Auge zu fassen. Bezüge zur Kulturgeschichte und zur allgemeinen Geschichte lassen sich erst nach ausführlicher Formanalyse herstellen.[246] Das Kunstsystem selbst wird problemgeschichtlich beschrieben:

> „Jedes bedeutende Kunstwerk kann als ein historisches Ereignis angesehen werden und als die schwer erarbeitete Lösung eines Problems. (...) Entscheidend ist, dass jede Lösung auf die Existenz eines Problems verweist, für das es bereits andere Lösungen gegeben hat, und dass es andere Lösungen zu diesem selben Problem geben wird, die auf ähnliche Weise gefunden werden, um die jetzigen abzulösen. In dem Maße, in dem sich die Lösungen häufen, ändert sich das Problem. Aus der Lösungskette lässt sich jedoch das Problem erschließen. (...) Man kann das Problem, das sich aus einer Sequenz von Artefakten erschließen lässt, als deren geistige Form bezeichnen und die Lösungskette als deren Daseinskategorie. Diese Einheit, die sich aus dem Problem und seinen Lösungen zusammensetzt, konstituiert eine Formkategorie.“[247]

---

244 Boehm (1982), S. 7.

245 Boehm (1982), S. 11.

246 Boehm sieht in der Dichotomie von Kunst und Geschichte das zentrale wissenschaftliche Problem der Kunstgeschichte, wie er im Vorwort zu Kublers *Die Form der Zeit* schreibt. Dies ist gerade auch im Hinblick auf die von Luhmann postulierte Geschlossenheit des Kunstsystems interessant: „[E]ntweder zielt die kunsthistorische Analyse auf den Kunstcharakter des Werkes, dann schwindet ihr der historische Kontext, oder sie beschreibt es als Element historischer Bedingungen, dann unterbleibt die Bestimmung der künstlerischen Struktur. (...) Die Aufgabe, Kunst und Geschichte zu vermitteln, d.h. *Kunst-Geschichte* zu schreiben, endet in einem Paradox: entweder Kunst, dann aber keine Geschichte – oder Geschichte, dann aber keine *Kunst*geschichte.
Zwar erscheint in der täglichen Forschungspraxis diese Aporie wohl selten so rein, wie sie jetzt beschrieben wurde, gleichwohl kennzeichnet sie *ein*, vielleicht *das* wissenschaftliche Basisproblem der Kunstgeschichte.“ (Boehm 1982, S. 13).

247 Kubler (1982), S. 71 f.

Kublers Ansicht nach gibt es im Kunstsystem Probleme, die entstehen, sich entwickeln, eine Zeit lang ruhen können, plötzlich zentral werden, auch wieder verschwinden usw. So spricht er von ‚Formermüdung', von der ‚Anatomie der Routine', ‚blockierten Klassen' etc. Kublers strukturales Modell des historischen Ablaufs von Dingklassen erlaubt Gesetzmäßigkeiten über historische Abläufe festzuhalten, etwa eine Art ‚Gesetz der Reihe' aufzustellen, wonach jede Innovation das historische Spektrum einer Reihe verkürzt. Sein problemgeschichtlicher Ansatz erlaubt es somit, Kunstwerke in formal-dynamische Zusammenhänge zu stellen, wobei die kunstgeschichtliche Perspektive im Vordergrund steht.

Der Formbegriff steht somit nicht, wie bei Luhmann, im Dienste der Selbstprogrammierung des einzelnen Kunstwerks. Er ist auch nicht im Sinne Spencer-Browns definiert als eine Zwei-Seiten-Form mit einer offenen, ergänzungsbedürftigen Seite, der das Kunstwerk in ein komplexes Formengefüge verwandelt. Kublers Formbegriff dient nicht der Analyse des Kunstwerks, sondern des Kunstsystems und dessen historischen Entwicklung. So schreibt er programmatisch: „Das Ziel (...) ist es, die Aufmerksamkeit auf einige morphologische Probleme der zeitlichen Dauer von Serien und Sequenzen zu lenken."[248] Oder: „Frühere Ereignisse und zukünftige Möglichkeiten innerhalb von Sequenzen: das sind die Dimensionen, die die Position jedes Kunstwerks bestimmen."[249] „Unser Anliegen ist es, die Rekurrenz von Bedürfnissen in verschiedenen Stadien ihrer Befriedigung zu erkennen und die Beharrlichkeit eines Problems über die vielfältigen Bemühungen um seine Lösung hinaus."[250] Es fragt sich, ob Kublers problemgeschichtlicher Horizont der Individualität, der Einzigartigkeit des einzelnen Kunstwerks, die bei Luhmann im Zentrum steht, gerecht werden kann. So könnte Boehms Kritik auch von Luhmann stammen:

> Kublers Konzept der Problemgeschichte erlaubt es, viele Schwierigkeiten zu vermeiden. „Allerdings um den Preis, die Kunstentwicklung als Variation einer endlichen Gruppe von Problemen zu begreifen. Ob damit dem *Ereignis*charakter der Geschichte, dem Einschlag von Zufall und Notwendigkeit, auch im gelungenen Werk, schon Genüge getan wurde, darf gefragt werden. Ebenso: ob die ‚Lektüre' jeweiliger Dinge im Hinblick auf einen Problemraster ihre individuelle Komplexität voll auszuschöpfen erlaubt (...). Es ist weniger die Frage: wie lässt sich das konkrete Werk klassifikatorisch behandeln?, als die andere: ist das Schema von Problem und Lösungskette differenziert genug, um (...) den individuellen Kern eines Werkes zu erreichen, seinen ‚primären Status'?"[251]

---

248 Kubler (1982), S. 30.
249 Kubler (1982), S. 93.
250 Kubler (1982), S. 98.
251 Boehm (1982), S. 21.

Wenn also sowohl Kubler wie auch Luhmann den Formbegriff ins Zentrum ihrer Ausführungen stellen und beide Kunst als ein eigenständiges, weitgehend unabhängiges System betrachten, so gibt es doch, wie sich gezeigt hat, erhebliche Unterschiede.[252]

5.3 Hans Dieter Huber: Eine Systemtheorie der Kunst

Hans Dieter Huber's Dissertation aus dem Jahre 1989 mit dem Titel *System und Wirkung. Rauschenberg – Twombly – Baruchello. Fragen der Interpretation und Bedeutung zeitgenössischer Kunst. Ein systemtheoretischer Ansatz.* setzt an bei der Feststellung, dass „die kunsthistorischen Theoriebildungen und Methoden, die vor allem in der Auseinandersetzung mit dem Mittelalter, der Renaissance- und Barockkunst entwickelt wurden, nicht mehr für ein adäquates Verständnis zeitgenössischer Kunstformen und -entwicklungen“[253] ausreichen. Huber versteht das Kunstwerk als „ein System bildlicher Sinndarstellung (...), dessen spezifischen Ordnungsgefüge und Wirkungszusammenhänge mit Hilfe der Systemanalyse sichtbar gemacht und interpretiert werden können.“[254]

Huber's *systemtheoretischer Ansatz* nimmt dabei nur am Rande Bezug auf Luhmann. Er stützt sich vielmehr auf die allgemeine Systemtheorie. Eine systemorientierte Forschungsmethode liegt dann vor, so zitiert er aus Händle/Jensen's *Systemtheorie und Systemtechnik* aus dem Jahre 1974 „wenn ein Gegenstand unter dem Gesichtspunkt seiner inneren Organisation und seiner Verbundenheit mit anderen Gegenständen als System betrachtet wird.“[255] Etwas ausführlicher:

---

252 Eine weitere kunsttheoretische Strömung, zu der Luhmanns ästhetische Position der werkzentrierten Auffassung eine gewisse Nähe aufweist, ist der *New Criticism*. Der *New Criticism* ist, wie Henckmann/Lotters *Lexikon der Ästhetik* schreibt, eine „höchst einflussreiche literarische Bewegung in den USA, die sich seit den zwanziger Jahren in Opposition zur damals herrschenden positivistisch-soziologischen Literaturwissenschaft entwickelt hat. Der N. C. sieht im literarischen Kunstwerk ein von äußeren Einflüssen abgelöstes autonomes Gebilde, das nur in seiner Eigengesetzlichkeit begriffen werden kann. Er entwickelt aus jeweils verschiedenen Ansatzpunkten eine streng werkimmanente Interpretation (close reading) (…).“ Einer der wichtigsten Vertreter des *New Criticism*, R. Wellek, ein „ehemaliges Mitglied der Prager Schule, stellte eine Verbindung zur osteuropäischen Literaturtheorie her. Im deutschsprachigen Raum vergleichbar ist die sogenannte ‚werkimmanente Interpretation‘, die sich nach dem Zweiten Weltkrieg etabliert hat und von Emil Staiger, Wolfgang Kayser u.a. vertreten wurde.“ (Henckmann/Lotter 2004, S. 271 f.).

253 Huber (1989), S. 7.

254 Huber (1989), S. 38.

255 Händle/Jensen (1974), S. 17, zitiert bei Huber (1989), S. 40.

„Die Systemwissenschaften sind als (...) Forschungsansatz sowie als wissenschaftliches Kodifikationsschema konkurrierenden Ansätzen überlegen, weil sie die Komplexität und Interdependenz aller Phänomene – die hochgradige Verflechtung aller Dinge, Eigenschaften und Beziehungen – zu ihrem eigentlichen Thema und zum Gegenstand unseres Bewusstseins gemacht haben wie nie ein Ansatz zuvor."[256]

Mit der allgemeinen Systemtheorie als Fundament und Bezugsrahmen will Huber „in Kontakt mit den empirischen Nachbarwissenschaften Ansätze zu einer kognitiven Epistemologie der bildenden Künste (...) erstellen"[257]. Huber stützt seine im Anspruch streng wissenschaftliche Kunsttheorie aber nicht nur auf die Systemtheorie und die kognitive Psychologie, sondern berücksichtigt auch linguistische und sprachanalytische Konzeptionen. Im Gegensatz zu Luhmann, der die Gesamtgesellschaft systemtheoretisch analysiert und eine hochabstrakte Sprache entwickelt, mit der sich alle gesellschaftlichen Teilbereiche, unter anderem auch die Kunst, thematisieren und vergleichen lassen, entwickelt Huber das im Umfang viel eingeschränktere und deshalb auch ganz anders gelagerte Projekt einer „Systemtheorie des Kunstwerks"[258]. Der Gegenstand der Analyse ist also weder die Gesellschaft noch das Kunstsystem: Systemtheoretisch interpretiert werden bei Huber vielmehr einzelne Kunstwerke, Gemälde zeitgenössischer bildender Kunst. Er beschreibt das von ihm entwickelte Verfahren so:

„Kunstwerke lassen sich mit Hilfe des systemtheoretischen Ansatzes (...) als Systeme beschreiben und interpretieren. (...) Man kann Kunstwerke vorläufig als ein mehr oder weniger kompliziertes System beschreiben, das aus einer bestimmten Anzahl von Bildelementen besteht, zwischen denen Beziehungen verschiedenster Art bestehen. (...) Eine zufriedenstellende Interpretationstheorie des Kunstwerks müsste imstande sein, zu zeigen, wie die Bedeutung von Bildnern von den Bedeutungen der einzelnen Bildelemente abhängen, also zeigen, wie die Bedeutung und die Wirkung von Bildern auf ihrer Struktur basiert."[259]

Als Elemente des Systems Kunstwerk fasst Huber einzelne *Bildelemente,* die als solche in einem ersten Analyseschritt identifiziert werden müssen. Im Gegensatz dazu sieht Luhmann bekanntlich in *Kommunikationen* die Systemelemente. Der Kommunikationsbegriff wird jedoch von Luhmann so abstrakt gefasst, dass er mühelos auch zur Beschreibung des Kunstsystems dient. Und nichts spricht dagegen, Bildelemente im Sinne Hubers als Gruppen von Kommunikationen zu verstehen. Luhmann, der in großen gesellschaftlichen Zusammenhängen denkt

256 Händle/Jensen (1974), S. 17, zitiert bei Huber (1989), S. 40.
257 Huber (1989), S. 40.
258 Huber (1989), S. 44.
259 Huber (1989), S. 44.

und dessen explizit soziologische Kunsttheorie dementsprechend unspezifisch ist und nur allgemeine Hinweise zur konkreten Interpretation einzelner Kunstwerke liefert, ist somit teilweise kompatibel mit Huber's konkretem Analyseinstrumentarium.

Wenn Luhmann von einem für das Verständnis unabdingbaren *Nachvollzug der Selbstprogrammierung* des Kunstwerks spricht, so beschreibt Huber diesen Prozess differenzierter und im Falle von Gemälden wie folgt:

> „Eine Beschreibung der Struktur eines Bildes beschreibt das Werk als eine Verkettung und Vernetzung von Elementen aus einer endlichen Anzahl von Bildelementen, die in bestimmbaren Relationen zueinander stehen. Nennen wir eine solche Beschreibung eines Bildes eine strukturelle Beschreibung. Was man dazu benötigt, ist folgendes:
> (1) Eine Auflistung der in einem Bild gegebenen Elemente.
> (2) Eine Aussage über die Relationen, die zwischen ihnen bestehen.
> (3) Eine Aussage über die Wirkung, die die Bildelemente aufgrund ihrer Beziehungen auf den Betrachter ausüben."[260]

Mit dem dritten Punkt verlässt Huber die Ebene der Werkästhetik, die bei Luhmann im Zentrum steht, und zielt auf eine spezifische Wirkungsästhetik des Gemäldes ab, die er im Rückgriff auf Wolfgang Isers Theorie des Lesens entwickelt.

Kurz vor dem Abschluss der hier vorliegenden Arbeit erscheint mit *Paolo Veronese. Kunst als soziales System* Hans Dieter Hubers vielseitige und fundierte Habilitationsschrift. Es handelt sich dabei zweifellos um die präziseste und umfassendste kunsthistorische Arbeit, die sich mit Luhmanns Werk produktiv auseinandersetzt: Ein Meilenstein. Huber selbst schreibt über seine Studie:

> „In einer entscheidenden Erweiterung meines früheren Ansatzes wird nicht *nur* das Kunstwerk als ein System aus Komponenten und Relationen verstanden. Das gesamte Netzwerk aus sozialen Interaktionen und Kommunikationen mit Kunst und über Kunst wird als ein System beschrieben, in dem das jeweilige Werk als ein Kommunikationselement unter vielen anderen seinen Platz einnimmt. Wenn man die Kunst Venedigs als ein soziales Kommunikationssystem beschreiben will, lässt sie sich ohne große Schwierigkeiten als ein rekursiv operierendes System kennzeichnen. (...) Die spezifische lagunare Kultur Venedigs, wie sie sich in der zweiten Hälfte des 16. Jahrhunderts ausdifferenzieren konnte, lässt sich (...) als ein soziales System beschreiben. Die vielfältigen und oft schwer durchschaubaren Relationen und Verbindungen zwischen Künstlern, Bildhauern, Architekten, Auftraggebern, Staatsdienern, Dichtern, Literaten, Wissenschaftlern, Philosophen, Musikern und Erfindern

260 Huber (1989), S. 45.

waren in eine hochspezifisch verdichtete, urbane Umwelt eingebettet, welche sich im Laufe ihrer Geschichte zu einem in verschiedene funktionale Teilsysteme untergliederten sozialen Kultursystem ausdifferenziert hatte. Die Vorstellung eines geschlossenen und rekursiv operierenden Kunstsystems in Venedig als ein auf Interaktionen basierendes, soziales Funktionssystem bildet daher die Grundlage und Arbeitshypothese der nachfolgenden Beschreibungen und Analysen."[261]

Hubers brillante und sehr faktenreiche Arbeit kann hier aus Zeit- und Platzgründen nicht ausführlich besprochen, sehr wohl aber ausdrücklich empfohlen werden. Es wird hier aber an mehreren Orten auf Ausführungen Hubers verwiesen.

5.4 Hans Belting: Die Erfindung des Gemäldes

Unter dem Titel *Die Erfindung des Gemäldes*[262] liefern Hans Belting und Christiane Kruse eine beeindruckende mediengeschichtliche Untersuchung über *Das erste Jahrhundert der niederländischen Malerei.* In seinen ausführlichen einleitenden Essays zeigt Hans Belting sehr akkurat den gesellschaftlichen, theologischen, politischen, kunsttheoretischen, symbolischen, philosophischen und biographischen Hintergrund[263] der Werke von Jan von Eyck bis Hieronymus Bosch auf. Dabei verfällt er aber nie der Illusion, ein Gemälde gehe in der Rückführung auf seinen Hintergrund auf oder lasse sich auf eine ihm äußerliche Bedeutung reduzieren. In seiner Fokussierung auf das Gemälde als Gemälde verweist Belting vielmehr immer wieder auf das *Kunsteigene* und zeigt die genialen künstlerischen Erfindungen und Neuerungen sowie den Dialog zwischen den Werken dieser frühen Niederländer auf.

Obwohl bei Belting in diesem 1994 erschienenen Buch ein Verweis auf Luhmann fehlt und auch Luhmann nie auf Belting verweist, lässt sich doch eine Nähe zwischen Beltings Untersuchung über das Medium des Gemäldes und Luhmanns Selbstprogrammierung des Kunstwerks ausmachen. Deutlich wird diese etwa, wenn Belting davon spricht, dass sich die Unterzeichnung manchmal

261 Huber (2005), S. 16 f.

262 Belting, Kruse (1994). Gemeint ist mit diesem Titel nicht die Erfindung der Malerei schlechthin, sondern die Erfindung des neuzeitlichen Gemäldes zur Zeit um 1430. „Tafelbilder gab es schon vorher, aber sie waren eine Randerscheinung und besaßen noch keine eigene, autonome Gestallt, mit der sie sich von anderen Kunstgattungen unterschieden hätten. Die Ikone, auch in der Ausformung als Andachtsbild, war lange schon eingebürgert, das Porträt als Serienprodukt aus der höfischen Kultur erst viel später hinzugekommen. Daneben fehlte jede weitere Rolle, bis das neue Gemälde viele Rollen übernahm, die bisher brachgelegen hatten." (Belting, Kruse 1994, S. 36).

263 Bezeichnenderweise spricht Belting dabei von der „Umwelt der Künstler" (Belting, Kruse 1994, S. 22.).

erheblich von dem fertigen Gemälde unterscheidet, und dass sich somit dessen Konzeption während des Arbeitsprozesses ändern konnte:

> „Man kann deshalb von einem schöpferischen Prozess sprechen, der gerade die fortlaufende Korrektur am Werk erlaubte und keinen unabänderlichen Werkplan auf das Bild übertrug. (...) Anders als in Italien, wurde das Bild nicht konstruiert (z.B. im mathematischen Schema der Zentralperspektive), sondern aus der empirischen Beobachtung schrittweise entwickelt. Es konnte dafür keine *Theorie*, sondern nur die *Praxis* des einzelnen Versuchs geben, weshalb dem einzelnen Maler und seiner Entdeckungslust soviel Bedeutung zukam. (...) Die Malerei wird, in ihrem Produkt, kostbar schon durch die Technik und die Arbeitszeit, und nicht nur aufgrund der verwendeten Materialien. In dem Zauberwerk des malenden ‚Alchemisten' kündigt sich das autonome Kunstwerk der Zukunft an."[264]

Wenn Belting davon spricht, dass die Künstler bei der die Kunst revolutionierenden Erfindung des Gemäldes „ohne Rücksicht auf die Konventionen (...) als Erfinder auf sich selbst verwiesen" waren und „sich nur mit jener neuen Idee rechtfertigen konnten, die man später ‚Kunst' nannte"[265], so trennt ihn nur die Stellung des Subjekts von Luhmanns Konzeption, laut der nicht der *Künstler* auf sich selbst gestellt ist, sondern die *Kunst*: Die Kunst ist es, die sich nur durch sich selbst rechtfertigen kann. Wenn also Belting etwa schreibt, dass der Künstler Hugo von der Goes „geradezu besessen davon [war], die eigene Regie durch immer neue Ideen zu überbieten"[266], so geht Luhmann in der Zurückweisung der Umwelt noch weiter und würde davon sprechen, dass das Gemälde selbst die eigene Regie führt.

5.5 Friedrich Weltzien: Zur Theorie autopoietischer Kunstproduktion

Den soeben hervorgehobenen Aspekt der Eigengesetzlichkeit des Kunstwerks und der damit verbundenen Einklammerung der Person des Künstlers hebt der letzte hier beigezogene Text hervor. In seinem Aufsatz *Maurice Merleau-Pontys ‚Fieber' und das ‚Scheitern' Willi Baumeisters. Zur Theorie autopoietischer Kunstproduktion* untersucht Friedrich Weltzien die Kunsttheorien von Merleau-Ponty und Baumeister unter dem Aspekt der Autopoiesis. Ohne dass Weltzien explizit auf Luhmann Bezug nimmt, lesen sich seine Ausführungen doch beinahe wie von Luhmanns Hand geschrieben. So etwa wenn er schreibt:

264 Belting, Kruse (1994), S. 14 f.
265 Belting, Kruse (1994), S. 35.
266 Belting, Kruse (1994), S. 118.

„Der Künstler kann die Kräfte, die Kunst generieren, niemals beherrschen, sondern bestenfalls beschwören oder anrufen und sie – wenn sie sich zeigen – nutzen, so weit er es vermag. (...) Dieser Umgang mit nicht steuerbaren Größen lässt sich als eine Form von Autopoiesis verstehen. Der Künstler wohnt dem Entstehen seines Kunstwerks gewissermaßen nur bei, er stellt eine Umgebung bereit, in der Kunst sich zeigen kann, ohne selbst für jedes Detail des Resultats verantwortlich zu sein. Das Werk bildet sich innerhalb des gesetzten Rahmens ‚von selbst'."[267]

Das Werk bildet sich von selbst, es stellt seine Regeln selbst auf, die Kette der aneinander gefügten Formen schränkt sich laufend mehr und mehr ein. Während das Kunstwerk von äußeren Faktoren sich selbst nur irritieren lässt, programmiert es sich von innen heraus durch sich selbst. Das Kunstwerk ist sein eigener Herr, es entsteht eigengesetzlich und will auf diese Eigengesetzlichkeit hin beobachtet werden. Der Künstler ist nur ein Diener seines Werkes. Wie nahe Merleau-Ponty und Baumeister in den Ausführungen Weltziens auch hier an Luhmanns Konzeption kommen, zeigt folgendes Zitat:

„Der intendierte Verlust von Kontrolle im Schaffensprozess, der für die Kunsthaftigkeit des entstehenden Werkes bürgt, lässt sich als autopoietisches Verfahren beschreiben. Indem der Künstler sein rationales Selbst aussetzt, um sich dem Erlebnis, dem „unmittelbar *widerfahrenden* Wissen"[268] zu öffnen, wird nicht der Willkür Tür und Tor geöffnet. Im Gegenteil soll strukturierenden Kräften Raum gewährt werden, die über die Beschränkungen des Aussprechbaren hinausreichen in das nur noch als Bild Kommunizierbare. (...) Willi Baumeister nennt die autopoietische Dimension des künstlerischen Schaffensprozesses „Parthenogenesis"[269]: die so entstandenen Werke „sehen nicht aus, wie wenn sie von jemand gemacht, sondern wie wenn sie von selbst entstanden wären."[270] Merleau-Ponty verwendet zur Beschreibung den Begriff der „Autofiguration".[271] Die Eigenwilligkeit des Gestaltungsvorganges ist nicht Ausdruck von Gesetzlosigkeit, sondern erweist das Ringen zwischen künstlerischer Intention und Eigengesetzlichkeit von Material, psychischer Disposition des Künstlers [und] historischen Bedingungen."[272]

267 Weltzien (2003), S. 11 f.
268 Ludwig Klages: *Vom kosmogonischen Eros* (1920), Bonn 1988, S. 100.
269 Willi Baumeister: *Das Unbekannte in der Kunst*. Stuttgart 1947, S. 161.
270 Ebed., S. 171.
271 Maurice Merleau-Ponty: Das Auge und der Geist. In: Das Auge und der Geist. Philosophische Essays. Hamburg 1984, S. 13-44, S. 34.
272 Weltzien (2003), S. 21.

6. Kunst als autopoietisches System

Im letzten Abschnitt dieses Kapitels soll Kunst *als System* im Vordergrund stehen. Was ist unter den Elementen des Kunstsystems, den Kunstkommunikationen, zu verstehen? Wer bestimmt, was eine Kunstkommunikation ist und was nicht? Wie formieren sich die Elemente zum System? Welche Chancen bestehen und welche Gefahren lauern, wenn das Kunstsystem in der funktional differenzierten Gesellschaft als geschlossenes System angesehen werden muss?

6.1 Offenheit durch Geschlossenheit

Das Kunstsystem ist ein autopoietisches System. Es ist zu verstehen als ein selbstreferentielles, sich selbst organisierendes, seine eigenen Gesetzmäßigkeiten aufstellendes Gebilde. In der modernen Gesellschaft, also seit dem Übergang von Stratifikation zu funktionaler Gesellschaftsdifferenzierung, wird Kunst „zu einem sich selbst bestimmenden, sich selbst produzierenden, sich an inneren Kohärenzen und Widersprüchen orientierenden System."[273] Kunst orientiert sich fortan an Kunst. Als Kunstkommunikation ist nur noch zugelassen, was das „Netz (...) der Kunstszene"[274] zulässt. Kunstkommunikation wird genauer so gefasst:

> Was als Kunstkommunikation gilt, „hängt davon ab, welche Sehgewohnheiten, welche Hörgewohnheiten man voraussetzen kann, welche Geduld beim Nonsensical-Theater man erwarten kann. Das alles sind Prämissen, die in die Kommunikation selbst eingehen und die scharf selektiv wirken. Es muss in einem Kontext stimmen, der Kontext ist nicht linear, er ist netzwerkartig, aber er ist auch Moden unterworfen, und man muss, wenn man teilnehmen will, die Bedingungen dafür erfüllen. Das bedeutet nicht, dem Diktat des Verkaufs oder der täglichen Massenmeinung folgen zu müssen, aber trotzdem gibt es scharfe Beschränkungen dessen, was geht und was nicht geht."[275]

Das Kunstsystem bestimmt selbst, was als Kunstkommunikation gilt. Es ist laut Luhmann ein *operativ geschlossenes* System:

> „*Operative Schließung* heißt, dass das Kunstsystem in der Reproduktion von Kunst auf Kunst angewiesen ist und auf Kunst abzielt, unabhängig davon, ob es andere Wege gibt, die in einem kausalen Kontext einen Zusammenhang mit der Kunst bilden, also unabhängig davon, ob zum Beispiel die Kunstwerke sich gut oder nicht gut

273 Luhmann (1986 b), S. 621.
274 Luhmann (1990 b), S. 62.
275 Luhmann (1990 b), S. 62 f.

verkaufen lassen, unabhängig davon, welche Einflüsse Kunstschulen-Bildung auf die Kunst hat. *Operative Schließung* also als ein Begriff, der (...) *autopoietisch* angelegt ist, das heißt, die Kunst produziert sich selbst. Wenn es keine Kunst gäbe, gäbe es auch keine Möglichkeit, Kunstwerke zu schaffen. Es gibt eine Zitierbeziehung, es gibt eine positive oder negative Einstellung zur Vorgängerkunst, es gibt ein Selbstgespräch innerhalb der Kunst, und Autonomie ist eben genau dies, dass man sie ohne Referenz auf andere Kunstwerke gar nicht als Kunst sehen würde. Sehen, das Beobachten, das Herstellen ist also angewiesen auf Kontextierung der Kunst in der Kunst."[276]

Ohne die Bedeutung von systemexternen Einflüssen wie Geld, Medien, Politik, Unterhaltung usw. bestreiten zu wollen – und dies zu sehen ist für das Verständnis der Luhmannschen Kunsttheorie zentral –, fokussiert Luhmann doch eindeutig auf die innersystemischen Beziehungen, die Kunst allererst zu Kunst machen. Ein operativ geschlossenes Kunstsystem ist Voraussetzung für die Produktion von Kunstwerken: Kunst entsteht nur, wenn sich Operationen des Kunstsystems an Operationen des Kunstsystems reihen, wenn also Kunstkommunikationen rekursiv an Kunstkommunikationen anschließen, sich in ein Netzwerk einfügen, es abändern, teilweise zerstören oder erweitern. Offenheit des Kunstsystems, d.h. die Bereitschaft, auf äußere Einflüsse reagieren und die Umwelt beeinflussen zu können, ist nur möglich durch operative Geschlossenheit, weil es anders gar keine Kunst gäbe. Es braucht nach Luhmann einen geschlossenen Rahmen, der allererst bestimmt, was Kunst ist.

Operative Geschlossenheit des Kunstsystems ist also nicht gleichzusetzen mit gesellschaftlicher Bedeutungslosigkeit, mit *l'art pour l'art*:

„[D]as Programm des ‚l'art pour l'art' [ist] nicht die Autonomie des autopoietischen Systems, sondern nur deren Missverständnis. ‚L'art pour l'art' will das, was das System ist, im System zum Programm machen und verfehlt damit den elementaren Tatbestand, dass Autonomie die Beziehungen zur Umwelt nicht unterbindet, sondern gerade voraussetzt und reguliert."[277]

Trotz aller Selbstbezogenheit schwebt Kunst nicht in einem luftleeren Raum, sondern inmitten der Gesellschaft. Sie ist „alles andere als ein ‚Selbstzweck'"[278]. Kunst hat „ein ambivalentes Verhältnis zur Realität"[279], denn einerseits steht das Kunstwerk als fiktionales Gebilde außerhalb der Realität, andererseits ist es sehr wohl ein reales Gebilde, das gehört, gesehen oder gewogen werden kann.

276 Luhmann (1997 a), S. 142 f.
277 Luhmann (1986 b), S. 626.
278 Luhmann (1995), S. 89.
279 Luhmann (1990 a), S. 12.

Worin besteht aber der Realitätsbezug der Kunst? Kunst „spaltet die Realität durch ihre Form"[280], so Luhmann, mit dem Effekt, dass ein Unterschied zwischen zwei Seiten entsteht, „zwischen der realen Realität und der fiktionalen Realität"[281]:

> „Indem der realen Realität eine fiktionale gegenübergestellt wird, erzeugt die Kunst auf *beiden* Seiten ihrer Form einen Zustand, der vorher nicht da war oder jedenfalls nicht beobachtet werden konnte. Die reale Realität wird zum normalen Alltag, zum Bereich der vertrauten Erwartungen. (...) Die fiktionale Realität wird zum Bereich der Reflexion anderer (unvertrauter, überraschender, nur artifiziell zu gewinnender) Ordnungsmöglichkeiten."[282]

Gerade durch ihre Außergewöhnlichkeit lässt die Kunst die Gewöhnlichkeit des Alltags hervortreten. Gerade dadurch also, so der zentrale Punkt, dass Kunst nicht abbildet, nicht repräsentiert, sondern einen eigenen Ordnungszusammenhang schafft, lässt sie die Realität erscheinen. Die Beschäftigung mit einem Kunstwerk lässt die ‚reale Realität' in einem neuen Licht erscheinen. So wird man beispielsweise durch Kunst verleitet zu sagen: *Aber so schlimm ist doch die Welt gar nicht wie in diesem Film*, oder *Leider ist mein Leben nicht so aufregend wie in diesem Buch* usw. In einem einleuchtenden Beispiel vergleicht Luhmann den nur scheinbar luftleeren Raum der Kunst mit dem Sabbath: Die „Einführung des Sabbath hatte (...) nicht besagen sollen, dass Gott nur an diesem Tage besondere Aufmerksamkeit wünscht. Im Gegenteil: die Differenz von Sabbath zu Alltag lässt Gott in der ganzen Woche präsent sein, sie verhindert, dass er vergessen wird, macht ihn aber gerade nicht als Tagesgeschehen sichtbar."[283] In gleicher Weise kann sich Kunst ganz auf sich selbst beziehen und trotzdem auf kunstsystemexterne Wirklichkeiten verweisen: Selbstreferenz schließt also hier Fremdreferenz keineswegs aus. Im Gegenteil: Geschlossenheit eines Funktionssystems ist laut Luhmann die Bedingung für deren Offenheit.

6.2 Höchste Autonomie des Kunstsystems oder Ende der Kunst?

Mit der „Placierung der Negation des Systems im System"[284] sieht Luhmann die höchste Autonomiestufe des Kunstsystems erreicht. Autonomie in einem radika-

280 Luhmann (1990 a), S. 13.
281 Luhmann (1990 a), S. 13. Zum *Unterschied, der eine Umgebung schafft*, siehe auch Meyer (1990).
282 Luhmann (1990 a), S. 13.
283 Luhmann (1990 a), S. 13.
284 Luhmann (1995), S. 473.

len Sinne lässt sich nur denken, so Luhmann, „als Einschluss der Selbstnegation ins System“[285].

Konkret kann diese Selbstnegation des Systems im System etwa so aussehen, dass Künstler alles als Kunst erklären: sei es ein Urinoir, seien es Anordnungen von Steinen an einem Strand, sei es ein geschaufeltes Loch in einem Stadtpark. Wenn *alles* Kunst ist, ist *nichts* Kunst. Das System kann seine eigene Negation als Selbstbeschreibung enthalten, „zum Beispiel als Negation jeder Grenze oder jeder eigenen Bestimmtheit oder auch als Negation jeder Verpflichtung auf Vorgaben durch eine Tradition.“[286]

Negation des Systems im System heißt aber keinesfalls Auslöschung dieses Systems, im Gegenteil:

> „[D]ie Autopoiesis eines Systems kennt keinen Ort für eine letzte, das System negierende Operation, da alle Operationen unter dem Gesichtspunkt der Reproduktion konzipiert sind. Die Selbstnegation des Systems ist als Form der Betätigung von Autonomie also nur eine Operation unter anderen, ein Versuch, an die Grenze zu gehen, um das Ausgeschlossene einzuschließen; (...) oder ein Versuch, jede mögliche Nichtkunst in die Kunst wiedereintreten zu lassen.“[287]

So erklären Künstler wie Marcel Duchamps oder Andy Warhol alltägliche Gebrauchsgegenstände zu Kunstwerken; sinnlich nicht unterscheidbare Kunstwerke werden mit verschiedenem Kunstsinn belegt[288]; unlesbare Erzählungen werden geschrieben, entweder durch „massierte Verwendung von Bildungsgut, über das niemand mehr verfügt, oder durch Verwendung eines Unterschichtenjargons (Burroughs, Pasolini), der nur denen verständlich ist, die als Leser nicht in Betracht kommen“[289]. Luhmann bemerkt zu Versuchen dieser Art:

> „[W]ie könnte so etwas gesellschaftlich möglich sein, wenn nicht auf der Basis von Autonomie? All solche Versuche beruhen mithin auf der Autonomie der Kunst und versuchen, sie am Grenzfall zu realisieren.“[290]

Die Autonomie des Kunstsystems ist sogar dann noch gewährleistet, wenn „Autonomie als Autonomieverzicht praktiziert wird“[291], wenn beispielsweise versucht wird, Kunst und Leben wieder zu versöhnen, oder wenn Kunst in einer

---

285 Luhmann (1995), S. 473.
286 Luhmann (1995), S. 472.
287 Luhmann (1995), S. 474 f.
288 Zu hier anschließenden Reflexionen vgl. Danto (1991).
289 Luhmann (1995), S. 475.
290 Luhmann (1995), S. 475.
291 Luhmann (1995), S. 475.

Weise kommerzialisiert wird, dass sie in Kommerz aufzugehen scheint und „die Kunst in der Kunst nur noch darin liegt, dass sie diese restlose Preisgabe als Inszenieren von Kunst *will*."[292] Paradox formuliert kann dann von einer Kunst der Kunstlosigkeit gesprochen werden. Bei all diesen Versuchen bleibt aber die künstlerische Negation der Kunst immer noch Kunst.

Autonomie des Kunstsystems bedeutet auch, dass das Kunstsystem keinen direkten Einfluss auf andere Funktionssysteme und auch nicht auf die Gesellschaft als ganze nehmen kann. Mit Mitteln der Kunst die Gesellschaft ändern, kritisieren oder bessern zu wollen kann nur sehr beschränkt und indirekt gelingen, denn Autonomie ist nur um den Preis operativer Geschlossenheit zu haben. Und diese Geschlossenheit bedeutet sowohl die Unmöglichkeit der direkten Einflussnahme externer Operationen auf das Kunstsystem wie auch die Unmöglichkeit der direkten Einflussnahme des Kunstsystems auf Operationen außerhalb seiner Grenzen.

Die Einführung der Negation des Systems in das System ist die höchste Form der Autonomie. Und die Frage, die wir hier stellen müssen, ist, ob diese Autonomie, diese scheinbare Abgeschlossenheit gegen Außen, die Kunst nicht zum Ersticken bringt. Besteht nicht die Gefahr, dass die Autonomie des Kunstsystems gleichbedeutend ist mit Bedeutungslosigkeit? Wenn sich Kunst nur noch um Kunst dreht, geht dann der Schwung nicht früher oder später verloren? Über ihr eigenes Schicksal wird nur das Kunstsystem selbst entscheiden können. Aber von dem Gespenst eines Endes der Kunst: dass es einmal keine Kunst mehr geben wird, dass sich die Kunst in ihrem gesellschaftlich-strukturell bedingten Vakuum auflösen und verschwinden wird – davon ist laut Luhmann nicht viel zu halten: „Das viel beschworene ‚Ende der Kunst' muss nicht Stillstand bedeuten; sie kann weiterhin bewegt sein – wenn nicht wie ein Fluss, so wie ein Meer. (...) [Die Kunst] stellt auf genau diese Weise die Reproduktion der Kunst unter Einschluss eigener Negation, also als perfekt autonomes System sicher."[293]

Die vollkommene Autonomie des Kunstsystems ist also nicht gleichzusetzen mit dem Ende der Kunst. Der vollkommene Autonomiestatus des Kunstsystems ist eine Konsequenz der gesellschaftlichen Entwicklung, ist das Produkt der funktionalen Differenzierung. Die sich heute aufdrängenden Schwierigkeiten des Kunstsystems scheinen auf den ersten Blick rein kunstinterne Schwierigkeiten zu sein:

- Irgendwie ist alles möglich und doch nichts.
- Wie lässt sich an die Vergangenheit anschließen?
- Dürfen noch Gedichte geschrieben werden?

---

292 Luhmann (1995), S. 475

293 Luhmann (1995), S. 480.

- Wie traditionell darf Kunst sein?
- Wie verständlich muss sie sein?
- Was ist Kunst und was nicht?
- Wer ist ein großer Künstler, wer ein Scharlatan, ein billiger Provokateur?

Diese Fragen und Schwierigkeiten sind entgegen ihrem ersten Eindruck die Folge einer die *gesamte Gesellschaft* betreffenden Entwicklung. Das Kunstsystem muss hier also als Vorhut, als Proband der Gesamtgesellschaft betrachtet werden:

> „Das Kunstsystem vollzieht Gesellschaft an sich selbst als exemplarischem Fall. Es zeigt, wie es ist. Es zeigt, auf was die Gesellschaft sich eingelassen hatte, als sie Funktionssysteme ausdifferenzierte und sie damit einer autonomen Selbstregulierung überließ. Es zeigt an sich selbst, dass die Zukunft durch die Vergangenheit nicht mehr garantiert ist, sondern unvorhersehbar geworden ist. (...) Die Kunst zeigt in der Form des Leidens an sich selbst, dass es so ist, wie es ist. Wer dies wahrnehmen kann, sieht in der modernen Kunst das Paradigma der modernen Gesellschaft."[294]

Die Entwicklung der Kunst läuft nicht auf einen Vakuumtod zu. Kunst kommt vielmehr einer oft widersprüchlichen, oft orakelhaften, oft störungsanfälligen, oft auch bedeutungslosen Vielzahl von Sonden gleich, die in der Gesellschaft Signale derselben liefern.

Wenn auch das Kunstsystem ein Vollzug von Gesellschaft ist, so muss es mit ihren Schwierigkeiten doch alleine zurechtkommen: Nicht die Politik, nicht ein moralischer Impetus, nicht die Wissenschaft – keine Realität außerhalb des Kunstsystems kann der Kunst den Weg weisen. Bereits im Vorwort der *Kunst der Gesellschaft* bemerkt Luhmann, dass seine Ausführung „nicht dazu bestimmt sind, bei der Beurteilung oder bei der Herstellung von Kunstwerken zu helfen." Es handle sich, „was Kunst betrifft, nicht um eine hilfreiche Theorie"[295]. Und mit einem Plädoyer dafür, dass einzig und alleine die Kunst dazu im Stande ist, sich der eigenen Bedeutungslosigkeit, Selbstauflösung oder Stagnation zu entziehen, endet Luhmanns Kunst-Buch:

> „So viel kann die wissenschaftliche, also externe (...) Beschreibung des Kunstsystems feststellen (...). Aber damit ist nichts darüber gesagt, wie das Kunstsystem selbst mit selbsterzeugten Ungewissheiten und Schwierigkeiten umgeht. (...) Man wird jetzt das Kunstsystem daraufhin beobachten müssen, ob und wie es mit dieser Selbstherausforderung fertig wird. Mit größeren Freiheitsgraden werden auch die Unsicherheit der Kriterien und damit die Schwierigkeiten zunehmen, zwischen Ge-

294 Luhmann (1995), S. 499.
295 Luhmann (1995), S. 9.

lungenem und Misslungenem zu unterscheiden. (...) Solange aber die Autonomie des Systems erhalten bleibt, gibt es auch ein Medium, das die Suche nach überzeugenden Formen motiviert. Wenn alles möglich ist, muss die Auswahl des Zulässigen schärfer ausfallen, und es wird auf die Dauer wenig befriedigen, wenn statt einer Auswahl nur noch Jahresfahrkarten ausgegeben werden. Nur die Überwindung von Schwierigkeiten kann einer Sache Bedeutung geben: Hoc opus, hic labor est."[296]

Hoc opus, hic labor est, mit diesen Worten beschreibt bei Vergil die Prophetin dem Helden Aeneas die Mühen des Aufstiegs von der Unterwelt – und Luhmann die Schwierigkeit der Weiterentwicklung des Kunstsystems nach dessen vollendeter Autonomie. *Hoc opus, hic labor est*: E. und G. Binder übersetzen frei: „das ist wahrhaft ein hartes Stück Arbeit"[297], und Plankl übersetzt: „Hier erst beginnt alle Not!"[298].

Einen Vorschlag, in welche Richtung diese Arbeit gehen, wie die gegenwärtige Not der Kunst überwunden werden könnte, macht Michael Lingner in einem höchst lesenswerten Aufsatz mit dem sprechenden Untertitel *Argumente für eine Transformierung ästhetischer Autonomie*. Mit Luhmann konstatiert er die autopoietische, selbstreferentielle Geschlossenheit des Kunstsystems, Und auch er fragt sich, wie dem „drohenden Leerlauf der Kunst auf der heutigen Höhe ihrer Autonomisierung"[299] zu entgehen sei. Seine Antwort besteht in der Forderung nach dem „Ende des Prozesses der Autonomisierung der Kunst um der Erhaltung ihrer Autonomie willen"[300]:

> „Die postmoderne Kunst ist (...) als die letzte Stufe konzeptioneller Autonomie zu begreifen, nach der es keinen weiteren Schritt einer substantiellen Autonomisierung mehr gibt. Wenn nämlich die Kunst einmal autonom gegenüber ihrer ursprünglichen Idee der Autonomie geworden ist, dann macht jede darüber hinausgehende Autonomisierung (das heißt die Erlangung der Autonomie in bezug auf die gegenüber der Autonomieidee autonom gewordene Autonomie) keinen Sinn mehr. Indem mit der postmodernen Kunst die Negation des Autonomieprinzips erreicht ist, führt jede weitere Fortsetzung der Autonomisierung zur Negation der Negation und damit zwangsläufig zur Aufhebung dieses Prinzips. (...) So gesehen ist das Ende des Prozesses der Autonomisierung der Kunst um der Erhaltung ihrer Autonomie willen notwendig.

---

296 Luhmann (1995), S. 506 f. Das Zitat stammt aus Vergil's Aeneis, 6. Buch, 129.
297 Vergil (1998), S. 87.
298 Vergil (1994), S. 144.
299 Lingner (1989), S. 254.
300 Lingner (1989), S. 255.

Dass die Kunst mit der Durchsetzung und Ausschöpfung des Prinzips der Autonomisierung definitiv den ihre bisherige Entwicklung wesentlich bestimmenden Zweck erreicht hat, macht die tiefgreifende Krise ihrer Produktivität aus."[301]

Die entscheidende Frage für Lingner ist, ob die Kunst „einen anderen entwicklungsbestimmenden Zweck für sich zu finden weiß als den der Autonomisierung, der ihr immer nur eine negative Bestimmung auf die Gesellschaft und auf sich selbst hin erlaubt hat."[302] Der Prozess der Autonomisierung ist an ihrem Ende angelangt. Das Kunstsystem scheint in einer Sackgasse gefangen. Zurück kann es nicht, denn mit dem Status der Kunst als eines autopoietischen Systems ist es unvereinbar, dass sie ihr Selbstverständnis im Blick auf andere gesellschaftliche Teilbereiche definiert.

Die Kunst, so folgert Lingner, steht „vor der Notwendigkeit einer völligen Umorientierung im Sinne einer positiven Bestimmung ihrer selbst"[303]. Der von ihm lancierte „Versuch eines theoretischen Ansatzes zur Begründung des möglichen Bewegungsprinzips (...) postautonome[r] Kunst"[304] stellt dem Kunstsystem die paradoxe Aufgabe, sich aus sich selbst heraus heteronome, d.h. fremde Zwecke zu setzen:

> „Ist die Kunst im Prozess der Autonomisierung an ein definitives Ende gekommen, so kann sie nicht mehr allein in ihrer eigengesetzlichen Entwicklung und in sich selbst ihren eigenen Zweck sehen. Vielmehr bedarf sie dann außerhalb ihrer selbst liegender heteronomer Zwecke, aus denen Bestimmungsgründe für ihre Fortexistenz und Weiterentwicklung zu gewinnen wären.
>
> Aber auch nach dem Ende des Prozesses ästhetischer Autonomisierung ist die Autonomie der Kunst in dem Sinne zu wahren, dass die künstlerischen Entscheidungen prinzipiell in finanzieller, institutioneller und ideologischer Unabhängigkeit getroffen werden können. Die Kunst darf sich darum jene ihr nun unentbehrlichen heteronomen Zwecke nicht aufoktroyieren lassen, sondern muss sie aus sich selbst heraus autonom setzen."[305]

Diese „autonome Setzung heteronomer Zwecke"[306] soll für die künstlerische Praxis konkret bedeuten, „dass sie Außenperspektiven aufnimmt und mögliche, künstlerisch zu erfüllende Funktionen, die von allgemeinem Interesse sein können, als heteronome Zwecke erfindet oder bereits vorhandene sich zu eigen

---

301 Lingner (1989), S. 254 f.
302 Lingner (1989), S. 255.
303 Lingner (1989), S. 255.
304 Lingner (1989), S. 255.
305 Lingner (1989), S. 255 f.
306 Lingner (1989), S. 256.

macht."[307] Kunst muss, so Lingners beinahe existenzialistisch anmutender Ausweg aus der Sackgasse, das Kunstfremde bewusst *wählen*, sich für es *entscheiden*, und kann es sich so zu eigen, zu seinem Eigenen machen. Dieses sich für das Fremde entscheiden und es so zu seinem Eigen machen ist nur möglich, weil das Kunstsystem seinen Autonomiestatus erreicht.

Luhmann sieht einen allgemeinen „Bedingungszusammenhang von Geschlossenheit und Offenheit"[308], so dass es ohne selbstreferentielle Geschlossenheit keine Offenheit geben kann. Lingner widerspricht dem nicht und führt weiter aus:

> „[Die] Kunst ist inzwischen zu einer umfassenden Selbstvergewisserung und Verfügbarkeit ihrer inhaltlichen, formalen und konzeptionellen Grundlagen gelangt. Dieses durch Erschöpfung ihres innovativen Potentials gezeichnete Stadium erlaubt es, der Kunst (...) grundlagenpraktische Reife als die Fähigkeit des Eingehens auf heteronome Zwecke zuzuerkennen."[309]

307 Lingner (1989), S. 256.
308 Luhmann (1984), S. 626.
309 Lingner (1989), S. 256.

II. Kunst und Gesellschaft

Das Kunstsystem ist ein selbstreferentielles, operativ geschlossenes System. Kunst nimmt ausschließlich auf Kunst Bezug. Das Kunstsystem nimmt seine Umwelt: die Politik, die Wirtschaft usw., nur als Störung, als Irritation wahr und es selbst wird von anderen gesellschaftlichen Bereichen auch nur so wahrgenommen. Trotzdem unterhält das Kunstsystem offensichtlich Beziehungen zu seiner Umwelt. Wie sind Außenbeziehungen eines operativ geschlossenen Systems möglich? Wie lässt sich die von Luhmann postulierte operative Geschlossenheit des Kunstsystems und die von breiten Kreisen unterstützte Forderung an Kunst nach politischer Stellungnahme vereinen? Inwiefern kann Kunst trotz und mit Luhmann politisch wirksam oder für Wirtschaftsorganisationen von Bedeutung sein?

Welche gesellschaftliche Bedeutung hat Kunst? Die Funktion der Kunst, so Luhmann, besteht im *Nachweis von Ordnungszwängen im Bereich des nur Möglichen.* In der Kunst wird die Unvermeidbarkeit von Ordnung schlechthin wahrnehmbar. Kunst gibt zu erkennen, dass die Ordnung der realen Realität nur eine Ordnung unter vielen möglichen ist. Kunst macht so die Kontingenz der Realität sichtbar. Wie kann das Kunstsystem diese wichtige Rolle in der Gesellschaft spielen und doch rein selbstbezüglich sein?

Der vorliegende Teil besteht aus sieben Kapiteln. Während die ersten drei Kapitel größtenteils allgemeinen Charakter haben, beziehen sich die restlichen spezifisch auf das Kunstsystem. Das erste Kapitel untersucht anhand des Begriffspaars *System und Umwelt*, wie Funktionssysteme miteinander in Beziehung treten können. Das zweite analysiert den Luhmannschen Begriff der *Irritation*. Das dritte Kapitel geht der Frage nach, was *Realität* für ein geschlossenes System bedeuten kann. Das vierte Kapitel zeigt, auf welche Weise das Kunstsystem sein bedeutendes gesellschaftliches *Irritationspotential* entwickelt hat. Kapitel fünf analysiert am konkreten Beispiel der Beziehung zwischen dem *Wirtschafts- und dem Kunstsystem* die Tragfähigkeit, aber auch die Schwierigkeiten der Luhmannschen Begrifflichkeit. Und während das sechste die Rolle von Organisationen untersucht, versucht Kapitel sieben schließlich aufzuzeigen, welche gesellschaftliche *Funktion* das Kunstsystem wahrnehmen kann.

1. System und Umwelt

Soziale Systeme wie das Kunstsystem oder das politische System sind operativ geschlossene Teilbereiche der Gesellschaft. Luhmanns Modell der operativen Geschlossenheit beschreibt Albrecht Koschorke auf sehr knappem Raum in seinem brillanten Aufsatz *Die Grenzen des Systems und die Rhetorik der Systemtheorie*:

> „Systeme, das ist die Ausgangsüberlegung, können ihre Funktion dann und nur dann erfüllen, wenn sie äußere Komplexität reduzieren und innere, das heißt strukturelle Komplexität aufbauen.[310] Ein System ohne hinreichende Abschirmung von den unendlich vielfältigen Vorgängen in seiner Umgebung würde aufhören, sich zu reproduzieren; es würde an einer nicht zu verarbeitenden Übermenge an Umwelteinflüssen zugrundegehen. Es kann sich nur um den Preis der Grenzziehung und Ausbildung eigener konsistenter Strukturen, das heißt durch Rückbezüglichkeit auf sich selbst, operationsfähig machen. Es schaltet von Fremd- auf Selbstanpassung um[311] und wird gerade durch *Abweichung* von Umweltvorgaben zu komplexen Leistungen befähigt. Weil ‚kein System seine Umwelt beobachten (...) könnte, wenn es jedes Ereignis der Umwelt durch einen Eigenzustand parieren müsste'[312], lässt sich im Umkehrschluss allein durch operative Geschlossenheit Offenheit gegenüber der Außenwelt erreichen. Die beiden Attribute Geschlossenheit und Offenheit widersprechen sich also nicht, sie bedingen einander."[313]

Obwohl soziale Systeme operativ geschlossen sind, unterhalten sie Beziehungen zu ihrer Umwelt, zu anderen sozialen Systemen. Soziale Systeme sind nicht einsame, voneinander abgeschiedene Inseln. Jedes dieser Systeme existiert in einer für es bedeutsamen Umwelt. Der Begriff der Umwelt, so betont Luhmann, darf nicht als eine Art Restkategorie missverstanden werden. Vielmehr ist das Umweltverhältnis konstitutiv für ein System.[314] In Luhmanns differenztheoretischem Denken ist die Umwelt deshalb Voraussetzung für die Identität eines Systems, „weil Identität nur durch Differenz möglich ist"[315]. System und Umwelt sind die zwei Seiten *einer* Form. Weder System noch Umwelt können „ohne die jeweils andere Seite existieren"[316]. Der Zusammengehörigkeit von System und Umwelt, der Abhängigkeit eines Systems von seiner Umwelt misst Luhmann eine derart große Bedeutung bei, dass er vom „zentrale[n] Paradigma der neueren

---

310 Vgl. Luhmann (1984), S. 45 ff.
311 Vgl. Luhmann (1984), S. 56.
312 Luhmann (2001 a), S. 123.
313 Koschorke (1999), S. 52 f.
314 Vgl. Luhmann (1984), S. 242.
315 Luhmann (1984), S. 243.
316 Luhmann (1997), S. 63.

Systemtheorie"[317] spricht. Der entscheidende Gedanke ist, dass jedes System unablösbar mit seiner Umwelt zusammenhängt, dass der Systembegriff immer schon „auf den Umweltbegriff verweist und deshalb weder logisch noch analytisch isoliert werden kann"[318]. Das Kunstsystem beispielsweise ist so ohne seine Umwelt – ohne das Wirtschaftssystem, ohne das Erziehungssystem usw. – gar nicht denkbar, vielmehr immer schon auf sein Außen verwiesen und angewiesen.

Die konstitutive Angewiesenheit eines Systems auf seine Umwelt darf aber nicht über die strikte Grenzziehung eines Systems hinwegtäuschen. Die Systemgrenze hält die internen Operationen des Systems von Fremdeinwirkungen rein. Systeme können von ihrer Umwelt nicht direkt affiziert werden. Alle Operationen eines Systems schließen selbstreferentiell ausschließlich an vorherige Operationen desselben Systems an, d.h. die Operationen eines Systems finden innerhalb undurchlässiger Systemgrenzen statt.

In Luhmanns über Jahrzehnte entstandenem Werk ist eine zunehmend striktere und radikalere Grenzpolitik auszumachen. Koschorke hat die Entwicklung des Problems der Systemgrenze systematisch rekonstruiert, wobei er sein Augenmerk auch auf stilistische Merkmale, wie die Grenzmetaphorik gerichtet hat: Wenn Luhmann in den 1984 erschienen *Sozialen Systemen* im Bezug auf Grenzen schreibt: „Es handelt sich (...) um Membranen, Häute, Mauern und Tore, Grenzposten, Kontaktstellen."[319], so spielt er die ganze Bandbreite zwischen Öffnung und Schließung durch. „Solche Vergleiche suggerieren noch", wie Koschorke bemerkt, „einen, wenn auch quantitativ und strukturell eingeschränkten System-Umwelt-Verkehr."[320] Die Entwicklung geht dann in Richtung einer zunehmenden Ordnungskompetenz des Systems. Koschorke schreibt:

> „Je mehr Ordnungskompetenz (...) an das System übergeht, desto weniger Eigenstruktur können von Außen kommende Anstöße mitbringen beziehungsweise bei ihrem Eintritt in die Systemsphäre bewahren. Und folglich verlieren solche topographischen Modelle überhaupt ihre Gültigkeit. (...) Das Konzept der Selbstorganisation stuft die Umwelt zur ‚Quelle eines unspezifischen (sinnlosen) ‚Rauschens'' herab, das nach dem kybernetischen Motto order *from noise* allein durch die Selektions- und Kombinationsleistung des Systems in sinnvolle Information transformiert werden kann."[321]

Die Diskussion der Grenze in Luhmanns Werk läuft also auf eine immer striktere ‚Grenzhygiene' hinaus. Zu beobachten ist ein zunehmendes „*Reinheitsbegehren*".

---

317 Luhmann (1984), S. 242.
318 Luhmann (1997), S. 68.
319 Luhmann (1984), S. 53 f.
320 Koschorke (1999), S. 51.
321 Koschorke (1999), S. 52. Koschorke verweist hier in einer Fußnote auf Luhmann (1997), S. 65.

Die säuberliche Aufgliederung der Gesellschaft in sich geschlossene Funktionssysteme, diese „geradezu prästabilierte Ordnung der Funktionswelten“[322] steht in einem eigentümlichen Verhältnis zu Luhmanns Axiom der konstitutiven Bezogenheit von System und Umwelt. Es gelingt Luhmann nicht – so die These der vorliegenden Arbeit, die schrittweise entwickelt werden soll – diese Spannung zwischen Abgeschottetheit und Bezogenheit von sozialen Systemen zu entschärfen. Albrecht Koschorkes Einschätzung muss zugestimmt werden, wenn er schreibt: Das „Problem, wie die Umwelt ‚ins System‘ oder umgekehrt das System an seine Umwelt ‚heran‘ kommt, [bleibt] ungelöst. Es taucht hinter jeder schlichten Formulierung, die Luhmann findet, von neuem auf.“[323] Das Problem bleibt ungelöst. Luhmanns unaufhörliches Ringen, diesem Problem Herr zu werden, ist aber außerordentlich spannend – gerade auch in Beziehung auf das Kunstsystem – und soll deshalb hier verfolgt werden.

Luhmann selbst, das muss hier zu seiner Verteidigung angefügt werden, gibt sich insofern bescheiden, als er eingesteht, dass es nicht möglich ist, über die Bezugnahme eines Systems auf seine Umwelt *allgemeine* Aussagen zu machen. Der Begriff der Autopoiesis sagt auch nichts aus über das *Wie* der Offenheit von Systemen gegenüber ihrer Umwelt. Betont wird nur, dass Autopoiesis nicht völlige Geschlossenheit bedeutet: Der Begriff der Autopoiesis, so Luhmann, dient der „Erzeugung einer Differenz von System und Umwelt“[324]. Der Begriff der Autopoiesis „sagt aber nichts darüber, welche spezifischen Strukturen sich in solchen Systemen auf Grund von strukturellen Kopplungen zwischen System und Umwelt entwickelt haben.“[325]

Grenzüberschreitungen, Austauschbeziehungen zwischen einem System und seiner Umwelt werden in Luhmanns Systemtheorie zwar zugestanden, sie finden aber gewissermaßen bei Nacht und Nebel statt. Koschorke spricht treffend von „*Schmuggel* über die eigentlich unpassierbar gewordenen Souveränitätsgrenzen des Systems“ und bemerkt zu Recht: „Unter ihrer oft fugenlos scheinenden Textoberfläche ist Luhmanns Theorie voll von (...) ‚illegalen‘ Grenztransfers.“[326]

Luhmann gesteht selbstkritisch ein, dass „auf den geringen Erklärungswert des Begriffs der Autopoiesis hingewiesen werden“[327] muss. Über die Beziehung eines Systems zu seiner Umwelt lässt sich *im allgemeinen* nicht viel sagen; Klärung ist nur von *konkreten* System/Umwelt-Beziehungen in *konkreten* historischen Zuständen zu erwarten.[328] Versucht man zu klären, wie ein System mit

322 Koschorke (1999), S. 49 f.
323 Koschorke (1999), S. 53.
324 Luhmann (1997), S. 66.
325 Luhmann (1997), S. 66.
326 Koschorke (1999), S. 59.
327 Luhmann (1997), S. 66.
328 Vgl. Luhmann (1997), S. 67.

seiner Umwelt in Beziehung treten kann, so führen die Begriffe System/Umwelt und Autopoiesis nicht weit. Sie verweisen auf konkrete Einzelfälle, was theoretisch unbefriedigend ist und den Widerspruch von Offenheit und Geschlossenheit nicht zu lösen vermag.

Im Folgenden soll geprüft werden, wie die Beziehungen eines Systems zu seiner Umwelt mit Hilfe des bei Luhmann zentralen Begriffs der *Irritation* analysiert werden kann.

2. Irritation als systemeigener Zustand

Der Begriff der Irritation hat, wie Luhmann bemerkt, „seinen theoretischen Ort in der These eines Zusammenhangs von operativer Schließung (Autopoiesis) und struktureller Kopplung von System und Umwelt“[329]. Mit der Theorie der Irritation soll der scheinbare Widerspruch thematisiert werden, wie ein System operativ *geschlossen* und trotzdem strukturell an seine Umwelt gekoppelt, also *offen* sein kann.

Strukturelle Kopplung heißt: „Indifferenz gegenüber fast allem bei Kanalisierung spezifischer Abhängigkeiten, die aber nicht strukturdeterminierend wirken können“[330]. Der als *strukturelle Kopplung* verstandene Kontakt zwischen Systemen macht verständlich, dass ein System seine Umwelt nur als *Irritation* wahrnehmen kann. „Strukturelle Kopplungen“, so Luhmann, „produzieren nicht Operationen, sondern nur Irritationen (Überraschungen, Enttäuschungen, Störungen) des Systems, die dann vom System selbst auf Grund des Netzwerkes eigener Operationen in weitere Operationen umgesetzt werden.“[331] Eine Irritation ist zunächst also „ein rein systeminterner Zustand“[332]. Erst im Zuge der Aufarbeitung der Irritation, der Umarbeitung von Irritation in Information, kann diese sowohl intern, d.h. auf eigene Strukturen, oder extern zugerechnet werden.

Entscheidend ist also, dass eine Irritation ein System nicht von außen direkt belangen kann. Sie kann die Operationen des Systems nicht determinieren. Eine Irritation ist vielmehr ein systemeigener Zustand:

> „Umwelteinwirkungen auf das System, die es selbstverständlich in jedem Augenblick in riesigen Ausmaßen gibt, können das System nicht determinieren, weil jede Determination des Systems nur im rekursiven Netzwerk der eigenen Operationen (...) erzeugt werden kann und in diesem Zusammenhang an die systemeigenen

329 Luhmann (1997), S. 790.
330 Luhmann (1995 a), S. 61.
331 Luhmann (1990 d), S. 103.
332 Luhmann (1995 a), S. 61.

Strukturen gebunden bleibt, die solche Rekursionen und entsprechende operative Sequenzen ermöglichen (Strukturdetermination). Irritation ist danach ein Systemzustand, der zur Fortsetzung der autopoietischen Operationen des Systems anregt, dabei aber, als bloße Irritation, zunächst offen lässt, ob dazu Strukturen geändert werden müssen oder nicht".[333]

Irritation als *systemeigener Zustand* soll verständlich machen, dass strukturelle Kopplung zwischen einem System und Ausschnitten seiner Umwelt vereinbar ist mit der selbstreferentiellen Geschlossenheit des Systems. Laut Luhmann liegt deshalb kein Widerspruch vor, „weil die strukturelle Kopplung die Ereignisse, die sie erfasst, nicht spezifiziert, sondern dies den Systemen überlässt"[334].

Im Folgenden wird Luhmanns Theorie der Irritation weiter ausgeführt und der Frage nachgegangen werden, wie einzelne gesellschaftliche Bereiche interagieren können. Zur Verdeutlichung der bereits angedeuteten Begriffe soll hier in einer ersten Annäherung ein Beispiel angeführt werden: Das Kunstsystem ist ein soziales System. Seine Elemente, seine Operationen sind als Formfestsetzungen zu verstehende Kommunikationen. Das Kunstsystem zeichnet sich aus durch Autopoiesis (es bestimmt die möglichen Formfestsetzungen selbst) und operative Geschlossenheit (Kommunikationen, die nicht zum Kunstsystem gehören, können nicht direkt an die kunstsysteminternen Kommunikationen angeschlossen werden). Für das Geschehen im Kunstsystem und für dessen Einheit verantwortlich sind der Code und die Programme. Der Code und die Programme organisieren das Netzwerk der Kunstkommunikationen. Sie geben dem System eine Struktur, in die sich alle Kunstkommunikationen einfügen müssen, um als solche zu gelten.

Das Kunstsystem ist notwendigerweise strukturell an seine Umwelt gekoppelt: Es braucht beispielsweise durch die Wirtschaft gesponserte Gelder, durch das Erziehungssystem ausgebildete Akteure und Rezipienten, staatlich subventionierte Bühnen, Museen usw. Die Begriffe Selbstreferentialität, Autopoiesis und operative Geschlossenheit dürfen nicht so verstanden werden, als ob Kunst *nur* auf Kunst Bezug nähme. Kunst steht inmitten der Gesellschaft und unterhält vielfältige Beziehungen mit derselben. Wenn auch nur *Kunst* bestimmen kann, was Kunst ist, steht dieselbe nicht unter einer Vakuumglocke. Eine vollständig isolierte Kunstinsel ist nicht denkbar.

Trotz strukturellen Kopplungen können aber Kommunikationen, die Systemen aus der Umwelt des Kunstsystems zugehören, nicht an das kommunikative Netzwerk des Kunstsystems angeschlossen werden. Denn: Alle Kommunikationen der Politik sind strukturiert nach dem Code Macht haben/keine Macht haben,

333 Luhmann (1997), S. 790.
334 Luhmann (1990), S. 40.

alle Kommunikationen der Wirtschaft nach dem Code Zahlung/Nichtzahlung usw. Das Kunstsystem hat für diese Sprachen kein Gehör, es versteht sie nicht, wird aber, wenn es mit ihnen konfrontiert wird, irritiert, d.h. in unspezifischer Weise gestört.

Wenn Politiker beschließen, die öffentlichen Mittel für Kunst zu kürzen, ihre Macht also dafür einsetzen, Zahlungen zu verknappen, so setzt im Kunstsystem eine Irritation ein. Das Kunstsystem kann auf diese Irritation weder mit Macht/keine Macht noch mit Zahlung/Nichtzahlung reagieren. Es kann diese Irritation nur produktiv machen, indem es sie in ihr eigenes Operationsgefüge einfügt, also mit passenden/unpassenden Formen bzw. Formengefügen antwortet.

Das Beispiel zeigt, dass es dem Irritationsbegriff gelingt, die Autopoiesis der Funktionssysteme unangetastet zu lassen, ohne dass die Funktionssysteme unsensibel gegenüber Geschehnissen in der Umwelt wären. Der Irritationsbegriff ist bislang aber noch sehr vage. Es soll versucht werden, ihn fester in den Griff zu bekommen.

Irritationen können verstanden werden als enttäuschte Erwartungen eines Systems. Die Sinnstrukturen[335] sozialer Systeme, also das Netzwerk der aufeinander verweisenden Kommunikationen, bilden Erwartungshorizonte, die mit Redundanzen, also mit „Wiederholungen desselben in anderen Situationen“[336] rechnen. Irritationen werden in einem System bemerkt als enttäuschte Erwartungen. Dabei kann es sich um negative oder um positive Enttäuschungen handeln. Versteht man Irritationen als enttäuschte Erwartungen, so wird einsichtig, dass eine Irritation ein „systemeigener Zustand *ohne Entsprechung in der Umwelt des Systems*“[337] ist. Die Umwelt ist, wie sie ist. Sie ist über sich selbst nicht irritiert. Soziale Ungerechtigkeit, Armut, hohe Preise für provokative Gemälde oder die Streichung von Subventionen für kulturelle Institutionen irritieren das Kunstsystem: Für das politische System oder das Wirtschaftssystem sind dies aber Fakten und keine Irritationen. Luhmann schließt daraus, dass man über Irritationen, „genau genommen, nur mit Systemindex“[338] sprechen kann.

Aus der Umwelt auf ein System einwirkende Irritationen, oder vielleicht genauer gesagt: durch äußere Störungen veranlasste Selbstirritationen eines Systems besitzen *keinen Informationswert*. Irritationen müssen aber vom System verstanden werden, wollen sie an die systemeigenen Operationen angeschlossen werden. *Irritationen müssen in eine für das System verständliche Sprache übersetzt werden.* Diese Übersetzung ist aber, so die hier vertretene These, problematisch. Es handelt sich, wie der Soziologie Urs Stäheli treffend bemerkt, um einen „Überset-

335 Vgl. zum dem hier wichtigen Sinnbegriff Luhmann (1997), S. 44 ff.
336 Luhmann (1997), S. 791.
337 Luhmann (1997), S. 792, Hervorhebung von M. K.
338 Luhmann (1997), S. 792.

zungsprozess (...), der letztlich darüber im ungewissen ist, was eigentlich übersetzt werden soll"[339]. Die zu übersetzenden Irritationen besitzen keinen Informationswert, und die Frage ist, wie etwas Nichtssagendes übersetzt werden kann.

Der Begriff der Irritation bezeichnet ein theoretisches Dilemma. Luhmann spricht von einem Zwischenzustand[340]. Der Begriff der Irritation bezeichnet die Gleichzeitigkeit von Anwesenheit und Abwesenheit: „In der Form der Irritation", so Luhmann, „wird die Umwelt zugleich registriert und herausgehalten. Irritation ist, mit anderen Worten, eine nur systemintern, also nicht in der Umwelt, vorkommende Form; und nur wenn das System die eigenen Irritationen bearbeitet, sucht es die Gründe dafür in der Form von Ursachen in der Umwelt."[341]

Der Begriff der Irritation bezeichnet gleichsam einen Graben, der ein unverständliches Geschehnis in der Umwelt von der Informationsverarbeitung des Systems trennt: einen unüberwindbaren Graben, der trotz allem irgendwie überbrückt wird. Wie dies möglich sein soll, *vermag Luhmann letztlich nicht zu klären*. Der Irritationsbegriff ist und bleibt vage. Der Versuch, ihn zu fassen, scheitert. Wie Sand zerrinnt er zwischen den Fingern. Die Schwierigkeit des Irritationsbegriffs macht auch Stäheli namhaft:

> „Luhmann macht aus der Irritation (...) keine theoretische Figur, sondern zeigt auf vornehmlich deskriptive Weise, wie Irritationen vorkommen, und lässt die begriffliche Beziehung zur These der autopoietischen Geschlossenheit im dunkeln."[342]

Die Umwelteinwirkungen können vom System nur als „Störung der Autopoiesis", als „Schwierigkeit der Fortsetzung"[343], wahrgenommen werden. Diese Störungen müssen durch das System spezifiziert werden. Sie veranlassen das System zu informativen internen Konstruktionen, die mit den Umwelteinwirkungen in der Regel wenig zu tun haben: „Irritation (...) ist eine interne Konstruktion autopoietischer Systeme, mit der diese auf die ihnen nicht zugängliche Umwelt reagieren. Es handelt sich um Formen, die sich an intern gewohnten Regularitäten abbilden."[344]

Irritation setzt eine systeminterne *Differenz* voraus: Die Differenz von gewohnter, strukturell vorgezeichneter Operationsfolge und „einem Zustand, dessen Konsequenzen unklar, dessen Überleitung in Anschlussoperationen unentschieden ist"[345]. Diese systemeigene Differenz zwischen gewohnten und unge-

339 Stäheli (2000), S. 43.
340 Vgl. Luhmann (1990 d), S. 104.
341 Luhmann (1990 d), S. 103
342 Stäheli (2000), S. 43.
343 Luhmann (1990), S. 307.
344 Luhmann (1990), S. 649.
345 Luhmann (1997), S. 792.

wohnten Operationsfolgen erlaubt es einem autopoietischen System, auf Störungen von außen in eigener Art und Weise zu reagieren. Dabei hat dieses Außen keinen Einfluss darauf, *wie* das System reagiert:

> „Diese Differenz [die Differenz zwischen gewohnten und ungewohnten Anschlussoperationen] ist die Form, in der ein Sinnsystem auf Umwelteinwirkungen reagiert und damit auf etwas reagiert, was auf ganz anderen Realitätsebenen (...) [etwa] in anderen Funktionssystemen stattfindet, die für das System wegen seiner operativen Schließung unzugänglich sind."[346]

Werden auf dem Kunstmarkt für die Gemälde eines Künstlers plötzlich astronomische Summen bezahlt, so rüttelt dies das Kunstsystem wach. Es muss auf diese Störung in *kunsteigener* Weise reagieren. Vielleicht treten Nachahmer auf, vielleicht bildet sich gar ein neuer Stil, der weiterentwickelt und variiert wird. Vielleicht handelt es sich bei diesem Künstler aber auch um eine Eintagsfliege, die im Kunstsystem weiter auf kein Echo stößt. Vielleicht wird er verfremdet zitiert oder parodiert. Wenn das Kunstsystem auf diese Störung reagiert, so mit seinen *eigenen* operativen Möglichkeiten, also mit dem Anschluss von Formen an Formen, die passen müssen. Störungen von außen – in diesem Beispiel Zahlungen – können kein System determinieren. Äußere Geschehnisse können das System lediglich unkontrollierbar irritieren.

Auch dieses selbst formulierte Beispiel ist intuitiv sofort plausibel. Der von Luhmann entwickelte Irritationsbegriff lässt solchen deskriptiven Ausführungen großen Spielraum und erscheint als taugliches Analyseinstrument. So werden wir weiter unten in partiellen deskriptiven Analysen den Kontakt zwischen dem Kunst- und dem Wirtschaftssystem auszuleuchten versuchen. Für praktische Belange wohl geeignet, ist dieses Analyseinstrument aber in seiner theoretischen Konstitution und Einbettung unbefriedigend. Auf einer allgemeinen theoretischen Ebene gelingt es Luhmann nicht, die Empfänglichkeit eines autopoietischen Systems für Geschehnisse aus der Umwelt verständlich zu machen. Die Art und Weise des Umweltkontaktes eines autopoietischen Systems bleibt letztlich im Dunkeln.

3. Realität

Verfolgen wir in klärender Absicht die bislang nicht gelöste Spannung zwischen Abgeschottetheit und Bezogenheit autopoietischer Systeme weiter, indem wir nun fragen, wie ein System seine Umwelt verstehen kann. Wie gewinnt ein Sys-

---

346 Luhmann (1997), S. 793.

tem ein Bild der es umgebenden Realität? Luhmann spricht eine deutliche Sprache, wenn er die „Unmöglichkeit eines Außenweltkontaktes" [347] eines Systems betont. Was weiß das System trotz dieser Kontaktbarriere aber von seiner Umwelt? Wie bildet sich ein geschlossenes System eine Vorstellung der Realität, in der es lebt?

Obwohl ein System nur *hoch selektiv* an Umweltausschnitte gekoppelt ist und obwohl Irritation als *systeminterner Zustand* verstanden werden muss, sind langfristige Umweltkontakte für ein System von struktureller Bedeutung. Denn je nachdem, „an welche Umweltausschnitte ein System langfristig gekoppelt ist, entwickeln sich im System andere Strukturen – einfach deshalb, weil das System seine Strukturen aus Anlass von spezifischen Irritationen aufbaut und ändert."[348]

Soziale Systeme sind wandelbar: Sie ändern ihre Strukturen im Verlaufe der Zeit, sie sind einer Evolution unterworfen. Die Elemente eines Systems sind durch gegenseitige Erwartbarkeit aufeinander bezogen. Wandel entsteht dadurch, dass diese Erwartungen enttäuscht werden. Das bedeutet nichts anderes, als dass das System, von außen gestört, sich selbst irritiert. Einzelne abweichende Kommunikationen vermögen ein System nicht aus dem Gleichgewicht zu heben: Treten aber wiederholt abweichende Kommunikationen auf, wird das System gezwungen, seine Struktur zu ändern. Das rekursive Netzwerk muss den neuen Gegebenheiten angepasst werden.

Die Struktur eines autopoietischen Systems kann von seiner Umwelt *dirigiert* werden, wie Luhmann vorsichtig formuliert, ohne dass das Gesetz der operativen Geschlossenheit gebrochen würde:

> „Strukturelle Kopplungen beeinträchtigen (...) die operative (autopoietische) Geschlossenheit des Systems nicht und dirigieren, längerfristig gesehen, trotzdem die strukturelle Entwicklung des Systems, indem sie es mit Irritationen versorgen und damit die Anlässe vorseligieren, auf die das System überhaupt reagieren kann."[349]

Die Übersetzung von Irritation in Information und die Zurechnung von einer Irritation auf die Umwelt ist ein rein systeminterner Prozess. Die *Realität* eines Systems lässt sich dann „durch die Erfahrung von Widerstand definieren"[350]: Widerstand nicht der Außenwelt, sondern „*Widerstand von Systemoperationen gegen Operationen desselben Systems*"[351]. Im Falle sozialer Systeme bedeutet dies: Irritationen, also den Systemerwartungen nicht entsprechende Kommunika-

347 Luhmann (1990), S. 134.
348 Luhmann (1990), S. 40 f.
349 Luhmann (1990 d), S. 103 f.
350 Luhmann (1995 a), S. 61.
351 Luhmann (1995 a), S. 61.

tionen, stoßen auf den Widerstand von etablierten, von in einem rekursiven Netzwerk bewährten Kommunikationen und sind so für die Konstitution von Realität verantwortlich: Das Kommunikationsnetzwerk muss sich ändern, sich anpassen oder seinen Widerstand formulieren.

Irritation ist so zu verstehen als „Widerstand von Kommunikation gegen Kommunikation“[352] und ist als solche Garantin für die Realität. Wird ein System durch irritierende Kommunikationen gestört, so wird es aus seiner Lethargie wachgerüttelt. Es muss sich fragen: Wieso tritt etwas ein, das ich nicht erwartet habe. Ist die Störung eine Bedrohung für meine Autopoiesis? Muss ich meine Struktur ändern?

Irritationen veranlassen das System, sich selbst zu thematisieren, d.h. die eigene System/Umwelt-Differenz zu reflektieren. Jede Selbstreflexion, so Luhmanns differenztheoretischer Gedanke, schließt unweigerlich auch eine Reflexion über die Umwelt ein und führt so zu einer Bestimmung: zu einer Konstruktion der Realität. Hier lautet die Lösung des Problems des Umweltkontaktes also: Wenn ein System schon keinen direkten Zugriff auf seine Umwelt hat, wenn die Umwelt nicht direkt auf das System einwirken und dadurch in ihrer Eigenart verstanden werden kann, dann bleibt dem System nichts anderes übrig, als sich selbst ein Bild der es umgebenden Realität zu machen: als sich diese Realität zu konstruieren. Welcher Stellenwert, welcher Status ist aber einer so verstandenen Realität beizumessen? Was besagt das Faktum einer konstruierten Realität über die Möglichkeit sowie über die Art und Weise eines Umweltkontaktes?

Wie die Kommunikationen, richten sich auch die Beobachtungen eines Systems rein intern aus. Das bedeutet, dass es für die Beobachtungen eines Systems „in der Umwelt des Systems keine Korrelate gibt.“[353] Luhmann betont aber, dass dies nicht einer Verneinung der Realität der Außenwelt gleichkommt:

> „Das heißt nicht (...): Die Realität der Außenwelt zu bestreiten. (...) Gleichwohl sind alle Unterscheidungen und Bezeichnungen rein interne rekursive (Redundanzen aufbauende oder Redundanzen störende) Operationen eines Systems; und es sind Operationen, die nicht aus dem System hinausreichen und, gleichsam mit langer Hand, etwas hineinholen können. Alle Folgeerrungenschaften, vor allem das, was man üblicherweise Information nennt, sind deshalb rein interne Errungenschaften. Es gibt keine von außen nach innen gelangende Information, denn schon die Differenz und der Horizont von Möglichkeiten, aufgrund derer die Information Selektion (also Information) sein kann, existiert gar nicht in der Umwelt, sondern ist ein systeminternes Konstrukt.“[354]

---

352 Luhmann (1995 a), S. 63.
353 Luhmann (1990 e), S. 40.
354 Luhmann (1990 e), S. 40.

Luhmann bestreitet die *Existenz* der Außenwelt von Systemen nicht. Soziale Systeme sind wirkliche, d.h. beobachtbare Systeme in einer „wirklichen Welt"[355]. Der entscheidende Punkt ist aber, dass die Umwelt für Systeme *„kognitiv unzugänglich*"[356] ist. Was ein System von seiner Umwelt erkennt, ist ihr eigenes Konstrukt, nicht in Beziehung auf ihr *Das*, wohl aber auf ihr *Wie*: „Erkennen ist weder Copieren, noch Abbilden, noch Repräsentieren einer Außenwelt im System. Erkennen ist das Realisieren kombinatorischer Gewinne auf der Basis der Ausdifferenzierung eines gegen seine Umwelt geschlossenen (...) Systems."[357]

Luhmann gibt sich hier wohl radikal, löst damit das Problem aber nicht. Die Rede von der kognitiv unzugänglichen Umwelt, von der Umwelt als systeminternem Konstrukt, ist ein weiterer, letztlich im Dunkeln mündender Versuch, den Umweltkontakt eines autopoietischen Systems zu plausibilisieren. Sein Schicksal ist dasselbe wie dasjenige der Konzepte System/Umwelt, strukturelle Kopplung und Irritation.

Beim Konzept der Realitätskonstruktion hält sich Luhmann eine Hintertüre offen, um nicht allzu Offensichtliches bestreiten zu müssen: Obwohl die Umwelt kognitiv unzugänglich ist und also ein System nicht direkt beeinflussen kann, kann *ein Beobachter, der entsprechende Unterscheidungen wählt*, beobachten, wie sich ein System durch seine Umwelt beeinflussen lässt, ja wie es sich gar direkt an seine Umwelt anpasst. Es steht für Luhmann „außer Zweifel, dass ein Beobachter beobachten kann, dass und wie ein System sich durch seine Umwelt beeinflussen lässt bzw. planmäßig und erfolgreich auf seine Umwelt einwirkt."[358] Wie dies möglich ist, verdeutlichen Maturana und Varela, auf die Luhmanns Theorie der Autopoiesis letztlich zurückgeht, in einer eingängigen Analogie:

> „Stellen wir uns jemanden vor, der sein ganzes Leben in einem Unterseeboot verbracht hat, ohne es je zu verlassen, und der im Umgang damit ausgebildet wurde. Nun sind wir am Strand und sehen, dass das Unterseeboot sich nähert und sanft an der Oberfläche auftaucht. Über Funk sagen wir dann dem Steuermann: ‚Glückwunsch, du hast alle Riffe vermieden und bist elegant aufgetaucht; du hast das Unterseeboot perfekt manövriert.' Der Steuermann im Inneren des Boots ist jedoch erstaunt: ‚Was heißt denn ‚Riffe' und ‚Auftauchen'? Alles, was ich getan habe, war, Hebel zu betätigen und Knöpfe zu drehen und bestimmte Relationen zwischen den Anzeigen der Geräte beim Betätigen der Hebel und Knöpfe herzustellen – und zwar in einer vorgeschriebenen Reihenfolge, an die ich gewöhnt bin. Ich habe kein ‚Manöver' durchgeführt, und was soll das Gerede von einem ‚Unterseeboot'?"[359]

---

355 Luhmann (1990 e), S. 41.
356 Luhmann (1990 e), S. 41.
357 Luhmann (1990 e), S. 41.
358 Luhmann (1990 e), S. 40.
359 Maturana/Varela (1987), S. 149.

Entscheidend ist, so Maturana/Varela, dass es im Innern des Unterseeboots lediglich die Anzeigen der Instrumente und die Art, wie zwischen ihnen bestimmte Relationen hergestellt werden müssen, gibt. Der Steuermann kennt die Außenwelt, so wie wir sie sehen, nicht: Er kennt weder Strände noch Riffe noch Oberfläche, sondern nur Korrelationen zwischen Anzeigen, auf die er mit Hebeln und Knöpfen reagieren muss, und zwar so, wie er es gelernt hat.

In seiner Operationsweise denkt das System (das Unterseeboot) nicht daran, sich seiner Umwelt anzupassen. Von einer Anpassung kann hier nur jemand sprechen, der seiner Beobachtung das Schema Unterseeboot (System) / Riffe (Umwelt) zugrunde legt, also ein Beobachter, der auf der operativen Ebene des Systems keine Rolle spielt. Eine „Anpassung" an die Umwelt kann nur ein Beobachter höherer Ordnung beobachten, der nicht gleichzeitig selbst am operativen Geschehen des Systems teilnimmt.

3.1 Exkurs: Kunstwerke als historische Quellen (Bernd Roeck)

Was weiß das Kunstsystem von seiner Umwelt? Welche Umwelteinflüsse lassen sich im Kunstsystem, an einzelnen Kunstwerken beobachten? Was geben Kunstwerke von der Welt, von der Realität, in der sie entstehen, wieder? Welche Beziehung besteht zwischen einem Kunstwerk und der Realität? Inwiefern konservieren Kunstwerke etwas von der Zeit, in der sie entstanden sind und inwiefern können sie also als historische Quellen benutzt werden?

Der Historiker Bernd Roeck zeigt in seiner umfangreichen und differenzierten Studie *Das historische Auge. Kunstwerke als Zeugen ihrer Zeit*, wie Kunstwerke für die Geschichtsschreibung befragt werden können. Darauf soll hier in einem Exkurs eingegangen werden. In zahlreichen Beispielen arbeitet Roeck die besondere Beziehung zwischen Kunstwerken und der geschichtlichen Welt heraus: Kunstwerke enthalten Hinweise auf vergangene Ereignisse, auf Alltag, politisches Geschehen, soziale Realität und Kultur ihrer Zeit; sie kosten Geld, haben ökonomische Bedeutung, sind Dokumente für die Genese des modernen Subjektivismus; sie erscheinen als Indizien von Säkularisierungsprozessen, von Religiosität, Machtpolitik usw.:

In einer ähnlicher Bildsprache schreibt Willke: „Selbstreferentielle Systeme entziehen sich einer zugriffssicheren linearen Außensteuerung, weil externe Anstöße nur dann Wirkungen zeitigen, wenn sie in Informationen transformiert werden können, das heißt auf den Monitoren des Systems gemäß den eigenen Leitdifferenzen als relevante Distinktionen auftauchen." Willke (1987), S. 355.

> „Ganz und gar Produkte der geschichtlichen Welt, sind (...) [Kunstwerke] Quellen, die Aussagen der Schriftquellen kommentieren und ergänzen; oft ermöglichen sie Einsichten, die ohne ihre Existenz nicht zu gewinnen wären. (...) Jedes Kunstwerk ist Primärquelle, unabhängig von seiner Qualität. Michaelangelos ‚Sklaven' sind ebenso Dokumente wie eine Kitschfigur von Jeff Koons oder ein Votivbild des 18. Jahrhunderts. Jedes Werk, ob modern oder ‚antik', ist als Artefakt Rudiment des historischen Prozesses. So ist es auch der Befragung als Quelle zugänglich."[360]

Die soeben dargestellten Ausführungen scheinen in einem klaren Gegensatz zu Luhmanns operativer Geschlossenheit der Funktionssysteme zu stehen. Die Ausführungen Roecks machen den Eindruck, dass Kunstwerke die Realität, in der sie entstanden sind, also beispielsweise ihre politische, ökonomische oder religiöse Umwelt, direkt darstellen könnten. Damit wäre das Kunstsystem nicht autopoietisch geschlossen, sondern offen für Einflüsse aller Art, die sich unverblümt Platz verschaffen. Und auch die Geschichtswissenschaft als Teil des Wissenschaftssystems könnte sich vom Kunstsystem nicht bloß irritieren lassen, sondern hätte unmittelbaren Einblick und Zugriff auf dieses System.

Dieser Eindruck eines Widerspruchs zwischen Roeck und Luhmann täuscht aber. Es besteht kein prinzipieller Widerspruch, weil Roeck außerordentlich differenziert argumentiert. Er arbeitet verschiedenste Facetten, Eigenarten, ja man könnte sagen: autopoietische Mechanismen des Kunstsystems heraus und macht die vielen Probleme eines historischen Zugriffs auf Kunstwerke deutlich. Roecks Ausführungen lassen sich, obwohl er Luhmann mit keinem Wort erwähnt, mit der Autopoiesis des Kunstsystems vereinbaren. So betont Roeck nicht nur, dass die „rationale Auseinandersetzung mit Kunst Grenzen"[361] hat, er warnt auch davor, Kunstwerke vorschnell aus ihrem ökonomischen Kontext heraus zu interpretieren: „Seit Marx hat es nicht an Versuchen gefehlt, direkte, gesetzmäßige Kausalzusammenhänge zwischen der ‚ökonomischen Basis' und den Künsten als Element des ‚kulturellen Überbaues' namhaft zu machen. Auch wenn niemand bestreiten wird, dass alle Kunst finanziert werden muss, überzeugen die meisten Großtheorien nicht."[362]

Roecks Studie macht deutlich, dass bei genügend vorsichtigem und differenziertem Zugriff Kunstwerke als historische Quellen gelesen werden können, ohne dass sie in einem Widerspruch zu der von Luhmann proklamierten Selbstprogrammierung stehen[363]. Roeck führt vor, dass ein geschichtswissenschaftli-

---

360 Roeck (2004), S. 9.

361 Roeck (2004), S. 306.

362 Roeck (2004), S. 198 f.

363 Folgende Aussagen Roecks kommen in die Nähe dessen, was Luhmann die *Selbstprogrammierung des Kunstwerks* nennt: „Der Gedanke erfährt auf seinem Weg zur Materialisation unzählige Brechungen. Während des Schaffensprozesses kommt es schließlich zu einer ständigen

cher Zugriff auf Kunst vereinbar ist mit Luhmanns These der Selbstreferentialität des Kunstsystems. So hat der Stilwandel, der Durchbruch eines neuen Kunststils, etwa der Renaissance, wohl vielfältige Ursachen in verschiedenen gesellschaftlichen Bereichen. Zu konfrontieren sind diese aber mit zentralen Prozessen, die „innerhalb der Zirkel der kreativen Eliten verlaufen"[364]. Die Selbstreferentialität des Kunstsystems, die Bedeutung der kunstsystem*internen* Entwicklungen wird von Roeck hervorgehoben:

> „Wie auch immer sozialer oder ökonomischer Wandel die Genese einer Kulturepoche beeinflusst – etwa, indem er sich auf Marktverhältnisse auswirkt –, lässt sich doch die enorme Bedeutung, die den (...) ‚kunstinternen' Entwicklungen zukommt, nicht übersehen. (...) Zwar ist ein Kunstwerk immer ‚Antwort' auf etwas; aber es beantwortet eben auch Fragen, die nicht das Leben, sondern ein anderes Kunstwerk gestellt hat. Solche Dialoge sind oft ungleich, Auseinandersetzungen kleiner, schwächerer Künstler mit Vorbildern, die weite Schatten werfen; gelegentlich aber sind es faszinierende Diskurse zwischen Grossen: Man denke an die ‚Gespräche' zwischen Mantegna und Bellini, zwischen Dürer und Schongauer, Picasso und Braque. Die Durchbrüche zum ganz Neuen, die wirklichen Paradigmenwechsel in der Kunst – Tizians ‚Assunta', Cézannes ‚Badende' oder Picassos ‚Démoiselles d'Avignon' – haben mit sozialen Veränderungen nichts zu tun."[365]

Roeck sieht Kunstwerke wohl viel stärker auch in der Umwelt des Kunstsystems verankert als Luhmann. Roeck verwahrt sich aber davor, Kunstwerke als unproblematisch zu lesende Abbilder der Realität zu sehen. Wie Luhmann betont er nicht nur die Notwendigkeit spezifischer eingehender Analysen des einzelnen Werkes und dessen Kontext, sondern hebt auch die Bedeutung der Selbstreferentialität des Kunstsystems hervor.

4. Kunst als provozierende Irritation

„Irritation" ist ein allgemeiner – und, wie wir gesehen haben, problematischer – Begriff der Luhmannschen Systemtheorie. Zwischen allen strukturell gekoppel-

---

Reflexion über dem Unfertigen; die ausgeführten Teile des Werkes nötigen zu Konsequenzen beim Weiterarbeiten oder zur erneuten Überarbeitung (...). Das Werk soll wohl Medium dessen sein, was der Künstler möchte, aber immer teilt es auch anderes, Ungewolltes mit; das, was seinem Autor unterläuft. Der Autor ist ‚Diskursbegründer'; den Gang des Diskurses aber beherrscht er nicht einmal in der Stunde der Enthüllung des Werks (...)." (Roeck 2004, S. 295). Zu Luhmanns Theorie der Selbstprogrammierung siehe das Kapitel 3.2 des ersten Teils dieser Arbeit: *Die Selbstprogrammierung des Kunstwerks.*

364 Roeck (2004), S. 76.

365 Roeck (2004), S. 76 f.

ten sozialen und psychischen Systemen können sich Irritationen einstellen. Eine besondere Bedeutung kommt der Irritation aber im Kunstsystem zu: Seit der Moderne zeichnet sich Kunst geradezu dadurch aus, dass sie irritiert.

Das hochgradige Irritationspotential von Kunst hat sich im Verlauf der Evolution des Kunstsystems entwickelt. Diese Evolution kann ganz grob so nachgezeichnet werden: Kunst war lange Zeit angewiesen auf die Patronage seitens der Kirche und des Adels. Dabei waren Innovationen nur in geringem Masse möglich, da die Themen zwischen Auftraggeber und Künstler abgesprochen werden mussten. Höhere Freiheitsgrade für Innovationen ergaben sich nach der Ersetzung des Patronagesystems durch den „Doppelzugriff von Kunstmarkt und Kunstkritik“[366]. Kunst muss nun, um sich bei Käufern und Kritikern zu bewähren, gefallen. Schließlich kann sich die Kunst mit der fortschreitenden Ausdifferenzierung des Kunstsystems auch vom Zwang des Gefallens befreien. Ersetzt wird das Kriterium des Gefallens durch „provozierende Irritation“[367]: Die Musik wird atonal, die Malerei abstrakt. Kunstwerke stellen den Begriff der Kunst in Frage. Das Überschreiten von Grenzen der vorgefundenen Kunst wird in der Avantgarde zum Prinzip. Die provozierende Irritation der postmodernen Kunst schließlich besteht darin, dass sie „alle Tradition für unverbindlich – und eben deshalb für verwendbar“[368] erklärt.

Seit der Moderne besteht das wesentliche Merkmal der Kunst also darin, dass sie irritiert. Wie aber lässt sich das irritierende Moment der Kunst genauer fassen? Kunst konstituiert eine imaginäre Realität, eine zweite Realität, von der aus die reale Realität beobachtet werden kann. Kunst legt dabei aber nicht fest, wie die Differenz zwischen den beiden Realitätsebenen überbrückt werden soll. „Das kann bedeuten“, so Luhmanns Fazit, „dass die Differenz die Funktion hat, zu irritieren, ohne damit einen bestimmten Informationsgewinn vorzuschreiben.“[369] Soll von der imaginären Realität der Kunst her die reale Realität idealisierend, kritisch ablehnend, ironisch, persiflierend, oder etwa affirmativ beobachtet werden? Kunst irritiert dadurch, dass sie dies nicht festlegt. Der Betrachter muss zwischen verschiedenen Versionen der Überbrückung der Differenz von imaginärer Realität und realer Realität, von einerseits Text, Bild, Theater, Skulptur, Tanz, Musik oder Film und andererseits der ‚Wirklichkeit‘ wählen. Diese dem Betrachter aufgenötigte Vieldeutigkeit und Ungewissheit, für deren Bewältigung es keine allgemein gültigen Kriterien gibt, irritiert.

366 Luhmann (1995 a), S. 97.
367 Luhmann (1995 a), S. 97.
368 Luhmann (1995 a), S. 97.
369 Luhmann (1995 a), S. 99.

Es ist gerade die Uneindeutigkeit ihres Realitätsbezugs, die Kunst (und gemeint ist nun immer: die Kunst seit der Moderne) auszeichnet. Diese Bestimmung von Kunst führt mit sich, dass eindeutig verstehbare Kunst, also Kunst, die einen klaren Informationsgewinn vermittelt, Gefahr läuft, nicht mehr *als Kunst* wahrgenommen zu werden, sondern etwa als politische Agitation oder als Unterhaltung. „Die engagierte Literatur", formuliert Nikolaus Wegmann, ein Beispiel nennend, „stellt die fremd-referentielle Funktion literarischer Texte so sehr ins Zentrum ihrer Selbstaussage, dass ihr eigener Status als Kunst in Gefahr gerät."[370] Wegmann illustriert den „problematischen Status einer *unzweifelhaften Lesbarkeit*"[371] mit einer treffenden Aussage Goethes: „Sowie ein Dichter politisch wirken will, muss er sich einer Partei hingeben, und so wie er dies tut, ist er als Poet verloren".[372]

Wie bei politischer Kunst steht auch bei der Unterhaltung, man denke etwa an Unterhaltungsliteratur oder an Vorabendserien, der fremdreferentielle Bezug im Vordergrund. Unterhaltung, so Luhmann in seinem Buch *Die Realität der Massenmedien,* kann nicht als Kunst, sondern, wenn schon, als Trivialkunst aufgefasst werden, da die Kunst auszeichnende selbstreferentielle Orientierung nicht im Zentrum steht. Vermutlich, so formuliert er vorsichtig, liege der Unterschied zwischen Unterhaltung bzw. Trivialkunst und Kunst „in der Problematisierung der Information, oder genauer: in der Frage, ob die Selbstreferenz der

---

370 Wegmann (1996), S. 354.

371 Wegmann (1996), S. 354.

372 Zitiert bei Wegmann (1996), S. 354, jedoch lediglich mit der Angabe: „Goethe nach Eckermann".
Kann Kunst als Kunst gelingen und trotzdem gezielt irritieren, z.B. politisch relevant sein? Wegmann schlägt zur Lösung dieses Problems den Begriff des *Klartextes* vor. Leider charakterisiert er diesen Begriff aber reichlich unbestimmt, so dass er nicht zu überzeugen vermag: Dem Klartext „glaubt man, nicht weil er einen bestimmten (Glaubens-)Inhalt bestätigt, sondern weil er auf eine ihm eigentümliche, glaubwürdige Art seine Aussage macht. (...) Folgerichtig klärt sich sein kommunikativer Wert weder aus dem, was der Klartext sagt, noch aus einer Position der moralischen Rechtmäßigkeit. Hier regiert nicht die ideale Macht des besseren Arguments oder das Votum für das Gute. Hier zählt die bloße Wucht und Durchschlagskraft, mit der ein Text auftritt, dessen *Tragweite die Abkunft aus der strategischen Differenz von verborgener und enttarnter Bedeutung bestimmt.*" (Wegmann 1996, S. 360). Was mit dieser *Abkunft aus der strategischen Differenz von verborgener und enttarnter Bedeutung* gemeint ist, vermag Wegmann nicht zu klären. Aber auch der *Klartext* – und hier kommt Wegmann wieder ganz in die Nähe Luhmanns – ist nur Kunst, insofern er als literarischer Text gelingt. D.h. er muss vielschichtig und vieldeutig lesbar sein. Er muss, so Wegmann, als „Kryptogramm" auftreten: „Der Klartext muss (...) als Kryptogramm, als politische *Literatur* auftreten und sich so vor vereinnahmenden Lektüren schützen." (Wegmann 1996, S. 364). Zwischen Kunst und *gezielter* Irritation besteht eine Spannung, die nur schwer aufgelöst werden kann: Dieser Einsicht scheint auch der *Klartext* verbunden zu sein.

Information mitbeobachtet wird oder nicht."[373] Dies wird so weiter ausgeführt: „Wenn selbstreferentiell, dann wird die Information im rekursiven Netzwerk des Kunstwerks gewürdigt, also bezogen auf das, was die Selektion gerade dieser Information (und keiner anderen) zum Formenspiel des Kunstwerks beiträgt. Wenn trivial, dann wird die Information nur als Überraschung, als angenehme Aufhebung noch offener Unbestimmtheiten erlebt."[374] Die Differenz zwischen der imaginären Realität und der realen Realität wird also bei der Unterhaltung in unproblematischer Weise aufgelöst: die Botschaft ist klar. Unterhaltung hat kein Geheimnis, meist „re-imprägniert [sie] das, was man ohnehin ist"[375].

Urs Stäheli kritisiert, dass Luhmanns soeben dargestelltes, vom Anspruch her deskriptives Kunstverständnis gewisse Kunstformen bevorzugt, auf gewisse weniger gut zupasst und gewisse sogar ausschließt:

> „Der Luhmannsche Entwurf einer Kunstsoziologie bevorzugt, obwohl er weder eine ästhetische noch eine normative Theorie der Kunst sein will, ganz bestimmte Kunstformen. Das Spiel etwa um latente Motivlagen in Richardsons ‚Pamela' oder die feinen Verästelungen selbstreflexiver Verspiegelungen in Werken der Deutschen Romantik übernehmen eine paradigmatische Rolle, da sie Selbstreferentialität und die Emergenz komplexer Ordnungen meisterhaft vorzuführen in der Lage sind. Nicht zufällig zeigt sich Luhmann unzufrieden mit minimalistischen Stilrichtungen der Gegenwartskunst, welche die durch Selbstreferentialität möglich gewordene Komplexität zu unterbieten drohen. (…) Nicht nur spezifische Bereiche der Kunst werden marginalisiert, sondern der ganze Bereich der ‚Massenkultur' ist aus dem Kunstsystem ausgeschlossen. Unhinterfragt schreibt die Systemtheorie die traditionelle Trennung von hoher und niederer Kultur fort. Eine derart mühelose Tradierung ‚alteuropäischer' Unterscheidungen entspringt den Zwängen des Luhmannschen Begriffssystems. Die dazu nötige Ausschlussfunktion wird in erster Linie vom Code übernommen, welcher den Horizont des Kunstsystems aufspannt. Denn ‚triviale' Fiktionen orientieren sich nicht in erster Linie am Kriterium ihrer (Un)Stimmigkeit. Und hier wird wieder deutlich, dass die Entscheidung für den Code von stimmig/unstimmig historisch und normativ aufgeladen ist, denn dieser Code bevorzugt ein spezifisches Modell von Kunst."[376]

---

373 Luhmann (2004), S. 123. Ob etwas als Kunst oder als Trivialkunst aufgefasst wird, hängt somit auch vom Beobachter ab: Ein Kunstwerk kann auch trivial beobachtet werden. Luhmann spricht von einer „mehr oder weniger breite[n] Zone, in der die Zuordnung zu Kunst oder Unterhaltung uneindeutig ist und der Einstellung des Beobachters überlassen bleibt." Luhmann (2004), S. 124.

374 Luhmann (2004), S. 123.

375 Luhmann (2004), S. 109.

376 Stäheli (1996), S. 635 f. Vgl. zur Frage, ob und inwiefern Luhmanns Kunstverständnis gewisse Bereiche der Kunst ausschließt auch Hahn/Werber (2004), Hutter (2004) und Stäheli (2004).

Dass Luhmanns Kunsttheorie auf einige Kunstformen besser zutrifft als auf andere ist offensichtlich. Ob und inwiefern aber ganze Kunstbereiche tatsächlich exkludiert werden, ist nicht so klar. Auf den ersten Blick sieht es ganz so aus, dass Luhmann hier einen traditionellen hermeneutischen Kunstbegriff vertritt. Er verbietet einen eindeutigen Realitätsbezug des Kunstwerks und geht aus von einer Unerschöpflichkeit des Sinns. Diese konservative Sichtweise stellt Luhmann aber selbst in Frage, wenn er die Eigentümlichkeit der postmodernen Kunst in ihrer *Selbstnegation* sieht. Auf ihrer bislang höchsten Autonomiestufe arbeitet die Kunst daran, alle ihr selbst gesetzten Schranken zu beseitigen: Sie darf reißerisch, poppig oder trivial sein, sie darf explizit politisch und eindeutig auf die Realität bezogen sein, muss aber immer noch – und das ist schwierig aber nicht unmöglich – als Kunst gelingen.

4.2 Negation von Kunst als Kunst

In der Entwicklung des Kunstsystems: von der Abhängigkeit der Patronage über die Notwendigkeit des Gefallens hin zum Konzept von Kunst als provozierender Irritation wird das Kunstsystem zunehmend autonom, *bis es schließlich sich selbst radikal in Frage stellen, ja negieren kann.* Luhmann fasst diese Bewegung so zusammen:

> „[W]enn die Kunst damit beginnt, ihren Gebrauchsnutzen in Frage zu stellen und ihre ‚Zwecklosigkeit' zu proklamieren, muss sie damit enden, nicht mehr gefallen zu wollen. Die eigene Autonomie bringt das Kunstsystem in den Zustand perfekter Autonomie, und das heißt, dass es auch die Negation von Kunst selber vollziehen kann."[377]

Die Frage ist, ob es der Kunst gelingt, Negation der Kunst *als Kunst* zu sein. Diese Frage kann nur am je einzelnen Werk beantwortet werden. Beispiele einer solchen Negation von Kunst sind das Verwenden von unbearbeitetem Material, der Miteinbezug von Zufall: Kompositionen etwa, die durch Würfeln entstehen, Kunstwerke, „die sich alle Mühe geben, nicht als solche zu erscheinen"[378], oder Kunstwerke, die nur Kunstwerke sind, weil sie von einem Künstler zu solchen erklärt werden. Gelingt die Negation der Kunst mit kunsteigenen Mitteln, so bedeutet dies nicht den Tod der Kunst, sondern deren Weiterleben auf höchster Autonomiestufe.

377 Luhmann (1995 a), S. 97.
378 Luhmann (1995 a), S. 98.

Das Kunstsystem, so soll hier erläuternd angefügt werden, kann so ihr Feld wesentlich erweitern und auch engagierte, klar auf politische oder gesellschaftliche Veränderung abzielende Aktionen oder etwa auch primär als Unterhaltung angelegte *late night shows* als Kunstwerke realisieren. Das Kriterium bleibt dabei der Bezug auf den Code passend/unpassend, der im Kunstsystem als Erwartung immer schon im Raum steht – und der deshalb auch in einem rein negativen Bezug noch wirksam sein kann: Durch Selbstnegation, durch Kunstwerke, die (scheinbar) mit Kunst gar nichts zu tun haben, kann sich das Kunstsystem selbst thematisieren – und trotzdem als Kunstsystem weiterexistieren.

Diese Autonomie ist nicht gleichzusetzen mit einem semantischen Vakuum, mit Bedeutungslosigkeit. Die autonome Kunst ist nicht abgeschnitten von der Gesellschaft. Ihre Freiheit erlaubt ihr vielmehr, eine eigene Sichtweise zu entwickeln und diese mit eigenen Mitteln auszudrücken. Wie das Religionssystem, das Rechtssystem, das Wissenschaftssystem usw. ist auch das Kunstsystem ein funktional differenziertes, autopoietisches System. Es teilt also dieses Schicksal mit allen Teilsystemen der Gesellschaft. Da das Kunstsystem mit keinem festen Nutzen in Verbindung gebracht wird, ist es selbst umso mehr auf sich selbst zurückgeworfen, auf die eigene Autonomie verwiesen. Das Kunstsystem thematisiert die Autonomie exemplarisch. Es macht die Probleme, Schwierigkeiten und Konsequenzen der gesamtgesellschaftlich relevanten Autonomie wahrnehmbar: sichtbar, hörbar, fühlbar, erlebbar. Kunst irritiert durch dieses unübersehbare Zurschaustellen der Probleme von Autonomie.

Ohne konkrete politische, wirtschaftliche, erzieherische, religiöse usw. Probleme explizit thematisieren zu müssen, ist die auf sich selbst bezogene Kunst durch ihr evolutionär bedingtes, Probleme der funktionalen Differenzierung und der damit einhergehenden Autonomie wahrnehmbar machendes Irritationspotential gesellschaftlich bedeutsam.

5. Kunst und Wirtschaft I: Form und Zahlung

Ein allgemeines theoretisches Konzept, welches die Beziehungen zwischen den sozialen Systemen befriedigend zu klären vermag, fehlt bei Luhmann. Die Begriffe *System/Umwelt*, *strukturelle Kopplung*, *Irritation*, *systemeigene Konstruktion der Realität* entfalten die diversen Probleme des Kontaktes autopoietischer Systeme, ohne diese lösen zu können. Das vorliegende Kapitel verlässt deshalb hier die allgemeine theoretische Ebene und beschränkt sich nun darauf, in partiellen, deskriptiven Analysen eine spezifische System/Umwelt-Beziehung genauer in den Blick zu nehmen: Die Beziehung zwischen dem Kunst- und dem Wirtschaftssystem.

Wie das Kunstsystem ist auch das Wirtschaftssystem ein operativ geschlossenes, autopoietisches System. In der funktional differenzierten Gesellschaft kann, streng genommen, ein Verleger als Exponent des Wirtschaftssystems keine Rücksicht nehmen auf die künstlerischen Anliegen eines Schriftstellers: „Wenn der Verleger Göschen sagen kann: ‚Ob ein Goethe das Buch geschrieben hat, ob es die höchste Geisteskraft erfordert hat, darauf kann ich als Kaufmann keine Rücksicht nehmen; ein Krämer kann kein Mäzen sein‘ (...), dann ist der moderne Zustand wirtschaftlicher Systemautonomie erreicht.“[379]

Das Wirtschafts- und das Kunstsystem operieren überschneidungsfrei. Welche Möglichkeiten der Irritation sind diesen beiden Systemen aber zuzugestehen? Wie nehmen sie sich gegenseitig wahr? Welche Leistungen erbringt das Wirtschaftssystem für das Kunstsystem? Und welche Leistungen erbringt das Kunstsystem für das Wirtschaftssystem?

5.1 Zwei völlig verschiedene Systeme

Luhmann untersucht in seinem Aufsatz *Sinn der Kunst und Sinn des Marktes – zwei autonome Systeme*[380], wie sich am konkreten Beispiel der Beziehung zwischen dem Wirtschafts- und dem Kunstsystem strukturelle Kopplung und Irritation zeigen. Für das Verständnis der Eigenlogik von Kunst und Wirtschaft fällt hierbei dem Begriffspaar *Medium und Form* einiges Gewicht zu. In einem Einschub sollen diese für Luhmann wichtigen Begriffe in aller Kürze entfaltet werden.

Die Unterscheidung von Medium und Form entstammt einer Idee des Wahrnehmungspsychologen Fritz Heider. Luhmann lässt sich von Heiders 1926 veröffentlichtem Aufsatz *Ding und Medium*[381] anregen, ohne aber mit ihm auf einer Linie zu sein.[382] Luhmanns Medium/Form-Theorie kann als seine Ontologie[383] bezeichnet werden: Es geht um die *Was-ist-Frage*, hier speziell um die Frage: Was *ist* Kunst?[384]

Das Gemeinsame von Medium und Form liegt im Begriff der „Kopplung von Elementen“[385]. Wenn hier von Elementen die Rede ist, so sind damit nicht beobachtungsunabhängige Konstanten gemeint, also nicht Partikel, Seelen, Indi-

379 Werber (1995), S. 186.
380 Luhmann (1996).
381 Heider (1926).
382 Die Bezugnahme Luhmanns auf Heider diskutieren Balke (2002) sowie Brauns (2002).
383 Für eine Situierung der Luhmannschen Unterscheidung von Medium und Form in einem philosophischen Kontext siehe Martin Seel (2003 a).
384 Der Sammelband *Identität und Existenz. Studien zur Ontologie der Kunst* (=Schmücker 2003) dokumentiert den gegenwärtigen Stand der kunstontologischen Diskussion.
385 Luhmann (1995), S. 167.

viduen und schon gar keine „Letzteinheiten“[386], die jeder Beobachter als dieselben vorfinden könnte. „Vielmehr sind immer Einheiten gemeint, die von einem beobachtenden System konstruiert (unterschieden) werden, zum Beispiel die Recheneinheiten des Geldes oder die Töne in der Musik.“[387] Medien und Formen gibt es nicht „an sich“, sie werden von Systemen aus konstruiert. „Sie setzen also immer eine Systemreferenz voraus.“[388] Dieselben Elemente können Elemente von Medien oder von Formen sein. Die Struktur, die Anordnung der Elemente unterscheidet sich dann jedoch unter dem Gesichtspunkt der losen, bzw. festen Kopplung.

Das *Medium* bezeichnet „den Fall loser Kopplung von Elementen“[389]. Gemeint ist damit nicht „so etwas wie eine locker sitzende Schraube, sondern eine offene Mehrheit möglicher Verbindungen“[390]. Als Beispiel von loser Kopplung nennt Luhmann „die Zahl der sinnvollen Sätze, die mit einem sinnidentischen Wort gebildet werden können.“[391] Lose Kopplung, die „Offenheit einer Vielzahl möglicher Verbindungen“[392], kann in sachlicher oder in zeitlicher Hinsicht verstanden werden: „Sachlich ist dann gemeint, dass viele festere Kopplungen in Betracht kommen und jede Formbildung eine Selektion erfordert. Zeitlich wird unter einem Medium oft eine Bedingung der Möglichkeit von Übertragungen verstanden. Auch besteht ein enger Zusammenhang mit der Theorie des Gedächtnisses, wenn man Gedächtnis als Verzögerung der Re-aktualisierung von Sinn begreift.“[393]

Formen sind feste Kopplungen der Elemente eines Mediums. Sie werden durch feste Kopplung der *Möglichkeiten* eines Mediums gebildet. Die wichtige Eigenschaft des allgemeinen Formbegriffs, eine *Zwei-Seiten*-Form zu sein, bleibt auch in der Opposition des Formbegriffs mit dem Mediumbegriff erhalten. Die Innenseite der Form ist dabei die feste Kopplung der Möglichkeiten eines Mediums, die Außenseite besteht aus den weiteren Möglichkeiten, die das Medium bietet.[394]

Ein Medium kann nie als solches erkannt werden. Es zeigt sich als durch eine Form gebunden. Keine der vielen möglichen Formen, die ein Medium er-

---

386 Luhmann (1995), S. 168.

387 Luhmann (1995), S. 167. Die Implikationen des Faktums, dass die Medium/Form-Unterscheidung stets an eine Beobachtung zurückgebunden ist, diskutiert Fuchs (2002 a).

388 Luhmann (1995), S. 166.

389 Luhmann (1995), S. 168.

390 Luhmann (1995), S. 168.

391 Luhmann (1995), S. 168.

392 Luhmann (1995), S. 168.

393 Luhmann (1995), S. 168.

394 Die Spannung zwischen Heiders Medientheorie und Spencer-Browns Gesetzen der Form arbeiten Lehmann (2002) sowie Ort (1999) heraus.

kennbar machen, „drückt das ‚Wesen' des Mediums aus"[395]. Luhmann bemerkt, dass dieser Sachverhalt der Lehre entspricht, dass Materie als solche, als reines Chaos, für das Bewusstsein unzugänglich sei. Zur Illustration fügt er ein anschauliches Zitat Friedrich Schlegels an:

> „Die Materie ist kein Gegenstand des Bewusstseyns. Nämlich es ist das Merkmahl des Chaos, dass nichts darinnen unterschieden werden kann; und es kann nichts ins Bewusstseyn kommen, was nicht unterschieden ist. Nur die Form kommt ins empirische Bewusstseyn. Was wir für Materie halten, *ist Form.*"[396]

Wie Medien nicht ohne Formen erkannt werden können, sind Formen immer an Medien gebunden. Entscheidend ist die *Unterscheidung* von Medium und Form: Es handelt sich um zwei Seiten, „die nicht voneinander gelöst, nicht gegeneinander isoliert gedacht werden können."[397]

Formen sind immer stärker, d.h. durchsetzungsfähiger als das Medium. Der Form wird vom Medium her kein Widerstand entgegengesetzt: So können sich beispielsweise Buchstaben nicht gegen die Wortbildung und Wörter nicht gegen die Satzbildung sträuben. Medien können aber nicht beliebig geformt werden, denn sie bestehen aus spezifischen Elementen.

Die Bildung von Formen verbraucht die Möglichkeiten des Mediums nicht, sondern regeneriert sie zugleich. Dies deshalb, weil die Formen „kurzfristiger existieren als das Medium selbst".[398] Die Elemente des Mediums werden durch Formen nur kurzzeitig gebunden und mit der Auflösung von Formen verschwindet das Medium nicht. Das Medium, das sich mit loser Kopplung begnügt, ist also wesentlich stabiler als die Form. Es wird weder verbraucht noch aufgelöst. Die Durchsetzungsfähigkeit der Form hingegen muss mit Instabilität bezahlt werden.

Nach diesem Einschub nun zurück zu Luhmanns Aufsatz *Sinn der Kunst und Sinn des Marktes – zwei autonome Systeme.* Auf der Ebene der elementaren Operationen handelt es sich bei Kunst und Wirtschaft um völlig verschiedene Systeme, um Systeme, „die jeweils eigene Medien, eigene Formen, eigene Rekursionen aktualisieren, ohne dass es zu Überschneidungen käme"[399]. Beide Systeme produzieren und reproduzieren ihre eigenen Operationen. Dies ist aber nur möglich, wenn diese Operationen „dabei zugleich eine Differenz von System

395 Luhmann (1995), S. 169.

396 Dieses Zitat befindet sich in: Luhmann (1995), S.168 f, Fußnote 8. Luhmann fügt folgende Quelle an: Friedrich Schlegel, Jeaner Vorlesung Transzendentalphilosophie, 1800-1801, zit. nach Kritische Friedrich-Schlegel-Ausgabe Bd. XII, München 1964, S. 37 f.

397 Luhmann (1995), S. 169.

398 Luhmann (1995), S. 170.

399 Luhmann (1996), S. 202.

und Umwelt produzieren und aus den eigenen Produkten reproduzieren"[400]. In Luhmanns differenztheoretischer Denkweise ist jedes System immer schon an seine Umwelt gebunden, denn das System ist nur die eine Seite der konstitutiven Differenz von System und Umwelt.

Bleiben wir vorerst aber bei den unterschiedlichen Operationsweisen des Kunst- und des Wirtschaftssystems. Die gemeinsame Operationsweise aller Kunstarten besteht im Anschluss von Formen an Formen. An eine erste Formfestlegung – ein erstes Wort, ein erster Pinselstrich, eine erste Note, ein erster Tanzschritt – muss eine zweite folgen, die passt. Die dritte Formfestlegung muss dann zu den ersten beiden passen usw. D.h.:

> „Jede weitere Entscheidung führt (...) zu einer Wiederbeschreibung dessen, was schon vorliegt, und regeneriert mit der hinzugesetzten Form wieder eine noch offene Flanke, eine andere Seite, deren Behandlung dann wieder zu einer Wiederbeschreibung des bereits Festgelegten führt. Das ist strenge eigengesetzliche Arbeit. Der rekursive Bezug von Formen auf Formen lässt weder bei der Herstellung noch bei der Betrachtung Beliebigkeit zu."[401]

Das Medium der Kunst besteht in *den Freiheitsgraden für Medium/Form-Verhältnisse*, in einem großen Möglichkeitsspielraum für den Aufbau von Medium/Form-Verhältnissen, die *beobachtet werden wollen*:

> „Ungeachtet aller Unterschiede der konkreten Materialisationen, ungeachtet aller Unterschiede der Wahrnehmungsmedien und damit: der Kunstarten liegt etwas Gemeinsames im Aufbau neuer Medium/Formverhältnisse, die auf das Beobachtetwerden zielen und nur verständlich werden, wenn man das versteht. Die Einheit der Kunst besteht in dieser Produktion für Beobachtung, in dieser Beobachtung für Beobachtung, und ihr Medium besteht in den Freiheitsgraden für Medien/Form-Verhältnisse, die damit geschaffen sind."[402]

Ein Kunstwerk besteht aus einer Aneinanderreihung und einem Ineinandergreifen von Formen, ein Kunstwerk ist ein Formenarrangement. Dabei kann in einem Kunstwerk etwas nur festgelegt, also bezeichnet werden, indem es von etwas anderem unterschieden wird: „Bei allem, was bezeichnet und im Kunstwerk festgelegt werden kann, gibt es gleichzeitig auch eine andere Seite, die mitfungieren muss, um das Bestimmte als Bestimmtes sichtbar zu machen."[403] Dieses Mitfungieren der anderen Seite gilt für das ganze Kunstwerk, das von seiner

---

400 Luhmann (1996), S. 199.
401 Luhmann (1996), S. 200.
402 Luhmann (1995), S. 188.
403 Luhmann (1995), S. 188 f.

Umgebung unterschieden werden muss, sowie für jedes Detail im Kunstwerk, das mit allen anderen Details zusammenwirken muss. Diese unerlässliche andere Seite kann verstanden werden als „die ins Unendliche weiterverweisende Anzeige anderer Möglichkeiten, die am Ort nicht festgehalten werden kann."[404]

Ist der Anfang gemacht, kann die Dynamik des Kunstwerks in Gang kommen: Wenn die andere Seite unter Berücksichtigung der Gesetzmäßigkeit des Passens in einem zweiten Schritt selbst festgelegt, also bezeichnet werden kann, dann muss dafür ein weiterer unmarked space ausgegrenzt werden, der wiederum passen und erreichbar sein muss, d.h. selbst wieder einen unmarked space ausgrenzen muss usw. Das Kunstwerk selbst bestimmt, welche weiteren Formen an die bereits festgelegten Formen angeschlossen werden. Es folgt „dem Sog selbstfestgelegter Unterscheidungen"[405]. Die markierte Seite einer Form gibt „gleichsam eine Anweisung zum Suchen und Fixieren dessen, was noch nicht entschieden ist"[406]. Dieses Spiel der Aneinanderreihung von Form an Form wird so lange gespielt, bis die Ausgangsform wieder erreicht ist – als die andere Seite einer anderen Form. Das Kunstwerk zwingt „den Künstler wie den Betrachter, von Form zu Form weiterzugehen, um schließlich die Form mit der man begonnen hatte, als die andere Seite einer anderen Form wiederzuerreichen. Form spielt mit Form, aber das Spiel bleibt formal. Es erreicht nie die ‚Materie', es dient nie als Zeichen für etwas anderes."[407]

Das Medium der Kunst ist der unmarked space, der bei jeder Festlegung mitfungieren muss, um das Bestimmte als Bestimmtes sichtbar zu machen. Das Medium ist ein Möglichkeitsspielraum, der durch die bestimmte Seite der Form vorgegeben ist. Es ist eine Menge von Möglichkeiten, wobei jedes Element dieser Menge zur festgelegten Seite der Form passen muss: Möglich ist, was passt.

> „Das Medium der Kunst ist (...) für alle Kunstarten die Gesamtheit der Möglichkeiten, die Formgrenzen (Unterscheidungen) von innen nach außen zu kreuzen und auf der anderen Seite Bezeichnungen zu finden, die passen aber durch eigene Formgrenzen ein weiteres Kreuzen anregen. Das Medium der Kunst ist also in jedem Kunstwerk präsent – und doch unsichtbar, da es nur auf der noch unbezeichneten Seite gleichsam als Attraktor weiterer Beobachtungen wirkt. Im Suchen verwandelt sich dann das Medium in Form. Oder man scheitert. Im Zusammenwirken von Form und Medium ergibt sich dann das, was gelungene Kunstwerke auszeichnet, nämlich *unwahrscheinliche Evidenz*."[408]

404 Luhmann (1995), S. 189. Luhmann bemerkt, dass dies „schon eine phänomenologische (Husserlsche) Interpretation des Begriffs von Spencer-Brown" sei. Ebd.
405 Luhmann (1995), S. 189.
406 Luhmann (1995), S. 190.
407 Luhmann (1995), S. 190.
408 Luhmann (1995), S. 191.

Die Struktur eines Kunstwerks ist nicht notwendigerweise linear aufzufassen, es ist nicht so, dass nur immer *eine* Form an eine andere anschließt und derart die einfache Struktur einer Kette entsteht. Etwas Bestimmtes kann vielmehr in mehreren Unterscheidungen eine Rolle spielen, d.h. an mehreren Formen zugleich mitwirken. Dies Bestimmte wird somit multifunktional und damit tendenziell unauswechselbar. Es entsteht dadurch der Eindruck, dass das Kunstwerk genau so sein muss wie es ist. Kunstwerke, die per se kontingent sind, erlangen so eine gewisse Notwendigkeit, sie können sich „gegen die eigene Kontingenz durchsetzen"[409] und sich durch unwahrscheinliche Evidenz auszeichnen.

Die Operationen des Wirtschaftssystems zeugen von einer ganz anderen Realität. Von einer ausdifferenzierten Wirtschaft kann nur gesprochen werden, wenn Geld im Spiel ist:

> „Die Operationen [des Wirtschaftssystems] bestehen in Transaktionen, deren eine Seite die Übereignung von Geld ist und deren andere Seite in die Befriedigung irgendwelcher Bedürfnisse besteht. Mit der Geldzahlung reproduziert das System sich selbst, da das Geld in der nächsten Hand wiederum nur in der Form von Zahlungen (Kapitalbildung, Kredit etc. eingeschlossen) verwendet werden kann."[410]

Das Wirtschaftssystem reproduziert sich aus seinen eigenen Produkten, aus Geld, und vollzieht so seine eigene Autopoiesis. Das Wirtschaftssystem operiert im Medium Geld, wobei es seine Operationen am Code Zahlung/Nichtzahlung ausrichtet. Das Kunstsystem auf der anderen Seite operiert im Medium der Formbildung, wobei es seine Operationen am Code passend/nicht passend ausrichtet.

Wie lassen sich die mit den Selbstreferenzen notwendig einhergehenden *Fremdreferenzen* dieser beiden Systeme identifizieren? Als Fremdreferenz des Kunstsystems kann nicht das gesehen werden, was ‚abgebildet' wird. Das Konzept der imitatio oder mimesis ist laut Luhmann schon lange aufgegeben worden. Die heute relevante Fremdreferenz der Kunst ist jenseits solcher figurativen oder thematischen Bezugnahmen angesiedelt. Sie ergibt sich aus der *Fiktionalität* der Kunstwerke:

> „Wenn es eine fiktionale Realität gibt, muss es auch eine reale Realität geben. Von der Leichtigkeit, dem Eigensinn, oder sagen wir ruhig: der Schönheit der Kunstwerke aus gesehen zeigt sich die reale Realität in ihrer Härte, ihrer Gewöhnlichkeit, ihrer Banalität. (Die Läden schließen gleich, man muss noch einkaufen gehen.) Wenn alle thematischen Bezüge reißen und wenn man sich weder zu einer Kritik noch zur Affirmation der Gesellschaft und ihrer Welt entschließen kann, gibt es immer noch jenes Oszillieren zwischen fiktionalen und realen Realitäten. Die Kunst bietet, wie in ande-

409 Luhmann (1995), S. 193.
410 Luhmann (1996), S. 201.

> rer Weise auch die Religion, also einen Standpunkt für die Beobachtung der Welt in der Welt, der es ermöglicht, sie mit Distanz und Verwunderung/Bewunderung zu ertragen."[411]

Die Welt, die Realität, in der wir Tag für Tag leben, lässt sich nur von einem Außen her beobachten, denn alles Beobachten muss von einer Unterscheidung ausgehen. Indem Kunstwerke eine *fiktionale* Realität aufbauen – eine Realität, die mit der *realen* Realität zunächst gar nichts zu tun hat! – können sie sich als ein Außen der realen Realität behaupten. Von diesem isolierten Außenposten lässt sich die reale Realität beobachten. Die mit den eigenen Operationen mitproduzierte Fremdreferenz des autopoietischen Funktionssystems Kunst ist die reale Realität, die sich in ihrer Gewöhnlichkeit, ihrem Schrecken, ihrer Schönheit, ihrer Brutalität, ihrer Unverständlichkeit, usw. erst durch den fremden Blick von außen zeigt.

Ein anderes ist die Fremdreferenz des Wirtschaftssystems: Wenn im Wirtschaftssystem Zahlungen die Operationen sind, Transaktionen im Medium Geld, dann besteht die *Fremdreferenz* in den damit einhergehenden Befriedigungen von Bedürfnissen: „Die Motivation der Zahlungen durch Befriedigung von Bedürfnissen aktualisiert (...) die Fremdreferenz des Systems, seine Beziehung auf etwas, was als Umwelt vorausgesetzt werden kann."[412]

Tatsächlich, so Luhmanns Fazit, „handelt es sich bei Kunst und Wirtschaft also um völlig verschiedene Systeme"[413], die in sich geschlossen sind. *Es kann keine direkten gegenseitigen Interventionen der beiden Systeme geben.*

Wenn auch System und Umwelt, Selbst- und Fremdreferenz eng zusammenhängen, wenn also das Wirtschaftssystem eine für das Kunstsystem konstitutive Fremdreferenz und das Kunstsystem eine für das Wirtschaftssystem konstitutive Fremdreferenz darstellt, so ist auch durch diesen engen Bezug kein Durchgriff möglich. Denn die Fremdreferenzen, die jeweils auf das andere System verweisen könnten, sind nur die negativen Korrelate der eigenen Operationen, die nicht exakt bestimmt werden können. So lässt jedes Kunstwerk mehrere Möglichkeiten offen, wie von seiner fiktionalen Realität aus die reale Realität (z.B. die wirtschaftliche Realität) gesehen werden kann: kritisch oder affirmativ? versöhnlich oder unerbittlich? Vom Wirtschaftssystem aus kann ein Bedürfnis befriedigt werden, z.B. will ein Künstler Geld für seine Arbeit. Die Zahlungen können aber keinen Einfluss auf das Passen der Formen im Kunstwerk nehmen, denn an Zahlungen lassen sich nur Zahlungen anschließen, nicht aber Pinselstri-

---

411 Luhmann (1996), S. 201.
412 Luhmann (1996), S. 202.
413 Luhmann (1996), S. 202.

che oder Strophen eines Gedichts. Kunstwerke können, ja müssen[414] natürlich gekauft oder verkauft werden, sie können als Kapitalanlage oder als Spekulationsobjekte dienen, aber „das ist keine Operation, die zur Herstellung oder Betrachtung des Kunstwerks beiträgt – so wenig wie Entscheidungen über passende oder nichtpassende Formen durch Zahlungen motiviert sein können."[415]

5.2 Kausale Beziehungen

Luhmann betont, dass Beziehungen zwischen dem Kunst- und dem Wirtschaftssystem sehr wohl möglich sind, hebt aber hervor, dass solche Beziehungen nur möglich sind, wenn beide Systeme autonom sind:

> Im „Sinne operativer Geschlossenheit sind beide Systeme autonom. Damit sind kausale Beziehungen nicht ausgeschlossen. Es kann immer noch Aufträge geben, die zur Herstellung von Kunstwerken führen, und Künstler müssen nicht selten aufgeben, wenn ihr Lebensunterhalt nicht gesichert werden kann. Aber Beziehungen zwischen Kunst und Geld kann es überhaupt nur geben, wenn diese beiden Medien und ihre Formen aus sich heraus im jeweiligen System regeneriert werden."[416]

Wie verträgt sich die These der operativen Geschlossenheit mit den hier eingestandenen Kausalitäten zwischen den Systemen?

Ein Ausweg aus diesem Widerspruch ist möglich, wenn man diese Kausalitäten als *Ausnahmen* betrachtet, die die Regel der operativen Geschlossenheit bestätigen. Die Entstehung oder Verbreitung eines literarischen Werkes kann verhindert werden, wenn der Autor vom Markt keine finanzielle Unterstützung erfährt und von den Medien nicht beachtet wird. Kunstwerke können von einem politischen System als ‚entartet' bezeichnet und verboten werden. Kunst kann in einem totalitären Regime ganz für propagandistische Zwecken vereinnahmt werden. Politische Instanzen können die Absetzung eines künstlerisch erfolgreichen Schauspielhausdirektors erwirken, weil er zuwenig Geld einspielt. In diesen Beispielen nehmen der Markt, die Medien und die Politik direkten Einfluss auf

---

414 Die Abhängigkeit des Kunst- bzw. Literatursystems vom Wirtschaftssystem wird also keineswegs geleugnet. Vgl. zu dieser Thematik auch Niels Werbers Aufsatz *Der Markt der Musen*. Ich zitiere aus dem Kapitel *Geld oder Geist*: „Ohne dass das Buch eine Ware wäre, funktionierte die literaturwissenschaftliche Trinität ‚Autor – Werk – Leser' erst gar nicht. Zwischen dem Autor und seinem Rezipienten vermittelt seit fünf Jahrhunderten der Buchmarkt, der den Druck und den Vertrieb des Werkes übernimmt und dabei selbstverständlich ökonomische Interessen verfolgt." Werber (1995), S. 184.

415 Luhmann (1996), S. 202.

416 Luhmann (1996), S. 202.

die Kunst. Diese Interventionen können aber als temporäre und lokale Irritationen des Kunstsystems bezeichnet werden. Längerfristig und großräumig zeigen solche extremen und direkten Durchgriffe von außen wenig Wirkung im Kunstsystem.

Ein anderer und theoretisch befriedigenderer Ausweg besteht darin, den Widerspruch zwischen operativer Geschlossenheit und kausalem Durchgriff nur als einen *scheinbaren* Widerspruch aufzufassen: So betrachtet besteht der kausale Durchgriff nur für einen Beobachter, der mit der Unterscheidung System/Umwelt *beobachtet*. Die Systeme selbst hingegen *operieren*[417] in einem rein selbstreferentiellen Bezug. Dabei bleibt die operative Geschlossenheit der Systeme erhalten. Ein Beispiel soll dies verdeutlichen: Ein Künstler, der für seine abstrakten Eisenplastiken bekannt ist, bekommt von einer städtischen Verwaltung den Auftrag, in einem Innenhof ein Werk am Bau zu realisieren. Ein Beobachter kann dann feststellen, dass ein in Aussicht gestellter Geldfluss ein Kunstwerk verursacht hat. Er sieht eine direkte kausale Beziehung zwischen einer Zahlung und einem Kunstwerk. Luhmann leugnet diese Kausalität nicht, sieht darin aber keinen Widerspruch zur These der autopoietischen Geschlossenheit: Die Zahlung beeinflusst die Operationen des Kunstsystems, also den sich selbstprogrammierenden, am Code passend/unpassend orientierenden Anschluss von Formen an Formen nicht. Die Zahlung stellt vom Kunstsystem aus gesehen lediglich eine produktive Irritation dar.

Auf gleiche Weise wie im Beispiel des Unterseeboots der Steuermann seine Handlungen nicht auf die gefährlichen Riffe abstimmt, sondern auf die Beziehungen zwischen den Anzeigen verschiedener Apparaturen Bezug nimmt, auf gleiche Weise richtet auch das Kunstsystem seine Operationen nicht nach den Zahlungen des Marktes, sondern richtet seinen Fokus ganz auf den Anschluss von passenden Formen an bereits festgelegte Formen.

Unwillkürlich stellt sich hier die Frage nach der Plausibilität dieser Darstellung: Ist die Vorstellung eines Künstler, der ausschließlich auf das selbstreferentielle, rekursive Netzwerk der Kunstoperationen bezogen ist, nicht fragwürdig? Künstler können doch sehr wohl die Mechanismen des Marktes, der Politik, der Wissenschaft usw. wahrnehmen und genau darauf auch reagieren.

Nicht einmal Luhmann käme auf die Idee, die Welt des Künstlers analog zu setzen mit der Welt des Steuermanns in einem U-Boot, der die Außenwelt nie gesehen hat und nur seine Hebel und Anzeigen kennt. Hervorzuheben ist: Wenn es um das soziale System der Kunst, wenn es um die Autopoiesis des Kunstsystems geht – und genau darin besteht Luhmanns Interesse –, dann steht der *Künstler* gar nicht zentral im Blickfeld, sondern das *Kunstsystem*. Die Situation des U-

---

417 Vgl. zu der hier entscheidenden Unterscheidung von Operation und Beobachtung Baraldi et all. (1997), S. 123 ff. und die dort angegebenen Stellen bei Luhmann.

Bootes ist also mit dem Kunst*system* zu vergleichen. Wenn das Kunstsystem ein U-Boot ist, so gibt es in diesem U-Boot keinen Steuermann. Das Boot steuert sich selbst, wobei es sich an seinem Code und seinen Programmen orientiert. Das Kunstsystem besteht aus Kunstkommunikationen, aus Formenfestlegungen, die einen Unterschied machen. Das Kunstsystem setzt sich also nicht aus handelnden Subjekten, nicht aus Künstlern zusammen. Künstler werden bei Luhmann als psychische Systeme gefasst und haben ihren Sitz in der Umwelt sozialer Systeme.[418]

Niemand, kein psychisches System, ist nur Künstler. Ein psychisches System ist nur insofern, ist nur dann Künstler, wenn es durch Inklusion, durch strukturelle Kopplung an das Kunstsystem gebunden wird. Das gleiche psychische System kann aber zu einer anderen Zeit an andere soziale Systeme gekoppelt sein und sich so ein Wissen über Wirtschaft, Politik usw. aneignen. Will das psychische System jedoch dieses Wissen in das Kunstsystem einbringen, so muss es sich ganz den Eigengesetzmäßigkeiten dieses Systems unterwerfen. Strukturell an das Kunstsystem gekoppelt kann es dann lediglich Irritationen veranlassen, die im Kunstsystem gemäß dem kunsteigenen Code produktiv gemacht werden können.

Wird der Künstler mit Luhmann so verstanden wie hier ganz knapp dargestellt, dann wird verständlich, dass die Operationen des Kunstsystems auch über die Person des Künstlers nicht kausal an die Operationen beispielsweise des Wirtschaftssystems gekoppelt werden können: Ohne einem sozialen System anzugehören können psychische Systeme nur strukturell an soziale Systeme gekoppelt werden und diese so nur irritieren, nicht aber steuern.

Die Person des Künstlers hat uns hier nicht weitergebracht. Setzen wir hier deshalb nochmals neu ein und wiederholen die Frage: Wie verträgt sich die These der operativen Geschlossenheit mit der von Luhmann eingestandenen Kausalität zwischen dem Kunst- und dem Wirtschaftssystem?

Das Wirtschafts- und das Kunstsystem sind gänzlich getrennt und überschneidungsfrei operierende Systeme. Trotz dieser operativen Geschlossenheit können aber Beziehungen hergestellt werden, Beziehungen jedoch, die die operative Autonomie der Systeme intakt lassen. Ein weiteres Beispiel soll dies verdeutlichen. Der Kurator Harald Szeemanns präsentiert anlässlich der schweizerischen Landesausstellung Expo 2002 in seiner Ausstellung *Geld und Wert / Das letzte Tabu* einen Banknoten zerstörenden Roboter. Dieser Roboter, dieses Kunstobjekt, spielt direkt mit dem Medium des Wirtschaftssystems, mit Geld. Trotzdem ist er natürlich Teil des Kunstsystems und nicht Teil des Wirtschaftssystems. Weshalb?

418 Davon wird unter dem Titel *Die Kunst und der Mensch* der dritte Teil dieser Arbeit handeln.

Es handelt sich um Kunst, weil Szeemanns Roboter keine Zahlungen tätigt, niemandem Geld nimmt und niemandem Geld gibt, sondern auf eine wahrnehmbare Weise, durch ein in sich stimmiges Gefüge von Formen, Zahlungsvorgänge in ein neues, unerwartetes, provozierendes und irritierendes Licht stellt. Szeemanns ästhetische Maschine existiert nur in der Kunstwelt. Sie ist in der fiktiven Realität angesiedelt und als solche macht sie keine eindeutige Aussage über die reale Realität. Sie spielt mit Geld und greift trotzdem nicht in das operative Geschehen des Wirtschaftssystems ein.

Kunst kann als Kunst keinen direkten Einfluss auf das operative Geschehen seiner Außenwelt nehmen, denn Kunst bewegt sich immer auf der Ebene der Fiktionalität, die einen mehrdeutigen Bezug auf die Realitätsebene hat. In Hinsicht auf diese Ebenendifferenz und der damit einhergehenden Code bestimmten Eigengesetzlichkeit ist die These der Selbstreferentialität der Kunst einsichtig. Deutlich wird mit dieser Diskussion aber auch, dass Luhmanns Begriff der Selbstreferentialität des Kunstsystems ein sehr weiter Begriff ist, der vieles mit einschließt. Luhmann behauptet nicht, dass Kunst nur mit Kunst beschäftigt, nur eine um sich selbst drehende Abfolge von Stilen ist. Das Kunstsystem befindet sich nicht völlig isoliert im hintersten Winkel des Weltalls, sondern inmitten der Gesellschaft und unterhält mit derselben vielgestaltige Beziehungen. Unzweifelhaft, wenn auch nie eindeutig, irritiert Kunst die Gesellschaft und wird ebenso von ihr irritiert. Luhmanns durchaus verständlicher Punkt aber ist, dass Irritation nur gelingen kann, wenn geschlossene Bereiche bereitstehen, in denen sie sich entwickeln kann. Das Kunstsystem ist derjenige gesellschaftliche Bereich, welcher der Entfaltung von Irritationen die größten Möglichkeiten bietet.

Die jüngere Kunstgeschichte kennt viele gelungene Beispiele, die das Irritationspotential des Kunstsystems gerade in Richtung auf das Wirtschaftssystem belegen. Künstler wie Andy Warhol, Jeff Koons oder Damien Hirst und die Young British Artists spielen mit der Wirtschaft – der Werbung, der Vermarktung von Kitsch oder der Preisbildung auf dem Kunstmarkt – ein oft provokatives Spiel. Als Anschauungsmaterial soll hier folgende Episode dienen:

> „Wer vor zwei Jahren an der Londoner Contemporary Art Fair vom Balkon herabspähte, gewahrte zwei fast gleich große abstrakte Gemälde – eines hatte einen senkrechten blauen Streifen zum Zentrum, das andere war ein Wirbel von grellen Farben. Angeschrieben waren diese Bilder mit Preisen von 4000 beziehungsweise 65'000 Pfund. Welche Kriterien einer aber beim näheren Hinsehen auch anwendete: dass ein Bild eindeutig besser gewesen wäre, hätte er nicht sagen können. Allerdings, das billigere Werk stammte von einem Künstler, dessen unvertrauter Name einem gleich wieder entfiel – während sich das teurere schon von weitem als eines jener ‚spin paintings' identifizieren ließ, die Damien Hirst in wenigen Minuten anzufertigen beliebt. Also wirkt bei Gegenwartskunst nicht so sehr die Qualität als vielmehr ein so-

fort erkennbares ‚Markenzeichen' preisbestimmend. Damien Hirst ist diesbezüglich ein Musterbeispiel: ‚Ich – ein Künstler?' hat er neulich sich selbst gefragt und es denjenigen, die es von ihm wissen wollten, auch gleich ins Gesicht gesagt: ‚Ich bin ein Markenname?'"[419]

Selbstverständlich ist Damien Hirst Künstler: Er operiert im Kunstsystem, indem er passende Formengefüge anfertigt. Das Kunstsystem bleibt somit operativ geschlossen. Indem sich Hirst aber mit allen künstlerischen Mitteln bemüht, sich als Markenname zu etablieren, gelingt es ihm, das Wirtschaftssystem in einem für ihn sehr positiven Sinn zu irritieren.

Beobachten lassen sich gerade in jüngster Zeit vermehrt auch Versuche des Kunstsystems, das politische System zu irritieren. So widmet sich etwa 2002 die Documenta 11 in Kassel den großen Krisen und „überfrachtet die Kunst mit politischer Bedeutung"[420]. Oder die Jubiläumsausstellung in Venedig ein Jahr später, die 50. Biennale, ist derart von politischem Aktionismus geprägt, dass *DIE ZEIT* mit „Kleben für den Frieden"[421] titelt. Kunst ist nicht Politik und kann nicht Politik sein. Sie kann aber die Politik irritieren. *Als Kunst* gelingt diese Irritation jedoch nur, wenn kunsteigene Mittel dafür eingesetzt werden. Ob die Irritation dann auch in der Politik Wirkung zeigt, kann nur vom politischen System entschieden werden.

Ausgeschlossen ist damit nicht der Fall, dass ein Werk künstlerisch gelungen und gleichzeitig politisch wirksam ist. Es besteht dann kein Widerspruch mit der operativen Geschlossenheit der Systeme, denn das Werk steht in zwei ganz verschiedenen operativen Kontexten. Es wird somit von den beiden Systemen ganz verschieden gelesen, in ganz verschiedenen Hinsichten betrachtet.

Als ein vorläufiges Resümee kann herausgestrichen werden, dass sich Luhmanns Konzept der Irritation durchaus als ein taugliches Analyseinstrument bewährt. Wenn auch das Irritationskonzept vage und in seinem theoretischen Fundament letztlich ungesichert bleibt, so vermag es doch zu beleuchten, wie in konkreten Fällen die operativ geschlossenen Funktionssysteme Kunst und Wirtschaft miteinander in Beziehung treten können.

6. Kunst und Wirtschaft II: Organisationen

Das Kunstsystem und das Wirtschaftssystem können nicht miteinander kommunizieren. Die operative Geschlossenheit macht dies unmöglich. Die Theoriefigu-

419 Waser (2001), S. 66.
420 Rauterberg (2002), S. 37.
421 Rauterberg (2003), S. 35. Vgl. auch Rauterberg (2005) sowie Ammann (2005).

ren *System/Umwelt*, *strukturelle Kopplung*, *Realitätskonstruktion* und *Irritation* leisten im Spannungsfeld von Geschlossenheit und Offenheit das Ihre. Luhmanns Theorie kennt aber eine weitere Möglichkeit, wie die Funktionssysteme miteinander kommunizieren können. Er nennt diese Möglichkeit *Organisation*. Den folgenden, nur kursorischen Ausführungen über Luhmanns Organisationstheorie ist vorauszuschicken, dass Luhmann selbst im Bezug auf das Kunstsystem die Rolle von Organisationen, also von Galerien, Museen, staatlichen Förderungsstellen, Theaterhäusern usw. nicht analysiert hat. Diesem seltsamen, aber offensichtlichen Mangel können die folgenden Bemerkungen nur ansatzweise beikommen.

Die wichtigsten Organisationen gehören einem Funktionssystem an: „Unbestreitbar bilden sich (…), wenn nicht die meisten, so doch die wichtigsten und größten Organisationen innerhalb der Funktionssysteme und übernehmen damit deren Funktionsprimate. In diesem Sinne kann man Wirtschaftsorganisationen, Staatsorganisationen und sonstige politische Organisationen, Schulsysteme, Wissenschaftsorganisationen, Organisationen der Gesetzgebung und der Rechtssprechung unterscheiden.“[422]. Organisationen können mit Systemen in ihrer Umwelt kommunizieren. Voraussetzung für dieses nach außen kommunizieren ist die *Autopoiesis der Organisationen* auf der Basis von *Entscheidungen*. Die Kommunikation von Organisationen kann nur als Entscheidung zirkulieren, denn nur so ist sie als organisationseigene Kommunikation erkennbar. Die Kommunikation einer Organisation „widerspricht also nicht der operativen Geschlossenheit des Systems; im Gegenteil: sie setzt sie voraus“.[423] Luhmann betont, „dass Organisationen die einzigen Sozialsysteme sind, die mit Systemen in ihrer Umwelt kommunizieren können. Die Funktionssysteme selbst können das nicht. Weder die Wissenschaft noch die Wirtschaft, aber auch nicht die Politik und auch nicht die Familie kann als Einheit nach außen in Kommunikation treten. Um Funktionssysteme mit externer Kommunikationsfähigkeit auszustatten (...), müssen in den Funktionssystemen Organisationen gebildet werden (...).“[424]

Grosse und wichtige Organisationen wie Unternehmen, Firmen, Schulen, Universitäten, Kunsthäuser, Galerien oder Opern bilden sich innerhalb der Funktionssysteme und übernehmen damit deren Funktionsprimat.[425] So kann von Wirtschaftsorganisationen, Kunstorganisationen usw. gesprochen werden.

Im Kontext dieser Arbeit sind drei Merkmale von Organisationen von besonderem Interesse: Organisationen können *erstens* mit Systemen in ihrer Umwelt kommunizieren, sie sind *zweitens* operativ geschlossene Systeme, und drit-

422 Luhmann (1997), S. 840 f.
423 Luhmann (1997), S. 834.
424 Luhmann (1997), S. 842 f.
425 Vgl. Luhmann (1997), S. 841.

tens befinden sich die meisten von ihnen *innerhalb* von Funktionssystemen und übernehmen da deren Funktionsprimat. Wie lassen sich diese scheinbar widersprüchlichen Merkmale verbinden. Wie lässt sich das Problem lösen, dass eine operativ geschlossene Organisation innerhalb eines operativ geschlossenen Funktionssystems – also ein von zwei Ringmauern eingeschlossenes Gebilde – trotzdem *nach außen* kommunizieren kann? Was befähigt Organisationen, mit Systemen in ihrer Umwelt kommunizieren zu können?

Die Antwort ist, dass sich Organisationen nicht durchgehend an die Funktion und also an den Code[426] des sie umgebenden Funktionssystems halten. Sie übernehmen diese Funktion nur als ihren eigenen Funktions*primat*, d.h. als ihre primäre Funktion. Daneben lassen sie aber auch andere Funktionen und Codes zu. Sie richten sich also auch nach den Funktionen von Systemen aus ihrer Umwelt und können dadurch mit anderen Systemen kommunizieren. Bemerkenswert und vielsagend ist, dass Luhmann diese zentrale Aussage seiner Organisationstheorie nur in Klammern wagt:

> Die Organisationen innerhalb von Funktionssystemen „übernehmen den Funktionsprimat (oft allerdings mit Konzessionen an andere Funktionen, zum Beispiel mit Wirtschaftlichkeitsüberlegungen in der Verwendung budgetierter Mittel)."[427]

Organisationen sind in ihrem Kern polyvalente Systeme. Ihre Identität, ihre „Eigenwelt"[428] bildet sich nicht in Anlehnung an nur eine Funktion. Durch die Möglichkeit der Überlagerung mehrerer Funktionen sind Organisationen trotz ihrer operativen Geschlossenheit nach außen hin offen.

Unabhängig von Luhmanns Theorie ist obiges Zitat, die Aussage also, dass sich Organisationen nach verschiedenen Funktionen richten, plausibel, wenn nicht gar selbstverständlich: Ein Theaterhaus als Beispiel einer Organisation muss primär gutes Theater machen, d.h. den Funktionsprimat des Kunstsystems übernehmen. Darüber hinaus muss es sich aber nach einem Budget richten, d.h. Konzessionen an die Funktion des Wirtschaftssystems machen. Seine Subventionen sind abhängig von politischen Verhältnissen, es bewegt sich in einem Rechtsraum, ist angewiesen auf gut ausgebildete Schauspieler usw.

Ein Wirtschaftsunternehmen als ein weiteres Beispiel einer Organisation hat nicht nur die Funktion, rentabel zu sein, es muss auch vielfältige Konzessionen an Systeme in seiner Umwelt machen. Nicht zuletzt kann es versucht sein, aus

---

426 Funktion und Code eines Systems hängen eng miteinander zusammen: „Von einem Code muss erwartet werden", so Luhmann, dass er „der Funktion des entsprechenden Systems entspricht, nämlich den Gesichtspunkt der Funktion in eine Leitdifferenz übersetzt." Luhmann (1995), S. 302. Für einen Überblick über die Funktionen sozialer Systeme vgl. Krause (2001), S. 43.

427 Luhmann (1997), S.841.

428 Luhmann (1997), S. 842.

Gründen der Imagepflege oder der Kontingenzbewältigung auf das Kunstsystem zurückzugreifen.

Organisationen orientieren sich also an mehreren Funktionen. Das Problem ist, dass diese Polyvalenz, diese Offenheit von Organisationen *innerhalb von Luhmanns Theoriegebäude* auf wackligen Füssen steht und viele Fragen aufwirft: Ist Luhmann inkonsequent, wenn er immer wieder den Gedanken der Selbstreferentialität und der operativen Geschlossenheit betont, und dann mit seiner Organisationstheorie gewissermaßen unter der Hand die eigene Radikalität zurücknimmt? Wieso macht Luhmann sich so viel Mühe, die Beziehung eines Funktionssystems zu Funktionssystemen in seiner Umwelt mit den komplizierten Begriffen der strukturellen Kopplung und der Irritation zu analysieren, wenn diese Systeme dann mittels ihrer Organisationen ganz einfach und direkt kommunizieren können?

Luhmann selbst scheint vor dem Gedanken zurückzuschrecken, dass Organisationen mit Systemen in ihrer Umwelt kommunizieren und mehrere Funktionen haben können. Dafür spricht die oben beobachtete Einklammerung, aber auch der Umstand, dass in *Die Kunst der Gesellschaft* sowie in allen anderen kunsttheoretischen Schriften Luhmanns die Rolle von Kunstorganisationen überhaupt nicht analysiert, ja nicht einmal angesprochen wird.

Sicher aber ist, dass die Organisationstheorie ein Themenfeld ist, das Luhmann seit dem Beginn seines theoretischen Arbeitens beschäftigt. Luhmann hat bis kurz vor seinem Tod 1997 an seinem Buch *Organisation und Entscheidung* gearbeitet, wie Dirk Baecker am Ende dieses im Jahre 2000 posthum veröffentlichten Werkes festhält: „Seit den frühen neunziger Jahren und bis kurz vor seinem Tod hat Niklas Luhmann am Manuskript des vorliegenden Buches gearbeitet. Es ist die Summe eines mehr als dreißig Jahre lang verfolgten Interesses an Verwaltung, Organisation und Entscheidung.“[429] Gleich der ersten Satz von *Organisation und Entscheidung* räumt Organisationen eine große Bedeutung ein: „Organisationen verdienen mehr Aufmerksamkeit, als sie bisher finden (...).“[430] Auch in *Die Gesellschaft der Gesellschaft* spricht Luhmann von einer „wachsende[n] Bedeutung von Organisationen in Funktionssystemen“[431]. Grund genug also, Organisationen des Kunst- und des Wirtschaftssystems genauer zu untersuchen: Wie zeigt sich die Spannung zwischen Offenheit und Geschlossenheit des Kunst- und des Wirtschaftssystems, wenn wir die Organisationen dieser beiden Systeme berücksichtigen?

429 Luhmann (2000), S. 479.
430 Luhmann (2000), S. 7.
431 Luhmann (1997), S. 843.

6.1 Organisationen des Kunstsystems (Philip Ursprung)

Eine systemtheoretische Analyse der Organisationen des Kunstsystems fehlt meines Wissens sowohl bei Luhmann wie auch in der Sekundärliteratur.[432] Dies zu leisten wäre eine zweifellos sehr wichtige, aber größere Arbeit für sich selbst und würde den Rahmen des vorliegenden Textes sprengen.

Ein in diesem Zusammenhang sehr interessantes Buch stammt vom Kunstwissenschaftler Philip Ursprung. Es trägt den Titel *Grenzen der Kunst: Allan Kaprow und das Happening, Robert Smithson und die Land Art*. Ursprung untersucht exemplarisch, an präzise recherchierten Beispielen, die zentrale Rolle von Organisationen des Kunstbetriebes, ohne dabei Bezug auf Luhmanns Organisationstheorie zu nehmen. Dabei spricht Ursprung nicht von Organisationen, sondern von Institutionen.

In den 1960er Jahren, auf die sich das Buch konzentriert, wurde, so die These, die Entwicklung des Kunstsystems derart maßgeblich von Galerien, Museen, Kunsthändlern usw. beeinflusst, dass geradezu von einem „Sieg der Institutionen" gesprochen werden muss. Ursprung beobachtet eine „Machtverlagerung von den *Produzenten* zu den *Verwaltern* von Kunst"[433]:

> Es ist interessant „zu fragen, *warum* in den 1960er Jahren museale Institutionen plötzlich begannen, sich in den Produktionsprozess einzumischen und *wie* dieser Eingriff funktionierte. Hatten die Museen Angst, zu spät zu kommen, von Sammlern überholt zu werden, einen Ismus zu verpassen oder gar, die Kunst an sich aus den Augen zu verlieren? Gegen ende eines von sich überschlagenden Stilwellen und lebhaften Konkurrenzkämpfen um normative Autorität zwischen Künstlern, Sammlern, Kritikern und Historikern geprägten Jahrzehnts zeichnete sich in der Tat ein Sieg der Institutionen ab."[434]

Institutionen, so lässt sich in Bezug auf diesen Zeitraum überspitzt formulieren, sind dafür verantwortlich, was sich im Kunstsystem durchsetzt, was beachtet, gesammelt, gekauft und ausgestellt wird, ja: was überhaupt als Kunst gilt. Die „Auseinandersetzung darum, wer Kunst vermitteln, also wer Wert und Bedeutung innerhalb der rasant wechselnden Kunstwelt definieren kann", betrachtet

---

432 Eine Ausnahme bildet hier ein von Michael Meyer und Ali Al-Roubaie geschriebener Aufsatz mit dem Titel: *Organisationen der Kunst. Wie Kulturorganisationen Redundanz sichern und Umwelt beobachten.* Die in diesem Aufsatz verfolgten Fragen sind in unserem Zusammenhang jedoch von geringem Interesse.

433 Ursprung (2003), S. 129. Vgl. zu Strategien im Kunstmarkt auch Blomberg (2005).

434 Ursprung (2003), S. 130. Vgl. zur interessanten Frage der Konstitution von Künstlern durch das Kunstsystem auch Huber (2005), S. 361 ff.

Ursprung in seiner Untersuchung „als Motor der künstlerischen Veränderung“[435]. Kunst ist, was als Kunst anerkannt wird, und um diese Anerkennung wird im Kunstsystem gekämpft. Der Ausgang dieses Kampfes, der auch ein „Kampf um die Gunst wachsender Publika“[436] ist, und dessen Akteure vornehmlich Institutionen sind, entscheidet darüber, was sich im Kunstsystem durchsetzt. Es ist dieser Kampf, so Ursprung, der die künstlerischen Veränderungen maßgebend prägt. Institutionen des Kunstsystems entscheiden darüber, wer ausstellen darf, wer gehandelt wird, wer überhaupt die Chance bekommt, ein Publikum zu erhalten.

Ursprungs exemplarische Beobachtungen über Institutionen des Kunstsystems lassen sich gut vereinbaren mit Luhmanns Organisationstheorie – ja, sie füllen geradezu eine schreiende Leerstelle in Luhmanns Kunstsoziologie. Organisationen sind ein genuin soziologischer Topos. Interessanterweise werden sie hier gerade vom Soziologen außer Acht gelassen und vom Kunsthistoriker untersucht.

Das Funktionssystem Kunst bietet Platz für Kunst jeglicher Art und Qualität: Was nach dem Code passend/unpassend gebildet wird, ist laut Luhmann Kunst. Zuständig für Kanonisierung und Kategorisierung sind dann aber Organisationen. Sie regeln restriktiv, wer als Mitglied in eine Organisation aufgenommen wird, wer z.B. in einer Galerie ausstellen darf. Während das Funktionssystem Kunst also prinzipiell offen ist für alle, die gerne Künstler sein wollen, sind seine Organisationen exklusive Zirkel. Diese Rollenverteilung zwischen Funktionssystem und Organisationen, so Luhmann, gilt für alle gesellschaftlichen Bereiche:

> „Funktionssysteme behandeln Inklusion, also Zugang für alle, als den Normalfall. Für Organisationen gilt das Gegenteil: sie schließen alle aus mit Ausnahme der hochselektiv ausgewählten Mitglieder. Dieser Unterschied ist als solcher funktionswichtig. Denn nur mit Hilfe der intern gebildeten Organisationen können Funktionssysteme ihre eigene Offenheit für alle regulieren und Personen unterschiedlich behandeln, obwohl alle gleichen Zugang haben. Die Differenz der Systembildungsweisen ermöglicht es also, beides zugleich zu praktizieren: Inklusion und Exklusion.“[437]

Luhmann thematisiert die Organisationen des Kunstsystems nicht. Die Exklusion durch Organisationen fällt damit weg. Wie kann dann aber im Kunstsystem exkludiert werden? Wie kann kanonisiert werden? Anhand welcher Kriterien setzt sich im Kunstsystem etwas durch? Luhmann setzt zur Beantwortung dieser Fragen auf die Selbstprogrammierung des Kunstwerks: Jedes Kunstwerk setzt seinen eigenen Maßstab der Beurteilung, der erkannt werden muss und so die Qua-

435 Ursprung (2003), S. 10.
436 Ursprung (2003), S. 23.
437 Luhmann (1997), S. 844.

lität des Kunstwerks zu erkennen gibt. Über seine Exklusion entscheidet das Kunstwerk selbst.

Das Kunstsystem zeichnet sich laut Luhmann gerade aus durch ein Fehlen klarer und allgemeinverbindlicher Maßstäbe und Exklusionsprozessoren. Das Kunstsystem findet seine Funktion gerade in der Bewältigung von Kontingenz.[438] D.h. das Kunstsystem zeigt: obwohl alles anders sein könnte, geht es doch nicht beliebig zu. So gesehen ist es vielleicht kein Zufall, dass es Luhmann unterlassen hat, die Organisationen des Kunstsystem zu analysieren: Passt die Unsicherheit bezüglich der Exklusion, der tatsächlich ein Schwachpunkt seiner Theorie ist, doch nur allzu gut zu Luhmanns Verständnis von Kunst.

Es liegt Luhmann, so die Hypothese unserer Arbeit, gar nicht daran, allzu große Klarheit in Bezug auf Restriktionen, auf Exklusionsmechanismen des Kunstsystems, zu schaffen. Luhmann misst den von außen – oder im Falle von Organisationen: von halb außen – auf das Kunstsystem einwirkenden Beschränkungen kein großes Gewicht zu, weil er diese Beschränkungen vom *Zentrum* des Kunstsystem geleistet haben will. Jedes einzelne Kunstwerk muss sich seine Beschränkungen zu einem großen Teil selbst erarbeiten. Es orientiert sich zwar an dem ihm übergeordneten Code des Kunstsystems, dann muss es sich aber *selbst programmieren*, um sich als Kunstwerk zu etablieren. Das Problem der Beschränkung, die Spannung von Offenheit und Geschlossenheit des Kunstsystems, ist als Aufgabe dem Inneren des Kunstsystems auferlegt: es wird jedem einzelnen Kunstwerk zugemutet. Das Problem von Offenheit und Geschlossenheit wird somit von Luhmann nicht vornehmlich als eine Aufgabe des Zolls gesehen. Es gibt keine eigentlichen Zollwächter. Der Problemkomplex von Offenheit und Geschlossenheit des Kunstsystems – das heißt hier die Fragen: Wie abhängig ist Kunst von Geld? Was gehört zum Kunstsystem? Was ist Kunst? Was ist keine Kunst, sondern Kommerz, Unterhaltung, politische Aktion etc.? Wie kann ein Kunstwerk gelingen und als gelungen bewertet werden, wenn doch scheinbar alles möglich ist? – dieser Problemkomplex ist geradezu das Zentrum des Kunstsystems und nicht nur einfach ein Rand- oder Abgrenzungsproblem. Denn Kunst führt vor – das ist, wie wir gleich sehen werden, ihre Funktion – dass trotz größtmöglicher Offenheit, trotz einem scheinbaren *anything goes*, nicht Belieben herrscht, sondern sich von innen her eigene Ordnungen etablieren. Es ist die Funktion von Kunst zu zeigen, dass Kontingenz nicht Chaos bedeutet, dass sich das Mögliche von selbst *einschränken*, *begrenzen* kann. Der Prozess der Eingrenzung, der Grenzziehung, der Einschränkung bildet somit das Herz des Kunstsystems. Die Grenzen des Kunstsystems sind nicht zu verstehen als eine einmal errichtete, starre Außenhaut.

---

438 Vgl. hierzu das siebte Kapitel dieses Teils: *Die Funktion der Kunst*.

Luhmanns Funktionsbestimmung behält ihre Plausibilität nur dann, wenn das Grenzproblem nicht schon an einer Außengrenze gelöst und abgeblockt wird. Wenn beispielsweise Kunstorganisationen den Grenztransfer regeln und wesentlich mitbestimmen würden, was Kunst ist, dann wäre dieses Problem für das Innere des Kunstsystems nicht mehr drängend, und die Funktion der Kunst könnte nicht mehr im Aufweis eines geregelten Umgangs mit Kontingenz gesehen werden. Dieser Hintergrund macht verständlich, weshalb Luhmann gar kein Interesse daran hatte, eine Organisationstheorie für das Kunstsystem auszuarbeiten, denn diese würde seiner Funktionszuweisung entgegenarbeiten. Gleichwohl spricht er Organisationen eine große Wichtigkeit zu, und Organisationen, wie im Falle des Kunstsystems, ganz außer Acht zu lassen darf nicht nur positiv gewendet werden, sondern muss auch als ein Mangel betrachtet werden, als eine Leerstelle, die, wenn auch nur ansatzweise – gefüllt werden muss.

6.2 Organisationen des Wirtschaftssystems (Thomas Hermsen)

Richtet man den Blick auf Organisationen, um Beziehungen zwischen den Funktionssystemen Kunst und Wirtschaft analysieren zu können, so gilt es nicht nur, wie gerade geschehen, Kunstorganisationen zu untersuchen: Betrachtet werden muss auch, wie Wirtschaftsorganisationen, also beispielsweise Firmen, Banken, Versicherungen usw. auf Kunst Bezug nehmen. Dieser Frage soll hier nachgegangen werden.

Konkrete Vorschläge, wie sich Wirtschaftsorganisationen Kunst zunutze macht, gibt Thomas Hermsen[439]. Hermsen entwirft in seinem Aufsatz *Die Kunst der Wirtschaft und die Wirtschaft der Kunst* eine Skizze für die soziologische Rekonstruktion des Wandels der Kunstförderung durch Wirtschaftsorganisationen. Dabei geht er von der These aus, dass die Veränderungen der wirtschaftseigenen Gebrauchsweise von Kunst mit der Form gesellschaftlicher Systemdifferenzierung zusammenhängen. In der Moderne lassen sich gemäß Hermsen „drei wirtschaftseigene Gebrauchsweisen der Kunst“[440] ausmachen:

Kunst kann erstens im Wirtschaftssystem als *bloße Ware* gehandelt werden. Fragen der künstlerischen Gestaltung, des Inhalts und der Form sind dabei irrelevant. Was zählt ist lediglich der Preis auf dem Markt und die Wertsteigerung. Kunstwerke stehen so auf einer Ebene mit Wertpapieren, Immobilien oder Diamanten. Der Kunsthandel ist jedoch wirtschaftsintern von geringer Bedeutung und mit einigen Problemen, wie der schwierigen Lagerung von Kunstsammlun-

439 Vgl. Hermsen (2001), S. 166 ff.
440 Hermsen (2001), S. 166.

gen und rechtlichen Unsicherheiten belastet. Laut einem Bericht der NZZ[441] wird der Gesamtumsatz des Kunsthandels in der Schweiz jährlich auf 800 Mio. bis 1 Mrd. Fr. geschätzt. Das ist ein verhältnismäßig geringer Betrag. Allein Nestlé bringt es auf dem Aktienmarkt auf eine Bewertung von 120 Mrd. Fr.

Vielgekaufte und teuer gehandelte Kunst hat Folgeeffekte für die Stellung des Künstlers im Kunstsystem. Dennoch sollten diese Auswirkungen des Marktes auf das Kunstsystem nicht überschätzt werden, ist es doch für den Künstler und seine Reputation riskant und unkontrollierbar, sich bei der Wahl seiner Inhalte und Formen primär nach dem Markt zu richten.

Als zweite Form, wie sich laut Hermsen Wirtschaftsorganisationen Kunst zunutze machen, kann *Kunst als Medium im Bereich Werbung, Marketing und Public-Relation* genannt werden. Es handelt sich dabei um eine wirtschaftseigene Gebrauchsweise von Kunst, „die explizit darauf abstellt, Wahrnehmungsleistungen durch Fördermaßnahmen im Bereich der Kunst zu initiieren“[442]. Meist entwickeln dabei Marketingspezialisten passende Strategien für die Zielsetzungen der Unternehmen:

> „Das Spektrum der Aktivitäten ist hier besonders vielfältig, und zwar unabhängig von der Frage, ob es eher um die Bearbeitung von Marktsegmenten (Segmentierungsstrategie), den Aufbau und die Pflege von Marken (Markenstrategie) oder die Pflege des Firmenimages (Profilierungsstrategie) geht. Das Engagement reicht von der Auftragsvergabe an Künstler, über Ausstellungen, Nachwuchsförderung, Kunstpräsentationen im eigenen Haus, Unterstützung von Wanderausstellungen, Gründung eigener Firmenmuseen, Ankaufshilfen für Museen, Bereitstellung von Dauerleihgaben bis zu Stipendienvergabe an junge Künstler (...).“[443]

Der Nutzen, den Firmen und Unternehmungen aus der Kunstförderung ziehen, ist unbestritten. Nicht zuletzt dient Kunstförderung hierbei der Dokumentation gesellschaftlicher Verantwortung: Unternehmungen können sich so profilieren als „tätige Elemente der Gesellschaft mit einer Verantwortung in ihrer natürlichen und sozialen Umwelt“[444].

Eine Frage, die sich hier anschließt ist, ob die Kunstförderung zum Zweck der Imagepflege und als Managementstrategie zur Etablierung am Markt auch dem Kunstsystem dient. Die Antwort lautet: Ja und nein: Einerseits brauchen Künstler natürlich Geld zum Leben, andererseits ist die Entwicklungsdynamik der Kunst*förderung* weitgehend unabhängig vom Stellenwert der eingesetzten Kunst innerhalb des Kunstsystems. „Oftmals“, so Hermsen, „lassen sich sogar

441 Gabriel-Schneider (2003), S. 22.
442 Hermsen (2001), S. 167.
443 Hermsen (2001), S. 167.
444 Hermsen (2001), S. 168.

gegenläufige Tendenzen beobachten. Werbeträchtige Formen des Kunstengagements korrelieren nur in den seltensten Fällen mit hoher Reputation innerhalb des Kunstsystems."[445]

7. Die Funktion der Kunst

7.1 Kunst als Kontingenznachweis (Thomas Hermsen)

Erneut soll hier nun auf Hermsens Aufsatz *Die Kunst der Wirtschaft und die Wirtschaft der Kunst* zurückgegriffen werden. Diesmal soll der Fokus aber nicht mehr auf das Problem gerichtet sein, wie Wirtschaftsorganisationen auf Kunst zurückgreifen – obwohl es darum im Folgenden auch gehen wird. Im Zentrum der Aufmerksamkeit soll das Thema der *Funktion der Kunst* stehen. Die Bestimmung der Funktion der Kunst ist deshalb zentral für unsere Leitfrage nach der Möglichkeit sowie der Art und Weise des Umweltkontaktes des Kunstsystems, für die Leitfrage nach der Grenze des Kunstsystems, nach der Spannung von Offenheit und Geschlossenheit, weil das Kunstsystem, wie jedes andere Funktionssystem, seine Funktion für die Gesellschaft als ganze erfüllt. Die Frage nach der Funktion der Kunst kann also übersetzt werden in die Fragen: Was hat die Gesellschaft von der Kunst? Welche Probleme löst die Kunst für die Gesellschaft? Was kann man sich von der Kunst erhoffen?

Unser Weg wird langsam sein. In nur kleinen Schritten werden wir ins Zentrum des Problems der Funktion der Kunst vordringen.

Mit dem Titel *Kunst als Medium zur Organisation von Multireferenz* benennt Hermsen eine dritte Vereinnahmung der Kunst im Wirtschaftssystem. Kunst konfrontiert Wirtschaftsorganisationen dabei mit der Kontingenz des wirtschaftlichen Handelns und mit dem Problem der Kontingenz in der Gesellschaft überhaupt. Dies bedarf einiger Erläuterungen:

Der Übergang von einer stratifikatorischen, d.h. hierarchisch geschichteten, zu einer funktional differenzierten Gesellschaftsform zersplitterte die Gesellschaft in ungleichartige, aber gleichrangige Funktionssysteme: Recht, Erziehung, Wissenschaft, Kunst, Wirtschaft usw. Die funktional differenzierte Gesellschaft kennt keine zentrale Steuerungsmacht mehr. Die Funktionssysteme sind weitgehend gegeneinander abgeschlossen. Eine von der Spitze der Gesellschaftspyramide ausgehende, stabile und sichere Weltsicht wird abgelöst durch einen Perspektivenpluralismus. Die einzelnen Funktionssysteme wissen dabei um ihre Perspektivität. Sie gelangen zu ihrem Wissen nicht mehr durch ein Beobachten

445 Hermsen (2001), S. 168.

von Tatsachen (Beobachtung erster Ordnung), sondern durch ein Beobachten von Beobachtungen (Beobachtung zweiter Ordnung). Eine solche Orientierung im Modus der Beobachtung zweiter Ordnung führt deshalb zu einem *Bewusstsein von Kontingenz*, weil sie sieht, dass die von ihr beobachtete Beobachtung abhängig ist von einem nicht notwendigen Beobachtungsschema.

Das Funktionssystem der Kunst verweist auf ganz spezifische Weise auf Kontingenz. Kunst führt Kontingenz auf paradigmatische Weise vor: Der Kunstschaffende wie der Kunstbetrachter haben keine andere Wahl, als (in Formen festgelegte) Beobachtungen zu beobachten. Kunst beobachten heißt Formen, also Beobachtungen beobachten. Beobachtende stellen dabei fest, dass es immer mehrere Möglichkeiten des Anschlusses einer Form an bereits bestehende Formen gibt. Das fertige Kunstwerk ist dann ein Gefüge von Formen, eine Komposition, die in vielerlei Hinsicht ganz anders hätte ausfallen können.

Was könnte etwa das Wirtschaftssystem, um zu unserem Beispiel zurückzukehren, veranlassen, auf das so beschriebene Kunstsystem zu achten, ja von ihm zu lernen? Die Situation des ausdifferenzierten Wirtschaftssystems, die Probleme und Schwierigkeiten, die das Wirtschaftssystem dazu führen könnten, sich auf das in der Kunst Gezeigte einzulassen, beschreibt Hermsen so:

> „Unternehmensorganisationen haben es (...) zunehmend mit einer Welt voller Ungewissheit zu tun. Sie sind gezwungen, ihren Ordnungszusammenhang aus sich selbst heraus zu konstituieren, ohne Gewissheit über ihren Zweck erlangen zu können. Im Interesse einer ständigen Steigerung von Flexibilitäts- und Variationsspielräumen lernen sie, eine Vielfalt von Kommunikationen zuzulassen. In den Zeiten eines postheroischen Managements (Baecker 1994), in denen der sachliche Durchgriff von Entscheidungen zweifelhaft geworden ist, in denen in der Zeitdimension die angemessene Geltungsdauer von Entscheidungen unter Druck gerät und der Bedarf weiteren Entscheidens absehbar wird, geraten die so temporalisierten Systeme unter einen permanenten Anpassungszwang, dem sie nur durch riskante Entscheidungen über Innovationen begegnen können."[446]

Organisationen des Wirtschaftssystems wie Firmen, Banken, Versicherungen etc., von denen Hermsen hier spricht, sind operativ geschlossene, autopoietische Systeme, die sich ihren Ordnungszusammenhang selber schaffen müssen. Sie sind auf sich selbst gestellt, müssen sich ihre eigenen Gesetze geben. Trotz dieser scheinbaren Freiheit befinden sie sich in einem dichten Netz von Abhängigkeiten. Sie stehen unter permanentem Anpassungszwang, man denke hier an die Konkurrenz, an rechtliche, politische, ethische oder ökologische Vorgaben usw.

---

446 Hermsen (2001), S. 170 f.

Was Wirtschaftsorganisationen in dieser Situation benötigen, ist hohe Flexibilität und vor allem die Fähigkeit, Dinge unter verschiedenen Gesichtspunkten betrachten zu können: Ein Problem kann ganz verschiedene Ursachen haben, ein Entscheid muss sehr viele Aspekte berücksichtigen etc. Was Unternehmen in der funktional differenzierten Gesellschaft lernen müssen ist die Fähigkeit, so Hermsen, einen multireferentiellen Blick einnehmen zu können:

> „Innovative Leistungen in einer hochkomplexen und turbulenten Umwelt zu organisieren beansprucht jetzt in einem ausgeprägten Maße die Fähigkeit der Organisation zur Multireferenz. Gerade die durch Konkurrenz erzwungene Orientierung am ökonomischen Funktionsprimat hat zur Folge, dass die Umweltbeobachtung auch anderer relevanter Funktionssysteme gesteigert werden muss. Unternehmensorganisationen sind in einer polykontextural strukturierten Gesellschaft gezwungen, das immer breiter und vielfältiger gewordene Spektrum der gesellschaftlichen Sachverhalte mit ins Kalkül zu ziehen. (...) Die Frage ist nun, ob die modernen Wirtschaftsorganisationen auf dieses durch Funktionsdifferenzierung erzeugte Problem in der Beschäftigung mit Kunst reagieren."[447]

Als Leser ist man zunächst sicherlich erstaunt, dass Probleme von Wirtschaftsunternehmen hier hoffnungsvoll mit Kunst in Verbindung gebracht werden. Führt man sich aber vor Augen, dass Kunst eine Schulung des Beobachtens ist, dass mit Kunstwerken konfrontiert zu sein bedeutet, in Formen festgelegte Beobachtungen zu beobachten und dass ein Kunstwerk nur schätzen kann, wer den Möglichkeitshorizont der Formanschlüsse mitsieht, dann ist diese Verbindung von wirtschaftlichen Problemen mit Kunst schon weniger fraglich.

Die von Hermsen angesprochenen Probleme wirtschaftlicher Unternehmungen bestehen gerade im Sehen von und im Umgang mit verschiedenen Möglichkeiten. Unternehmen müssen in ganz unterschiedlichen Kontexten denken und handeln lernen, sie müssen mit der polykontextural strukturierten Gesellschaft zurechtkommen. Die Beschäftigung mit Kunst – Kunst verstanden als ein Beobachten zweiter Ordnung, als ein Sehen und Umgehen können mit Kontingenz – kann hier tatsächlich hilfreich sein.

Hermsen gibt für diese Art der Beschäftigung von Wirtschaftsunternehmungen mit Kunst ein Beispiel: Auf Initiative des ehemaligen Vorstandsvorsitzenden der Hugo Boss AG, Peter Littmann, organisierte die Firmenzentrale ein ‚Unternehmensprojekt der Mitarbeiter'. Unter Anleitung der Fotografin Jaschi Klein sollte in einem Workshop die Arbeitswelt der Mitarbeiter fotografiert werden. Klein konfrontierte die zunächst irritierten zehn Teilnehmer mit ihrer Überzeugung, dass es zwar ein Sehen, aber keine Wahrnehmung ohne Denken gibt.

447 Hermsen (2001), S. 171.

Der Unmittelbarkeit der eigenen Beobachtung zu misstrauen, sollte durch die künstlerisch begleitete Anleitung der Fotografin gelernt werden. „Es sollte veranschaulicht werden, dass über die Indirektheit des Wegs über die Beobachtung der Beobachtungsweisen anderer, hier der künstlerischen, Gewissheiten der Wahrnehmung lediglich als relationale Beobachtungsperspektiven Geltung beanspruchen können.“[448] Diese Aktion stieß firmenintern auf so große Resonanz, dass nach Erscheinen des Katalogs dutzende von Mitarbeitern Interesse an weiteren Workshops bekundeten. In einer Stellungnahme zu dieser Aktion bemerkte der ehemalige Vorstandesvorsitzende Littmann, er hoffe auf einen Gegenwert dieser künstlerischen Herausforderung:

> „Wir fördern, um gefordert und dadurch selbst gefördert zu werden. Die Kunst ist eine emotionale Ressource, ein Mittel der Beunruhigung und damit der Anregung. Sie soll Chaos in die Ordnung bringen, die Kreativität der Mitarbeiter anregen und deren Toleranz erhöhen. Kunst bedeutet Unsicherheit, Kunst bedeutet Konflikt. Nur aus der Überwindung von beiden kann Fortschritt erwachsen. Von großen Künstlern kann man lernen, dass jede Sache von vielen Fragen begleitet wird. Auf die gibt es oft keine Antwort – oder auch sehr viele verschiedene; alle sind richtig, keine ist richtig. Der Künstler kann mit dieser Unsicherheit leben: Diese Haltung infiziert über kurz oder lang jeden, der sich mit Kunst beschäftigt“.[449]

Kunst kann wirtschaftsintern als *Medium zur Organisation von Multireferenz* eingesetzt werden. Kunst kann ein Beobachten von Beobachtungen schulen, Kontingenzen aufzeigen und so ein kreatives Potential steigern.

Die Umstellung der Gesellschaftsform auf funktionale Differenzierung – so können wir erläutern – hat im Umgang des Wirtschaftssystems mit Kunst deutliche Spuren hinterlassen. Die Zunahme von teilsystemspezifischen Beobachtungsmöglichkeiten und Beobachtungsverhältnissen stellt die Lernfähigkeit von wirtschaftlichen Organisationen auf die Probe. Wirtschaftsunternehmungen stellen sich dieser Herausforderung auf unterschiedliche Weise. Mit Hilfe von Kunst kann die Kontingenz von Gewissheiten eingeübt werden. Das Kunstwerk lehrt die Perspektivität von Gewissheiten, zeigt die unvermeidliche Produktion von Mehrdeutigkeiten, das Flimmern nicht gesehener Bedeutungen, die Durchdringung von Gewissheit und Ungewissheit. Der Kunstbetrachter lernt, dass die Welt eine Welt der Beobachtungen, der Unterscheidungen ist, in der eine Vielzahl von Sichtweisen möglich ist. Wer in einer polykontextural strukturierten Gesellschaft zurechtkommen will, muss das Beobachten von Beobachtungen lernen. Kunst kann hier eine große Hilfe sein.

---

448 Hermsen (2001), S. 172.
449 Hermsen (2001), S. 172 f.

7.2 Funktion und Leistungen

Wenn Kunst die Abhängigkeit des Beobachteten von einem kontingenten Beobachtungsschema und somit die Perspektivität, die Kontingenz von vermeintlichen Gewissheiten vorführt, so ist dies eine *allgemeine* Eigenschaft von Kunst, auf die nicht nur das Wirtschaftssystem Bezug nehmen kann, sondern alle gesellschaftlichen Teilsysteme. Kontingenzen aufzuzeigen ist eine *Funktion* der Kunst, d.h. ein „Vergleichsgesichtspunkt"[450], ein „Bezugsproblem"[451], auf das hin alle Kunstwerke ausgerichtet sind. Wir werden auf diese Funktion der Kunst weiter unten genauer zu sprechen kommen.

Die Funktion der Kunst ist zu unterscheiden von den *Leistungen* der Kunst. Anders als die Funktion, nach der sich alle Kunstwerke ausrichten, sind die Leistungen der Kunst Eigenschaften, die spezifisch für je andere soziale Systeme gelten. Zwei Leistungen, die das Kunstsystem für das Wirtschaftssystem erbringt, haben wir oben in 6.2 gesehen: Kunst kann im Wirtschaftssystem als *bloße Ware*, die gehandelt wird, dienen. Kunst kann im Wirtschaftssystem aber auch die Leistung erbringen, als *Medium im Bereich Werbung, Marketing und Public-Relation* zu dienen.

Darüber hinaus kann Kunst etwa für das Erziehungssystem die Leistung der Gefühlsbildung erbringen, für das Rechtssystem vielleicht die Einsicht in die Psychologie eines Mörders, für das Religionssystem kann Kunst Meditationsmedien schaffen. Als Beispiele für „Leistungen (...), die die Kunst für andere Funktionssysteme erbringt", macht Luhmann selbst aufmerksam auf den Beitrag der Kunst „zur bildenden Erziehung, auf ihre Bereitstellung von Verdienst- und Geldanlagemöglichkeiten für die Wirtschaft, auf ihre Rolle in der Darstellung politischer Macht[452] oder religiöser Sinngebung".[453] Diese Aufzählung macht deutlich, dass soziale Systeme, die auf die *Leistungen* des Kunstsystems zurückgreifen, Kunst nicht *als Kunst* wahrnehmen, sondern, wie Gerhard Plumpe und Niels Werber anmerken, „nach Maßgabe ihrer jeweiligen Unterscheidungen als Ware, als Rechtsgut, als Provokation der Staatsorgane, als Medium der Erbauung oder der Wahrheit, als Mittel der Erziehung, Objekt wissenschaftlicher Forschung oder als Anlass für Interpretation. Beobachtet wird dann etwa, ob ein Buch profitabel oder nicht-profitabel ist, ob es erbaulich ist oder verwerflich, ob wahr oder falsch, kritisch oder affirmativ."[454]

---

450 Luhmann (1995), S. 223.
451 Luhmann (1995), S. 223.
452 Vgl. zum Verhältnis von Politik und Literatur Stöckmann (1995).
453 Luhmann (1990 a), S. 39.
454 Plumpe/Werber (1995 b), S. 7.

Die Leistungen des Kunstsystems, die Art und Weise also, wie andere soziale Systeme das Kunstsystem beobachten, bleibt nicht ohne Rückwirkung auf das Kunstsystem. In einem evolutionstheoretischen Vokabular beschreiben Plumpe/Werber diese Rückwirkungen am Beispiel der Literatur[455], der sie eigenen Systemcharakter zusprechen, so:

> Die koexistenten Systeme der Literatur „determinieren den Selektionshorizont der Literatur und bilden die ökologische ‚Nische', in der diese evoluiert. Im Sinne gleichsam ‚günstiger' oder ‚ungünstiger' Umweltbedingungen spielen die verschiedenen Systeme durchaus verschiedene Rollen. Man darf vermuten, dass besonders die Entwicklung des ‚geistigen Eigentums' im Rechtssystem sowie die ökonomische Prämierung des Interessanten auf die Evolution des Literatursystems beschleunigend wirken. [...] Ästhetik und Religion sind dagegen mit ihren *inhaltlichen* Restriktionen und innovationsfeindlichen Kanonisierungen eher evolutionäre Blocker (...)."[456]

Die Leistungsbeziehungen zwischen den Sozialsystemen sind vielfältig Die hervorgerufenen Rückwirkungen machen das Ganze kompliziert. „Alles in allem", so bilanziert Luhmann den Status von Leistungen, „bieten die Leistungsverhältnisse zwischen Systemen in der modernen Gesellschaft ein sehr unübersichtliches, nicht auf Prinzipien (...) zurückzuführendes Bild."[457]

Einfacher gestaltet sich die Situation bei den Funktionen der Sozialsysteme, da jedes dieser Systeme über nur eine Funktion verfügt. Wie ist nun die Funktion des Kunstsystems zu bestimmen? Die oben im Rückgriff auf Hermsen ausgeführte Bestimmung der Funktion von Kunst als Kontingenznachweis ist nur teilweise richtig. Die Funktion der Kunst geht darüber hinaus, die Kontingenz der normalen Realitätssicht erscheinen zu lassen. Die Funktion der Kunst als Kontingenznachweis zu bestimmen entspricht einer frühen Sichtweise Luhmanns, die er in dem 1984 erstmals publizierten Aufsatz *Das Kunstwerk und die*

---

455 Mit der Frage, ob Literatur als ein eigenes autopoietisches System aufgefasst werden kann, setzt sich Rusch (1993) kritisch auseinander.

456 Plumpe/Werber (1995 a), S. 32 f.

457 Luhmann (1997), S. 759.
Diese Ansicht, dass die Leistungen zwischen den einzelnen sozialen Systemen ein komplexes und unübersichtliches Gefüge bilden, teilt auch Siegfried J. Schmidt in seinem Buch *Die Selbstorganisation des Sozialsystems Literatur im 18. Jahrhundert*. Eine große Herausforderung, so Schmidt, bildet schon der Versuch einer Beschreibung der Leistungsbeziehungen zwischen dem Literatur- und dem Wirtschaftssystem: „Fragt man nach Interaktionsbeziehungen zwischen Wirtschafts- und Literatursystem, so steht der sich herausbildende kapitalistisch operierende Buchmarkt im Vordergrund. Aber schon ein kurzer Blick auf Entwicklungen in anderen Sozialsystemen verdeutlicht, dass jede theoretische Modellierung dieser Interaktionsbeziehungen ein sowohl komplexes wie auch kompliziertes (...) Beziehungsgeflecht konstruieren muss (...)." Schmidt (1989), S. 166.

Selbstreproduktion der Kunst[458] entwickelt hatte. Luhmann bestimmt die Funktion der Kunst als Kontingenznachweis – er spricht von „Kontingenzerzeugung“[459] – dort so:

> „Mit einer zunächst sehr unscharf angesetzten Beschreibung sehen wir die Funktion der Kunst in der *Konfrontierung der (jedermann geläufigen) Realität mit einer anderen Version derselben Realität.* (...) Darin liegt ein Hinweis auf die Kontingenz der normalen Realitätssicht, ein Hinweis darauf, dass sie auch anders möglich ist. (...) Dieser Hinweis wird mit eigenen artistischen Mitteln gegen die Normalsicht durchgesetzt.“[460]

Wenn Luhmann die Funktion der Kunst mit anderen Worten in der „Herstellung von Weltkontingenz“[461] sieht, so spielt er ihr die Aufgabe zu, die „festsitzende Alltagsversion (...) als auflösbar [zu] erweisen“[462]. Diese Funktionsbestimmung ist allerdings mit einem schwerwiegenden Problem behaftet: Eine Funktion sollte exklusiv nur einem Funktionssystem zukommen. Die Fähigkeit, Kontingenz nachzuweisen kommt aber vielen Systemen zu. Der Kunst in nichts nachstehend, kann die Makro- oder auch die Mikrophysik ein Funktionssystem mit der Kontingenz seiner normalen Selbstbeschreibung konfrontieren. Dasselbe können auch eine vom Wirtschaftssystem ausgehende Irritation (z.B. die Konfrontation mit

---

458 Luhmann verweist im Rahmen dieser ersten Funktionsbestimmung von Kunst auf einen Aufsatz von Siegfried J. Schmidt, der hier zur Verdeutlichung dieser Position zitiert werden soll. Der Aufsatz trägt den sprechenden Titel *The Fiction is that Reality Exists*:
„In fact, the system of LITERATURE seems to be the only place where the construction of world-models as such becomes thematic, and where this thematization can bear upon all positions from ortho-models to remote fantasy worlds. It is obvious, that for the system of LITERATURE, the validity of the aesthetic convention may lead to thematization and open linguistic experimentation with the processes of constructing world-models, without any social sanction. In this way, the LITERATUREsystem has developed its own aesthetic norms and expectations (...). The thematization of constructivity in the system of LITERATURE may also affect (...) the participant's principles and devices of construction in other domains of social action . For instance, the variability of the process of constructing world-models experienced in the system of LITERATURE may lead to an understanding of the fundamental variability of all social states of affairs.“ (Schmidt (1984), S. 265).
Luhmanns Kommentar hierzu: „Da das Kunstwerk existiert und real überzeugend (...) erlebt werden kann, kann etwas mit der Welt nicht stimmen (...). Mit der Welt! – und gerade nicht mit der Kunst, die ihre eigenen Möglichkeiten ja ersichtlich beherrscht.“ (Luhmann (1986 b), S. 626).
Vgl. für eine Darstellung der Luhmannschen Funktionsbestimmung von Kunst als Herstellung von Weltkontingenz auch Plumpe Werber (1995 a), S. 11 ff.

459 Luhmann (1986 b), S. 625.

460 Luhmann (1986 b), S. 624.

461 Luhmann (1986 b), S. 625.

462 Luhmann (1986 b), S. 625.

extremer Armut, ein Börsencrash) oder eine vom Rechtssystem ausgehende Irritation (z.B. eine uns ungerecht vorkommende Rechtssprechung) usw. leisten.[463]

Wenn wir heute, wie Hans Ulrich Gumbrecht zu Recht schreibt, in einer „*Welt vielfacher Wirklichkeiten*"[464] leben, stellt sich die Frage, ob es einer „Kontingenzerzeugung"[465] als Funktion der Kunst überhaupt noch bedarf. Wenn die Funktion der Kunst in der „Herstellung von Weltkontingenz"[466] liegt, dann, so Gumbrecht völlig zu Recht, rennt sie offene Türen ein:

> „Wenn es (...) *eine* ‚jedermann geläufige Realität' gar nicht mehr gibt, dann kann auch Literatur [Kunst allgemein] nicht mehr die Funktion erfüllen, ‚*andere* Versionen derselben Realität' zu liefern. Für das Erleben von ‚*Weltkontingenz*' bedarf es heute keines eigenen Systems – dafür genügt der für viele Zeitgenossen alltägliche Parcours durch verschiedene gesellschaftliche Systeme (...)."[467]

Luhmann selbst hat diese Universalität von Kontingenz gesehen. In einem 1991 in Zürich gehaltenen Vortrag mit dem Titel *Wahrnehmung und Kommunikation an Hand von Kunstwerken* bemerkt er:

> „In der modernen Gesellschaft nehmen aus vielerlei Gründen Notwendigkeiten ebenso ab wie Unmöglichkeiten, und alles, was für stabil gehalten wird, erscheint als kontingent, als auch anders möglich. (...) Dies hängt offenbar damit zusammen, dass alle Hochleistungsbereiche der Gesellschaft auf den Operationsmodus der Beobachtung zweiter Ordnung eingestimmt sind und deren Eigenwerte damit die Form der Kontingenz annehmen; denn man kann immer sehen (und dabei auf sich selbst zurückschließen), dass andere Unterscheidungen andere Beobachtungen ermöglichen."[468]

Wenn Kontingenz in allen Funktionssystemen erzeugt und erlebt wird, so bedarf die Funktion der Kunst einer genaueren, ihr exklusiven Bestimmung.

7.3 Kunst als Kontingenzbewältigung

Luhmann behält trotz dem Problem der Universalität von Kontingenz seine frühe Bestimmung der Funktion von Kunst als Kontingenzerzeugung auch später noch

463 Vgl. hierzu auch Wilke (1987). Wilke zieht einen interessanten Vergleich zwischen der Kunst der Intervention und der Funktion der Kunst.
464 Gumbrecht (1987), S. 171.
465 Luhmann (1986 b), S. 625.
466 Luhmann (1986 b), S. 625.
467 Gumbrecht (1987), S. 172.
468 Luhmann (1992 a), S. 73.

bei, ergänzt sie aber durch einen wesentlichen Aspekt. Die Funktion der Kunst ist es nicht nur, Kontingenz aufzuzeigen, sondern darüber hinausgehend auch und vor allem, *einen geordneten Umgang mit Kontingenz sichtbar zu machen.* So beendet er den oben angesprochenen Vortrag mit folgenden Sätzen: „Unsere Analysen führen (...) auf die Vermutung, dass Kunst uns wahrnehmen lässt, wie aus Kontingenz Ordnung entsteht. Und wenn es eine Funktion der Kunst in der modernen Gesellschaft gibt, dann vielleicht die, zu kommunizieren, wie das geht und dass es unter allen Umständen geht."[469]

Kunst führt vor, dass und wie Kontingenz bewältigt werden kann. In *Die Kunst der Gesellschaft* wird als Funktion der Kunst nicht mehr bloß der Kontingenznachweis angeführt, sondern hervorgehoben, dass die Funktion der Kunst auch und in erster Linie darin bestehe, die Unabdingbarkeit von Ordnung im Bereich des nur Möglichen[470] zu demonstrieren, zeigen zu können, dass Kontingenz nicht Beliebigkeit bedeute.

Wie belegen Kunstwerke, dass auch im Bereich des nur Möglichen, im Reich der Fiktion, Ordnung zu finden ist? Kunst leistet dies durch das *ihr eigene Prozessieren von Formen*: Jede neu angebrachte Form in einem Kunstwerk – jeder weitere Pinselstrich, jeder weitere Entwicklungsschritt des Romanhelden, jede neue Musiknote – muss zu den bereits materialisierten Formfestlegungen passen. Jede Formfestlegung findet stets in einem Formengefüge, in einem rekursiven Netzwerk von anschlussfähigen Formen statt. Sie geschieht auf der anderen Seite einer anderen Form und hat auch selbst eine andere, offene Seite. Sie muss zum Vorangehenden passen und für weitere Formen anschlussfähig sein – und ist so der Beliebigkeit entzogen.

> „Im Gravitationsfeld ihrer Funktion tendiert die Kunst der Moderne (...) zum Ausprobieren formaler Mittel – und ‚formal' ist hier (...) als Eigenart einer Operation des Bezeichnens, die mit im Blick hat, was dabei auf der andern Seite der Form geschieht. Das Kunstwerk lenkt somit den Beobachter auf das Beobachten der Form hin. Das hatte man wohl gemeint, als man von ‚Selbstzweck' sprach."[471]

---

469 Luhmann (1992 a), S. 74. Diese Sichtweise, dass Kunst vorführt, wie aus Kontingenz Ordnung entsteht, hat Luhmann schon in dem oben angesprochenen Aufsatz *Das Kunstwerk und die Selbstreproduktion von Kunst* angesprochen. Er schreibt dort: „Das Kunstwerk führt an sich selbst vor, dass und wie das kontingent Hergestellt, an sich gar nicht Notwendige schließlich als notwendig erscheint, weil es in einer Art Selbstlimitierung sich selbst alle Möglichkeiten nimmt, anders zu sein." (Luhmann 1986 b, S. 625). Luhmann sieht aber in dieser „kontingente[n] Herstellung von etwas, was nachher als notwendig erscheint" (ebd.) noch nicht die Funktion der Kunst.

470 Vgl. hierzu auch Elena Espositos Aufsatz *Fiktion und Virtualität*, der das Verhältnis der Begriffe Realität, Fiktion, Virtualität, Kontingenz und Latenz analysiert. Esposito (1998).

471 Luhmann (1995), S. 238.

Die gesellschaftliche Funktion der Kunst geht über den Nachvollzug der Beobachtungsmöglichkeiten hinaus, die im Kunstwerk angezeigt sind. Kunst zeigt nicht nur, dass es auch ganz anders möglich wäre. In ihrem Prozessieren von Formen führt die Kunst vor, *dass es im Bereich des Möglichen nicht beliebig zu und her geht, sondern vielmehr Ordnungszwänge herrschen*:

> „Die gesellschaftliche Funktion der Kunst (...) liegt im *Nachweis von Ordnungszwängen im Bereich des nur Möglichen.* Die Beliebigkeit wird in den unmarked space jenseits der Grenzen von Kunst verlagert. Wenn man aber überhaupt diese Grenze überschreitet, wenn man (...) eine Unterscheidung macht und damit aus dem unmarked space in den marked space eintritt, *kann es nicht mehr beliebig zugehen.* Dann herrscht bereits die Dichotomie des Gelingens oder Misslingens weiterer Züge. Dann baut sich ein Sinn für Passendes auf, der sich (...) in der eignen Logik verfängt."[472]

Innerhalb der Grenzen der Kunst, so könnte man meinen, ist alles möglich. Und doch belegt die Kunst mit eigenen Werken, dass im Bereich des nur Möglichen Ordnung unabdingbar ist. Durch das vom Kriterium des Passens geleitete kunsteigene Prozessieren von Formen entwickeln sich eigene Ordnungsmuster. Die unabdingbar mit jedem – noch so beliebig erscheinenden – Kunstwerk entstehende Ordnung ergibt sich durch die rekursive Bezugnahme jeder Formfestlegung auf bereits festgelegte und kommende Formen. Jede Form muss zu den vorangehenden Formen passen und für weitere Formen anschlussfähig sein. Das sich am Code passend/unpassend orientierende Kunstwerk kann nicht anders als sich in seiner eigenen Logik zu verfangen.

Das Kunstwerk zeigt also, dass Kontingenz nicht Beliebigkeit bedeutet: denn jede Form muss passen. Kunst, so Luhmann, „demonstriert (...) immer die beliebige Erzeugung von Nichtbeliebigkeiten oder die Zufallsentstehung von Ordnung."[473] Kunst an sich selbst, das sich am Code passend/unpassend bzw. stimmig/unstimmig orientierende Formengefüge des Kunstwerks, zeigt der modernen Gesellschaft zwei ihrer zentralen Gegebenheiten: Kunst führt der Gesellschaft erstens die Beobachtungsabhängigkeit, die Polykontexturalität, also die Kontingenz allen Seins vor. Zweitens ‚beweist' Kunst der Gesellschaft – und das ist ihre eigentliche Funktion –, dass Kontingenz nicht Beliebigkeit, nicht ‚anything goes', nicht Unordnung und nicht Entropie heißt. Luhmann drückt das so aus:

> „Mehr und vor allem deutlicher als in anderen Funktionssystemen kann in der Kunst vorgeführt werden, dass die moderne Gesellschaft und, von ihr aus gesehen, die Welt nur noch polykontextural beschrieben werden kann. Die Kunst lässt insofern

472 Luhmann (1995), S. 238 f.
473 Luhmann (1995), S. 506.

> die ‚Wahrheit' der Gesellschaft in der Gesellschaft erscheinen und zeigt zugleich (wenn sie es kann!), dass gerade unter dieser Bedingung Formzwänge entstehen, Stimmigkeit und Unstimmigkeit zum Problem werden und jedenfalls die so oft befürchtete Beliebigkeit des ‚anything goes' nicht zu erwarten ist."[474]

Die gesellschaftliche Funktion der Kunst ist also eine doppelte: Kunst macht *einerseits* auf Kontingenz aufmerksam. Der Kunstbetrachter muss sich auf Beobachtungen beziehen. Dieses Beobachten von Beobachtungen schärft den Blick dafür, dass alles Festgelegte abhängig ist von Unterscheidungen, von Beobachtungen, die sich selbst nicht beobachten können, und dass somit alles Festgelegte eine nicht notwendige, sondern eine nur kontingente Festsetzung ist, eine Möglichkeit unter anderen. Insofern kann, wie wir oben gesehen haben, der ehemalige Vorstandsvorsitzende der Hugo Boss AG, Peter Littmann, davon sprechen, Kunst sei ein „Mittel der Beunruhigung", sie bringe „Chaos in die Ordnung", Kunst bedeute „Unsicherheit", ja „Konflikt".[475]

Die Funktion der Kunst geht aber über diesen Kontingenznachweis hinaus. Sie macht der Gesellschaft *andererseits* deutlich, dass Kontingenz nicht mit Beliebigkeit gleichzusetzen ist. Kunst zeigt der Gesellschaft, zeigt anderen Funktionssystemen, dass im Bereich des nur Möglichen Ordnungszwänge herrschen. Kunst zeigt, dass der Umgang mit Kontingenz möglich ist. Kunst zeigt, dass Kontingenz nicht Chaos bedeutet. Obwohl also das Kunstsystem ein operativ *geschlossenes* System ist, in welchem ausschließlich kunsteigene Kommunikation an kunsteigene Kommunikation gefügt werden kann, ist das Kunstsystem als gesellschaftlicher Bereich der Gesellschaft gegenüber insofern *offen*, als es mit seiner Funktion eine wichtige Aufgabe im Dienste der Gesellschaft auf sich nimmt und löst.

In der modernen, ausdifferenzierten Gesellschaft gibt es keine Letztabsicherungen, keine metaphysischen Sicherheitshacken, keine ontologischen Grundpfeiler mehr. Die Folge ist eine große Unsicherheit in den Funktionssystemen. Wie mit diesen Unsicherheiten umgegangen werden kann und wie trotz Kontingenz Vertrauen aufgebaut werden kann, kann die Gesellschaft von der Kunst lernen. In diese Richtung geht der zweite Teil des weiter oben angeführten Zitates Littmanns:

> „Nur aus der Überwindung von (...) [Unsicherheit und Konflikt] kann Fortschritt erwachsen. Von großen Künstlern kann man lernen, dass jede Sache von vielen Fragen begleitet wird. Auf die gibt es oft keine Antwort – oder auch sehr viele verschiedene; alle sind richtig, keine ist richtig. Der Künstler kann mit dieser Unsicher-

474 Luhmann (1995), S. 494 f.
475 Hermsen (2001), S. 172.

> heit leben: Diese Haltung infiziert über kurz oder lang jeden, der sich mit Kunst beschäftigt".[476]

Der Künstler kann deshalb mit Unsicherheiten leben, weil diese unter seiner Hand in geordnete, nachvollziehbare Bahnen gelenkt werden. Der Kunstbetrachter kann diesen Prozess nachvollziehen und so zu einer gewissen Sicherheit in der unsicher gewordenen Gesellschaft gelangen.

7.4 Kunst in der Gesellschaft

Versuchen wir uns genauer vor Augen zu führen, welche Bedeutung der Funktion im Spannungsfeld von Offenheit und Geschlossenheit eines autopoietischen Systems zukommt. Die Gesellschaft besteht aus einzelnen Funktionssystemen: Kunst, Wirtschaft, Wissenschaft usw. Wie fügen sich diese einzelnen Funktionssysteme zu einem Gebilde, das sich Gesellschaft nennt?[477] Welche Rolle spielen dabei die Funktionen?

Die Elemente der Gesellschaft sind Kommunikationen. Diese bilden geschlossene Kommunikationssysteme. Was „Gesellschaft" genannt wird, ist die Summe aller Kommunikationen. Außerhalb der Gesellschaft gibt es keine Kommunikation. Das heißt, dass von außerhalb der Gesellschaft nicht über die Gesellschaft kommuniziert werden kann. Es gibt somit keinen privilegierten Punkt der Kommunikation über die Gesellschaft. Vielmehr kann die Gesellschaft in jedem Kommunikationssystem, also in jedem Teilsystem wie dem Kunstsystem usw. thematisiert werden:

> „Das Gesamtsystem [d.h. die Gesellschaft] wird rekonstruiert als interne Differenz von Teilsystem/Teilsystemumwelt, und dies für jedes Teilsystem auf je verschiedene Weise. Je nach interner Schnittlinie ist das Gesamtsystem dann mehrfach in sich selbst enthalten. Es multipliziert seine eigene Realität. So ist das moderne Sozialsystem Gesellschaft zugleich: politisches Funktionssystem und dessen gesellschaftsinterne Umwelt; wissenschaftliches Funktionssystem und dessen gesellschaftsinterne Umwelt; religiöses Funktionssystem und dessen gesellschaftsinterne Umwelt; und so weiter."[478]

Jedes Teilsystem kann das Gesamtsystem rekonstruieren, indem es sich an der eigenen System/Umwelt-Differenz orientiert.

---

476 Hermsen (2001), S. 172 f.
477 Vgl. zu Luhmanns Methode der Funktionalen Analyse Luhmann (1984), S. 83-91.
478 Luhmann (1984), S. 262.

Luhmann nennt die Teilsysteme der Gesellschaft „Funktionssysteme“, d.h. er unterscheidet diese Systeme nach ihrer gesellschaftlichen Funktion. Die moderne Gesellschaft ist *funktional* differenziert in Systeme, die jeweils *eine* Funktion für die Gesellschaft bedienen:

> „Die Wirtschaft bezieht sich auf die Regulierung von Knappheit, die Wissenschaft auf die Konditionierung wahrheitsfähigen Erlebens, die Liebe auf die Ermöglichung hochpersönlicher Kommunikation, die Politik kümmert sich um kollektiv bindende Entscheidungen, die Erziehung reduziert das Risiko selbstläufiger Sozialisation ...“[479]

Jede Funktion wird exklusiv von einem System geleistet und kann in keinem anderen System vollzogen werden. Jede Funktion ist deshalb auf die Gesamtgesellschaft bezogen: Sie wird zwar in einem Teilsystem geleistet, dort aber für die ganze Gesellschaft. Die funktionale Differenzierung setzt die nach diesem Prinzip gebildeten Teilsysteme operativ autonom, weil keines die spezifische Operationsweise und Funktion des anderen erfüllen kann. Hinzu kommt, dass jedes Funktionssystem auf die Erfüllung aller Funktionen der Gesellschaft angewiesen ist: Die Wissenschaft ist abhängig vom Recht, von der Erziehung, von der Wirtschaft, der Politik usw. Dieses Argument macht deutlich, „dass das Angewiesensein auf die Erfüllung anderer Funktionen durch andere Systeme Bedingung und Kennzeichen der Autonomie jedes Funktionssystems ist; dass also spezifische Unabhängigkeit auf hohen spezifischen Abhängigkeiten beruht.“[480] Kein Funktionssystem könnte für sich allein existieren, es ist auf die anderen Funktionssysteme angewiesen und *seine eigene Funktion erfüllt es für die Gesellschaft als ganze.*

Jedes System muss also Bezug nehmen können auf die in den anderen Systemen erfüllten Funktionen und muss selbst offen sein für Bezugnahmen von außen auf es selbst. Deutlicher als die Begriffe *System/Umwelt*, *strukturelle Kopplung*, *Realitätskonstruktion*, *Irritation* und *Organisation* – so unsere Einschätzung – gelingt es dem systemtheoretischen Funktionsbegriff zu zeigen, dass sich operative Geschlossenheit und Offenheit der Umwelt gegenüber nicht widersprechen müssen. Ohne dass das Wirtschaftssystem selbst Kunstwerke zu schaffen und die operative Geschlossenheit des Kunstsystems zu verletzen braucht, kann es Bezug nehmen und profitieren vom Kunstsystem.

Aufzuzeigen, dass alles auch anders, nicht aber beliebig sein könnte, diese „gesellschaftliche() Funktion“[481] wird vom Kunstsystem und nur vom Kunstsystem erfüllt. Die anderen Systeme sind auf die Erfüllung dieser Funktion ange-

---

479 Fuchs (1993), S. 190.

480 Luhmann (1995), S. 219. Luhmann fährt fort: „Dies muss man sich vor Augen führen, wenn man immer wieder dem Einwand begegnet, dass die Abhängigkeit der Kunst von dem Geld der Marktwirtschaft die Autonomie des Kunstsystems beeinträchtigen könne.“

481 Luhmann (1997), S. 758.

wiesen. Das Kunstsystem hält der Gesellschaft und ihren Funktionssystemen einen Spiegel vor. Es bietet ihnen durch ihren Umgang mit Vieldeutigkeit und Unbestimmtheit eine Orientierungshilfe. Das Kunstsystem führt den anderen Sozialsystemen vor, dass der Umgang mit Kontingenz, der in der funktional differenzierten Gesellschaft unausweichlich ist, sehr wohl und sehr gut möglich ist und keineswegs zu Chaos und Entropie führt:

> „Das Kunstsystem vollzieht Gesellschaft an sich selbst als exemplarischem Fall. Es zeigt, wie es ist. Es zeigt, auf was die Gesellschaft sich eingelassen hatte, als sie Funktionssysteme ausdifferenzierte und sie damit einer autonomen Selbstregulierung überließ."[482]

Es stellt sich die Frage, ob ein Künstler die Funktion der Kunst kennen muss, damit er weiß, wie er seine Kunstwerke anfertigen muss. Die Antwort ist ein klares Nein. Die Entstehung von Kunstwerken, die operative Ebene also, ist unabhängig von der Funktionsthematik:

> „Die Operation der künstlerischen Kommunikation hängt in keinem Falle davon ab, dass die Frage nach der Funktion der Kunst beantwortet ist oder auch nur gestellt wird. Die Operation geschieht, wenn sie geschieht (und wenn nicht, dann nicht), und sie kann etwa nötige Motive irgendwoher rekrutieren."[483]

Der Funktionsbegriff dient nicht der Orientierung des Handelnden selber, auch nicht seinen Bewunderern und Kritikern. „Die Operation ist nicht auf Kenntnis ihrer Funktion angewiesen"[484]. Relevant wird der Funktionsbegriff erst für einen *Beobachter* des operativen Geschehens: „Die Frage nach der Funktion der Kunst ist (...) die Frage eines Beobachters, der eine operativ erzeugte Realität bereits voraussetzen muss, weil anders er gar nicht erst auf die Idee kommen könnte, eine solche Frage zu stellen."[485] Dieser Beobachter kann ein externer Beobachter sein, zum Beispiel ein Soziologe, der die funktionale Analyse als ein methodisches Prinzip anwendet.[486]

Das System kann sich aber auch selbst beobachten. Obwohl ein System unabhängig von der Frage nach seiner Funktion operieren kann, kann die Thematisierung der eigenen Funktion auf die operative Ebene rückwirken. Sie kann „Katalysator"[487] der Systembildung sein. Obwohl also davon ausgegangen werden

---

482 Luhmann (1995), S. 499.
483 Luhmann (1995), S. 224.
484 Luhmann (1995), S. 222.
485 Luhmann (1995), S. 224.
486 Vgl. dazu II. 4: Kunst und Wissenschaft .
487 Luhmann (1995), S. 216.

kann, „dass in den Funktionen nie der Grund für die Existenz bestimmter Einrichtungen liegt“[488], können „Funktionen als evolutionäre ‚Attraktoren‘ die Richtung des Evolutionsprozesses mit ihren Bewährungsmöglichkeiten beeinflussen“[489].

Das Kunstsystem ist nicht entstanden, um die ihr zugewiesene Funktion innerhalb der Gesellschaft zu erfüllen. Den genetischen Vorgang muss man sich vielmehr so vorstellen, dass sich in vorgegebenen Kontexten ausbildende Praktiken und Einrichtungen zunehmend um eine bestimmte Funktion als Hinsicht ihrer Anschließbarkeit organisieren. In diesem Sinne lässt sich die Funktion als „evolutionärer Attraktor“ begreifen. Das Kunstsystem folgte seiner *Eigendynamik*, indem es sich zunehmend an seiner Funktion orientierte, und so schließlich einen wichtigen Platz in der Gesellschaft einnimmt.

Wir werden im letzten Teil dieser Arbeit, vor allem im vierten Kapitel: *Gesellschaftstheorie und Kunst: Kontingenz*, in kritischer Absicht auf Luhmanns Funktionsbestimmung des Kunstsystems zurückkommen und dort die These vertreten, dass sich die der Kunst als Funktion zugeschriebene Kontingenzbewältigung auf ein Problem bezieht, das in der Gesellschaft zwar unleugbar vorhanden ist, das seine Dringlichkeit aber erst erhält durch die von Luhmann vorgenommene systemtheoretische Thematisierung der Gesellschaft. Die Notwendigkeit, Kontingenz zu bewältigen – so werden wir zu zeigen versuchen –, bezieht sich auf ein zumindest teilweise durch die Systemtheorie selbst verursachtes Problem.

Wir haben in den obigen Ausführungen versucht, die Luhmannsche Funktionsbestimmung der Kunst plausibel zu machen. Diese Funktionszuweisung kann aber auch angezweifelt werden. So bemerkt Harry Lehmann: „Man geht davon aus, dass sich jedes Funktionssystem auf die Lösung eines ganz besonderen gesellschaftlichen Problems spezialisiert und insofern per Definitionem in der Lösung seines Bezugsproblems seine gesellschaftliche Funktion erfüllt.“[490] Luhmanns Bestimmung der Funktion der Kunst kritisierend schreibt Lehmann dann: „[T]rotz der vielen Formulierungsvarianten gelingt es Luhmann nicht, diese Funktion als ‚Bezugsproblem’ der Gesellschaft zu beschreiben.“[491]

Lehmanns Kritik läuft darauf hinaus, dass Kontingenzbewältigung ein Bezugsproblem ist, das aufhört, ein Problem zu sein, wenn es einmal gelöst ist: „Nimmt man Luhmanns eigenen Vorschlag auf, die Funktion der Kunst bestände darin, der Gesellschaft ihre neue epistemologische Situation vor Augen zu führen – dass es ‚Ordnungszwänge im Bereich des nur Möglichen’ (...) gibt –, dann

---

488 Luhmann (1995), S. 223.
489 Luhmann (1995), S. 223. Vgl. hierzu im ersten Teil dieser Arbeit Kapitel *1. Evolution und Ausdifferenzierung*.
490 Lehmann (2006), S. 51.
491 Lehmann (2006), S. 50.

wäre (...) das Bezugsproblem verschwunden, sobald die Gesellschaft etwas davon erfährt."[492]

Wir teilen Lehmanns Einschätzung, dass an der Überzeugungskraft von Luhmanns Bestimmung der Funktion der Kunst gezweifelt werden kann. Das Argument aber halten wir für nicht plausibel, dass sich das Bezugsproblem des Kunstsystems, die Schwierigkeit der Gesellschaft mit Kontingenz zu Rande zu kommen, ganz einfach in Luft auflöst, wenn *einmal* ein Kunstwerk überzeugend vorführt, dass es Ordnungszwänge im Bereich des nur Möglichen gibt. Denn der Umgang mit der Überfülle des Möglichen, das weitgehende Fehlen von Notwendigkeiten und Unmöglichkeiten bieten der Gesellschaft tatsächlich nicht zu unterschätzende Probleme. Die Gesellschaft hat einen realen Bedarf, mittels Kunstwerken immer wieder erneut physisch wahrnehmbar vorgeführt zu kriegen, dass ein geregelter Umgang mit Kontingenz möglich ist.

Anders sieht das Lehmann. Er entwickelt, da laut ihm „Luhmann die funktionale Bestimmung der Kunst nicht überzeugend gelingt"[493], einen eigenen, für Luhmanns ganze Kunstsoziologie weittragenden Vorschlag zur Funktion der Kunst: „Kunst findet ihren sozialen Sinn (...) in der Provokation neuer gesellschaftlicher Selbstbeschreibungen und wendet sich damit auch kritisch gegen das Bild, dass sich die Gesellschaft bislang von sich selbst machte und an dem sie sich aktuell orientiert (...)."[494]

492 Lehmann (2006), S. 52.
493 Lehmann (2006), S. 52.
494 Lehmann (2006), S. 10. Vgl. hierzu auch ders. S. 80 f.

III. Die Kunst und der Mensch

Luhmann denkt das Individuum extrasozietal: Die Gesellschaft besteht nicht aus Menschen, sondern aus Kommunikationen. Individuum und Gesellschaft, psychische und soziale Systeme, sind einander ausgrenzende Bereiche. Sie sind sich gegenseitig Umwelt. Obwohl psychische und soziale Systeme operativ geschlossene autopoietische Bereiche sind, beziehen sie sich notwendigerweise aufeinander. Welche Bedeutung haben Künstler für die sich selbstprogrammierenden Kunstwerke? Welche Chancen und Schwierigkeiten ergeben sich, wenn es in der ausdifferenzierten Gesellschaft laut Luhmann den Künstler oder den Kunstbetrachter als selbstbestimmten Menschen, als mündiges Subjekt, nicht mehr gibt, sondern nur noch sich selbst steuernde Kunstkommunikation? Der vorliegende dritte Teil problematisiert Luhmanns radikale Ausgrenzung des Menschen aus der Gesellschaft im Allgemeinen und aus dem Kunstsystem im Speziellen und entwickelt eine gemäßigte Interpretation dieser Beziehungen. In der Kunst wird Kommunikation an ihre Grenzen geführt. Es ist der Versuch einer Selbstüberschreitung von Kommunikation in Richtung auf die Erlebniswelt psychischer Systeme.

Das Kapitel eins untersucht anhand von Luhmanns Begrifflichkeit der Inklusions- und Exklusionsindividualität die Beziehung von Gesellschaft und Individuum. Das zweite Kapitel arbeitet die gegenseitige Abhängigkeit von psychischen und sozialen Systemen mit Hilfe der Begriffe *Interpenetration*, *Inklusion* und *Sozialisation* heraus. Kapitel drei stellt Kunst als entautomatisierte Kommunikation vor und zeigt, wie Kunst unter Umgehung von Sprache eine strukturelle Kopplung von Bewusstsein und Kommunikation ermöglicht. Kunst antwortet auf das Problem, so das vierte Kapitel, dass das Bewusstsein nicht in die Kommunikation hineindenken und die Kommunikation nicht in das Bewusstsein hineinkommunizieren kann. Kapitel fünf untersucht, mit welchen Problemen sich das als Differenz zu denkende Individuum konfrontiert sieht. Entgegen Luhmanns expliziter Absicht, den Künstler radikal aus dem Kunstsystem auszuschließen, streicht das sechste Kapitel die unausweichlichen und von Luhmann nur implizit eingestandenen Beziehungen zwischen Künstler und Kunstsystem heraus. Kapitel sieben führt die Sozialisation des psychischen Systems durch das Kunstsystem aus: Beteiligung an Kunst fordert zu Individualität heraus und schärft das Bewusstsein für Probleme der Kontingenz. Das achte Kapitel schließlich zeigt, dass das Konzept einer „menschenlosen Gesellschaft“ eine humane und befreiende Geste sowohl für das Individuum als auch für die Gesellschaftstheorie sein kann.

1. Inklusions- und Exklusionsindividualität

Mit dem Übergang der Gesellschaftsordnung von einer stratifikatorischen zu einer funktionalen Systemdifferenzierung ändert sich die Beziehung von Individuum und Gesellschaft grundlegend. Vor diesem Übergang bestand die Bestimmung des Individuums in seiner Zugehörigkeit zu einer sozialen Schicht, zu einem Stand. Luhmann spricht hier vom „Prinzip der Individualisierung durch Inklusion“[495]: Was eine Person ausmacht ist ihre *Zugehörigkeit* zu einem (und nur einem) gesellschaftlichen Bereich. Man ist Individuum, weil man dazu gehört, weil man inkludiert ist. Das Herausstreichen darüber hinausgehender besonderer persönlicher Merkmale und Eigenschaften galt als eine Form von Eitelkeit. Das Individuum konnte „keinen Punkt erreichen, in dem es sich zur Einzigartigkeit und Unvergleichbarkeit hochstilisiert haben würde. (...) Die Individualität ist dem Individuum immer schon gegeben, sie ist nicht etwas, was man durch Einzigartigkeitsbeweise erst erringen müsste oder auch nur könnte.“[496]

War man vor dem Übergang zu einer funktionalen Systemdifferenzierung entweder Bauer, Bürger, Kleriker oder Adliger, so kann der Einzelne danach nicht mehr einem und nur einem gesellschaftlichen Teilsystem angehören: Wer Zeitung liest, als Anwalt arbeitet, Kinder großzieht, ein Haus kauft, eine Partei wählt, sich für Kunst interessiert, der partizipiert am Mediensystem, am Rechtssystem, am Erziehungssystem, am Wirtschaftssystem, am politischen System und am Kunstsystem. Es ist nicht möglich, in nur einem Funktionssystem zu leben. Die „konkreten Individuen [können]“, so Luhmann, „nicht mehr konkret placiert werden“[497]. Individuen müssen an allen Funktionssystemen der Gesellschaft teilnehmen können. Abhängig ist die Teilnahme davon, in welchem Funktionsbereich und unter welchem Code ihre Kommunikation abläuft:

---

495 Luhmann (1989), S. 156.

496 Luhmann (1989), S. 182.
„Noch im 17. Jahrhundert galt es“, so Cornelia Bohn, „um den Preis der Lächerlichkeit den ‚air de singularité‘ zu vermeiden. Persönliche Individualität steht in stratifizierten Gesellschaften vor allem für die Affiliation, in der der Einzelne steht. Es galt, die tradierten Muster möglichst vollkommen zu verkörpern – jede Besonderheit galt daher als eine eher negativ konnotierte Abweichung. Denn erst in der Moderne wird (...) Devianz zum Individualitätsgaranten.“ (Bohn (2003), S. 179.)

497 Luhmann (1997), S. 625.

„Allein schon die Sinngebung bestimmter Kommunikationen, allein schon die Tatsache, dass es sich um eine Zahlung handelt oder dass man eine Entscheidung in staatlichen Ämtern beeinflussen möchte oder dass die Frage aufgeworfen wird, was in einem bestimmten Falle Recht und was Unrecht ist, ordnet die Kommunikation einem bestimmten Funktionssystem ein. Individuen müssen sich an all diesen Kommunikationen beteiligen können und wechseln entsprechend ihre Kopplungen mit Funktionssystemen von Moment zu Moment.“[498]

Wie ist in dieser Konzeption das Individuum zu fassen? Hat es eine multiple Identität? Ist es mehrfach gespalten und ist mal Teil des Rechtssystems, mal Teil des Kunstsystems usw.? Luhmann löst das Problem, indem er das Individuum von der Gesellschaft ausschließt. Das Individuum gehört *keinem* gesellschaftlichen Teilsystem an, es steht gänzlich *außerhalb* der Gesellschaft. Die Gesellschaft besteht aus Kommunikationen und nicht aus Menschen. Psychische und soziale Systeme sind *strikt zu unterscheiden.*[499] Sie sind für einander aber *notwendige Umwelten.* Das Individuum, so Luhmann, kann in einer funktional differenzierten Gesellschaft nicht durch Inklusion, sondern nur durch Exklusion[500] definiert werden:

„[D]ie Gesellschaft (...) bietet (...) dem Einzelnen keinen Ort mehr, wo er als ‚gesellschaftliches Wesen‘ existieren kann. Er kann nur Außerhalb der Gesellschaft leben, nur als System eigener Art in der Umwelt der Gesellschaft sich reproduzieren, wobei für ihn die Gesellschaft eine dazu notwendige Umwelt ist. Das Individuum kann nicht mehr durch Inklusion, sondern nur noch durch Exklusion definiert werden.“[501]

Diese gesellschaftsstrukturelle Gegebenheit kommt in der Semantik dadurch zum Ausdruck, dass das Individuum gesellschaftsintern als unbekannt, als spontan, als inkonstant, als eine black box eingeschätzt wird. Das Individuum ist nicht Teil der Gesellschaft und ihrer Funktionssysteme, d.h. nicht mehr Teil von *erwartbaren* Kommunikationszusammenhängen. Die Individualität und Einzig-

498 Luhmann (1997), S. 625.

499 Natalie Binczek macht auf die historische Bedingtheit von Luhmann Unterscheidung der drei Systemtypen organische Systeme, psychische Systeme und soziale Systeme aufmerksam. Die „operative Differenzierung in organische Vorgänge, wie sie etwa in Zellteilungen vorkommen, in Bewusstseinsereignisse, denen Wahrnehmungen und Denkprozesse zugeordnet werden, sowie Kommunikationen, die als soziale Ereignisse gelten, [weisen]“, so Binczek, „in das 18 Jahrhundert als ihren Entstehungsort zurück.“ (Binczek 2002, S. 106). Zur Stützung dieses Befundes verweist sie auf Stefan Riegers Aufsatz *Die Kybernetik des Menschen. Steuerungswissen um 1800* (Rieger 1999) sowie auf Johannes Bierbrodt Buch *Naturwissenschaft und Ästhetik 1750 – 1800* (Bierbrodt 2000).

500 Für eine Kritik an Luhmanns Konzept der Exklusionsindividualität vgl. Nassehi (2003), S. 89-125.

501 Luhmann (1989), S. 158.

artigkeit des Individuums besteht nun gerade darin, dass es nicht den gesellschaftlichen Standards und Erwartungen entspricht, dass es unerforschlich ist, mehrere Instanzen in sich trägt und nicht in einem Kommunikationszusammenhang aufgehen kann.

Diese Exklusionsindividualität, dieses Auf-sich-selbst-bezogen-sein, steht in einer eigentümlichen Spannung zu den immensen Abhängigkeitsbeziehungen zur Gesellschaft. Schule, Beruf Konsum, Freizeitgestaltung, Krankenversicherung, Wohnungsmiete usw.: das Individuum ist vielfach an die Gesellschaft gekoppelt. Diese paradoxe Situation einer gleichzeitigen Selbstbezogenheit und Abhängigkeit führt dazu, dass die Semantik der Individualität „eine kompensatorische Funktion für stärkere Abhängigkeiten zu übernehmen"[502] scheint: „Das Individuum", so Luhmann, „rettet sich in die Subjektheit und in die Einzigartigkeit als diejenige Beschreibung, die durch keinerlei empirisch-kausale Abhängigkeiten infrage gestellt werden kann."[503] Dies, obwohl klar ist, dass Selbstverwirklichung ohne Beziehungen zur Gesellschaft, ohne Sozialisation nicht möglich ist. Einzigartigkeit entwickelt sich mindestens ebenso sehr durch (negativen) Bezug auf die Gesellschaft wie durch Selbstfindung. Zu diesem negativen Bezug des Individuums auf die Gesellschaft bemerkt Luhmann überzeugend:

> „Die psychische Autopoiesis kann sich auch dadurch strukturieren, dass sie nicht tut, was ihr gesagt wird, sondern soziale Muster konterkariert. Diese Möglichkeit wird mit zunehmender psychischer Komplexität eher steigen als fallen, weil dann auch in der Negation immer noch Ordnung und Anschlussmöglichkeiten vorgegeben sind."[504]

Wenn das Individuum in der funktional differenzierten Gesellschaft „extrasozietal"[505] gedacht wird und trotzdem mit engen Banden an die Gesellschaft gebunden ist, so stellt sich das Problem, wie diese Bindungen, die Inklusionen von Individuen, gewährleistet werden können. Die diversen Funktionsbereiche müssen unterschiedliche Fangarme, spezifische Partizipationsangebote entwickeln. Sie müssen den Einzelnen beispielsweise als Wähler, als Theaterbesucher, als Käufer usw. an sich binden. Dies wird im zweiten Kapitel unter dem Titel *Interpenetration* ausgeführt werden.

Ein gegen Luhmann oft ins Feld geführter Vorwurf besagt, dass in seiner Theorie der Mensch eigentlich keine Rolle mehr spiele.[506] Luhmann interessiert sich als Soziologe für die Gesellschaft und diese besteht laut ihm aus Kommuni-

---

502 Luhmann (1989), S. 160.
503 Luhmann (1989), S. 160.
504 Luhmann (1989), S. 163.
505 Luhmann (1989), S. 160.
506 Für eine Darstellung und Entgegnung dieses Vorwurfs siehe in literaturwissenschaftlicher Hinsicht Jahraus/Schmidt (1998), insbesondere S. 71-77.

kationen und nicht aus Menschen: „Nicht der Mensch kann kommunizieren, nur die Kommunikation kann kommunizieren.“[507] Der Mensch gehört der Umwelt der Gesellschaft an und kann von dort die Gesellschaft bloß noch irritieren. Der Mensch, so dieser Vorwurf, werde zu einem bloßen Störfaktor degradiert. Diese Polemik, so die Position der vorliegenden Arbeit, greift zu kurz und wird der Komplexität der Luhmannschen Analysen nicht gerecht. In der Tat ändern sich die Prämissen der soziologischen Theorie, wenn man den Menschen als Teil der Umwelt der Gesellschaft ansieht. Das heißt aber nicht, so betont Luhmann zu Recht, „dass der Mensch als weniger wichtig eingeschätzt würde im Vergleich zur Tradition.“[508]

Luhmann legt in einem eindringlichen Plädoyer dar, dass die Soziologie der heutigen Gesellschaft nur gerecht werden und die Eigentümlichkeiten des Menschen nur fassen kann, wenn sie den Humanismus überwindet, d.h. wenn sie den Menschen nicht mehr als Zentrum und nicht mehr als Teil der Gesellschaft sieht, sondern ihn als konstitutive Umwelt der Gesellschaft fasst:

> „Die Systemtheorie geht von der Einheit der Differenz von System und Umwelt aus. Die Umwelt ist konstitutives Moment dieser Differenz, ist also für das System nicht weniger wichtig als das System selbst. Die Theoriedisposition ist in dieser Abstraktionslage noch völlig offen für verschiedenartige Wertungen. Die Umwelt mag manches enthalten, was für das System (unter welchen Gesichtspunkten immer) wichtiger ist als Bestandteile des Systems selbst; aber auch die gegenteilige Konstellation ist in der Theorie erfassbar. Gewonnen wird mit der Unterscheidung von System und Umwelt aber die Möglichkeit, den Menschen als Teil der gesellschaftlichen Umwelt zugleich komplexer und ungebundener zu begreifen, als dies möglich wäre, wenn er als Teil der Gesellschaft aufgefasst werden müsste; denn Umwelt ist im Vergleich zum System eben derjenige Bereich der Unterscheidung, der höhere Komplexität und geringeres Geordnetsein aufweist.“[509]

Die Gesellschaft gehorcht eigenen Gesetzmäßigkeiten, die man nicht über die Eigenschaften des Menschen erschließen kann. Werden Gesellschaft und Mensch zu eng geführt, wird man beiden nicht gerecht. Die Diskussion um diesen strittigen Punkt wird unter dem Titel *Antihumanismus?* im achten Kapitel weitergeführt.

---

507 Luhmann (1997), S. 105.
508 Luhmann (1984), S. 288.
509 Luhmann (1984), S. 289.

2. Interpenetration

Wie ist die Beziehung zwischen Individuum und Gesellschaft, zwischen psychischen und sozialen Systemen, zwischen Bewusstsein und Kommunikation zu denken? Sowohl die auf der Basis von Bewusstsein operierenden psychischen Systeme wie auch die auf der Basis von Kommunikation operierenden sozialen Systeme sind operativ geschlossene selbstreferentielle Bereiche. Psychische Systeme regeln ihren Fortbestand durch den Anschluss von Gedanken an das rekursive Netzwerk bestehender Gedanken, soziale Systeme reproduzieren sich durch ihr sich ständig erneuerndes Kommunikationsnetzwerk.

Luhmann unterscheidet drei Ebenen der Autopoiesis: Leben, Bewusstsein und Kommunikation. Unter *Leben* wird die physiologische Basis des Bewusstseins, das Nervensystem, verstanden. *Bewusstsein* ist die Operationsweise psychischer Systeme, *Kommunikation* ist die Operationsweise sozialer Systeme.

Worin unterscheiden sich das Nerven- und das Bewusstseinssystem und wie beziehen sie sich aufeinander? Der Unterschied liegt zunächst darin, dass das Bewusstseinssystem, nicht aber das Nervensystem, zwischen Fremd- und Selbstreferenz unterscheiden kann. Das Nervensystem bezieht sich ausschließlich auf körpereigene Erregungen und Zustände, es operiert ohne bewussten Bezug auf die Umwelt. Das Nervensystem ist „eine Einrichtung zur Selbstbeobachtung des Organismus".[510] Das Bewusstsein ist im Gegensatz zum Nervensystem dazu fähig, zwischen innen und außen, zwischen Selbstreferenz und Fremdreferenz zu unterscheiden: Den Baum, den ich von meinem Schreibtisch aus sehe, nehme ich als außerhalb von mir wahr, nicht als körpereigenen Zustand, nicht als Irritation meiner Netzhaut und nicht als das Feuern von Neuronen. Das strukturell an das Nervensystem gekoppelte Bewusstsein *kompensiert* die Beschränkung des Nervensystems, es externalisiert das, was ihm als Eigenzustand des Körpers suggeriert wird. „Das Bewusstsein interpretiert Körpervorgänge als Welt."[511]

Die Fähigkeit zur Wahrnehmung kommt ausschließlich dem Bewusstsein zu. Das schließt aus, dass Kommunikationssysteme, also soziale Systeme, wahrnehmen können. Kommunikation kann nur mit der ihr eigenen Operationsweise vor- und zurückgreifen auf weitere Kommunikationen, sie kann nur im Netzwerk selbstproduzierter Kommunikationen Kommunikationen produzieren. Sie kann Wahrnehmungen weder aufnehmen noch selbst produzieren. Es ist der Kommunikation nicht möglich, Wahrnehmungen auszudrücken. Kommunikation kann Wahrnehmungen anderer nicht zugänglich machen. Kommunikation ist aber auf Wahrnehmung angewiesen, ohne dass dabei das Bewusstsein Träger von Kommunikation wäre:

---

510 Luhmann (1990), S. 19.
511 Luhmann (1990), S. 43.

„Ohne Bewusstsein ist Kommunikation unmöglich. Kommunikation ist *total* (in *jeder* Operation) auf Bewusstsein angewiesen – allein schon deshalb, weil nur das Bewusstsein, nicht aber die Kommunikation selbst, sinnlich wahrnehmen kann und weder mündliche noch schriftliche Kommunikation ohne Wahrnehmungsleistungen funktionieren könnte. (...) Und trotzdem ist das Bewusstsein weder das ‚Subjekt' der Kommunikation noch in irgend einem anderen Sinne ‚Träger' der Kommunikation. Es trägt zur Kommunikation keinerlei Operationen bei (etwa im Sinne einer sukzessiven Abfolge von Gedanke-Rede-Gedanke-Rede)."[512]

Bewusstseinssysteme sind für einander unzugänglich.[513] Ein Bewusstsein kann die eigenen Operationen, seine Gedanken, nicht an die eines anderen anschließen, es kann sich selbst nicht im anderen fortsetzen. „Es gibt keine bewusste Verknüpfung eines Bewusstseins mit einem anderen Bewusstsein."[514] Kein Mensch kann in einem anderen denken oder wahrnehmen. Schon die neurophysiologische Fundierung des Bewusstseins schließt dies aus. Das Problem, das durch die Kommunikation gelöst wird, liegt in der Geschlossenheit, in der gegenseitigen Unzugänglichkeit psychischer Systeme. Luhmann betont: „So wie das Bewusstseinssystem die operative Geschlossenheit des Nervensystems kompensiert, so das Sozialsystem Gesellschaft die operative Geschlossenheit der Bewusstseinssysteme."[515]

Genau so wie der Mensch nicht als Schnittmenge verschiedener sozialer Systeme zu verstehen ist, setzt sich ein Sozialsystem nicht zusammen aus der Menge der partizipierenden psychischen Systeme. Stirbt eine Generation von Künstlern und Kunstbetrachtern aus, bleiben Struktur und Operationsweise des Kunstsystems bestehen. „In den Miniturbulenzen seiner Bewusstseinsumwelt kann ein Kommunikationssystem nur in Gang kommen und sich von Moment zu Moment fortzeugen, wenn es an sich selbst hinreichende Führung findet, wenn es sich also an die in der Kommunikation zum Ausdruck gekommenen Erwartungen hält und nicht an das, was in den schädeldachgedeckten Gehirnen oder im jeweils aktuellen Bewusstseinsverlauf einer Mehrzahl von Beteiligten wirklich vor sich geht."[516] In der Tat: die Teilnahme an einer Kommunikation bedingt viel eher Kenntnisse des Themas und ein Wissen davon, was sich sinnvoll über das Thema sagen lässt und was nicht, denn Kenntnisse über die Bewusstseinsstrukturen der an der Kommunikation beteiligten Individuen.[517] Kommunikation ihrerseits ist *ausschließlich* durch Bewusstsein mit ihrer Systemumwelt verbunden.

512 Luhmann (1997), S. 103 f.
513 Vgl. zu dieser Problematik den Begriff doppelte Kontingenz, z.B. in Luhmann (1984), S. 148-190.
514 Luhmann (2001), S. 112.
515 Luhmann (1995), S. 22.
516 Luhmann (1990), S. 46.
517 Vgl. Luhmann (2001), S. 107.

Die physische, chemische oder biologische Welt kann nicht *direkt* auf kommunikative Systeme einwirken, sondern nur vermittelt durch Bewusstsein. Luhmann beschreibt das sehr anschaulich:

> „Radioaktivität, Smog, Krankheiten aller Art mögen zunehmen oder abnehmen; das hat keinen Einfluss auf die Kommunikation, wenn es nicht wahrgenommen, gemessen, bewusst gemacht wird und dann den Versuch stimuliert, darüber nach Regeln der Kommunikation zu kommunizieren. Selbst in einem abstürzenden Flugzeug kann über den Absturz nur kommuniziert werden, wenn er bemerkt wird. Der Absturz selbst kann die Kommunikation nicht beeinflussen, sondern nur beenden.“[518]

Trotz dieser strikten Trennung stehen beiden Systemtypen in einem besonders engen Verhältnis. Luhmann führt hier den Begriff der *Interpenetration* ein: „Ohne Teilnahme von Bewusstseinssystemen gibt es keine Kommunikation, und ohne Teilnahmen an Kommunikation gibt es keine Entwicklung des Bewusstseins.“[519] Von Interpenetration kann man immer dann sprechen, „wenn die strukturelle Komplexität eines Systems für den Aufbau der strukturellen Komplexität eines anderen Systems zur Verfügung gestellt wird.“[520] Wie kann dies verstanden werden? Wie können sich psychische und soziale Systeme gegenseitig strukturelle Komplexität zur Verfügung stellen? Die Schwierigkeit des Interpenetrationsbegriffs besteht in dem scheinbaren Widerspruch, dass psychische und soziale Systeme operativ geschlossene autopoietische Bereiche sind, und sich trotzdem notwendigerweise aufeinander beziehen. Luhmann klärt dieses Grenzproblem, dieses Problem von Offenheit und Geschlossenheit in drei Hinsichten: in Hinsicht auf die unfassbare Komplexität der Umwelt, in Hinsicht auf die Zeitlichkeit und Kontextgebundenheit der Ereignisse und in Hinsicht auf die verschiedenen Auffassungen von Grenzen.

Die interpenetrierenden Systeme bleiben *erstens* für einander stets Umwelt. Das bedeutet, dass die zur Verfügung gestellte Komplexität für das aufnehmende System „unfassbare Komplexität, also Unordnung“[521] ist. Denn ein System ist immer ein Bereich reduzierter Komplexität, und alle Vorkommnisse in seiner Umwelt haben, vom System aus gesehen, weit höhere, ja unüberschaubare Komplexität. Das aufnehmende System wird von seiner Umwelt also nicht mit fertigen Strukturen versorgt, sondern mit hinreichender Unordnung. Die Autopoiesis von Systemen wird durch die für es notwendige Interpenetration somit nicht in Frage gestellt, sondern vielmehr gefördert. Luhmann betont:

---

518 Luhmann (2001), S. 122 f.
519 Baraldi et all. (1997), S. 86.
520 Luhmann (1989), S. 162.
521 Luhmann (1984), S. 291.

„Selbst wenn man sich Systeme als volldeterminiert vorstellen müsste, würden sie durch Interpenetration mit Unordnung infiziert und der Unberechenbarkeit des Zustandekommens ihrer Elementarereignisse ausgesetzt. Alle Reproduktion und alle Strukturbildung setzt damit eine Kombination von Ordnung und Unordnung voraus: strukturierte eigene und unfassbare fremde, geregelte und freie Komplexität. Der Aufbau sozialer Systeme (und ebenso [der] Aufbau psychischer Systeme) folgt dem order from noise principle (von Foerster). Soziale Systeme entstehen auf Grund der Geräusche, die psychische Systeme erzeugen bei ihren Versuchen zu kommunizieren."[522]

Zweitens gesteht Luhmann wohl ein, „dass interpenetrierende Systeme in einzelnen Elementen konvergieren, nämlich dieselben Elemente benutzen"[523]. Berücksichtigt man aber, dass diese konvergierenden Elemente in den interpenetrierenden sozialen und psychischen Systemen einen ganz anderen *Kontext* haben, welcher ihnen erst Sinn verleiht oder, vorsichtiger gesagt: sie mitbestimmt, so sind diese Elemente zumindest ebenso divergent wie konvergent. Die interpenetrierenden Systeme geben diesen Elementen *„unterschiedliche Selektivität und unterschiedliche Anschlussfähigkeit, unterschiedliche Vergangenheiten und unterschiedlich Zukünfte."*[524]

Drittens warnt Luhmann davor, dass man sich Interpenetration weder nach dem Modell der Beziehung zweier getrennter Dinge noch nach dem Modell zweier sich teilweise überschneidender Kreise vorstellen darf. Luhmann gibt zu bedenken, dass alle räumlichen Metaphern hier besonders irreführend sind – und fährt gleich selbst mit der räumlichen Metapher der Grenze fort: „Entscheidend ist, dass *die Grenzen des einen Systems in den Operationsbereich des anderen übernommen werden können.* (...) Jedes an Interpenetration beteiligte System realisiert in sich selbst das andere als dessen Differenz von System und Umwelt, ohne selbst entsprechend zu zerfallen. "[525] Die Grenzen sozialer Systeme fallen so in das Bewusstsein psychischer Systeme und umgekehrt. Durch diese interne Realisation einer externen Gegebenheit „kann jedes System im Verhältnis zum anderen eigene Komplexitätsüberlegenheit, eigene Beschreibungsweisen, eigene Reduktionen verwirklichen"[526].

Wie es dem *Interpenetration* genannten Begriff gelingen sollte, Offenheit und Geschlossenheit psychischer und sozialer Systeme zu gewährleisten, dürfte auch nach den soeben dargestellten Klärungsversuchen noch nicht vollständig klar sein. Konkreter und verständlicher wird die Interpenetration, wenn man sie von ihren beiden Ausformungen her, der Inklusion und er Sozialisation, betrachtet.

522 Luhmann (1984), S. 291 f.
523 Luhmann (1984), S. 293.
524 Luhmann (1984), S. 293.
525 Luhmann (1984), S. 295.
526 Luhmann (1984), S. 295.

Inklusion und Sozialisation sind die beiden Gestalten der Interpenetration. Luhmann spricht von *Inklusion*, „wenn ein autopoietisches psychisches System, das auf der Basis von Bewusstheit operiert, seine Eigenkomplexität zum Aufbau sozialer Systeme zur Verfügung stellt“[527]. Das psychische System „begründet die Möglichkeit, dass Kommunikation verstanden“[528] wird, d.h. auf gemeinten Sinn bezogen wird. Psychische Systeme sind so an der Konstitution sozialer Systeme beteiligt, obwohl sie deren Umwelt angehören. Es kann ohne Inklusion kein soziales System zustande kommen

Es ist aber hervorzuheben, dass Inklusion ein hoch selektiver Vorgang ist, *der von der Gesellschaft, also von der Kommunikation, gesteuert wird.* Die Rolle psychischer Systeme innerhalb sozialer Systeme wie der Kunst kann nicht das psychische System selbst bestimmen. Das vom sozialen System vorgegebene Skript lässt der Rolle des psychischen Systems wenig Spielraum. Die Ausdrucksmöglichkeiten eines psychischen Systems innerhalb eines sozialen Systems sind beschränkt. Bewusstseineigenes, ‚Psychologisches‘, kann in Kommunikationszusammenhängen nicht mitberücksichtigt werden, denn dies würde den Kommunikationsprozess weit überfordern:

> „Verstehen in kommunikativen Zusammenhängen wäre (...) ganz unmöglich, wäre es darauf angewiesen, zu entschlüsseln, was gleichzeitig psychologisch abläuft. Zwar muss vorausgesetzt werden, dass Bewusstsein mitwirkt, aber keiner der an Kommunikation Beteiligten kann wissen, wie das im Einzelnen geschieht – und zwar weder für andere Beteiligte noch für sich selbst. Vielmehr muss die Kommunikation (also die Gesellschaft) das für sie benötigte Verstehen selbst beschaffen. Das geschieht durch Nichtbeliebigkeiten in der Vernetzung kommunikativer Ereignisse, also durch die selbstreferentielle Struktur der Kommunikationsprozesse. Denn jedes Einzelereignis gewinnt seine Bedeutung (= Verständlichkeit) nur dadurch, dass es auf andere verweist und einschränkt, was sie bedeuten können, und genau dadurch sich selbst bestimmt.“[529]

Betrachtet man auf der anderen Seite die Möglichkeit des Aufbaus psychischer Systeme, so kommt der Begriff der *Sozialisation* ins Spiel. Sozialisation „besteht darin, dass das autopoietische Sozialsystem Gesellschaft, das auf der Basis von Kommunikation operiert, seine Eigenkomplexität zum Aufbau psychischer Systeme zur Verfügung stellt.“[530] Die Sozialisation psychischer Systeme bewirkt

527 Luhmann (1989), S. 162.
528 Luhmann (1989), S. 162.
529 Luhmann (1997), S. 73. Vgl. zum Problem der Inklusion auch Stichweh 1988.
530 Luhmann (1989), S. 162.

eine *Strukturierung des Bewusstseinsablaufs*. Durch die Vermittlung von Sprache aber auch von Kunst[531], die beide Formenarrangements mit sowohl psychischen wie auch sozialen Momenten sind, wird der Bewusstseinsablauf in beendbare Episoden eingeteilt:

> „Nur wenn Bewusstseinsvollzüge (...) sozialisiert sind, kommen sie über eine dumpfe, nur durch das jeweilige Wahrnehmen bestimmte Bewusstheit hinaus; nur über Sprache und über vorstellbare Sequenzstrukturen, die an sozialen Modellen orientiert sind, können psychische Systeme eigene Komplexität aufbauen. Insofern ist die Gesellschaft, obwohl Umwelt psychischer Systeme, Mitbedingung ihrer Systemkomplexität."[532]

Die beiden Teilaspekte der Interpenetration, Inklusion und Sozialisation, stehen in einem „strengen Verhältnis wechselseitiger Bedingtheit"[533]. Nicht tangiert wird dabei aber die operative Geschlossenheit psychischer und sozialer Systeme. Die Gesellschaft besteht nicht aus Individuen, sondern aus Kommunikationen, und der Mensch *wird* nicht sozialisiert, sondern sozialisiert *sich selbst* unter Bezugnahme auf die Gesellschaft: „Sozialisation ermöglicht Inklusion, und Inklusion konfrontiert ihrerseits mit den sozialen Systemen, in denen der einzelne sich (!) sozialisiert."[534]

Auf den Aspekt der *Inklusion in das Kunstsystem* geht das Kapitel 6.1 ein. Der *Sozialisation psychischer Systeme durch Kunst* ist das siebte Kapitel gewidmet. Wir belassen es hier deshalb bei diesen knappen theoretischen Andeutungen zu den Begriffen Inklusion und Sozialisation und wenden uns dem für die Interpenetration wichtigen Sprachbegriff Luhmanns zu.

2.2 Kommunikation und Sprache

Was ist Kommunikation? Kommunikation kommt zustande durch eine „Synthese von drei verschiedenen Selektionen"[535]: Durch Selektion einer *Information*, Selektion der *Mitteilung* dieser Information und selektives *Verstehen* dieser Mitteilung und ihrer Information. Dabei bezeichnet die Information das *Was* der Kommunikation: Es muss aus unterschiedlichen *Sachverhalten* seligiert werden. Die Mitteilung bezeichnet die Intention der Kommunikation: Es muss aus ver-

---

531 Auf die Abhebung von Kunst und Sprache kommt unten das dritte Kapitel *Kunst als entautomatisierte Kommunikation* zu sprechen.

532 Luhmann (1989), S. 163.

533 Luhmann (1989), S. 164.

534 Luhmann (1989), S. 165.

535 Luhmann (2001), S. 97.

schiedenen Gründen, aus denen etwas kommuniziert wird, seligiert werden. Kommunikation kommt nur zustande, wenn die Differenz von Information und Mitteilung *verstanden* wird. Das Verstehen ist geradezu definiert durch den Bezug auf die Differenz von Information und Mitteilung: „Im Verstehen erfasst die Kommunikation einen Unterschied zwischen dem Informationswert ihres Inhalts und den Gründen, aus denen der Inhalt mitgeteilt wird.“ [536]

Kommunikation ist für Luhmann das Ineinandergreifen einer dreifachen Selektion: Aus einer Reihe von möglichen Informationen wird eine ausgewählt, das Mitgeteilte wird einer bestimmten Intention zugerechnet und es muss sodann aus den Möglichkeiten ausgewählt werden, zwischen Information und Mitteilung zu unterscheiden. Kommunikation findet nur durch das Zusammenspiel von Information, Mitteilung und Verstehen statt. Der Kommunikationsprozess ist zu verstehen als eine laufende Reproduktion der Unterscheidung von Mitteilung und Information. Kommunikation gelingt nur dann, wenn in diesem Prozess ein Verstehen mit eingeschlossen ist, so dass die Unterscheidung von Mitteilung und Information weiter verwendet werden kann. Dietrich Schwanitz sieht in der Spaltung von Mitteilung und Information „die Pointe der systemtheoretischen Kommunikationstheorie“[537]:

> „Niemals erfährt der Adressat einer Kommunikation nur eine Information; statt dessen bricht er jede Botschaft durch den Bezug auf den Sprecher und interpretiert sie im Licht von dessen Motiven, Eigenschaften und Interessen. Entsprechend spaltet der Adressat jede Kommunikation in eine Information über die Welt und eine Aussage über den Sprecher. Nur so kann er zwischen Wahrheit der Information und Aufrichtigkeit des Sprechers unterscheiden. Eine Information mag falsch sein, selbst wenn der Sprecher aufrichtig ist. (...) Diese Spaltung konstituiert die Differenz von Information und Mitteilung aus der Sicht des Verstehenden. Sie kommt zustande durch eine differenzierte Attribution auf Seiten des Hörers. Ohne sie gibt es keine Kommunikation.“[538]

Kommunikation hat in Luhmanns Verständnis nichts mit Übertragung zu tun. Er beschreibt Kommunikation nicht mit dem Bild der Übertragung, sondern mit dem Bild des Pulsierens: Das System der Kommunikation „pulsiert gleichsam mit einer ständigen Erzeugung von Überschuss und Selektion.“[539] Pulsschlag um Pulsschlag muss *eine* Information aus vielen möglichen Informationen seligiert werden, muss *ein* Mitteilungsverhalten aus vielen anderen ausgewählt werden und muss sich das Verstehen auf *eine* mögliche Differenz von Information und

536 Luhmann (2001), S. 97.
537 Schwanitz (1993), S. 105.
538 Schwanitz (1993), S. 105.
539 Luhmann (2001), S. 100.

Mitteilung festlegen. Kommunikation ist dieser pulsierende dreifache Selektionsprozess.

Sprache ist eine Sonderform der Kommunikation. Eine sprachlich formulierte Kommunikation zieht anwesende Bewusstseinssysteme in ihren Bann. Es fällt außerordentlich schwer, sprachliche Äußerungen nicht zu beachten, also ganz einfach wegzuhören, wenn etwas gesagt wird. Den eigenen Bewusstseinsgang unbeeindruckt von einer wahrgenommenen Konversation weiterzuführen ist nahezu unmöglich. Durch Sprache lassen sich psychische Systeme in weit höherem Maße irritieren als durch irgendwelche anderen Geräusche. Der Sprache kommt also eine zentrale Vermittlungsfunktion zwischen psychischen und sozialen Systemen zu:

> „Die Evolution der gesellschaftlichen Kommunikation ist nur möglich in ständiger operativer Kopplung mit Bewusstseinszuständen. Diese Kopplung ist zunächst durch Sprache, sodann mit einem weiteren Effektivitätsschub durch Schrift und Schließlich durch Buchdruck erreicht worden. Entscheidend dafür ist nicht der oft behauptete Zeichencharakter dieser Errungenschaften, sondern die Ausdifferenzierung besonderer Wahrnehmungsgegenstände, die auffallen oder faszinieren, weil sie keinerlei Ähnlichkeit mit sonst Wahrnehmbarem haben (...). Sprache und Schrift faszinieren und präokkupieren das Bewusstsein und stellen dadurch sicher, dass es mitzieht, obwohl die Eigendynamik des Bewusstseins dies keineswegs notwendig macht und stets Ablenkungen bereithält. (...) Sprache und Schrift und all ihre technischen Folgeeinrichtungen sichern (...) die ständige Bewusstseinsangepasstheit der Kommunikation.“[540]

Sprache ist aber nicht mit Kommunikation und schon gar nicht mit Bewusstsein gleichzusetzen. Sprache ist nicht Kommunikation, weil Kommunikation darüber hinausgehend genereller auf der Basis von Wahrnehmung ablaufen kann. Ein Beispiel soll diese auf Wahrnehmung basierende nichtsprachliche Kommunikation verdeutlichen: „Ego nimmt das Verhalten von Alter wahr (der schnell und vielbeschäftigt läuft) und interpretiert es als Mitteilung, die eine bestimmte Information kommunizieren soll (Alter will sich nicht aufhalten und reden).“[541] Ein weiterer Unterschied zwischen Sprache und Kommunikation besteht darin, dass Kommunikation immer an ein Kommunikationssystem gebunden ist. Kommunikation ist Wirtschaftskommunikation, Kunstkommunikation, Wissenschaftskommunikation etc. Sprache dagegen ist das unspezifische, das auf Systeme angewiesene und durch diese formbare, allgemeine Medium von Kommunikation.

---

540 Luhmann (2001), S. 117.
541 Baraldi et all. (1997), S. 181.

Sprache unterscheidet sich aber nicht nur von Kommunikation, sondern auch von Bewusstsein. Wie verschieden Sprache und Bewusstsein sind, macht folgendes Zitat anschaulich:

> „[S]chon bei einer geringen Aufmerksamkeit auf das, was wir selber sagen, wird uns bewusst, wie unscharf wir auswählen müssen, um sagen zu können, was man sagen kann; wie sehr das herausgelassene Wort schon nicht mehr das ist, was gedacht und gemeint war, und wie sehr das eigene Bewusstsein wie ein Irrlicht auf den Worten herumtanzt: sie benutzt und verspottet, sie zugleich meint und nicht meint, sie auftauchen und abtauchen lässt, sie im Moment nicht parat hat, sie eigentlich sagen will, und es dann ohne stichhaltigen Grund doch nicht tut."[542]

Das Bewusstsein ist gegenüber der Sprache grundsätzlich autonom. Die Evolution des Bewusstseins, d.h. dessen zunehmende Komplexität, hat aber dazu geführt, dass das Bewusstsein nun auf die Sprache angewiesen ist:

> „Das Bewusstsein ist (...) als ein selbstreferentielles System (...) gegenüber der Sprache autonom. Aber Sprache verhilft dazu, Gedanken als klare, unterscheidbare und verschiedenartige zu artikulieren und trotzdem noch Ordnung aufrechtzuerhalten. Sprache verhindert, dass bei zunehmender Komplexität (...) bewusstseinsintern ein Chaos entsteht. Und Sprache kanalisiert die Gedanken so, dass sie, gewissermaßen entlang von Sätzen, im Schnellzugriff verfügbar sind. Das Bewusstsein hilft sich bei zunehmender Komplexität mit Sprache und wird dann das Mittel nicht wieder los."[543]

Sprache ist also weder mit Kommunikation noch mit Bewusstsein gleichzusetzen, Sprache ist vielmehr ein *Medium*, das vom Bewusstsein und von der Kommunikation *geformt* werden kann. Wie Sand Spuren von Fußtritten aufnimmt, d.h. als Medium sich formen lässt, so steht die Sprache zur Verfügung, Gedanken auszudrücken und Kommunikationen zu formulieren.

Die gesellschaftliche Bedeutung der Sprache kann kaum überschätzt werden. Luhmann bezeichnet die Sprache als das „grundlegende Kommunikationsmedium, das die reguläre, mit Fortsetzung rechnende Autopoiesis der Gesellschaft garantiert"[544]. Nach dieser Auffassung bildet die Sprache kein eigenes System, sie ist vielmehr darauf angewiesen, von anderen Systemen benutzt zu werden: Die Sprache ist selbst kein System, sie muss vielmehr „entweder als Denken oder als Kommunikation vollzogen werden"[545]. Dieser mediale Charak-

542 Luhmann (2001), S. 108.
543 Luhmann (1995 c), S. 80 f.
544 Luhmann (1997), S. 205.
545 Luhmann (1997), S. 112.

ter der Sprache, ihre doppelte Formbarkeit durch psychische und durch soziale Systeme, verleiht ihr den Status einer Drehscheibe. Diese doppelte Formbarkeit des Mediums Sprache ist die Bedingung der Möglichkeit von Interpenetration.

Die durch Kommunikationssysteme geformte Sprache fasziniert und irritiert psychische Systeme. Und über die Formung des Mediums Sprache vermögen psychische Systeme zwar nicht zu kommunizieren, sie können soziale Systeme aber zumindest irritieren. Vermittelt durch die Sprache können psychische Systeme am Spiel eines sozialen Systems teilhaben, wobei sich das psychische System dann aber an die Regeln dieses Systems, die nicht ihre eigenen Regeln sind, halten muss. Durch die Unterwerfung unter das Medium Sprache und durch die Unterwerfung unter die Regeln eines sozialen Systems steigen die Chancen erheblich, dass ein psychisches System überhaupt wahrgenommen wird und einen gesellschaftlichen Beitrag leisten kann.

Durch Sprache sind mithin operational getrennte autopoietische Systeme gekoppelt. Sie setzen einander wechselseitig voraus und können einander irritieren, doch nicht determinieren. Wenn aber trotzdem eine Determination eines psychischen durch ein soziales System oder eines sozialen durch ein psychisches System festgestellt wird, so ist dies stets bloß die *Konstruktion eines Beobachters*:

> „Ein Beobachter kann zwar, wenn er will, bewusste Disposition über intentionale Aufmerksamkeit und kommunikatives Handeln als ein einziges, undekomponierbares Ereignis sehen. Es ist *seine* Konstruktion, wenn er so identifiziert. Aber er muss dann von den Rekursionen abstrahieren, die für die beteiligte[n] Systeme die Operationen als elementare Einheiten definieren; denn die rekursiven Rückgriffe auf Vorheriges und Vorgriffe auf Künftiges aktualisieren in psychischen Systemen auf der einen und in sozialen Systemen auf der anderen Seite ganz verschiedene Netzwerke und bilden auch ganz verschiedene Strukturen."[546]

3. Kunst als entautomatisierte Kommunikation

Wie wir gesehen haben, kann Sprache eine Verbindung herstellen zwischen den getrennt und überschneidungsfrei operierenden psychischen Systemen und den sozialen Systemen. Sprache ist der Normalfall dieser Verbindung. Kunst kommt die Eigenheit zu, dass sie unter Umgehung von Sprache eine strukturelle Kopplung von Bewusstsein und Kommunikation ermöglicht: „Der Normalmechanismus der strukturellen Kopplung von Bewusstseinssystemen und sozialen Systemen ist die Sprache. (...) Die Frage ist nun: Gibt es an genau dieser Funktions-

546 Luhmann (1995 e), S. 167.

stelle Alternativen zur Sprache? Und die These lautet: Kunst ist eine solche Alternative."[547]

Kunstwerke können auf eine ihr eigene Art die „Wahrnehmungsunfähigkeit der Kommunikation"[548] kompensieren. Das stets wahrnehmbare Kunstwerk, so Luhmann, wird „*ausschließlich* als Mittel der Kommunikation hergestellt"[549], es „wird als Beobachtungsvorlage hergestellt und kann nur so angemessen gewürdigt werden"[550]. Das Kunstwerk kommuniziert – und darin besteht die strukturelle Kopplung – durch einen „*zweckentfremdeten Gebrauch von Wahrnehmung.*"[551]

Sprachliche Kommunikation vermag das Bewusstsein zu faszinieren und die Imagination anzuregen und ist dadurch an Wahrnehmung gekoppelt. Die Lenkung der Aufmerksamkeit verläuft mittels Sprache hochgradig *automatisiert*. Bei solch *standardisierter* Wahrnehmung verlässt sich das Bewusstsein auf sich selbst, auf seine *antrainierten Gewohnheiten*, genauer „auf sein aktuell operierendes Gedächtnis, auf rasch und unbewusst vollzogene Konsistenzprüfungen und vor allem: auf Einsparen von Aufmerksamkeitskapazität durch Weglassen."[552]

Wenn Luhmann behauptet, Kunst kommuniziere durch einen *zweckentfremdeten* Gebrauch von Wahrnehmung, so bedeutet dies, dass Kunst ihre kommunikative Relevanz aus der Differenz zum Automatismus der eingespielten Wahrnehmung von Sprache bezieht. Deshalb kann er auch sagen, dass es Kunst nur geben kann, wenn es Sprache gibt:

> „Kunst kann es überhaupt nur geben (...), wenn es Sprache gibt. Kunst gewinnt ihre Eigenart daraus, dass sie es ermöglicht, Kommunikation stricto sensu unter Vermeidung von Sprache, also unter Vermeidung all der an Sprache hängenden Normalitäten durchzuführen. Ihre Formen werden als Mitteilungen verstanden, ohne Sprache, ohne Argumentation. An Stelle von Worten und grammatischen Regeln werden Kunstwerke verwendet, um Informationen auf eine Weise mitzuteilen, die verstanden werden kann."[553]

---

547 Luhmann (1992 a), S. 67 f.

548 Luhmann (1995), S. 33. Vgl. zum Verhältnis von Wahrnehmung und Kommunikation auch Jahraus (2003), Kapitel *5.2. Wahrnehmung als Form- und Sinnbildung in Konstruktivismus und Systemtheorie*, S. 313- 322.

549 Luhmann (1995), S. 41. Eine eigenwillige Position vertritt demgegenüber Natalie Binczek. Sie versteht das Kunstwerk nicht als Teil des Kommunikationssystems Kunst, sondern sieht es als ein Zwischending zwischen den Systemtypen Kommunikation und Wahrnehmung: „Insofern, als [das Kunstwerk] Elemente mit unterschiedlicher Systemzugehörigkeit integriert und verdichtet, bezeichnet es (...) eine a-systemische Kompaktheit. Es kommuniziert, aber im Medium der Wahrnehmung (...)" Binczek (2002), S. 106 f.

550 Luhmann (1992 a), S. 71.

551 Luhmann (1995), S. 41.

552 Luhmann (1995), S. 41.

553 Luhmann (1995), S. 39f. Zum Verhältnis von Kunstkommunikation und (mündlicher oder schriftlicher) Sprache vgl. auch Esposito (1996), S. 67 ff.

Gegenüber der alltäglichen, schnell laufenden Wahrnehmung spricht Luhmann der Kunst eine „Aufgabe der *Verzögerung* und *Reflexivierung*“[554] zu. Dies bedeutet in der bildenden Kunst konkret „ein längeres Sichaufhalten beim selben Objekt (was im Alltagsleben ganz ungewöhnlich wäre) und in der Textkunst, vor allem in der Lyrik, eine Verzögerung des Lesens.“[555] Aber besteht nicht alle Textkunst aus Sprache? Gewiss, aber die in literarischen Werken verwendete Sprache ist keine *standardisierte Form von Sprache.* Literatur bedient sich zwar sehr wohl sprachlicher Mittel, ihre Wirkung beruht aber „nicht allein auf dem Verstehen des Gesagten“[556]: Oftmals ist nicht klar, was überhaupt gesagt wird. Literarische Sprache kann sich mehr oder weniger vollständig dem „Verstehen“ entziehen. Was besagen sprachlicher Rhythmus, Wortklang oder die Melodie von Sätzen? Was bedeutet es, wenn sich Text und Subtext widersprechen? Was, wenn Inhalt und Form diametral entgegengesetzt sind?

Man könnte beinahe allgemein sagen: Kunst ist nicht gemacht, um verstanden zu werden. Die mit einem Kunstwerk beschäftigte Wahrnehmung wird das Zusammenspiel von Information und Mitteilung nie ganz durchschauen können, sie wird in diesem Sinn nicht verstehen und ist gezwungen, sich längere Zeit beim Kunstwerk aufzuhalten. Die Begegnung mit einem Kunstwerk kann so als Provokation einer Sinnsuche verstanden werden:

> „Was soll das?, das ist die Frage. Dass es darauf oft keine eindeutigen Antworten geben mag oder dass die Antworten im Laufe der Geschichte sich ändern, ist kein Einwand, sondern ist gerade für große, bedeutende Kunst typisch. Es geht nicht um ein Problem, das gelöst werden kann mit der Folge, dass es nachher kein Problem mehr ist; sondern es geht um die Provokation einer Sinnsuche, die durch das Kunstwerk selbst Beschränkung, aber nicht notwendigerweise auch Ergebnisse vorgezeichnet erhält.“[557]

Kunst provoziert den Wahrnehmenden zur Frage: Was soll das? Luhmann wehrt sich gegen Versuche, diese Frage allzu schnell beantworten zu wollen. Die Beantwortung der beim Betrachten eines Kunstwerks notwendig auftretenden Fragen durch irgendeine Abschlussformel verfehlt gerade deren kommunikative Natur. Ein Verstehen kann nur durch den Versuch einer Differenzierung von Information und Mitteilung erreicht werden. Die irritierende Frage „wozu“ zielt auf die *Suche* nach der Information, die mit dem Kunstwerk gegeben sein soll, gegeben sein könnte und auf die Abgrenzung dieser Information von der Art und

554 Luhmann (1995), S. 27.
555 Luhmann (1995), S.27.
556 Luhmann (1995), S. 45. Vgl. zum Folgenden Luhmann (1995), S. 45-47.
557 Luhmann (1995), S. 44 f.

Weise der Mitteilung. Ein Kunstwerk provoziert durch seine Unverständlichkeit eine Sinnsuche, die nicht zu einem Ergebnis führen muss.

Das Verstehen ist in Luhmanns Denken keine anthropologische Konstante, im Gegenteil: psychische Systeme sind einander gegenseitig unzugänglich. Psychische Systeme können nicht direkt miteinander kommunizieren, denn nur Kommunikation kann kommunizieren. Psychische Systeme können wahrnehmen, das ist ihre Operationsweise, sie können sich aber auch dem Kommunikationssystem bemerkbar machen. Sie können durch strukturelle Kopplung, durch Sprache und Kunst, das Kommunikationssystem irritieren. Das so irritierte Kommunikationssystem verarbeitet diese Störungen mittels seiner eigenen Operationsweise, durch die Fortführung von Kommunikation durch Kommunikation, durch die pulsierende dreifache Synthese von Information, Mitteilung und Verstehen. Ein psychisches System kann Kommunikation – wiederum durch die strukturellen Kopplungen von Sprache oder Kunst – wahrnehmen. Das psychische System wird durch die Sprache oder durch ein Kunstwerk fasziniert und seine Imagination wird angeregt.

Kunst kann also einerseits Wahrnehmung für Kommunikation verfügbar machen und Kunst ist andererseits eine Weise der Kommunikation, die die Wahrnehmung in ihren Bann zieht. Trotz allem kann aber auch Kunst den unüberwindbaren Graben zwischen Wahrnehmung und Kommunikation nicht überbrücken. Gleichwohl kann aber die Bedeutung der Kunst in ihrer Relationierung von Wahrnehmung und Kommunikation gesehen werden:

> „[Kunst] kann die Trennung von psychischen und sozialen Systemen nicht aufheben. Beide Systemarten bleiben füreinander operativ unzugänglich. *Und gerade das gibt der Kunst ihre Bedeutung.* Sie kann Wahrnehmung und Kommunikation integrieren, ohne zu einer Verschmelzung oder Konfusion der Operationen zu führen. Integration heißt ja nur: Gleichzeitigkeit (Synchronisation) der Operationen verschiedener Systeme und wechselseitige Einschränkung der Freiheitsgrade, die den Systemen von sich aus zur Verfügung stehen."[558]

Wenn für automatisierte Wahrnehmung gilt: „Sehen ist Nichtsehen"[559], und wenn die „Kommunikationsabhängigkeit des Bewusstseins als schmerzlicher Schnitt empfunden"[560] wird, so ist es gerade die Kunst, die diese Probleme thematisiert. Kunst macht Wahrnehmung, Kommunikation sowie das schwierige Verhältnis derselben zu ihrem Thema. Wenn etwa Novalis beklagt: „Vieles ist zu

558 Luhmann (1995), S. 82 f. Vgl. Luhmann (1990), S. 50 f., S. 56-59. Vgl. zum Verhältnis von Wahrnehmung, Sprache und Kunst auch Boehm (2004), Brandt (2004) sowie Singer (2004).

559 Luhmann (1995), S. 41.

560 Luhmann (1995), S. 34.

zart um gedacht, noch mehreres um besprochen zu werden"[561], so macht sich gerade die Kunst die Problematisierung von Inkommunikabilitäten zu Eigen. Kunst ist befreit von sprachlich bedingten Einengungen und Zwängen und kann trotzdem kommunizieren: Dies ist ihre große Chance. Kunst „funktioniert als Kommunikation, obwohl, ja weil sie durch Worte (von Begriffen ganz zu schweigen), nicht adäquat wiedergegeben werden kann."[562] Kunst entzieht sich „der strikten Anwendung des Ja/Nein-Code der verbalen Kommunikation"[563] und teilt trotzdem Informationen mit, die verstanden werden können. „Das Kunstwerk", so Luhmann, „engagiert die Beobachter mit Wahrnehmungsleistungen, und diese sind diffus genug, um die Bifurkation des ‚ja oder nein' zu vermeiden."[564]

Wenn in diesem Zitat angesprochen wird, dass die auf ein Kunstwerk gerichtete Wahrnehmung *diffus* sei, so sollte diffus keinesfalls mit beliebig oder belanglos gleichgesetzt werden. Durch sein komplexes Formengefüge kann ein Kunstwerk *in verschiedene Richtungen* ausgelegt werden. Die Vermittlungsfunktion von Kunst läuft also nicht auf Konsens hinaus. Es ist gerade bei komplexen Kunstwerken wahrscheinlich, dass Künstler und Betrachter „Verschiedenes beobachten und dabei auch das Sichtbare und das Verdeckte unterschiedlich zuschneiden"[565]. Kunstkommunikation zeichnet sich also dadurch aus, „dass sie gar nicht auf die Automatik eines Verstehens abzielt, sondern inhärent vieldeutig angelegt ist (...), und dies unabhängig davon, ob die Divergenz der Betrachtungsmöglichkeiten eingeplant war im Sinne eines ‚offenen Kunstwerks' oder nicht."[566] Die Beliebigkeit der Urteile bleibt dabei dann „durch das limitiert, was wahrnehmbar ist"[567].

Das Kunstwerk kann gerade durch seinen Formenreichtum eine große kommunikative Kraft entwickeln. Die Anordnung der Formen eines Kunstwerks, d.h. sein Programm kann „so einleuchtend sein (...), dass es jede Argumentation erübrigt und die Sicherheit des Schonverständigtseins vermittelt"[568]. Man mag ein gelungenes Kunstwerk im positiven Sinne als diffus bezeichnen, wenn man nicht in Worte fassen kann, was es kommuniziert:

> „Man erfährt das eigene Erleben als geführt, und zwar so, dass die intrikatesten und esoterischsten Winkelzüge noch Nachvollziehbarkeit, also Konsensfähigkeit in Aus-

---

561 Novalis, Blütenstaub Nr. 23, zitiert bei Luhmann (1995), S. 34.
562 Luhmann (1995), S. 36.
563 Luhmann (1995), S. 36.
564 Luhmann (1995), S. 36.
565 Luhmann (1992 a), S. 70.
566 Luhmann (1995), S. 72.
567 Luhmann (1992 a), S. 70.
568 Luhmann (1986 b), S. 628.

sicht stellen. Eben deshalb kann explizite Kommunikation weitestgehend unterbleiben, ja sogar als unangemessen empfunden werden. Wer sein Kunsturteil vorträgt und begründet, ist schon in Gefahr, als jemand zu erscheinen, der nicht (überflüssigerweise) über das Kunstwerk spricht, sondern über sich selbst."[569]

Ein Kunstwerk ist durch und durch ein kommunikatives Ereignis – es steht ja beispielsweise in einem Museum und nicht im Schädel eines Menschen – und trotzdem kann es Wahrnehmungen vermitteln, die nicht in Sprache übersetzt werden können:

> „Das psychische System kann aus Anlass der wahrnehmenden Teilnahme an Kunstkommunikation Erlebnisintensitäten erzeugen, die als solche inkommunikabel bleiben. Es muss dazu Formunterschiede wahrnehmen können, die im sozialen System der Kunst für Zwecke der Kommunikation erzeugt sind. Die Kommunikation mittels Kunstwerken muss deshalb Wahrnehmbares inszenieren, ohne sich selbst als Wahrnehmung in je individuell verkapselten psychischen Systemen reproduzieren zu können. Aus diesem Bedarf von, und dieser Chance für, strukturelle Kopplungen ergeben sich strenge Anforderungen an die Formen, die ein Kunstwerk an dieser Nahtstelle psychischer und sozialer Systeme auszeichnen und bestimmen können.[570]

Die alltägliche Wahrnehmung ist darauf eingerichtet, eine grundsätzlich schon bekannte Welt auf Informationen abzusuchen. Dies geschieht automatisiert, ohne dass die Wahrnehmung auf ihr eigenes Tun aufmerksam würde. Die kommunikative Absicht eines Kunstwerks ist es demgegenüber nicht, möglichst schnell und reibungslos etwas mitzuteilen, sondern vielmehr, die Wahrnehmung zu verzögern, die Wahrnehmung auf sich selbst zurückzuwerfen. In erster Linie macht Kunst nicht auf irgendeinen Tatbestand in der Welt aufmerksam, sondern lenkt vielmehr die Aufmerksamkeit auf das Kunstwerk selbst.

Bei sprachlicher Kommunikation ist die Kommunikation als solche nicht thematisch, sie fließt, oder besser: pulsiert von Information zu Information. „Das System [der Kommunikation] pulsiert gleichsam mit einer ständigen Erzeugung von Überschuss und Selektion."[571] Pulsschlag um Pulsschlag muss *eine* Information aus vielen möglichen Informationen seligiert werden, muss *ein* Mitteilungsverhalten aus vielen anderen ausgewählt werden und muss sich das Verstehen auf *eine* mögliche Differenz von Information und Mitteilung festlegen. Kommunikation ist dieser pulsierende dreifache Selektionsprozess. Pulsschlag um Pulsschlag ereignet sich und verschwindet die Kommunikation. Das Verklingen der Artikulation sichert diese Ereignishaftigkeit. Die Kommunikation rückt nicht ins

569 Luhmann (1986 b), S. 627 f.
570 Luhmann (1995), S. 83.
571 Luhmann (2001), S. 100.

Blickfeld, weil sie mit ihrem Erscheinen sofort wieder verschwindet: „Normale Kommunikation hat den wichtigen Vorteil, nur Ereignis zu sein, und das heißt: mit ihrem Vorkommen sofort wieder zu verschwinden.“[572]

Anders verhält es sich bei Kommunikation mittels Kunstwerken: Kunst „ent-ereignet“[573] Kommunikation, Kunst entzieht Kommunikation dem Verschwinden und Vergessen und bewahrt sie als immer wieder reaktivierbare Möglichkeit auf. Die Tatsache, dass Kunstkommunikation ent-ereignete Kommunikation ist, dass die einzelnen kommunikativen Elemente, d.h. die einzelnen Formen, nicht sofort wieder verschwinden, muss zunächst als ein Problem angesehen werden. Die Akkumulation und Simultanpräsenz kommunikativer Elemente kann sehr schnell zu einer nicht mehr bewältigbaren Komplexität führen und „würde bloßes Geräusch sein, würde Chaos erzeugen“[574]. Wenn die Kommunikation ihren Ereignischarakter verliert, müssen andere komplexitätsreduzierende Momente helfen, Übersicht und Ordnung zu schaffen. Nicht nur das Kunstwerk, sondern bereits die Schrift erzwingt daher neuartige Selektionsstrategien, „Kriterien für wahlfreien Zugriff, Systematisierungen, Register bis hin zu einer geradezu kultischen Verehrung großer Namen und wichtiger Begriffe“[575].

Das Kunstwerk bringt durch *Verflechtung und Verknüpfung seiner Formelemente* Ordnung in das drohende Chaos unüberschaubarer Komplexität. Das Kunstwerk kombiniert eine Vielzahl von gleichzeitig präsenten Unterscheidungen, es organisiert eine „hochverdichtete Interdependenz“[576] einzelner Formfestlegungen und schafft so Ordnung ohne einen linearen, eindeutig festgelegten Informationsfluss.[577] Ein Kunstwerk ist ein vielstimmiges Gespräch, ein Polylog

---

572 Luhmann (1986 b), S. 631.

573 Luhmann (1986 b), S. 631.

574 Luhmann (1986 b), S. 631.

575 Luhmann (1986 b), S. 631. Henk de Berg betrachtet es als einen Fehler Luhmanns, dem Text, also der Schrift, den Ereignischarakter abzusprechen. Es sei die „Tatsache, dass Luhmann die Ereignishaftigkeit von Bedeutung [ganz allgemein] unbeachtet lässt, die ihn dazu nötigt, gesprochene und geschriebene Sprache als qualitativ verschiedene Größen zu betrachten.“ (de Berg (1993), S. 41). Kommunikationen ganz allgemein, so de Berg, „sind zeitpunktmarkierte Selektionsleistungen, deren Bedeutung in der Differenz zum momenthaft in der Selektion negierten Horizont anderer Möglichkeiten gründet. Konkret ausformuliert bedeutet das, dass im Mittelpunkt jeglicher Analyse von Kommunikationsprozessen immer die Rekonstruktion der spezifischen Negationsfolie zu stehen hat, gegenüber der eine spezifische Kommunikation ihre Bedeutung erlangt.“ (de Berg (1993), S. 38). Der Literaturwissenschaftler, so de Berg, müsse dann die Selektionsleistung des Textes rekonstruieren, um so die ursprünglichen kommunikativen Beziehungen dieses Textes ans Licht zu rücken. „Interpretation ist mithin in erster Linie als Rekonstruktion der jeweiligen Negativfolie zu begreifen, gegenüber der Texte ihrer Bedeutung erlangen.“ (de Berg (1993), S. 50).

576 Luhmann (1981), S. 164.

577 Viele Kunstwerke machen gerade die Spannung zwischen Ordnung und unüberschaubarer Komplexität zu ihrem Thema. Man denke nur an die Fugen Bachs, an die Filmwelt David Lynchs oder

zwischen den verschiedenen Formen, d.h. zwischen den verschiedenen Unterscheidungen, zwischen den verschiedenen Beobachtungen. „Die in den Kunstwerken fixierten Beobachtungen beginnen miteinander zu kommunizieren.“[578] Es ist dieser Aspekt, den Luhmann dazu veranlasst, Kunstwerke als „Kompaktkommunikation“[579] zu bezeichnen.

Die spezifische Kommunikationsform eines Kunstwerks führt mit sich, dass sich in demselben die Information nicht ohne weiteres von der Mitteilung trennen lässt. Das Kunstwerk informiert nicht *über etwas anderes*, und wenn schon, dann nur über den Umweg von Auskünften über sich selbst, also über den Umweg der Mitteilung. Das Kunstwerk setzt den Mitteilungsaspekt ins Zentrum. Der informative Gehalt lässt sich dann nur schwer von ihm trennen, also selten eindeutig verstehen:

> „Bedenkt man die Voraussetzung, dass für Kommunikation das Prozessieren von Information entscheidend ist, so scheint (...) permanente Zentrierung auf den Mitteilungsaspekt etwas Pathologisches zu haben. (...) Genau das muten offenbar das Kunstwerk und (...) der ‚literarische‘ Text zu: als Mitteilung informativ zu sein und alle Information mit einer Beziehung auf die Mitteilung auszustatten.“[580]

Der Mitteilungsaspekt steht bei einem Kunstwerk im Vordergrund. Die Schwierigkeit, ein Kunstwerk verstehen zu können, besteht in der Schwierigkeit, zwischen Mitteilung und Information zu unterscheiden. Der informative Gehalt ist eng an die komplexe Mitteilungsart, an das *Wie* der Kommunikation, an das oft beziehungsreiche Formenspiel eines Kunstwerkes gebunden und ist schwer von ihm trennbar. Peter Fuchs spricht so beispielsweise geradezu von einem *antikommunikativen Charakter* lyrikspezifischer Kommunikation. Das Verstehen werde systematisch desorientiert.[581] Künstlerische Kommunikation, d.h. Kunst als Kommunikation, verunmöglicht aber Kommunikation nicht, sie treibt sie vielmehr an ihre Grenzen und macht so auf ihr Funktionieren, auf ihre Schwierigkeit und Eigengesetzlichkeit aufmerksam.

---

an die Romane Thomas Pynchons. Vgl. zu dieser Spannung auch Schwanitz (1993), der den entropischen Kosmos von Laurence Sternes *Tristram Shandy* systemtheoretisch analysiert.

578 Luhmann (1990 a), S. 15.

579 Luhmann (1986 b), S. 627.

580 Stanitzek (1996), S. 42.

581 Vgl. Fuchs (1989), S. 176.

4. Kann Kunst Wahrnehmungen kommunizieren?

Steht das Sozialsystem Kunst dem Menschen näher als andere Sozialsysteme, weil Kunst die Wahrnehmung, das innere Erleben des Menschen, ausdrücken und einer Allgemeinheit zugänglich machen kann?

Kunstwerke sind im Bereich des Wahrnehmbaren angesiedelt. Kunstwerke müssen Wahrnehmungen, die immer privat sind, in Anspruch nehmen – und sind dennoch durch ihre Formfestlegungen als Kommunikation verfügbar. Diese Überbrückung des Grabens zwischen Wahrnehmung und Kommunikation könnte zur Bestimmung der Funktion[582] der Kunst herangezogen werden.

> „Man könnte von der Feststellung ausgehen, dass die Kunst Wahrnehmung in Anspruch nehmen muss und damit das Bewusstsein bei seiner Eigenleistung, bei der Externalisierung packt. So gesehen, wäre es die Funktion der Kunst, etwas prinzipiell Inkommunikables, nämlich Wahrnehmung, in den Kommunikationszusammenhang der Gesellschaft einzubeziehen."[583]

Luhmann schreibt diese Auffassung Dirk Baecker zu, der die Funktion der Kunst in der Tat wie folgt bestimmt:

> „Die Funktion der Kunst besteht darin, Formen der Kommunikation zu entwickeln und zu erproben, in denen der in aller Kommunikation mitlaufende Ausschluss bewusstseinsmäßiger Operationen als dieser Ausschluss mitkommuniziert werden kann. In der Kunst ‚wendet' sich die Kommunikation an die Wahrnehmung."[584]

Die Beobachtungen des Funktionssystems Kunst, so Baecker, beziehen sich auf die Differenz von Kommunikation und Bewusstsein. Nur in der Kunst werde diese Differenz „explizit zum Thema, zum Problem und zur Adresse der Kommunikation"[585]. „Die Kunst", so Baecker mit Nachdruck, „antwortet auf das Problem, dass die Bewusstseine nicht in die Kommunikation hineindenken können und die Kommunikation nicht in die Bewusstseine hineinkommunizieren kann."[586] Baecker nennt Beispiele aus der Kunst, die das Überbrücken der Differenz von Wahrnehmung und Kommunikation vorführen, Beispiele, die „an der Kommunikation nicht nur den Ausschluss der Wahrnehmung, sondern auch den

---

582 Vgl. zur Bestimmung der Funktion von Kunst auch das siebte Kapitel des zweiten Teils dieser Arbeit: *Die Funktion der Kunst* sowie das vierte Kapitel des vierten Teils: *Gesellschaftstheorie und Kunst: Kontingenz.*
583 Luhmann (1995), S. 227.
584 Baecker (1996), S. 96.
585 Baecker (1996), S. 84.
586 Baecker (1996), S. 84.

Wiedereinschluss und die Artifizialität dieses Wiedereinschlusses"[587] vorführen: in der Malerei die abstrakte Geste, in der Literatur die Sprache des Bewusstseins, in der Musik die Fokussierung auf das Geräusch und im Film der Schnitt.

Diese Beispiele sollen zeigen, dass die Elemente von Kunst Kommunikationen sind, „die sich ihren eigenen Reim auf Wahrnehmung machen"[588]. Dabei können Kunstwerke aber nie Wahrnehmungen als solche prozessieren, sie können nur kommunikativ rekonstruierte Wahrnehmungen handhaben.[589] Die Kunst reagiert auf dieses Problem, indem sie ihre Kommunikationen gegen deren eigene Begrenztheit rebellieren lässt. Die Kunstkommunikation führt sich selbst an ihre Grenzen, sie droht zu scheitern: um so möglichst nahe an das Operieren von Bewusstseinssystemen zu gelangen. Kunst wird hier von Baecker also gesehen als der Versuch einer Selbstüberschreitung von Kommunikation, als der Versuch eines Übertritts in die Erlebniswelt psychischer Systeme:

> „Die Kommunikation der Kunst versucht (...) immer, jenen Punkt der eigenen Gefährdung zu erreichen, in dem sie sich als Kommunikation aufs Spiel setzt, das heißt alle Arten von Anschlusskommunikation entmutigt, und statt dessen so tut, als könne sie selbst, als Kommunikation, nur innerhalb der adressierten Bewusstseinssysteme und dort in der Form von Wahrnehmung fortgesetzt werden."[590]

Baeckers pointierte Position sieht die Funktion der Kunst einzig und allein in dieser versuchten Annäherung der Kunstkommunikation an die Wahrnehmung:

> „Die Kunst kommuniziert über nichts anderes als den Wiedereinschluss der ausgeschlossenen Wahrnehmung in der Kommunikation. (...) Sie schockt, verführt und fasziniert die Bewusstseinssysteme in der Umwelt der Gesellschaft mit Hilfe von Kommunikationen, die an die Wahrnehmung dieser Bewusstseinssysteme adressiert sind und diese Adressierung gleichwohl aus nichts anderem als aus dem Rückgriff auf vorherige Kommunikationen und dem Vorgriff auf kommende Kommunikationen gewinnen."[591]

Luhmann verwahrt sich dagegen, diese spezifische Art der Einbeziehung von Wahrnehmung in den Kommunikationszusammenhang der Gesellschaft als die *Funktion* der Kunst anzuerkennen. Auch Luhmann betont sehr wohl die vermittelnde Rolle der Kunst zwischen Kommunikation und Wahrnehmung. Die Funk-

587 Baecker (1996), S. 103.
588 Baecker (1996), S. 104.
589 Für einen Vergleich zwischen Luhmann und Adorno in Hinsicht auf die Inkommunikabilität der für Kunst zentralen Kategorie der Wahrnehmung siehe Stanitzek (2002).
590 Baecker (1996), S. 99.
591 Baecker (1996), S. 98.

tion der Kunst jedoch auf diese Rolle zu fixieren, hält er für zu eingeschränkt. Er sieht die Funktion der Kunst genereller „in ihrem Weltverhältnis schlechthin“:

„[Es] bleibt, was Kunst betrifft, die Frage, ob es ausreicht, die Funktion in der Einbeziehung eines spezifischen Umweltausschnittes, also in einem ‚re-entry‘ der Differenz von Wahrnehmung und Kommunikation in die Kommunikation zu sehen; oder ob man erwarten müsse, dass die Funktion der Kunst in ihrem Weltverhältnis schlechthin, also in der Art liegt, wie sie ihre eigene Realität in der Welt ausdifferenziert und zugleich in sie einschließt. Genau dies scheint die Kunst erreichen zu können, indem sie die Welt schlechthin (und nicht nur einzelne Auffälligkeiten) unter der Perspektive überraschender Redundanzen beschreibt.“[592]

„Diese Argumentation“, so die Kritik von David E. Wellbery, „suggeriert Bereicherung durch Universalisierung, aber sie läuft in Wirklichkeit auf eine Verarmung hinaus.“[593] Was Luhmann mit seiner Funktionsbestimmung, mit seiner Fokussierung auf den Weltbezug der Kunst verspiele, sei die Chance eines Anschlusses an die moderne Tradition philosophischer Ästhetik. Wellberys Kritik ist vernichtend:

„Dass die Kunst darin ihre Funktion habe, mögliche Welten zu entwerfen und dadurch die Stimmigkeit heterokosmischer Ordnungen aufzuzeigen: das ist der Theoriebestand um 1740, als Breitinger in seiner *Critischen Dichtkunst* mithilfe Leibniz-Wolffischer Konzepte ein letztes Mal die Kunst im Sinne der semantisch gedachten Unterscheidung: imaginäre Welt/wirkliche Welt zu interpretieren versuchte.“[594]

Indem Luhmann die Funktionsbestimmung der Kunst, Wahrnehmung in den Kommunikationsprozess miteinzubeziehen, als zu eingeschränkt erklärt, verpasse er den Anschluss an die folgenreiche Kantische Ästhetik. Ich erachte diese harsche Kritik als fragwürdig, zumal Luhmann die Leistung der Kunst als Vermittlerin von Wahrnehmung und Kommunikation durchaus anerkennt, für wichtig hält und sich auch des Bezugs auf Kant bewusst ist:

„Schon Kant hatte die Funktion der Kunst (der Darstellung ästhetischer Ideen) darin gesehen, dass sie mehr zu denken gibt, als sprachlich und damit begrifflich gefasst werden kann. Das Kunstsystem konzediert dem wahrnehmenden Bewusstsein sein je eigenes Abenteuer im Beobachten der Kunstwerke – und macht die dafür Anlass gebende Formenwahl dennoch als Kommunikation verfügbar.“[595]

---

592 Luhmann (1995), S. 229.
593 Wellbery (1999), S. 21.
594 Wellbery (1999), S. 22.
595 Luhmann (1995), S. 227. Luhmann verweist auf Kants *Kritik der Urteilskraft* §49.

Luhmann bestätigt also Kants Konzeption, nur erachtet er sie nicht als Ausformulierung der Funktion der Kunst, sondern als ein darin enthaltener Teil. Luhmanns Position ist einsichtig, wenn man bedenkt, dass er als Gesellschaftstheoretiker und nicht als Transzendentalphilosoph argumentiert.[596]

Die in der Tradition der philosophischen Ästhetik so wichtige kompensatorische Funktion der Kunst steht bei Luhmann wohl nicht im Zentrum, wird aber auch nicht dementiert: „Die in der Wahrnehmungswelt vorhandenen Bewegungsfreiheiten werden [durch die Kunst] gegen die Engführung der Sprache wiederhergestellt."[597] Die kompensatorische Funktion wird angedeutet mit dem Begriff der *Wiederherstellung*. Sie besteht darin, die vom gesellschaftlichen Kommunikationszusammenhang ausgeschlossenen Wahrnehmungen wenigstens spurenweise zugänglich zu machen. Wellbery macht darauf aufmerksam, dass sich dieser Begriff ästhetischer Kompensation in Ansätzen schon bei Kant erkennen lässt, dass er dann aber an Tiefe in Entwürfen der romantischen Ästhetik, etwa bei Schelling, zu nimmt und schließlich bei Nietzsche, Freud, Adorno und Ritter zu einem zentralen Komplex der ästhetischen Theorie der Moderne werde.[598]

Wie sich gezeigt hat, wird die Konzeption, dass Kunst Wahrnehmung für die Kommunikation verfügbar macht, von Luhmann nicht kategorisch abgelehnt. Luhmann bestimmt aber die Funktion der Kunst in *Die Kunst der Gesellschaft* genereller als *„Nachweis von Ordnungszwängen im Bereich des nur Möglichen"*[599]. Zu zeigen, dass im Bereich des nur Möglichen, des nicht Notwendigen, d.h. des Kontingenten nicht bares Chaos herrscht sondern sich Ordnungen aufbauen, sich überraschende Redundanzen entwickeln, ist die Funktion der Kunst. Die Kunst führt der Gesellschaft vor, dass Kontingenz nicht Beliebigkeit bedeutet. Die Kunst zeigt der Gesellschaft, dass Kontingenz handhabbar, dass sie bewältigbar ist.

Wie kann Luhmann sagen, dass die Funktion der Kontingenzbewältigung *genereller* sei als diejenige, Wahrnehmung für die Kommunikation verfügbar zu machen? Was haben diese beiden Aspekte miteinander zu tun? Sind das nicht zwei ganz verschiedene Dinge, Ansätze, die sich widersprechen?

Luhmann beantwortet diese Fragen in seinem 1995 gehalten Vortrag *Die Autonomie der Kunst*. Die Argumentation zielt darauf ab, dass die über Wahrnehmung laufende Kommunikation der Kunst insofern die Unvermeidlichkeit

596 Diese Aussage bestreitet nicht, „dass Luhmanns Erörterung des Zusammenhangs zwischen Wahrnehmung und Kommunikation von einer eingehenden Auseinandersetzung mit der Kantischen Vorgabe an Präzision gewonnen hätte." (Wellbery (1999), S.20 f.).

597 Luhmann (1995), S. 227.

598 Vgl. Wellbery (1999), S. 21.

599 Luhmann (1995), S. 238.

von Ordnung vorführe, als im Bereich der Wahrnehmung größere Sicherheit und Gewissheit herrsche als im sozialen Bereich der Kommunikation:

> Es „ist alles, was wir über Sprache erleben, was wir als soziale Kommunikation erfahren, belastet mit der Ja/ Nein Differenz. Immer wenn etwas gesagt wird, kann man darauf mit ja/nein antworten. Immer wenn eine Kommunikation vorliegt, kann man entweder absichtlich oder unabsichtlich getäuscht werden und rein linguistisch gesehen hat man immer die Möglichkeit zu sagen: Ich lehne ab, ich führe die Weisung nicht aus, ich glaube nicht, was du sagst. Kurz, das ganze Sozialsystem operiert mit einer ständigen Bewältigung einer inneren Ungewissheit, die dadurch entsteht, dass man sprachlich über Ja- und Nein-Formen verfügt. (...) Der Bereich, der früher durch Begriffe wie Verstand oder Vernunft verwaltet wurde, ist also ein Bereich sozial geschaffener innerer Unsicherheit, während der Wahrnehmungsbereich zunächst ein Bereich ist, wo man so sicher ist, dass man unterstellen kann, dass alle dasselbe sehen. Es gibt im Wahrnehmungsbereich ein hohes Maß an Sicherheit, wo es außerordentlich schwierig ist, das gedanklich zu torpedieren und sich klarzumachen, dass alles, was wahrnehmungsmäßig verarbeitet wird im neurophysiologischen System, im Gehirn erarbeitet wird."[600]

Es ist bemerkenswert, dass Luhmann hier gerade den Bereich der Wahrnehmung als sicher bezeichnet. Er sagt jedoch nur, dass dieser Bereich *zunächst* sicher sei. In der alltäglichen Begegnung mit der Welt geht man tatsächlich davon aus, dass das Wahrgenommene so ist, wie man es wahrnimmt: Der Himmel ist blau, der Klang des Symphonieorchesters ist voll, ich weiß, dass dies meine eigenen Hände sind usw. Im Alltag ist sich die Wahrnehmung ein sicherer Bereich. Als Konstruktivist behauptet Luhmann natürlich nicht, dass die Wahrnehmung eine unproblematische Sache sei und schon gar nicht, dass die Welt so ist, wie wir sie wahrnehmen.[601] Aber im Alltag spielt dies keine Rolle: Wenn der gesehene Film gut war, erzählt man seinen Freunden davon. Man spricht dann über den Film und nicht über das Feuern der Neuronen in seinem Gehirn. Man hat den Film gesehen, war dabei: Das war eine eindrucksvolle und untrügliche Wahrnehmung. Luhmann knüpft an diese Situation an und fragt, „ob nicht Kunst eine wichtige Funktion einfach deshalb hat, weil sie die Sicherheiten, die wir im Bereich der Wahrnehmung haben, für soziale Kommunikation in Anspruch nehmen kann. Weil sie die Wahrnehmung, obwohl man sieht, dass es hergestellte Werke sind, obwohl man sieht, dass ein Arbeitsprozess dahinter steht, trotzdem als Sicherheitsspende hat: es ist eben, wie wir es sehen."[602]

---

600 Luhmann (1997 b), S. 184.

601 „Alles, was wir wahrnehmen, findet nur im Kopf statt. Die Gehirnsprache ist eine quantitative elektrische Sprache, die mit Frequenzänderungen, mit Zeit, mit räumlichen Parallelen arbeitet, und dafür gibt es in der Umwelt kein Korrelat." (Luhmann 1997 b, S. 183).

602 Luhmann (1997 b) S. 185.

Dieses „Es ist eben, wie wir es sehen“ impliziert nicht Eindeutigkeit oder Einfachheit. Ein Kunstwerk kann verwirren, überfordern, hilf- und ratlos machen. Anders als die von der Sprache im engeren Sinne verursachte Unsicherheit, die immer von der unberechenbaren und unkontrollierbaren Annahme bzw. der Ablehnung anderer abhängt, ist die vom Kunstwerk im Bereich der Wahrnehmung ausgehende Unsicherheit aber eine *selbsterzeugte* Unsicherheit. Es ist das Kunstwerk selbst, das „ständig Kontingenz produziert und Kontingenz bewältigt“[603]. Indem das Kunstwerk mittels wahrnehmbarer Formen kommuniziert und so die Wahrnehmung für die Kommunikation verfügbar macht, kann es seine Ungewissheit eigenständig handhaben und vorführen, ja plastisch darlegen, dass mit Ungewissheit durchaus umgegangen werden kann und dass gerade auch so Ordnung entsteht.[604] Das Kunstsystem, das „ständig Ungewissheit produziert und ständig die eigene Ungewissheit abarbeitet“[605], sieht Luhmann als ein „Modell der Gesellschaft“[606].

> „[I]ch denke, dass die Kunst, wenn man sie nicht länger als Imitation oder als Kritik der Gesellschaft beschreibt, sondern als Symbolisierung eines ganz allgemeinen Modells der Funktionssysteme der modernen Gesellschaft, einen Sinn hat, den man als Soziologe deutlich machen kann, der dem Künstler vielleicht nicht bewusst sein muss – da genügt die Inspiration durch sein eigenes Werk. Aber für einen Soziologen wäre daran interessant, dass die moderne Gesellschaft das überall realisiert, was in der Kunst exemplarisch und in gewisser Weise geschützt durch Folgenlosigkeit vorgestellt wird.“[607]

---

603 Luhmann (1997 b) S. 187.

604 Luhmann beschreibt diesen Aufbau von Ordnung in Kunstwerken in einem späten Radiogespräch. Auf die Frage: „Welche gesellschaftliche Funktion messen Sie denn der Kunst zu in Bezug auf ihr Theoriemodell? Gibt es eine Realität, eine soziologische Realität der Kunst?“, antwortet Luhmann: „Ja, sicherlich. Sie liegt vor allen Dingen darin, dass der Bereich des nur Wahrnehmbaren für Kommunikation geöffnet wird. Das man also sehen kann: Das ist aus diesem Grunde so und nicht anders, arrangiert in einem Bildwerk oder in einem Roman. Dass sich also etwas, was man nicht verbal mitteilen kann, über Wahrnehmbarkeit mitteilt. Also, vor allen Dingen Ordnungsvorstellungen natürlich oder Einschränkungen der Beliebigkeit: Wenn ich mal so angefangen habe, ein Gedicht oder ein Bild, dann muss ich entweder abbrechen und auslöschen, oder ich muss mich den Anforderungen fügen, mit jedem, was ich hinzutue, eine neue Beschreibung dessen, was schon da ist, zu produzieren, also immer so spiralförmig zu arbeiten. Wenn man sieht, wie ein Maler ... Also mit einem Strich fängt er an ..., dann macht er einen großen Strich, und dann sieht er plötzlich, dass der Strich total überzogen ist, aber optisch von unten nach oben läuft ... Und was kann ich jetzt hinzutun, um das zu stärken.“ (Luhmann 2004 a, S. 95 f.).

605 Luhmann (1997 b), S. 189.

606 Luhmann (1997 b), S. 189.

607 Luhmann (1997 b) S. 189 f.

Das Kunstwerk führt der Gesellschaft vor, dass mit Ungewissheiten umgegangen werden kann, dass Kontingenz bewältigbar ist: Das ist die generelle Funktion der Kunst. Diese Vorführung findet statt und gelingt durch eine „Verlagerung von Kommunikation in das Wahrnehmbare"[608]:Dieses Letztere ist ein Aspekt der Funktion der Kunst, aber noch nicht die Funktion selbst.

5. Das Individuum als Differenz

Was bedeutet es für das Individuum, aus der Gesellschaft ausgeschlossen und in deren Umwelt angesiedelt zu sein? Dieses Kapitel widmet sich der Beziehung von Individuum und Gesellschaft bei Luhmann im Allgemeinen. Das betrifft natürlich immer auch die Frage des Verhältnisses von Kunstsystem und Künstler, von Kunst und Individuum. Explizit thematisiert wird diese Frage jedoch erst in den Kapiteln sechs und sieben.

Luhmanns Theorie der Exklusionsindividualität besagt, dass in der funktional differenzierten Gesellschaft das Individuum in der Umwelt der Gesellschaft steht. Dies führt eine semantische Schwierigkeit für das Subjekt mit sich:[609] Will es wissen, wer es ist, muss es sich selbst, und kann nicht die Gesellschaft befragen. Selbsterkenntnis muss durch *Reflexion* erarbeitet werden. Da die Selbstreflexion immer schon einen Bezug auf die das Selbst konstituierende Umwelt miteinschließt, einen Bezug auf andere Individuen beispielsweise oder auf gesellschaftliche Teilsysteme, entsteht das Paradox: Identität *ist* Differenz. *Ich bin, der ich nicht bin*, oder „ich bin, was ich nicht bin"[610]. Diese Paradoxie muss, wie Luhmann sagt entfaltet, entparadoxiert werden. Tautologie und Paradoxie als Probleme der Selbstreflexion beschreibt er so:

> „Die Grundfrage lautet (...): wie enttautologisiert sich das System in der Welt? Wie asymmetrisiert das System den Zirkel seiner Selbstreproduktion? Unter diesem Geschichtspunkt erhalten evolutionär erzwungene Gegebenheiten, nämlich die Irreversibilität der Zeit und die Überkomplexität der Umwelt, von der jedes System abhängt, eine Zweitfunktion für die Anfertigung von Selbstbeschreibungen des Systems. Sie verhelfen dem System zur Enttautologisierung und zur Asymmetrisierung seiner Selbstreferenz. Es kommt zum ‚reentry' einer Unterscheidung in den durch sie unterschiedenen Bereich. (...) Das autopoietisch immer schon individualisierte,

---

608 Luhmann (1997 b), S. 182.

609 Vgl. für die bewusstseinsphilosophischen Implikationen des folgenden Kapitels die vorzügliche Arbeit von Oliver Jahraus (2003), Kapitel 2. *Bewusstsein als Letztbegründungshorizont*, sowie Kapitel 3. *Kommunikation und das systemtheoretische Theorieelement der strukturellen Kopplung*.

610 Luhmann (1989), S. 244.

immer schon autonom existierende System ist in der Zeit durch eine Differenz zur Umwelt konstituiert. (...) Es kann dann nur um die Frage gehen, wie diese Differenzen von vorher/nachher und Umwelt/System, die das System erst ermöglichen, in das System wiedereingeführt und in ihm zur logischen Entfaltung seiner Selbstreferenz benutzt werden."[611]

Das Individuum kann die es konstituierende Differenz als solche nicht beherrschen. Dies deshalb, weil die Umwelt eine für das System uneinholbare Komplexität besitzt, und weil das System als ereignishaftes stets im Jetzt existiert und ihm das Zuvor und Danach entgleiten. In dieser Situation ist das Individuum gezwungen, die Umwelt sowie die zeitliche Differenz intern zu konstruieren. Die Komplexität der Umwelt muss drastisch reduziert werden und kann nur in dieser für das System fassbaren Form in das System eingeführt werden. Selbstreflexion bedeutet also: Bezug auf die systeminternen, auf die durch ein *re-entry* eingeführten Differenzen. Diese sind konstruiert und kontingent: „Alles, was jetzt als Identität fungiert, beruht auf künstlicher, kontingenter Selbstsimplifikation – sei es, dass man so sein will wie andere; sei es, dass man anders sein will als andere."[612]

Sich als selbstidentisches, fassbares und verstehbares Individuum vorzustellen und zu repräsentieren, ist eine ungeheuerliche Vereinfachung, eine „Selbstsimplifikation". Die Greifbarkeit eines identischen Individuums ist nur möglich durch die logisch vage Operation der Paradoxieentfaltung. Dieser Schritt ist unvermeidlich, denn verstanden als Einheit der Differenz von System und Umwelt und von Zukunft und Vergangenheit ist sich das Individuum nicht fassbar, es rinnt sich durch die Finger wie feiner Sand. Das Individuum ist immer auch ein anderes, es entgleitet so jedem Selbstzugriff. Dass sich ein Individuum als eine mehr oder weniger feste Einheit verstehen und für einen mit festen Eigenschaften ausgerüsteten Charakter hält und gesehen werden möchte, ist verständlich. Dieses Selbstbild ist aber nie notwendig, sondern eine Konstruktion des Individuums.

Es ist für das Individuum eine schwere Bürde, außerhalb der Gesellschaft zu stehen und gleichzeitig mit sich selbst identisch sein zu müssen. Bei nur geringer gesellschaftlicher Hilfe wird dem Individuum *aufgenötigt*, wie Luhmann sagt, identisch zu sein: „Sogar identisch zu sein und zu bleiben, wird verlangt, ja aufgenötigt; und dies, obwohl die Gesellschaft dafür keine konstanten Rahmenbedingungen mehr bietet."[613] Luhmann stellt die damit zusammenhängende gesellschaftskritische Frage, „welche Konsequenzen es hat, dass dem Individuum jetzt [d.h. in der funktional differenzierten Gesellschaft] erlaubt, ja anempfohlen wird,

611 Luhmann (1989), S. 228 f.
612 Luhmann (1989), S.227.
613 Luhmann (1995 b), S. 11.

seine eigenen Wünsche, Bedürfnisse, Neigungen und Interessen ungehemmt zu kommunizieren – und die entsprechenden Enttäuschungslasten zu verkraften."[614]

Luhmann ist sich bewusst, dass sich seine systemtheoretische Analyse des Individuums nicht deckt mit dem Selbstverständnis des Menschen. Viele würden nur den Kopf schütteln, würde man sie mit der Aussage konfrontieren, dass sie nicht in der Gesellschaft, sondern in deren Umwelt existieren, und dass ihre Selbstauffassung und Selbsteinschätzung auf kontingenter Selbstsimplifikation beruhe.

Luhmanns Einsichten resultieren aus einer strukturellen Analyse, sie werden in der *Semantik* des Individuums aber nicht berücksichtigt. Die strukturelle Sicht kann dem Individuum nicht zugemutet werden, die Gesellschaft hält ihm andere, erträglichere Beschreibungen bereit. Luhmann nennt zwei Formen von gesellschaftlich geleiteter „Asymmetrisierung von Individualität"[615] zwei Arten, wie die Individualität konstituierende Differenz in das psychische System wiedereingeführt werden kann. Für die Zeitdifferenz wählt er das Beispiel des Karrierebewusstseins und für die System/Umwelt-Differenz das Beispiel von Anspruchshaltungen.

Die *Karriere* – dieser Begriff in einem weiten Sinne verstanden, der nicht nur die Berufskarriere, sondern auch eine Ausbildungskarriere, Reputationskarriere, Krankheitskarriere usw. umfasst – dient zur Artikulation von Individualität in der Zeit. Eine Karriere ist ein beinahe voraussetzungsloses autopoietisches System. Die Karriere besteht, wie Luhmann schreibt, „aus Ereignissen, die nur dadurch, dass sie die Karriere positiv oder negativ fördern, und weitere Ereignisse dieser Art ermöglichen, zur Karriere gehören."[616] Paradoxerweise ist eine Karriere, die ja ein Individuum festigt, eine „durch und durch kontingente Struktur"[617]. Denn alle „Karriereereignisse sind kontingente Selektionen weiterer Selektionen. Von jedem Ereignis aus wird die Vorgeschichte zur notwendigen Voraussetzung, die anschließbare Zukunft zur Folge."[618] Mit dem gesellschaftlichen Konzept der Karriere rekonstruiert das Individuum in eingeschränkter aber zugespitzter Form intern die Differenz von vorher/nachher und macht sie so beherrschbar. Dadurch wird das Individuum fassbar und verstehbar.

Die zweite Form gesellschaftlich geleiteter Asymmetrisierung von Individualität bezieht sich auf *Anspruchshaltungen.* Ausgangspunkt ist „der Anspruch, Individuum zu sein und als Individuum zugelassen zu sein"[619]. „Individualität ist

614 Luhmann (1995 b), S. 11.
615 Luhmann (1989), S. 230.
616 Luhmann (1989), S. 233.
617 Luhmann (1989), S. 234.
618 Luhmann (1989), S. 233 f.
619 Luhmann (1989), S. 244.

Unzufriedenheit"[620]. Die damit verbundenen Ansprüche tasten die Welt ab und bestimmen zugleich das Individuum. Ansprüche dienen als „Abtastinstrumente für individualisierende Erfahrungen"[621]:

> „Die Form, in der die Differenz zur Umwelt durch ein Individuum gehandhabt und asymmetrisiert werden kann, ist der Anspruch, der Anspruch, dass etwas anders werde, als es ist. Der Anspruch ergänzt die System/Umwelt-Differenz durch eine Zweitdifferenz, nämlich die Differenz dessen, was ist und was von selbst geschehen würde, zu dem, was das Individuum vorziehen würde. Mit dieser Zweitdifferenz versucht das Individuum die Erstdifferenz von System und Umwelt zu manipulieren. Dadurch erst wird das Verhältnis von System und Umwelt asymmetrisch."[622]

Das auf sich selbst gestellte, extrasozietale Individuum steht bei der Ausbildung seiner eigenen Identität vor großen Problemen. Die gesellschaftlich geleiteten Formen der Asymmetrisierungen von Individualität: *Karriere* und *Anspruchshaltungen*, sind Hilfsmittel, deren Potential jedoch eingeschränkt ist.

Inwiefern kann das Individuum bei seiner Selbstdefinition auf die Gesellschaft zurückgreifen? In seinem zeitlich früheren Aufsatz *Die Autopoiesis des Bewusstseins* geht Luhmann so weit zu behaupten, die Annahme, die Gesellschaft könne dem Individuum bei seiner Selbstfindung behilflich sein, sei prinzipiell falsch:

> „Die Paradoxie steckt letztlich (...) schon in der Reflexion des Bewusstseins selbst, das heißt in der Absicht die Einheit des Bewusstseins in das Bewusstsein wiedereinzuführen. Die Wiedereinführung der Einheit eines Systems in dieses System erzeugt in diesem System eine *Differenz*, nämlich die Differenz der introduzierten Einheit zu dem, was sich im System sonst noch vorfindet. (...) Die *Einführung der Einheit in die Einheit* ist also die *Einführung einer Differenz in die Einheit*. (...) Mithin ist es aus sehr prinzipiellen Gründen falsch, anzunehmen, die Gesellschaft könne dem Individuum bei seiner ‚Identitätsfindung' behilflich sein, ihm dafür Modelle oder Beispiele bieten oder ihm diese Aufgabe durch eine vorgegebene ‚kollektive Identität' erleichtern. (...) Das Problem ist vielmehr, dass Identität nur in einer Differenz zu haben ist und dass diese Differenz, wenn das System sich mit seiner Identität soll identifizieren können, die Einheit des Systems vertreten können muss."[623]

---

620 Luhmann (1989), S. 243.

621 Luhmann (1989), S. 246.

622 Luhmann (1989), S. 242 f.

623 Luhmann (1995 c), S. 106 f. Ich zitiere den Aufsatz *Die Autopoiesis des Bewusstseins* als Luhmann (1995 c). Erstmals erschienen ist er in: Alois Hahn/ Volker Kapp (Hg.), Selbstthematisierung und Selbstzeugnis: Bekenntnis und Geständnis, Frankfurt a.M. 1987, S. 25-94.

Diese Position ist extrem und wird durch die vermittelnden Konzepte *Karriere* und *Anspruchshaltung* zumindest teilweise korrigiert. Denn *Karriere* und *Anspruchshaltung* sind wohl primär individuelle Angelegenheiten, niemand würde aber ernsthaft deren gesellschaftlichen Charakter und deren gesellschaftliche Bedingtheit bestreiten.

5.1 Die Person

Kommunikation als das grundlegende Element sozialer Systeme wird von Luhmann reichlich abstrakt definiert: Sie ist die Synthese dreier Selektionen: Mitteilung, Information und Verstehen. D.h. Kommunikation findet nur dann statt, wenn irgendein *Informationsinhalt* (was soll gesagt werden?) sowie eine *Mitteilung* (Intention, Grund der Kommunikation) aus dem beinahe unendlichen Bereich von Möglichkeiten gewählt bzw. identifiziert wird, und sodann zwischen Information und Mitteilung unterschieden, d.h. wenn das Zusammenspiel von Information und Mitteilung *verstanden* wird: Ist das Gesagte als Feststellung oder als Aufforderung zu verstehen? War der Tonfall ironisch, also das Gegenteil der Information gemeint?

Entscheidend ist, dass Kommunikation nur in Kommunikationssystemen vorkommt, dass also „alle drei Selektionen nur in der Kommunikation und durch Kommunikation stattfinden und nicht auf Auswahlentschlüsse handelnder Individuen zurückgeführt werden können."[624] Kommunikationen sind auf Netzwerke angewiesen, die die Anschlüsse regeln. Individuen können nicht bestimmen, welche Anschlüsse folgen, weil sie sie selbst nicht produzieren.

Wenn Luhmann Kommunikationen und nicht Individuen als Elemente sozialer Systeme definiert, so will er nicht die Bedeutung des Individuums für die Entstehung und Fortbestand sozialer Systeme leugnen. Der entscheidende Punkt ist vielmehr die Hervorhebung der Autonomie sozialer Systeme gegenüber menschlichem Willen und Bewusstsein. Luhmann vertritt die Einsicht, dass das Besondere sozialer Zusammenhänge gerade nicht aus der individual-partikularistischen Perspektive angemessen beschrieben werden kann, sondern sich allein aus einer ganzheitlich-systemischen Betrachtungsweise heraus begreifen lässt. Der Mensch kann in Luhmanns Theorie nicht mehr als eine vorgegebene Einheit beschrieben werden, sondern muss als ein Konglomerat voneinander weitgehend unabhängiger Instanzen verstanden werden. Weite Teile des ‚Menschen' erlangen ihre Eigenheit nicht aus sich selbst, sondern werden geformt von den Kommunikationszusammenhängen, in denen sie gerade stehen.

624 Fuchs (2003), S. 129.

Luhmanns Gesellschaftstheorie *als Kommunikationstheorie* kann trotz allem nicht darüber hinwegtäuschen, dass es so etwas wie Individuen gibt, die etwas sagen, die Nachrichten versenden, die mitteilen und etwas verstehen. So scheint es augenfällig, dass das Kunstsystem nicht nur aus Synthesen dreifacher Selektionen besteht, dass darin vielmehr in irgendeiner Art und Weise Künstler, Kritiker, Theaterbesucher, Käufer usw. vorkommen. Luhmann verwendet für diese Stellen den Begriff der *Person.* Personen sind keine Menschen und auch keine psychischen Systeme. „Als *Personen* sind hier nicht psychische Systeme gemeint, geschweige denn ganze Menschen. Eine Person wird vielmehr konstituiert, um Verhaltenserwartungen ordnen zu können. Jemand kann für sich selbst und für andere Person sein. Das Personsein erfordert, dass man (...) Erwartungen an sich zieht und bindet (...).“[625] Personen sind „Erwartungskollagen“[626] sozialer Systeme.[627]

Eine Person ist eine kommunikativ etablierte Struktur, die Verhaltenserwartungen einschränkt und dirigiert. „Sie ist eine Limitationsfigur, durch die festgelegt wird, was von Leuten erwartet werden kann bzw. was die Leute von Leuten erwarten dürfen.“[628] Oliver Jahraus hebt hervor, dass soziale Systeme nicht durch Personen konstituiert werden, dass vielmehr Handlungsrollen ganz allgemein *Effekte*, ja *Selbstsimplifikationen* von Kommunikationssystemen sind. Kommunikationssysteme konstituieren Handlungsrollen, sie bringen *Egos* und *Alter Egos* hervor. Dies geschieht durch eine Bündelung von Kommunikationsstrukturen. Handlungsrollen, d.h. Personen, zu identifizieren entspringt einer vereinfachenden Sichtweise eines Kommunikationsnetzes. Es ist dies eine Selbstsimplifikation eines Kommunikationssystems:

> „[Die] Selbstsimplifikation weist den kommunikativen Operatoren von Ego und Alter Ego Handlungsrollen zu. Entscheidend dabei ist (...) zu erkennen, dass diese Handlungsrollen nicht Kommunikation konstituieren, sondern gerade umgekehrt: Handlungen und Handlungsrollen sind selbst kommunikative Effekte der Selbstregulierung (mittels Selbstsimplifikation) des Kommunikationsprozesses. Ego und Alter Ego sind nicht Konstituenten des sozialen Systems, sondern dessen Effekte.“[629]

Luhmann definiert den Begriff der Person als *„individuell attribuierte Einschränkung von Verhaltensmöglichkeiten“*[630]. Eine Person entsteht, wenn ein

625 Luhmann (1984), S. 429.
626 Luhmann (1984), S. 178.
627 Vgl. hierzu auch Dziewas (1992).
628 Fuchs (2003), S. 128. Diese Bestimmung des Begriffs Adresse trifft sehr gut auch den Begriff der Person zu.
629 Jahraus (2003), S. 212.
630 Luhmann (1995 d), S. 148.

soziales System eine erwartbare Bündelung von Eigenschaften benötigt. Die Undurchschaubarkeit und Unerwartbarkeit eines psychischen Systems muss dazu reduziert werden. Als Person betrachtet wird einem psychischen System zugemutet, *der oder jener* mit *diesen oder jenen* Eigenschaften zu sein. Der Begriff der Person ist eine soziale Abstraktion. Der Bündelungsbegriff Person trifft nicht die „individuelle Einzigartigkeit der konkreten Natur des Einzelmenschen“[631].

Der Begriff der Person löst ein Problem, mit dem alle sozialen Systeme beschäftigt sind: das Problem der doppelten Kontingenz, das Problem der absoluten Undurchschaubarkeit psychischer Systeme, welches jede Kommunikation verunmöglicht:

> „In einer Situation mit doppelter Kontingenz, in der jeder Teilnehmer sein Verhalten gegenüber anderen davon abhängig macht, dass diese ihm gegenüber zufriedenstellend handeln, besteht ein zwingendes Bedürfnis nach Einschränkung des Spielraums der Möglichkeiten. Es ist diese instabile, zirkuläre Notlage der doppelten Kontingenz, die die Entstehung von Personen provoziert: oder genauer: die die Beteiligten, was immer psychisch in ihnen abläuft, dazu bringt, sich im Sozialsystem, also kommunikativ, als Person zu geben und die Überraschungsqualitäten ihres Verhaltens entsprechend vorsichtig zu dosieren (...).“[632]

Person zu sein bedeutet: „Erwartungsdisziplin“, „Einschränkung der Verhaltensrepertoirs“, bedeutet „die Notwendigkeit, der zu bleiben, der zu sein man vorgetäuscht hatte“[633]. Person zu sein dient nicht psychischen Bedürfnissen, sondern ist eine Notwendigkeit sozialer Systeme. Gleichwohl kann man als psychisches System dazu verführt werden, den personenförmigen Zuschreibungen, denen man ständig ausgesetzt ist, nachzugeben und „eine oder mehrere Imaginationen seiner selbst“ [634] zu entwickeln. Luhmann schreibt dazu:

> „Das Individuum ist sich selbst eigentlich nur als fragmentarisches Selbst gegeben, das sich erst unter dem Druck der Erwartungen anderer zu einer darstellbaren Identität formt. Die überschüssigen Bewusstseinsleistungen werden durch Repression ins ‚Unbewusste‘ weggedrückt, so dass jeder sich selbst zur Gewohnheit werden kann und Konsistenz nicht als Nötigung erfahren muss.“[635]

Personen sind nicht psychische Systeme. Sie sind auch keine Kommunikationen noch können sie kommunizieren, denn nur Kommunikation kann kommunizie-

---

631 Luhmann (1995 d), S. 147.
632 Luhmann (1995 d), S. 149.
633 Luhmann (1995 d), S. 149 f.
634 Fuchs (2003), S. 132.
635 Luhmann (1995), S. 145.

ren. Personen dienen aber der strukturellen Kopplung von psychischen und sozialen Systemen:

> „*Personen dienen der strukturellen Kopplung von psychischen und sozialen Systemen.* Sie ermöglichen es den psychischen Systemen, am eigenen Selbst zu erfahren, mit welchen Einschränkungen im sozialen Verkehr gerechnet wird. (...) Das Bewusstsein, eine Person zu sein, gibt dem psychischen System für den Normalfall das soziale o.k.; und für den abweichenden Fall die Form einer im System noch handhabbaren Irritation. Es merkt gewissermaßen, wenn es mit sich selbst als Person in Schwierigkeiten kommt, und hat daher eine Gelegenheit, nach Auswegen zu suchen."[636]

Luhmanns Begriff der *Person* ist eine Grenzfigur. Er ist situiert auf der Grenze zwischen psychischen und sozialen Systemen und ermöglicht so wichtige Integrationsarbeit im Spannungsfeld von „Mensch" und Gesellschaft, von Künstler/Kunstrezipient und Kunstsystem.

6. Kunst als autopoietisches Kommunikationssystem?

Welche Wirkung kann Kunst auf das Individuum ausüben? Wie kann das Kunstsystem, das als selbstreferentielles Kommunikationssystem psychische Systeme ausschließt, bewegen, berühren oder nachdenklich machen? Auf die Frage: „Was geht ihnen durch den Kopf, wenn Sie arbeiten?" antwortet der Künstler Bruce Nauman: „Ich habe von Anfang an versucht, Kunst zu machen, (...) die sofort voll da war. Wie ein Hieb ins Gesicht mit dem Baseballschläger, oder besser, wie ein Schlag ins Genick. Man sieht den Schlag nicht kommen, er haut einen einfach um."[637] Muss Luhmanns Theorie geschlossener Systeme eine solche Äußerung als baren Unsinn abtun oder bietet seine Konzeption die Möglichkeit, den unmittelbaren Effekt von Kunst auf das Individuum zu denken?

Entscheidend für Luhmanns Kunsttheorie ist die *autopoietische Organisation* der Kunstkommunikation. Wie jede Kommunikation ist auch die Kunstkommunikation nicht an Individuen gebunden: Die Kunst kommuniziert, nicht der Künstler und nicht der Kunstbetrachter. Subjekte spielen in der Kunstkommunikation eine untergeordnete, eine sekundäre Rolle. Die Kunst als primärer Akteur nimmt Wahrnehmung in Anspruch, ihr Formenarrangement lenkt, irritiert und reflexiviert die Wahrnehmung des Beobachters: des herstellenden sowie des betrachtenden Beobachters. Obwohl nicht Beobachter kommunizieren, ist die

---

636 Luhmann (1995 d), S. 153 f.
637 Nauman 1996, S. 149.

Kommunikation auf Beobachter angewiesen. Beobachter, das heißt in diesem Zusammenhang: Künstler und Rezipienten, bestimmen jedoch nicht das Geschehen des Kunstsystems. Sie bekommen vielmehr von diesem erst eine Rolle, eine *Person*, zugeteilt. Wollte man also hier überhaupt noch von Individuen sprechen, so müsste man eher sagen, dass das *Kunstsystem* Individuen konstituiert.[638]

> „Wenn wir Verdichtungsbegriffe wie ‚Beobachter', ‚Betrachter', ‚Künstler', ‚Kunstwerke' usw. verwenden, sind (...) immer nur *Kondensate des Kommunikationssystems Kunst* gemeint, gleichsam Sedimente einer Dauerkommunikation, die mit Hilfe der so festgelegten Rekursionen vom einen zum anderen finden. Künstler, Kunstwerke etc. haben im Prozess der Autopoiesis von Kunst eine Strukturfunktion. Sie bündeln Erwartungen."[639]

Die ereignishaften und also schwer fassbaren Kunstkommunikationen, die mit ihrem Erscheinen sogleich wieder verschwinden, können durch Verdichtungsbegriffe wie ‚Kunstwerk', ‚Künstler' oder ‚Betrachter' zum Stehen gebracht, zusammengeschnürt, gebündelt werden. Diese Begriffe sind nicht in gleichem Maße ephemer wie die basalen Ereignisse des Kunstsystems. Sie garantieren durch ihre relative Dauerhaftigkeit „eine Möglichkeit, vor- und zurückzugreifen und doch am Selben zu bleiben"[640]. Die sich sofort wieder auflösende Kommunikation kann so beim selben Werk, beim selben Künstler oder beim selben Kunstbetrachter bleiben.

Wenn sich die Kunstkommunikation des Verdichtungsbegriffs ‚Künstler' bedient, so ist damit nicht das „jeweils physische Substrat, das Leben, das Bewusstsein"[641] des Künstler gemeint. Vielmehr ist damit nur das angesprochen, was durch die enge Öse einer strukturellen Kopplung Eintritt in die Kommunikation findet. Kommuniziert wird so nicht über die unendlich komplexe Einheit des Künstlers als Mensch, sondern nur über das, was die Kunstkommunikation zu irritieren vermag, über das genauer, was sich dieselbe zurechtlegt: über die *Person* des Künstlers, die vom Kunstsystem selbst konstituiert wird. Über den Künstler als Mensch zu sprechen ist nicht ausgeschlossen, nur würde das den Systemrahmen der Kunst sprengen:

---

638 Außerordentlich interessantes Bild- und Textmaterial liefert zu dieser aktiven Rolle von Kunst der Katalog *Seele – Konstruktionen des Innerlichen in der Kunst*, der anlässlich der Ausstellung *Multiple Räume (1): Seele – Konstruktionen des Innerlichen in der Kunst* in der Staatlichen Kunsthalle Baden-Baden vom 14.02 – 18.04.2004 erschien: Bilstein/Winzen (2004). Vgl. zum Verhältnis von Mensch und Kunst auch Roeck (2004), S. 145-190 sowie Huber (2005), S. 351 ff.

639 Luhmann (1995), S. 88.

640 Luhmann (1995), S. 88.

641 Luhmann (1995), S. 88.

> „Sicher kann man auch über Künstler als Menschen oder über Kunstwerke als materielle Artefakte sprechen; und man müsste es tun, wenn der Ehrgeiz auf eine vollständige Objektbeschreibung abzielte. Das hieße aber, der Beschreibung eine jeweils andere Systemreferenz zu Grunde zu legen bzw. die Systemreferenzen der Beschreibung ständig zu wechseln."[642]

Die Frage, die sich angesichts eines Kunstwerks stellt, ist weder Wie soll ich als Künstler meinen tiefen Gedanken und Gefühlen Ausdruck verleihen? noch Was will uns der Künstler damit sagen? und auch nicht Was bedeutet dieses Kunstwerk an sich? sondern vielmehr: Wie funktioniert das Kommunikationssystem Kunst? Welche Formen lassen sich noch an die vorangehenden anschließen? Auf welche Weise schließt in diesem Kunstwerk Form an Form an? Welche Selbstprogrammierung gibt das Werk zu erkennen? Entscheidend ist die Selbstorganisation, die Autopoiesis des Kunstsystems:

> „Entscheidend ist die autopoietische Organisation des Vorgangs, der im Rahmen selbsterzeugter Ungewissheit Unterscheidungen prozessiert, was immer die Beteiligten dabei wollen, sehen, empfinden. Es kommt, mit anderen Worten, für das Zustandekommen von Kommunikation nicht darauf an, dass Bewusstseinssysteme einander wechselseitig erraten können. Kommunikation findet immer dann statt, wenn die Mitteilung einer Information verstanden wird – was zur Annahme oder auch zur Ablehnung, zu Konsens oder auch zu Dissens führen kann."[643]

Kunst ist nicht das, was ein Künstler ausdrücken will und nicht das, was ein Betrachter empfindet: Kunst ist vielmehr ein Arrangement von Formen, das sich selbst steuert: Mit dem Hinzukommen jeder Form werden die Möglichkeiten eingeschränkt, weitere Formen anschließen zu können. Die Beobachtung wird durch das Formenarrangement gelenkt, wenn auch nicht in eindeutiger Weise. Kunst ist die „Artikulation ihrer Selbstreferenz"[644], sie erlaubt sich alles, „was selbstreferentiell anschlussfähig"[645] ist.

6.1 Inklusion in das Kunstsystem

Wie ist Inklusion in das Kunstsystem möglich, d.h. wie kann ein autopoietisches psychisches System seine Eigenkomplexität zum Aufbau des Kunstsystems zur Verfügung stellen?

642 Luhmann (1995), S. 88.
643 Luhmann (1995), S. 71f.
644 Luhmann (1995), S. 75.
645 Luhmann (1995), S. 75.

Das Kunstwerk ist sein eigenes Programm.[646] Das einmal begonnene Kunstwerk *legt selbst fest*, welche weiteren Unterscheidungen angeschlossen werden können. Der Anfang des Werks, von dem alles Weitere abhängt, der über die Anschlussfähigkeiten weiterer Unterscheidungen bestimmt, ist zufällig.[647] Die erste Unterscheidung, die Markierung, „wählt (irgendwie) aus unendlich vielen möglichen Unterscheidungen eine aus, um daran eine Beschränkung für den weiteren Aufbau des Kunstwerks zu finden“[648]. Luhmann betont die Zufälligkeit der ersten Unterscheidung: „Auf Grund des bloßen Unterscheidens kommt die Operationssequenz quasi selbstläufig in Gang. Ihr Anfangsmotiv bleibt (...) ein Zufall und für den Aufbau von Ordnung irrelevant. Jeder Zufall würde genügen.“[649]

Oliver Sill bemängelt dieses offensichtliche und unbefriedigende Desinteresse Luhmanns an den Anfangsmotiven für die Entstehung eines Kunstwerks. Denn in der Tat verunmöglicht die gänzliche Entstehungszufälligkeit beispielsweise eine Theorie einer psychischen Determinierung eines Werks. Ist es nicht die Psyche, die Fantasie, die Imagination des Künstlers, so Sills Frage, die den entscheidenden Antrieb für die Entstehung eines Kunstwerks liefert? „Luhmanns Theorie“, so seine Kritik, „vernachlässigt die Frage, wie sich das Sozialsystem gegenüber psychischen Systemen öffnet“[650]. Eine Ergänzung von Luhmanns Konzept durch die literaturtheoretischen Reflexionen Wolfgang Isers biete daher die Möglichkeit, diese Ausblendung zu überwinden, denn Isers Untersuchungen zielten gerade auf das Zusammenspiel von Künstler, Kunstwerk und Rezipient.[651] Anders als Luhmann, so Sill, hebt also Wolfgang Iser

> „die *konstitutive Bedeutung des Imaginären* für den Prozess künstlerischer (literarischer) Produktion hervor, jener Vorstellungen, Phantasien, Tagträume und Träume, in denen Abwesendes oder Nicht-Existierendes in sinnlicher Prägnanz erfahrbar werden; ‚Anfangsmotive‘ mithin, die erst mit den elementaren Akten des Fingierens unter die Dominanz eines Zweckorientierten Bewusstseins geraten.“[652]

---

646 Vgl. dazu das Kapitel 3.2 des ersten Teils dieser Arbeit: *Die Selbstprogrammierung des Kunstwerks.*

647 Vgl. dazu auch das Kapitel 4.1 des ersten Teils dieser Arbeit: *Theorie der künstlerischen Produktion.*

648 Luhmann (1995), S. 52.

649 Luhmann (1995), S. 55.

650 Sill (1997), S. 148. Es geht hier also um die Frage der *Inklusion* in das Kunstsystem: Wie können autopoietische psychische Systeme, die auf der Basis von Wahrnehmung operieren, ihre Eigenkomplexität zum Aufbau des sozialen Systems Kunst zur Verfügung stellen? Vgl. zum Begriff der Inklusion oben, Kapitel 2.1 des dritten Teils: *Inklusion und Sozialisation.*

651 Auf die Ähnlichkeiten zwischen Wolfgang Iser und Niklas Luhmann macht bereits Gumbrecht (1997) aufmerksam.

652 Sill (1997), S. 148.

Die Quellen des Imaginären und somit die Quellen von Kunstwerken sieht Sill mit Iser in den „Bruchstellen der auf Funktionalität ausgerichteten Gesellschaft"[653]. Er zitiert Iser so:

> „Nun sind [...] alle Ordnungsformen unserer Welt bestimmte Problemlösungen, die auch dann noch Problemüberhänge hinterlassen, wenn sie erfolgreich sind. Literatur bezieht sich auf solche Hinterlassenschaften, die Aussparungen, Defizite, Verluste, Vernichtungen, aber auch verschenkte Möglichkeiten sein können. So gilt Literatur vornehmlich dem, was in unserer durch Institutionen stabilisieren Welt abgewiesen ist."[654]

Die Anfangsmotive eines Kunstwerks sind nach dieser Auffassung nicht zufällig, sondern bestimmt durch die Psyche des Künstlers, durch das Imaginäre, das deutliche gesellschaftliche Spuren trägt.

Im *Geltungsanspruch von Individualität* sieht Sill, der hier mit Luhmann gegen Luhmann denkt, eine weitere Antriebskraft für die Kunst der Moderne. Luhmanns Konzeption fasst den Menschen als ein Doppelwesen: Als *Individuum* existiert er in der Umwelt der Gesellschaft. Als Teilnehmer an gesellschaftlichen Systemen, als *Person*, wird er nur akzeptiert, wenn er sich von denselben zurechtstutzen lässt und sich dem engen Korsett gesellschaftlicher Erwartungen fügt.[655] Die Erfahrung, ja das Leiden an dieser Differenz zwischen Individualität

---

653 Sill (1997), S. 148.

654 Iser (1981), S. 20, zitiert bei Sill (1997), S. 148. Vgl. dazu aber auch Luhmann (1990 a), S. 39, der gar nicht in einem Widerspruch zu diesen Ausführungen steht: Die Kunst wendet „ihre Aufmerksamkeit gerade den Möglichkeiten zu, die durch die Realisierung bestimmter Formen in den Status ‚bloßer Möglichkeiten' versetzt, also depotenziert worden sind. (...) Gerade die moderne Kunst widmet sich der Reaktivierung dieser ausgeschalteten Möglichkeiten (...)."

655 Niels Werber und Ingo Stöckmann machen darauf aufmerksam, dass die Person des Künstlers oder des Autors selbst eine vielgestaltige Einheit ist. Werber und Stöckmann betonen, dass sich die Systemtheorie in ausgezeichneter Weise dazu eignet, diese Vielgestaltigkeit zu fassen und zwar „in Form strikt *polykontexturaler* Analysen (...), die den Autor im Literatur*system* und zugleich in den Beobachtungen seiner *Umwelt* trennscharf rekonstruieren: juristisch etwa als Eigentümer am Werk, politisch als Träger ‚korrekter Meinungen' oder ökonomisch als Investitionskalkül und Honorarempfänger." (Werber/Stöckmann (1997), S. 258).
Die systemtheoretische Analyse der Person des Autors müsst aber laut Werber und Stöckmann noch weiter gehen. Sie müsste auch auf die unterschiedlichen Autor-Funktionen in den diversen Theorieprogrammen der Literaturwissenschaft zielen: „Was die systemtheoretische Literaturwissenschaft im Ergebnis künftig zu leisten hätte, ist (...) eine Rückwendung auf die Theorieprogramme der Literaturwissenschaft selbst, die unterschiedlichste Autor-Funktionen hervorgebracht und stabilisiert haben. In den Blick käme der Autor dann als literaturwissenschaftliches Ereignis hermeneutischer, psychoanalytischer, strukturaler, diskurstheoretischer oder dekonstruktivistischer Lektüren. (...) Nur so ließe sich das Konzept ‚Autor' in das Projekt einer dezidiert polykontexturalen Literaturwissenschaft einfügen: als Beobachtungsposition innerhalb einer multireferentiell verspiegelten sozialen Kommunikation, die nirgends mehr als Ein-

und Person wird von Sill ebenfalls als Nährboden für die Imagination und somit als Antrieb für künstlerische Produktion gesehen:

> „Psychische Systeme, strukturell gekoppelt an eine Vielzahl funktionaler Sozialsysteme, erfahren tagtäglich ‚am eigenen Leib' die *Differenz zwischen Individualität und Person*. Die Erfahrung dieser Differenz markiert wiederum Bruchstellen, die imaginäre Potentialitäten freisetzen; Vorstellungen, Phantasien und Tagträume, in denen die Grenzen empirischen Daseins überschritten werden und die im Fiktiven der Literatur Gestalt gewinnen können. Der auf diese Weise sich artikulierende *Geltungsanspruch von Individualität* dürfte eine wesentliche, vielleicht die entscheidende Antriebskraft sein, der die Literatur der Moderne, womöglich jede Form von Kunst in der funktional differenzierten Gesellschaft, ihre Entstehung verdankt."[656]

Das in einem Individuum wirkende, gesellschaftlich und historisch konditionierte Imaginäre, wäre gemäß Sill jener Bereich, aus dem sich die Anfangsmotive künstlerischer Produktion herleiten ließen. Die Gründe und Motive für die Entstehung eines Kunstwerks wären also nicht bloß dem Zufall überlassen. Die Anfangsgründe eines Kunstwerks wären aber auch in dieser Konzeption weder erwartbar noch kontrollierbar, denn das Imaginäre wirkt und operiert nach ganz eigenen Gesetzmäßigkeiten, über die nur spekuliert werden kann.

Isers Bereich des Imaginären, den er mit Vorstellungen, Phantasien, Tagträumen und Träumen in Verbindung bringt, entspricht insofern Luhmanns Konzept eines psychischen Systems, als beide nicht kommunizierbar sind. Das Imaginäre muss in „Akten des Fingierens unter die Dominanz eines zweckorientierten Bewusstseins geraten"[657], d.h. in der Sprache Luhmanns: Es muss Element einer vom Kunstsystem konstituierten und also kommunikativ etablierten „Per-

---

heit repräsentierbar ist." (Werber/Stöckmann (1997), S. 258 f.) Vgl. zum Verhältnis von Text und Autor auch die Ausführungen von de Berg (1993), S. 46 ff.

656 Sill (1997), S. 149.
Wie Sill und Iser kritisiert auch David E. Wellbery Luhmanns Konzept der Zufallsentstehung eines Kunstwerks. Wellbery betrachtet die Ausgrenzung der Genese von Kunstwerken als einen wesentlichen Mangel der systemtheoretischen Ästhetik. Er führt gegen Luhmann ins Feld, „dass verschiedene durchaus respektable und in manchen Punkten der Systemtheorie nahestehende kunsttheoretische Vorgaben – z.B. psychoanalytische und anthropologische Ansätze – aufgrund von materialreichen Analysen die These plausibel gemacht haben: die Kunst sei teilweise dahingehend zu bestimmen, dass ihre Gebilde Residuen verschütteter Früherfahrungen mittragen und zugänglich machen. Die Kunst hat so gesehen eine zeitliche Tiefe, sie erschließt Frühschichten der Ich- und Kulturgenese. Das Medium, in dem sich diese (im weitesten Sinne des Wortes) archaischen Elemente verdichten, lässt sich als Symbolik des Gebildes bzw. des Textes bezeichnen. Damit ist ein erweiterter Begriff von Symbolik gemeint, die zum Beispiel auch die ‚Semiotik' im Sinne Kristevas einschließt – eine Dimension, die auf die Differenzierung körperlicher Zonen und Rhythmen zurückreicht." (Wellbery (1999), S. 25).

657 Sill (1997), S. 148.

son“ werden. Das Kunstwerk als strukturelle Kopplung zwischen psychischem System und Kommunikation ist eine ausgezeichnete Weise, wie das Imaginäre zugänglich gemacht werden kann.

Der Hauptunterschied zwischen Iser und Luhmann besteht wohl darin, dass Iser den Einfluss des Imaginären auf das Fingierte, auf das Kunstwerk also, als groß und recht direkt erachtet: Das Imaginäre liefert Anfangsmotive, es ist eine Kraft, die die Entstehung eines Kunstwerks antreibt. Dem gegenüber ist der Einfluss von psychischen Systemen auf die Entstehung und den kommunikativen Prozess eines Kunstwerks sehr gering. Die Lenkungsmöglichkeiten eines psychischen Systems erachtet Luhmann als so gering, dass er geradezu von Zufallsentstehung spricht: Zu undeutlich und unspezifisch sind die von einem psychischen Systemen ausgehenden Irritationen, als dass dabei von Anfangsmotiven gesprochen werden könnte.

Der hier herausgearbeitete Standpunkt Luhmanns ist in seiner Radikalität nach Ansicht der vorliegenden Arbeit weder plausibel noch überzeugend. Ohne Luhmanns Konzeption zu gefährden kann diese Radikalität gezähmt und so seine Theorie anschlussfähig gemacht werden. Prinzipiell spräche nämlich nichts dagegen, dass die von einem psychischen System ausgehende Irritation im Sozialsystem Kunst die Entstehung eines Werks auslösen oder zumindest anregen könnte.[658] Der Systemtheoretiker ist aber immer wieder darauf bedacht, kompromisslos und radikal zu sein, etwa wenn er Kunst als Artikulation ihrer Selbstreferenz fasst, oder wenn er den Umstand, dass Künstler meist nicht in der Lage sind, ihre Absicht, ihre Intention befriedigend zu artikulieren, mit Spencer-Browns Formentheorie so erklärt:

> „Eine Ur-Intention ist nötig, um die Grenze vom unmarkierten zum markierten Raum zu überschreiten; aber dieses Überschreiten, das eine Unterscheidung *macht* (eine Form abgrenzt), kann nicht selber schon eine Unterscheidung *sein.* (...) Außer für einen Beobachter, der seinerseits diese Unterscheidung beobachtet (macht, abgrenzt). Es handelt sich bei dieser Anfangsintention des Künstlers also gar nicht um ‚seine‘ Intention, wenn damit selbstbeobachtete Bewusstseinszustände gemeint sein sollen, sondern um das, was ihm als Intention zugerechnet wird, wenn man das Kunstwerk betrachtet.“[659]

Produziert ein Künstler ein Kunstwerk – so diese hier zitierte extreme Position –, dann macht er nicht, was *er* will, sondern was der Zufall und dann das, was das

---

658 Vgl. dazu, z.T. als Weiterführung von, z.T. als Kritik an Luhmanns Theorie psychischer Systeme, auch Peter Fuchs‘ Studie über *Das Unbewusste in Psychoanalyse und Systemtheorie* mit dem sprechenden Untertitel *Die Herrschaft der Verlautbarung und die Erreichbarkeit des Bewusstseins* (d.h. Fuchs 1998), sowie Fuchs (2003) und Schmidt, Benjamin Marius (2003).

659 Luhmann (1995), S. 43.

Kunstwerk will. Der Künstler wird zum Assistenten seines Werks. Er verleiht nicht seinem Imaginären Ausdruck, sondern er unterwirft sich codegeleiteten kommunikativen Prozessen des Kunstsystems, Gesetzen der Form, die das Kunstwerk sich selbst mit seiner Entstehung gibt. Die Fortsetzung des obigen Zitats ist dann jedoch moderater:

> „Das, was sich als Kunstwerk der Beobachtung preisgibt, leistet einen eigenständigen, nicht in ein anderes Medium übersetzbaren Beitrag zur Kommunikation. Und auch der Künstler kann nur sehen, *was er gewollt hat*, wenn er sieht, was er gemacht hat. Auch er ist primär als Beobachter und nur sekundär *als Entscheider* oder rein körperlich als geschickter Handlanger an der Erstellung des Kunstwerks beteiligt. (Dass rein kausal gesehen das Kunstwerk ohne diese Beteiligung nicht zustandekäme, gilt (...) für jede Kommunikation)."[660]

Wenn der Künstler, wie Luhmann hier sagt, am Kunstwerk erkennen kann, *was er gewollt hat*, dann drückt das Kunstwerk etwas vom Künstler aus. Etwas von seiner Persönlichkeit? Von seinem Willen? Von seinem Imaginären? Die Entstehung eines Kunstwerks, so wird hier deutlich und soll betont werden, scheint doch nicht ausschließlich dem Zufall geschuldet zu sein. Luhmann stellt also implizit seine schwer haltbare explizite und radikale Position der Zufallsentstehung selbst in Frage. Der Künstler beeinflusst sein Werk und ist in ihm – wenn auch nur sehr eingeschränkt – gegenwärtig. Das wird auch einsichtig, wenn Luhmann eingesteht, dass der Künstler zumindest sekundär *als Entscheider* am Kunstwerk beteiligt ist.

Für unsere moderate Interpretation spricht auch, dass Luhmann in einer Fußnote zu obigem Zitat eine Stelle aus Solgers Vorlesungen über Ästhetik anfügt, in dem wortwörtlich die Rede davon ist, dass das Kunstwerk den „vollen Vorsatz" und die „Ideen" des Künstlers zum Ausdruck bringt. Dabei wird wiederum deutlich, dass Kunst nicht ausschließlich die Artikulation ihrer Selbstreferenz ist, die jegliches Zutun eines Künstlers ausschließt, das über die Befolgung des vom Kunstwerk selbst vorgegebenen Programms hinausgeht. Hier die von Luhmann zitierte Stelle Solgers:

> „Dem Künstler entsteht das Kunstwerk mehr, als es *von ihm gemacht* wird. Er lernt *seinen vollen Vorsatz* und *seine Idee* selbst erst dann *ganz* kennen, wenn das Kunstwerk vollendet ist."[661]

Wenn hier die Rede davon ist, dass dem Künstler das Kunstwerk *entsteht*, dann kann das auch so verstanden werden, dass die vom psychischen System des

660 Luhmann (1995), S. 43 f. Hervorhebungen von M. K.
661 Solger (1973), S. 122. Zitiert nach Luhmann (1995), S. 44, Hervorhebungen von M.K.

Künstlers ausgehenden Irritationen (man kann auch sagen: die imaginären Schichten) das Kunstwerk entstehen lassen. Wenn *dem Künstler* ein Kunstwerk entsteht, tönt das jedenfalls nicht nach reiner Zufallsentstehung. Luhmanns Theorie, so unsere These, büßt durch eine Zurücknahme ihrer Radikalität, durch die Möglichkeit eines Zutun des Künstlers, nichts ein, im Gegenteil: Sie wird verständlicher, klarer und weniger esoterisch.

Luhmann kann weiterhin behaupten: „Auch ein Künstler kann sein Herstellen nur durch ein Beobachten steuern, er muss sich vom entstehenden Werk gewissermaßen zeigen lassen, was geschehen ist und was weiterhin geschehen kann.“[662] Seine überzeugende operative Theorie der selbstbezüglichen Herstellung eines Kunstwerks nimmt keinen Schaden, wenn der Einfluss des Künstlers weniger rigide abgewehrt wird.

So gesehen lassen sich durchaus Parallelen zwischen Luhmann und Iser beobachten. Wie bei Luhmann Bewusstsein nicht kommunizieren kann, so lässt sich Isers Imaginäres nicht tel quel darstellen: „Als bildlich ausgeprägte Manifestationsform ist das Imaginäre zunächst diffus, unbestimmt, überdies flüchtig und in beständigem Wandel begriffen. Kommunizierbar wird es erst, wenn es im Schreibprozess durch die Akte des Fingierens unter Zwecksetzungen gerät, die durchgehalten werden müssen, um das Imaginäre, nun unter Formzwang, in die zuletzt bestimmte Gestalt des literarischen Textes zu überführen.“[663] Der literarische Text – das Kunstwerk ganz allgemein – ist eine geformte Einheit, Luhmann würde sagen: ist Kommunikation. Diese muss dann wiederum transformiert, übersetzt werden, will sie im rekursiven Netzwerk der Wahrnehmungen eines Rezipienten Anschluss finden. In Isers/Sills Worten: „Erzeugt wird auf seiten des Rezipienten zunächst ein durch den Text gelenkter Vorstellungsakt. Vorgestellt wird allerdings eine Textwelt, die fiktiv ist. Mit anderen Worten: Die Lektüre erzeugt im psychischen System des Rezipienten imaginäre Potentiale, in denen die Textwelt als Nicht-Gegebene erfahren wird, als ob sie gegeben sei“.[664] Die Produktion und Rezeption eines Kunstwerks, der Austauschprozess zwischen Künstler (Autor), Kunstwerk (literarischer Text) und Rezipient (Leser) lässt sich mit Iser also so verstehen:

> „Die Produktion eines literarischen Textes bzw. dessen Rezeption sind (...) beschreibbar als *strukturell analoge Prozesse*, in denen imaginäre Potentiale jeweils den Ausgangspunkt bilden, um dann, unter dem Einfluss des Bewusstseins, in eine bestimmte Gestalt überführt zu werden: in die Gestalt des Textes bzw. in die Gestalt eines konkretisierten, vom Text zwar ermöglichten, doch von ihm selbst nicht aus-

662 Luhmann (1995), S. 67.
663 Sill (1997), S. 151 f.
664 Sill (1997), S. 152.

formulierten Sinnes. Konvergenzpunkt beider Übersetzungsvorgänge ist demzufolge der literarische Text selbst, in dem das Imaginäre, dem er seine Entstehung verdankt, im Fiktiven Gestalt gewinnt und in dieser Gestalt imaginäre Potentiale auf seiten des Rezipienten mobilisiert, die es im Verlaufe des Rezeptionsprozesses als Erfahrung zu verarbeiten gilt."[665]

Die Ähnlichkeit zwischen Isers Theorie der literarischen Produktion und Rezeption und der in der Systemtheorie ausgeführte Prozess der strukturellen Kopplung von psychischen und sozialen Systemen mittels Sprache und Kunstwerken ist offensichtlich.

7. Sozialisation durch das Kunstsystem

Wie ist *Sozialisation* durch das Kunstsystem möglich? In welcher Weise also stellt das autopoietische Sozialsystem Kunst seine Eigenkomplexität zum Aufbau psychischer Systeme zur Verfügung? Zu unterscheiden ist hier (1) ein evolutionärer Aspekt: Das Kunstsystem als Wegbereiterin der Exklusionsindividualität, von (2) einem strukturellen Aspekt: Das einmal ausdifferenzierte Kunstsystem fordert zu Individualität heraus und befähigt das Individuum zu einem Umgang mit Kontingenz.

(Ad 1) Luhmann betrachtet das Kunstsystem als einen evolutionär wichtigen Faktor für die Entwicklung des modernen Individuums. Im Kontext von Kunst entwickelte sich die folgenreiche Individuumssemantik des Genies.[666] Diese Semantik schafft die Voraussetzung des modernen extrasozialen Individuums. „Gefühl, Sensibilität und Herz als Erweiterungen und Aufwertungen der Selbstreferenz", liest man Cornelia Bohn, „öffnen die Innenräume – man denke für die Textkunst nur an Rousseau. Ihm verdanken wir eine der ersten, noch wehmütigen Individualitätsanzeigen im modernen Sinne: ‚Si je ne vaux pas mieux, au moins je suis autre', beginnen die Confessions (...)."[667] Das Individuum lernt sich selbst kennen und nimmt Abschied von der Gesellschaft. Es lernt auf eigenen Füssen zu stehen und findet seinen Ort in der Umwelt der Gesellschaft.

Kunst spielt dabei eine wichtige Rolle. Der kunstsysteminterne Ausgangspunkt der Entwicklung des modernen Individuums ist die Ablösung der Regelästhetik durch die Genieästhetik:

665 Sill (1997), S. 153.
666 Vgl. dazu Fuchs (1989), S. 146 ff.
667 Bohn (2003), S. 171.

„Es setzt sich (um 1700) die Auffassung durch, dass Kunstwerke als individuell gefertigte Werke individueller Künstler aufzufassen seien. Das Genie im 17. Jahrhundert hat bereits den Vorrang vor dem Wissen und der Anwendung der Kunstregeln, aber Genialität wird noch nicht gegen die Regeln gestellt. (...) Erst im 18. Jahrhundert folgt das Genie nicht mehr Vorbildern, sondern seinem eigenen Genius. Die einzige Regelgeberin ist die Natur in der Gestalt der ‚Naturbegabung' des Künstlers."[668]

Gute Kunst kann nur von echten Individuen, von Genies geschaffen werden. Genialität ist der Kern der Schöpferkraft. Im Kunstwerk kommt somit die Individualität des Künstlers zum Ausdruck. Luhmann grenzt seine auf das ausdifferenzierte Kunstsystem bezogene Kunsttheorie wohl mit dem Konzept der Selbstprogrammierung der Kunstwerke von der Genieästhetik ab. Gleichwohl würdigt er deren historische Rolle als Wegbereiterin der modernen Individualität, der Exklusionsindividualität.

(Ad 2) Jemeinigkeit, Geschlossenheit und Selbstreferenz sind Eigenschaften des psychischen Systems. Da der Mensch als psychisches System nicht teilnehmen kann an den Kommunikationszusammenhängen der sozialen Systeme, „gibt [es], realistisch gesehen, keine andere Möglichkeit, als den Individuen zu konzedieren, dass Individualität ihre eigene Angelegenheit sei."[669] Individualität und Genialität können nicht gelernt werden. Gesellschaftlich sehr wohl beeinflusst, ja geradezu konstituiert ist aber die *Person*. Das psychische System bleibt bei allem Wechsel seiner Personenrollen dasselbe. Im Wissenschaftssystem formt es sich aber zu einer anderen Person als im System der Religion. Wer an Kommunikationen partizipieren will, muss sich den Strukturen der Kommunikationssysteme unterwerfen, muss die erwartbare Form einer Person annehmen. Er muss sein Personenschema mit der Partizipation an unterschiedlichen sozialen Systemen wechseln.

Die Person ist also immer schon sozialisiert, sie ist geradezu ein Produkt eines sozialen Systems. Auch das psychische System ist bei aller Geschlossenheit für den Aufbau seiner Eigenkomplexität auf soziale Systeme angewiesen. Obwohl Individualität die Angelegenheit jedes einzelnen Individuums ist, kann es diese Individualität nicht ohne Hilfe, nicht ohne Irritationen von außen, erlangen. Das Individuum muss sozialisiert werden, es fällt sonst auseinander und ist auch für sich selbst nicht greifbar. Luhmann bezeichnet Individualität als ein kulturelles Artefakt. Er geht davon aus, „dass die Individualität *aller* (...) Menschen ein kulturelles Artefakt ist, das sich weder biologisch noch psychologisch erklären lässt"[670]. Die Bewusstseinsvollzüge, die das psychische System ausmachen,

---

668 Bohn (2003), S. 171. Vgl. für einen Rückbezug des Geniebegriffs auf Kant auch Luhmann (1986 b), S. 640.

669 Luhmann (1989), S. 229.

670 Luhmann (1997), S. 1016.

müssen sozialisiert werden, weil anderenfalls sie „über eine dumpfe, nur durch das jeweilige Wahrnehmen bestimmte Bewusstheit“[671] nicht hinauskommen.

In Bezug auf die Sozialisation des Individuums spielt Kunst eine wichtige Rolle: Das Kunstwerk wird als unwahrscheinliche Formenkombination ausgearbeitet, es wird „als Beobachtungsvorlage hergestellt und kann nur so angemessen gewürdigt werden“[672]. D.h. der Kunstbetrachter wird zum Beobachter von Beobachtungen. Er lernt, dass alles Weltverhältnis und alles Selbstverhältnis nur durch Beobachten möglich ist, und dass man, will man etwas über die Welt oder sich selbst erfahren, Beobachtungen beobachten muss. Das bedeutet nicht zuletzt: Will ich etwas über mich, über meine Individualität erfahren, muss ich meine eigenen Beobachtungen, meine eigene Art des Beobachtens beobachten. Kunstwerke sind hier instruktiv, denn sie veranlassen dazu, „den Betrachter als Individuum anzusprechen und ihn in eine Situation hineinzumanövrieren, in der er selbst der Realität (und nicht zuletzt: sich selber) gegenübersteht und sie in einer Weise beobachten lernt, die er sich im Alltagskontext nicht aneignen könnte.“[673] An anderer Stelle bemerkt Luhmann:

> Es „ist zu betonen, dass Beteiligung an Kunst zu Individualität herausfordert. Denn genau dies ist ein Merkmal moderner Individualität (im Unterschied zur alten Individualität des gut oder weniger gut Geborgenseins), sich selbst als Beobachter beobachten zu können, als Weltverhältnis und nicht als Merkmalsträger.“[674]

Individuen sind Selbstbeobachter, sie individualisieren sich dadurch, dass sie ihr eigenes Beobachten beobachten. Die Beteiligung an Kunst bietet eine ausgezeichnete Möglichkeit, sich als Beobachter zu beobachten und sich so als Individuum zu erfahren. Da Kunstbetrachtung „Wahrnehmung von Unwahrscheinlichem“ ist, besteht dabei „mehr als bei sprachlicher Kommunikation die Chance der Selbstbeobachtung im Beobachten“[675]. Ich beobachte und frage mich: Ist das wirklich so zu sehen? Kann das tatsächlich so verstanden werden? Liege ich total falsch oder könnte man sagen dass ... ? Die Begegnung mit einem Kunstwerk führt unweigerlich zu einer Selbstbesinnung, zu einer Re-flexion – und, damit einhergehend, zu einem Bewusstsein von Kontingenz:

> „Es geht [bei der Beobachtung von Kunstwerken] (...) um Rückrechnung dessen, was man sieht, auf den, der es sieht, und damit um Herstellung eines Kontingenzbewusstseins, das weder auf Notwendigkeiten noch auf Unmöglichkeiten angewiesen

671 Luhmann (1989), S. 163.
672 Luhmann (1992 a), S. 71.
673 Luhmann (1995), S. 230.
674 Luhmann (1992 a), S. 70.
675 Luhmann (1995), S. 153.

> ist. Das heißt natürlich nicht, dass das Individuum frei wäre zu beliebiger Interpretation. Gerade Teilnahme an Kunst lehrt, dass und wie jeder Ansatz zur Willkür vernichtet wird. Und nur so kann man dabei bleiben, sich als Beobachter zu beobachten, obwohl keine letzte Gewissheit des Einen, Wahren und Guten greifbar ist."[676]

Sozialisation durch Kunst individualisiert. Und eng damit zusammenhängend, das wird in letzterem Zitat ausgedrückt, ist Kunst eine Einübung in Kontingenz. Die Teilnahme am Kunstsystem lehrt durch das Lenken der Aufmerksamkeit auf das Beobachten von Beobachtungen die grundsätzliche Unausweichlichkeit von Kontingenz und lehrt, dass Kontingenz nicht Willkür bedeutet. „Man kann (...) vermuten", so drückt sich Luhmann vorsichtig aus, „dass der Künstler am ehesten begreifen kann, dass alles anders gemacht werden könnte – aber nicht auf beliebige Weise. Und dass Kunstwerke auch andere lehren, es so zu sehen."[677] Die Sozialisation durch Kunst leistet Individualisierung und lehrt den Umgang mit Kontingenz.

8. Antihumanismus?

Die Luhmannsche Systemtheorie basiert, wie Uwe Schimank in seinem höchst lesenswerten Aufsatz *„Gespielter Konsens"* ausführt, auf einer *„negativen Anthropologie"*[678]. Luhmann entwirft die „Fiktion einer menschenverlassenen Sozialität"[679], in der zwar Menschen in Form psychischer Systeme noch da, in ihrer konkreten Beschaffenheit aber sozial irrelevant sind und daher theoretisch ausgeblendet werden. Die autopoietische Reproduktion der Gesellschaft läuft so, als ob die Menschen nicht da wären.

Die Reproduktion sozialer Systeme vollzieht sich zwar mittels psychischer Systeme, diese können die Gesellschaft jedoch nicht gemäß eigenen Zielen gestalten. Luhmanns Auffassung der Stellung des Menschen zur Gesellschaft ist weder verstiegen noch unmenschlich.[680] Uwe Schimank betont ganz richtig:

> „Der gesellschaftstheoretische Erkenntnisgewinn dieses ‚Antihumanismus' (...) ist immens hoch einzustufen (...). Luhmanns Vorstellung von funktionaler Differenzierung der modernen Gesellschaft als einer Autopoiesis teilsystemischer Kommunika-

---

676 Luhmann (1995), S. 153.
677 Luhmann (1996), S. 205.
678 Schimank (2003), S. 31.
679 Schimank (2003), S. 31.
680 Seine Theoriekonzeption hat Luhmann von verschiedener Seite den Vorwurf des ‚methodischen' bzw. ‚leidenschaftlichen Antihumanismus' eingebracht. Vgl. Habermas (1985), S. 436, Schöfthaler (1985) sowie Metzner (1989).

> tionszusammenhänge fängt ein ganz zentrales Moment ein: die *große Verbreitung und hochgradige Verselbständigung anonymisierter indirekter Kommunikation*, die nicht auf Interaktion unter Anwesenden angewiesen ist (...) und durch Verfahren, [durch] die Regeln formaler Organisationen sowie durch teilsystemische binäre Codes und generalisierte Kommunikationsmedien sehr weitgehend vorstrukturiert wird."[681]

Demzufolge kommuniziert im gesellschaftlichen Teilsystem Kunst das rekursive Netzwerk der Kunstkommunikation, das sich zu Kunstwerken kristallisieren kann und *nicht ein Künstler*: Man betrachtet ein Bild und *nicht die Gefühle eines Malers*, man liest die zu einer eigenständigen Komposition arrangierten Wörter und Sätze eines Buches, die für sich einstehen müssen, und *nicht die Gedanken eines Autors*. Ein Kunstwerk kommuniziert durch einen vielgestaltigen Bezug von Formen auf Formen, die ein ausgeprägtes, vom Künstler nur eingeschränkt kontrollierbares Eigenleben haben. Jedes Kunstwerk steht immer schon in einem Dialog mit anderen Kunstwerken: Es gehört einem Stil oder einem Genre an. Selbstredend stehen auch gerade Werke, die gegen die Kunst rebellieren und sich von ihr absetzen wollen, in einem engen Bezug zum System der Kunst.

Die mediale Gebundenheit eines Kunstwerks hat die Möglichkeit der Abwesenheit des Künstlers zur Folge: Bach ist tot, und ob Glenn Gould, der auch nicht mehr lebt, das Wesen seiner Klaviermusik trifft oder nicht, hat das Kunstsystem zu beurteilen. Ebenso kann ein Autor nicht in tausenden von verkauften Exemplaren seines Buches anwesend sein und persönlich Rede und Antwort stehen. *Kunstwerke selbst* kommunizieren. Sie sind verdichtete Beobachtungen, die beobachtet werden können. Kunstwerke kommunizieren und können weitere Kommunikationen veranlassen: Bücher werden rezensiert, das Feuilleton bespricht Theateraufführungen, Konzerte, Ausstellungen usw. Von großer Bedeutung ist die Kommunikation von Kunst mit Kunst, die eine Kommunikation *zwischen Kunstwerken* ist, weil dieselben als gelungene oder misslungene Kunstwerke im Bezug auf die Kunst-, Stil- oder Gattungsgeschichte beurteilt werden müssen. Der Bezug zu einem Künstler tritt so in den Hintergrund. Luhmanns Weigerung, den Künstler ins Zentrum des Kunstsystems zu stellen, macht also die Sicht frei für Verweisungszusammenhänge, die in der Tat große Erkenntnisgewinne liefern können.

Luhmanns Blick ist ganz auf die Gesellschaft und ihre Teilsysteme gerichtet. Er geht davon aus, dass für den einzelnen die in hochgradig spezialisierte Teilsysteme ausdifferenzierte Gesellschaft unüberblickbar ist. Gestalterische Eingriffe des Individuums in die so ausgeformte Gesellschaft sind illusorisch.

681 Schimank (2003), S. 31 f.

Die geltenden Kommunikationsstrukturen lassen sich vom einzelnen in nur sehr geringem Maße verändern.

Diese Ohnmacht hängt zusammen mit der großen Zahl der Kommunikationsteilnehmer eines sozialen Systems sowie mit der Gleichzeitigkeit ihres Kommunizierens. Die Gleichzeitigkeit bewirkt, dass die anderen nicht beobachtet und nicht beeinflusst werden können. „Insofern“, schreibt Schimank,

> „erfährt sich jeder Akteur dann nur als *Vollzugsorgan* der jeweiligen teilsystemischen Autopoiesis. Zwar trägt jeder immerzu zur identischen oder nichtidentischen Reproduktion der Systemstrukturen bei – doch nur in so infinitesimal kleinen Quanten, dass deren Aggregation nicht mehr bestimmten Akteuren zurechenbar ist, sondern sowohl von den Beteiligten selbst als auch von sie beobachtenden Gesellschaftstheoretikern nur noch als völlig intentionslose Evolution verstanden werden kann.“[682]

Schimank führt in der Folge eine interessante und wichtige Differenzierung an. Das Individuum in der Moderne hat lediglich als *Makrogestalter* gesellschaftlicher Verhältnisse nichts zu melden. Als *Mikrogestalter* der Interaktionsordnung aber kann es durchaus für die Gesellschaft von Bedeutung sein. Diese Sicht auf das Individuum als „Feinregulierer sozialer Ordnung“[683] veranlasst Schimank, von einem „impliziten Humanismus“[684] der Luhmannschen Theorie zu sprechen. Die Reproduktion von Gesellschaft vollzieht sich weitgehend interaktiv: Das Kunstsystem reproduziert sich tagtäglich durch ein Zusammenspiel einzelner Künstler, Kritiker, Kunsttheoretiker, Musikhörer, Leser, Theaterbesucher usw. Jedem einzelnen ist so eine sehr begrenzte, aber doch nicht zu vernachlässigende Funktion für die Reproduktionsfähigkeit der Gesellschaft zuzusprechen.[685]

Neben dieser Mikrogestaltung macht Schimank in einem „nur zwischen den Zeilen spürbare[n] Ethos“[686] ein zweites Moment des impliziten Humanismus aus. Dieser Betrachtung zufolge ist die Platzierung des Individuums jenseits der Gesellschaft eine Befreiung des Individuums von der Gesellschaft. Gerade durch

---

682 Schimank (2003), S. 33.
683 Schimank (2003), S. 33.
684 Schimank (2003), S. 33.
685 Auch Oliver Jahraus weist darauf hin, dass der Mensch nicht gänzlich aus der Gesellschaft verbannt werden kann. Der Mensch ist wohl nicht mehr als handlungsfähiges und selbstbewusstes Subjekt Teil der Gesellschaft, wohl aber als Bewusstsein an dieselbe gekoppelt: „*Wird das Subjekt aus der Kommunikation exiliert, kommt Bewusstsein in der strukturellen Kopplung wieder in die Theorie hinein.*“ (Jahraus (2003), S. 215.)
686 Schimank (2003), S. 34.

die *Verschonung des Menschen von gesellschaftlichen Zumutungen* kann dieser menschengerecht existieren.[687]

Die Entflechtung von Gesellschaft und Individuum, von Kunstsystem und Künstler, bedeutet also nicht nur für die Gesellschaft und die Gesellschaftstheorie eine Befreiung von verfehlten Hoffnungen, sondern auch für das Individuum einen „Schutz der ‚inneren Freiheit' vor Übergriffen der Gesellschaft"[688]. Beide Aspekte werden in der folgenden Aussage Luhmanns auf den Punkt gebracht:

> „Im übrigen ist nicht einzusehen, weshalb der Platz in der Umwelt des Gesellschaftssystems ein so schlechter Platz sein sollte. Ich jedenfalls würde nicht tauschen wollen. Man mag sich fragen, ob bei diesem Theoriekonzept es der Gesellschaft verwehrt sein wird, sich ‚menschlich' zu entwickeln. Nun, die Theorie schließt an sich keine gesellschaftliche Semantik aus; aber mit der Orientierung an ‚Menschenbildern' hat man so schlechte Erfahrungen gemacht, dass davor eher zu warnen wäre. Zu oft haben Vorstellungen über den Menschen dazu gedient, Rollenasymmetrien über externe Referenzen zu verhärten und der sozialen Disposition zu entziehen. Man kann hier an Rassenideologien denken und an die Unterscheidung der Erwählten und der Verdammten, an den sozialistisch vorgeschriebenen Doktrinär oder an das, was die melting pot Ideologie und der american way of life dem Nordamerikaner nahelegte. Nichts dieser Art ermutigt zur Wiederholung oder auch nur zu abgewandelten Neuversuchen, und alle Erfahrungen sprechen für Theorien, die uns vor Humanismen bewahren."[689]

---

687 Schimank sieht diese kritische Sicht auf das Leben in der Gesellschaft auch als eine Folge von alltagsweltlich-biographischen Erfahrungen Luhmanns aus der Zeit vor und nach 1945: „Nun war der Nationalsozialismus eine Extremerfahrung der Inpflichtnahme des Individuums durch die Gesellschaft und ihre Organisationen. Doch für Luhmann ist (...) das auch auf demokratische Gesellschaften Übertragbare das weitaus Wichtigere, wie er in einer bekannten Interviewpassage erläutert:
‚Vor 1945 hatte man doch gehofft, dass nach dem Wegfall des Zwangsapparates alles von selbst in Ordnung sein würde. Das erste jedoch, was ich in der amerikanischen Gefangenschaft erlebte, war, dass man mir meine Uhr vom Arm nahm und dass ich geprügelt wurde. Es war also überhaupt nicht so, wie ich vorher gedacht hatte. Ich will damit natürlich nicht sagen, dass ich die Nazi-Epoche und die Zeit nach 1945 als gleichwertig betrachte. Aber ich war nach 1945 einfach enttäuscht.'
Ein paar Sätze zuvor hatte er ‚die Situation 1945, wie man sie als 17jähriger erlebt' bereits so auf den Punkt gebracht:
‚Vorher schien alles in Ordnung und hinterher schien alles in Ordnung zu sein, alles war anders und alles war dasselbe. Man hatte vorher seine Probleme mit dem Regime und hinterher war es nicht so, wie man es sich erwartet hatte.'" (Schimank (2003), S. 37 f.) Schimank zitiert hier aus Luhmann (1987), S. 128 f.

688 Schimank (2003), S. 37.

689 Luhmann (1995 e), S. 167 f.

IV. Kunst und Wissenschaft

Welche Grenzen trennen, welche verbinden das Kunstsystem und das Wissenschaftssystem? Wieso soll Kunst *als soziales System*, wieso soll Kunst im *Rahmen einer Gesellschaftstheorie* thematisiert werden? Welcher Anspruch wird damit erhoben? Wenn, wie Luhmann behauptet, mit Hegel nicht die Kunst, wohl aber die Philosophie der Kunst endet, und in der Folge die Kunstwerke selbst die Rolle der Selbstbeschreibung des Kunstsystems übernehmen, welche Bedeutung kann dann heute einer Kunsttheorie noch zukommen?

Das Kunstsystem und das Wissenschaftssystem sind operativ geschlossene Systeme. Wenn Luhmann als Wissenschaftler das Kunstsystem beobachtet, kann er sich in seinem selbstreferentiellen wissenschaftlichen Tun durch die Kunst nur irritieren lassen und Kunst nur als diffuses Rauschen wahrnehmen. Luhmann sieht seine Position als die eines Beobachters dritter Ordnung: Er beobachtet die Selbstbeobachtung, d.h. die Selbstbeschreibung, des Kunstsystems. Was Kunst ist und was nicht, was die Bedeutung und Funktion der Kunst sei, darüber, so Luhmanns problematische Selbstdeklaration, mache er keine Aussagen, er arbeite nur die *Selbst*beschreibung des Kunstsystems heraus. Was aber heißt ‚Selbstbeschreibung des Kunstsystems'? und wie schließt Luhmann hier an?

Kapitel eins dieses Teils schafft einen Überblick über die Selbstbeschreibungen des Kunstsystems von der Renaissance bis ins 20. Jahrhundert und zeigt die Probleme eines vermeintlich objektiven Zugriffs auf diese Selbstbeschreibungsgeschichte auf. Die sich daran anschließende Frage, wie eine Kunsttheorie heute aussehen könnte, thematisiert *Kapitel zwei. Kapitel drei* stellt die allgemeinere Frage nach den Chancen und Schwierigkeiten einer der heutigen Gesellschaftsform angepassten Gesellschaftstheorie. *Kapitel vier* stellt den Kontingenzbegriff ins Zentrum und analysiert anhand dieses Schlüsselkonzepts Gemeinsamkeiten von Luhmanns Gesellschaftstheorie und seiner Auffassung von Kunst. Wie sich zeigen wird, kommen sich Kunst und Wissenschaft über die Funktion der Kunst: die Kontingenzbewältigung, nahe, denn die Funktion der Kunst ist so angelegt, dass sie genuine Probleme von Luhmanns Gesellschaftstheorie lösen kann. *Kapitel fünf* schließlich untersucht die enge Verbundenheit von Kunst und Gesellschaftstheorie auf der Grundlage kompositorischer sowie sprachlicher Eigenheiten und fragt, inwiefern Luhmanns grandioses Theoriegebäude als Gesamtkunstwerk aus dem Geiste der Poesie betrachtet werden muss.

1. Selbstbeschreibung des Kunstsystems

Die Aufgabe der *Selbstbeschreibung* des Kunstsystems ist zu bestimmen, was Kunst ist und was nicht: „Mit Selbstbeschreibung meinen wir (…) eine Operationsweise von Systemen, die die systemeigene Identität des Systems erzeugt (…).“[690] Da das Kunstsystem wie jedes andere Funktionssystem der modernen Gesellschaft ein autopoietisches, operativ geschlossenes System ist, kann nur *es selbst* bestimmen, was Kunst ist. Diese Bestimmung kann also weder durch die Preisfestlegungen des Wirtschaftssystems noch etwa durch intellektuelle Strömungen des Wissenschaftssystems geleistet werden, sondern ist Aufgabe der *Selbst*beschreibung des Kunstsystems.[691]

Wie lässt sich bestimmen, was Kunst ist? Gibt es einen Begriff der Kunst? Nach Luhmann gehört es zu den „unabschätzbaren Auswirkungen der Philosophie Wittgensteins, dass man die Frage gestellt hat, ob ein Begriff von Kunst definierbar sei.“[692] Die Frage lautet: Lassen sich Lyrik, Tanz, Musik, Prosa, Malerei, Theater usw. auf *einen* Begriff von Kunst bringen? Verneint man diese Möglichkeit, so negiert man nur, „dass es eine dem ‚Wesen‘ der Kunst entsprechende bzw. eine für alle Beobachter eindeutig bezeichnende Definition von Kunst geben könnte.“[693]

Luhmann redet aber keiner Beliebigkeit das Wort. Sein Vorschlag zielt dahin, „die Bestimmung dessen, was als Kunst zählt, dem Kunstsystem selbst zu überlassen.“[694] Nur kunstsysteminternes Beobachten, nur Beobachtungen des Kunstsystems selbst können bestimmen, was Kunst ist:

> „Alle anderen Beobachter [also auch der Wissenschaftler Luhmann] werden in die Position von Beobachtern zweiter Ordnung verwiesen: sie müssen sich darauf beschränken, zu berichten, was das Kunstsystem selbst als Kunst bezeichnet. Sie müssen es folglich diesem System überlassen, die eigenen Grenzen zu bestimmen.“[695]

Nur das Kunstsystem selbst kann bestimmen, was Kunst ist – so Luhmanns These. Es ist nicht Luhmann, der bestimmt, was Kunst ist, sondern *das sich selbst beschreibende Kunstsystem*. Luhmann beobachtet nur die Selbstbeschreibung des Kunstsystems, er bestimmt inhaltlich gar nichts, so sein Anspruch, den es kritisch zu hinterfragen gilt. Er will rein deskriptiv bleiben und bloß eine „Wie-

---

690 Luhmann (1995), S. 398.

691 Vgl. zur Emanzipation des Kunstsystems von der Ästhetik auch Werber (1992), insbesondere Kap. 3, S. 61 ff.

692 Luhmann (1995), S. 393.

693 Luhmann (1995), S. 393.

694 Luhmann (1995), S. 393.

695 Luhmann (1995), S. 393.

derbeschreibung der Selbstbeschreibung“[696] geben. Luhmann will vorerst nicht eine *eigene* Theorie der Kunst liefern, nicht *seine* Sicht der Dinge darlegen, er will vielmehr nur beschreiben, was *das Kunstsystem über sich selbst aussagt.*

Luhmann beobachtet die Selbstbeobachtungen des Kunstsystems und nimmt somit in Bezug auf diese Selbstbeobachtung die Position eines Beobachters zweiter Ordnung ein. Ein Beobachter zweiter Ordnung nimmt die *Kontingenz* der Beobachtung erster Ordnung wahr, weil er im Gegensatz zum Beobachter erster Ordnung die beiden Seiten der die Beobachtung konstituierenden Unterscheidung sieht: den *marked* und den *unmarked space*. Luhmann sieht als Beobachter zweiter Ordnung die Selektivität der Selbstbeschreibung des Kunstsystems. Er sieht, dass auch andere Unterscheidungen hätten gewählt werden können. Wenn sich das Kunstsystem in seiner Selbstbeschreibung auf einen festen Kern, auf ein ‚Wesen‘ oder auf eine unerschütterliche ‚Wahrheit‘ beruft, schmilzt diese Sicherheit unter den Blicken des Beobachters zweiter Ordnung weg: Was absolut sein will wird als kontingent durchschaut:

> „Alle Produkte der Selbstbeschreibung müssen, auch wenn sie dem auf semantischer Ebene widersprechen, als kontingent behandelt werden; und vor allem: als selektiv und als völlig unfähig, die Gesamtheit dessen, was im System vor sich geht, im Systemgedächtnis aufzubewahren und zu repräsentieren.“[697]

Im Folgenden wird Luhmanns „Wiederbeschreibung der Selbstbeschreibung“[698] des Kunstsystems in den Stadien Renaissance, Aufklärung, Romantik und 20. Jahrhundert rekapituliert und danach problematisiert. Wie – so werden wir fragen – geht Luhmann mit der eigentümlichen Spannung um, dass er sich einerseits darauf beschränken muss, zu berichten, was das Kunstsystem selbst als Kunst bezeichnet und dass er andererseits die Kontingenz dieser Selbstbeschreibungen aufdecken kann und soll. Bestimmt so wirklich das Kunstsystem, was Kunst ist oder ist es letztlich der als Beobachter zweiter Ordnung besserwissende Luhmann?

1.1 Renaissance: Erste Versuche

Einen ersten Anlauf zu einer Selbstbeschreibung des Kunstsystems sieht Luhmann in der frühen Neuzeit, in der Renaissance[699]. Zuvor, in der Antike und im

696 Luhmann (1995), S. 296.
697 Luhmann (1995), S. 394.
698 Luhmann (1995), S. 296.
699 Siehe für eine präzise Darstellung der Selbstbeschreibung des Kunstsystems im Umfeld Paolo Veroneses Huber (2005), S. 319 ff.

Mittelalter, hat die Kunst bloß dienende Funktion in anderen Kontexten. Sie findet „ihren Sinn *nicht in sich selbst* als Realisation ihres eigenen ‚Wertes'"[700] und kann somit auch keine Selbstbeschreibung im eigentlichen Sinn ausbilden. Die Loslösung der Kunst von ihrer antiken (Fremd)-Bestimmung als Imitation gelingt nur zögerlich:

> „Der Verzicht auf Imitation als Sinnbestimmung von Kunst muss so lange schwergefallen, ja eigentlich unmöglich gewesen sein, als die Kosmologie noch von einem Ursprung, von einer Schöpfung der Welt ausging, und zwar von einem Ursprung, der in aller Gegenwart immer noch als Herkunft gegenwärtig ist. So war die Kunst durch die Schöpfung zugleich ermöglicht und an sie gebunden. Denn unter dieser Voraussetzung musste ja auch Erkenntnis als Imitation der von Anfang an festgelegten Bestimmungen etwa als platonische Ideenerinnerung begriffen werden. So war die Poesie gleichsam nur die jüngere, freier aufgewachsene Schwester der Erkenntnis; und beides, Wissen und Kunst, ‚gefiel' dem Menschen eben deshalb, weil sie ihm den Ursprung und damit das Wesen der Dinge re-präsentieren."[701]

Erst die Ausdifferenzierung der Gesellschaft in gesonderte Funktionssysteme wie Religion, Wissenschaft, Recht usw. erzwingt einen Verzicht auf externe, etwa kosmisch-religiöse Identitätsbestimmung und „reißt damit eine Lücke auf, die nur durch Selbstbeschreibung der jeweiligen Systeme gefüllt werden kann."[702] Die Ausgestaltung einer Selbstbeschreibung des Kunstsystems ist mithin eine mit der gesellschaftlichen Differenzierungsform verbundene Erscheinung.

Nach Luhmann löst sich die Kunst zunächst, im 15. Jahrhundert, aus der kirchlichen Aufsicht. Dies gelingt ihr dadurch, dass sie sich in Richtung der Wissenschaft bewegt, indem sie Geometrie, Perspektive, Proportion und Anatomie in den Vordergrund rückt. Kurz darauf versucht das Kunstsystem sich aber auch aus dem Kontext der Wissenschaft zu lösen: „Die Abgrenzung gegen wahrheitsorientierte Wissenschaft ist im 16. und 17. Jahrhundert diejenige Front, an der das frühmoderne Kunstverständnis – und das ist in erster Linie das Verständnis der Dichtkunst – kristallisiert."[703]

Die Ablösung der Kunst von der Wissenschaft gestaltet sich schwierig: Die Wissenschaft orientiert sich an den Positivwerten des Codes wahr/unwahr und Sein/Schein. Die Kunst kann sich als eigenständiges System nur profilieren, wenn sie die Position der Unwahrheit und des Scheins bezieht und bejaht. So kann die Kunst etwa die Haltung vertreten, dass die Frage, was und wie die Welt wirklich ist, unbeantwortbar ist – und dass also „nur eine dunkle, zweideutige, wortspiele-

---

700 Luhmann (1995), S. 401.
701 Luhmann (1995), S. 424 f.
702 Luhmann (1995), S. 404.
703 Luhmann (1995), S. 408.

rische, paradoxe und in diesem Sinne geistreiche Sprache adäquat [ist]."[704] Die gegen das Gewohnte operierende Überzeugungskraft des Geistes gewinnt an Bedeutung. Die Kunst muss im „Bereich des künstlich-künstlerischen Scheins"[705] ein eigenes Reich errichten, das nicht mehr der Wissenschaft nacheifert, sondern für das Gelingen ihrer Darstellung *eigene Kriterien* entwickelt. Das Konzept für das Kunstwerk muss vom Künstler selbst stammen. Die Aufmerksamkeit wird auf die Kunstfertigkeit selbst gelenkt.

Wenn sich die Kunst gegen die Wissenschaft etablieren will, muss sie eine Gegenposition einnehmen: Luhmann spricht von einer „Irrationalisierung und De-Ontologisierung der Leitgesichtspunkte"[706].

1.2 Aufklärung: Ästhetik

Was verbindet Poesie mit Theater und Malerei? Für das 18. Jahrhundert wird erstmals die Reflexion der *Einheit* des Kunstsystems zum Problem: „Jetzt geht es darum, einen Bereich abzustecken, der für Kunst (oder allenfalls noch: für einen an Kunst geschulten Blick auf die Natur) charakteristisch ist. Bemühungen dieser Art heißen seit Baumgarten ‚Ästhetik'."[707]

Die Ästhetik bemüht sich um die Aufwertung des *Erkenntniswertes* einer auf Schönes gerichteten sinnlichen Wahrnehmung. Dabei konnte es sich um Kunstwerke handeln, aber auch um einen neuen Begriff von Natur. Ästhetik ist eine Theorie der *Beurteilung* sinnlicher Wahrnehmung und nicht eine Theorie der sinnlichen Wahrnehmung. Die Ästhetik bemüht sich „um sprachförmige Begründbarkeiten, um Konsensfragen, damit auch um die Möglichkeit, zwischen guter und schlechter Kunst zu unterscheiden oder zumindest Qualitätsstandards zu entwickeln. Es geht auch darum, Individuen mit Direktiven für sinnvolle Partizipation am Kunstgeschehen zu versorgen".[708]

So wurde gemäß Luhmann die Ästhetik als „philosophische Reflexionstheorie der Kunst"[709] ausgeführt und zur Selbstbeschreibung dieses Funktionssystems. Ein Problem besteht darin, dass die Ästhetik als Wissenschaft nur dann möglich ist, wenn sie unterschieden wird von Kunstkritik: Ästhetik als abstrakte Theorie der Kunst muss kein Urteil über die Qualität einzelner Kunstwerke fällen, das kann sie der Kunstkritik überlassen. [710] Wenn die Ästhetik also seit

---

704 Mit Bezug auf Baltasar Garcián, Luhmann (1995), S. 416.
705 Luhmann (1995), S. 412.
706 Luhmann (1995), S. 434.
707 Luhmann (1995), S. 439.
708 Luhmann (1995), S. 440 f.
709 Luhmann (1995), S. 441.
710 Vgl. zur Unterscheidung von Ästhetik und Kunstkritik Luhmann (1995), S. 449 f.

Baumgarten die Aufgabe der Selbstbeschreibung des Kunstsystems übernimmt, so setzt sie bei einer abstrakten, strukturellen Ebene an und nicht bei der operativen Ebene der Herstellung von Kunstwerken. Die Ästhetik gibt keine konkreten Anhaltspunkte darüber, was bei der Herstellung oder Betrachtung eines Kunstwerks zu beachten sei.

Durch die Ästhetik etabliert sich die *Autonomie* des Kunstsystems, es wird unabhängig von direkten Einflüssen von Politik, Wissenschaft, Religion, Moral usw. Diese Etablierung der Autonomie durch die Ästhetik hat jedoch den Nachteil, dass sie in eine große Ferne zur operativen, konkreten Ebene der einzelnen Kunstwerke gerät. Sie wird, wie Luhmann schreibt, zu einer Art Regionalontologie: „Die Autonomie der Kunst ist (...) philosophisch etabliert – allerdings so, dass ihre operativen Grundlagen nicht wirklich einsichtig gemacht sind, dass sich die philosophische Ästhetik und die an den Kunstwerken selbst, also historisch arbeitende kunstwissenschaftliche Forschung im Laufe des 19. Jahrhunderts trennen und Autonomie dann schließlich nur noch als eine Art Regionalontologie unter Führung durch ein eigenes Sonderapriori, durch einen eigenen ‚Wert' aufgefasst wird."[711] Es stellt sich die Frage, ob diese als Philosophie verstandene Ästhetik weiterhin als Selbstbeschreibung des Kunstsystems gelten kann. Selbstbeschreibung besagt ja: Beschreibung des Systems durch sich selbst. Kann trotzdem die Ästhetik zur Selbstbeschreibung des Kunstsystems gezählt oder muss sie als externe Beschreibung angesehen werden? Luhmann meldet einige Bedenken an, rechnet dann aber die Ästhetik trotzdem zur Selbstbeschreibung des Kunstsystems:

> „Vorübergehend, in der Zeit von Baumgarten bis Hegel, hatte die Kunsttheorie enge Beziehungen zur Philosophie unterhalten und sich damit Theoriezwängen gefügt, die nicht im Kunstsystem selbst ihren Ursprung hatten; und das gilt auch noch , zumindest was ‚Dialektik' betrifft, für Adorno. Seitdem spricht man von ‚Ästhetik'. Damit ist auf die Verwendung kunstexterner Theoriemittel hingewiesen, auf importierte Plausibilisierung, auf Anlehnung an auch sonst (zum Beispiel: geschichtsphilosophisch) Akzeptiertes. Wir wollen aber auch dies als Selbstbeschreibung des Kunstsystems gelten lassen, soweit damit auf kunsteigene Sinnprobleme reagiert wird und es nicht nur um Belege für allgemeine philosophische Theorien geht. Denn wenn es Ästhetik als Philosophie wirklich gäbe, die alles weiß, was die Kunst selbst zu wissen meint: welche Eigenständigkeit hätte dann die Kunst selbst?"[712]

Luhmann führt am Ende dieses Zitats ein Argument an, das adaptiert auch gegen ihn selbst gerichtet werden kann: Wenn es Luhmann wirklich gelingen sollte,

711 Luhmann (1995), S. 453.

712 Luhmann (1995), S. 398 f. Luhmann verweist in Fußnoten auf Plumpe (1993 a), Roberts (1991) und auf Heftrich (1971).

Kunst gesellschaftstheoretisch zu thematisieren, welche Eigenständigkeit hätte das Kunstsystem dann noch? Mit anderen Worten: Wenn Luhmanns gesellschaftstheoretische Analyse des Kunstsystems gelingt, wenn es ihm gelingt zu zeigen, welchen Stellenwert, welchen Sinn und welche Bedeutung der Kunst zukommt, untergräbt er dann nicht die autopoietische Verfasstheit des Kunstsystems – und damit seine gesamte gesellschaftstheoretische Konzeption? Wie soll es möglich sein, dass von *außen*, z.B. vom Wissenschaftssystem aus, die *Selbst*beschreibung des Kunstsystems freigelegt werden kann? Der Verdacht, auf den wir zurückkommen werden, liegt nahe, dass es sich bei den angeblichen Selbstbeschreibungen um Unterstellungen von außen handeln könnte.

1.3 Romantik: Kunstkritik

Die Zumutung, durchgeführte Philosophie zu sein, weist die Kunst der Romantik zurück. Die Aufgabe der Selbstbeschreibung des Kunstsystems wird in der Romantik nicht mehr der Philosophie überlassen, sondern vielmehr von der Kunst selbst reflektiert: „Die Kunst reflektiert (...) ihr spezifisch ästhetisches Vermögen, vor allem in Differenz zu den rein kognitiven Angeboten der neueren Philosophie. (...) Die Zumutung, durchgeführte Philosophie zu sein, wird zurückgewiesen."[713]

Die neue Freiheit wird in der Romantik zum Problem: Die Kunst der Romantik *erleidet* diese Freiheit geradezu. Die Tatsache, dass Kunst selbstbezüglich wird und ihre Selbstbeschreibung selbst verantworten muss, zeichnet sich, wie wir oben gesehen haben, gemäß Luhmann schon in der der Renaissance und der Folgezeit ab. Der Durchbruch erfolgt jedoch erst in der Romantik:

> „Meine Vorstellung ist, dass die Romantik die erste Kunstrichtung ist, die genau diese Autonomie der Kunst nicht nur postuliert, sondern auch, man könnte fast sagen, erleidet. In der ganzen Diskussion des späten 18. und des 19. Jahrhunderts ist Autonomie immer ein Desiderat: Wir müssen das durchsetzen gegen irgendwelche Einflüsse. Aber eigentlich ist Autonomie schon jetzt ein Schicksal. Man kann sich nicht auf externe Referenzen religiöser, politischer oder ökonomischer Art beziehen, es gibt auch keine gesellschaftlich-verbindliche Kosmologie mehr, wo man mit Imitation arbeiten kann, es gibt keine festen Wesensformen mehr, sondern Kunst ist in sich selbst kreativ."[714]

---

713 Luhmann (1995), S. 453.
714 Luhmann (1997 a), S. 139.

Die Positionierung der Selbstbeschreibung wird zum Problem: Wird die Selbstbeschreibung im Inneren des Kunstsystems situiert, so müsste sie sich nach dem Code der Kunst: passend/nicht-passend richten, was für eine Theorie ungewöhnlich wäre. Bei einer Selbstbeschreibung von außen stellt sich das Problem der operativen Geschlossenheit der Systeme. Eine *Selbst*beschreibung von *außen* ist ein Widerspruch in sich.

Direkt abhängig von der Positionierung der Selbstbeschreibung ist die Gegenstandskonstitution, die Realität des Kunstsystems. Das Kunstsystem hat eine andere Realität wenn es von außen als wenn es von innen beschrieben wird. Als Folge der Unentscheidbarkeit, ob das Kunstsystem von innen oder von außen beschrieben werden soll, wird auch unentscheidbar, was „Realität", was „Welt" ist:

> „Die Romantik ‚schwebt' (...) zwischen Innen und außen, aber sie kann diese Paradoxie nicht mehr naiv auflösen zugunsten der Welt, wie sie ist. Ihre eigene Reflexion dieser Differenz muss in die Kunstwerke selbst eingehen, etwa in der Form von Unglaubwürdigkeit oder Unheimlichkeit ihrer Realitätsunterstellungen. Die dabei anfallende Irritation wird als solche geschätzt – und an den Betrachter weitergereicht, also kommuniziert.
>
> Der neue Abstand zur Realität, die Behandlung von Realien als bloße Kulisse, als Mittel der Inszenierung von Kunst gehört zu den auffälligsten Merkmalen der Romantik."[715]

Realität wird zu etwas, was das Kunstwerk erzeugen muss. Die Romantik löst den Seinsbezug der auf Beobachter zugeschnittenen Unterscheidung von fiktionaler und realer Realität auf: Sie betont nicht nur den Realitätsgehalt des Fiktiven, sie fiktionalisiert auch das, was man für reale Realität halten könnte.

In der Romantik erscheint die Figur des Beobachters, und hinter die Logik des Beobachters kann fortan nicht mehr zurückgetreten werden. Das Kunstsystem etabliert sich auf der Ebene der Beobachtung zweiter Ordnung, denn der erschienene Beobachter setzt sich der Beobachtung aus. Beobachter beobachten nun Beobachtungen, d.h. sie können beobachten, wie, mithilfe welcher Unterscheidung, Beobachter beobachten. In Luhmanns Worten:

> „Der Beobachter ist erschienen und setzt sich der Beobachtung aus. Und damit wird man die Frage nicht mehr los, mit welchen Unterscheidungen beobachtet wird und warum so und nicht anders. Damit ist der alte Versuch der Philosophie, die Kunst als Konkurrentin zu degradieren, ans Ende gelangt. Minerva lässt mehr als nur eine Eule fliegen, und jeder Beobachter lässt sich beobachten als Konstrukteur einer Welt, die nur ihm so erscheint, als ob sie das sei, als was sie erscheint."[716]

---

715 Luhmann (1995), S. 455 f.
716 Luhmann (1995), S. 468.

Die Selbstbeschreibung des Kunstsystems nimmt in der Romantik die Form der *Kunstkritik* an. Die Kunstkritik der Romantik ist bereits „ein Programm für ein Beobachten zweiter Ordnung“[717], „ein Unterscheiden-können, das unterschieden werden kann, und nicht zur Konvergenz genötigt wird“[718]. Das Kunsturteil beansprucht keine Allgemeingültigkeit, die Individualität wird als normal und berechtigt angesehen.

Kunstkritik ist die Antwort auf ein Problem, das mit der Autonomisierung des Kunstsystems entsteht: Die Selbstbeschreibung eines autonomen Funktionssystems bekommt es mit einem „Überschuss an *internen* Kommunikationsmöglichkeiten zu tun, einem Überschuss, der „aus dem Verlust an Außenanhalten, aus ihrer Indifferenz resultiert“[719]. „Die Romantik löst dieses Problem über ihren Begriff der *Kunstkritik*. Mit der Vorstellung, Kritik sei ein wesentliches Moment der Vervollkommnung von Kunst, wird Theorie zum ersten Male als Selbstbeschreibung des Systems im System anerkannt.“[720] Was Kritik genannt wird bedeutet jetzt nicht mehr die Suche nach der richtigen Beurteilung, sondern nur noch: „weitere Arbeit am Kunstwerk“[721].

1.4 20. Jahrhundert: Das Kunstwerk als Philosophie der Kunst

Im Vergleich zu anderen Funktionssystemen der Gesellschaft fällt auf, dass im Kunstsystem die interne Grenze zwischen Operation und Selbstbeschreibung, also zwischen der Produktion von Kunstwerken und der Kunsttheorie, zusammengebrochen ist. Die Kunstwerke selbst werden zentral für die Selbstbeschreibung des Systems: „Die Reflexionstheorie des Kunstsystems demonstriert sich selber mit Hilfe von Kunstwerken – also nicht mehr nur (wenn überhaupt noch) als Ästhetik.“[722] In allen anderen Funktionssystemen wird die Grenze zwischen Operation und Selbstbeschreibung respektiert. So muss etwa die Theologie nicht predigtfähige Resultate liefern, und auch die Erkenntnistheorie ist keine wissenschaftliche Methode.

Seit der Mitte des 19. Jahrhunderts stellt Luhmann ein „zunehmendes Operationsbewusstsein“[723] im Kunstsystem fest. Das sich ausdifferenzierende Kunstsystem gewinnt zunehmend Kenntnis über den formalen Aufbau von Kunstwerken: Ein Kunstwerk ist ein rekursives Netz von anschlussfähigen Formen, die

---

717 Luhmann (1995), S. 463.
718 Luhmann (1995), S. 463.
719 Luhmann (1995), S. 459.
720 Luhmann (1995), S. 462.
721 Luhmann (1995), S. 458.
722 Luhmann (1995), S. 495. Luhmann verweist hierzu in einer Fußnote auf Danto (1984).
723 Luhmann (1995), S. 469.

nach dem Code passend/nicht passend gefügt sind. Ein Kunstwerk ist eine sich selbst programmierende Fixierung oder Materialisierung von Beobachtungen für Beobachter. Kunst nimmt das Heft der Selbstbeschreibung selbst in die Hand. Selbstbeschreibungen des Kunstsystems sind nur noch möglich durch einen direkten Bezug, durch ein genaues Beobachten von Kunstwerken. „Das Kunstwerk selbst", so Luhmann, ist jetzt „zur eigentlichen Philosophie der Kunst geworden"[724]. Der Beobachtungsstruktur der sich selbst programmierenden Kunstwerke muss folgen, wer Einsichten in die ‚Philosophie der Kunst' erhalten will. Das Kunstsystem verlangt nach einer Selbstbeschreibung von innen.

Die funktionale Differenzierung der Gesellschaft limitiert die Rolle der Philosophie: „Bereits mit Hegel endet – zwar nicht die Kunst, wohl aber die Philosophie der Kunst, wenn damit der Anspruch verbunden sein soll, der Kunst aus der Systematik der philosophischen Theorie heraus ihren Platz anzuweisen und die Reichweite ihrer Möglichkeiten zu bestimmen."[725] Die Philosophie kann der Kunst nicht mehr sagen, was sie sei und welchen Ort sie zu beziehen habe. Die Philosophie verliert ihre Deutungshoheit im Bezug auf das Kunstsystem. Die philosophische Ästhetik hat fortan innerhalb des Kunstsystems keinen Platz mehr. Sie wird in deren Umwelt abgedrängt. Als Teil des Wissenschaftssystems kann sie keine Selbst-, wohl aber eine Fremdbeschreibung des Kunstsystems liefern.

Die Selbstbeschreibung des Kunstsystems fußt auf Kunstwerken und auf die sich direkt auf Kunstwerke beziehende Kunstkritik, d.h. auf werknahen, kunstwissenschaftlichen Arbeiten: Vor jeder abgehobenen theoretischen Reflexion über Kunst gibt es immer schon berühmte Werke und Namen und eine Kunstkritik. Für die Auswahl und Beurteilung von Kunstwerken ist Fachkompetenz unentbehrlich: Die „Welt der Kunstkritik, die sich durch die entstehenden Kunstwerke selbst affizieren lässt und ihrerseits in Kunstwerken reflektiert wird, ist die eigentliche Quelle der Selbstbeschreibung des Kunstsystems. Hier wird zumindest das gefiltert und zurechtgelegt, was mit Anspruch auf Wissenschaftlichkeit (...) über Kunst geschrieben wird."[726] Nur wenn die Selbstbeschreibung einen starken Bezug auf Kunstwerke und auf Kunstkritik hat, sichert sie sich ihre Relevanz.[727]

---

724 Luhmann (1995), S. 497.
725 Luhmann (1995), S. 469.
726 Luhmann (1995), S. 496.
727 Der Kunsthistoriker Hans Dieter Huber gibt sich jedoch auch gegenüber kunstwissenschaftlichen Interpretationen kritisch. Bezüglich der Arbeiten zu Veronese bemerkt er: „Man könnte noch viele andere Autoren und Künstler anführen und ihre Art und Weise, über Veronese zu urteilen, genauer analysieren. Es käme im Prinzip dasselbe Ergebnis heraus. Denn es zeigt sich, dass jeder mit seinen eigenen Kategorien, Kriterien und Begriffen arbeitet, die er in einer bestimmten Tradition erworben hat und die er dazu benutzt, Kunstwerke wie die Paolo Caliaris zu beschreiben, zu bewerten oder einzuordnen. Kunstbegriffe verweisen damit auf diejenigen

Selbstbeschreibungen dagegen, die von kunstfernen theoretischen Konzeptionen ausgehen und nicht primär von Kunstwerken, sind für das Kunstsystem nur noch marginal:

> „Die Randstellung von Theorierichtungen des Strukturalismus oder Poststrukturalismus, des ‚literary critisism', der Hermeneutik oder der lesefreundlichen Rezeptionstheorie, der Fortführung von marxistischem oder psychoanalytischem Gedankengut lässt sich zwar nicht ignorieren, aber auch kaum als jeweils herrschendes ‚Paradigma' durchsetzen. Solche Etikettierungen kommen immer wieder zum Vorschein in dem anscheinend unwiderstehlichen Drang der Universitätsintellektuellen, sich selbst und andere entsprechend zu klassifizieren."[728]

Diese heterogenen Theorierichtungen sind für das Kunstsystem von geringer Wichtigkeit. Künstler können daraus kaum mehr Anregungen für relevante Formentscheidungen entnehmen. Die angesprochene Heterogenität bedeutet weder das Ende der Selbstbeschreibung des Kunstsystems noch gar das Ende der Kunst. Es gibt nach Luhmann deutliche Übereinstimmungen und deutliche Tendenzen im Kunstsystem, nur werden diese nicht durch Theorien, nicht durch Ästhetik im weiteren Sinne freigelegt, sondern durch die Kunstwerke selbst.

> „Kunstwerke selbst zeigen, dass sie keiner Tradition mehr verpflichtet sind, sondern mit dem überlieferten Formenmaterial spielen. Sie kündigen das Ende der europäischen Kunst nicht nur an, sie wollen es sein. Sie stellen die Unterscheidung von Kunstobjekten und Alltagsobjekten in Frage, um an sich selbst die Universalität der Kunst, die Inklusion der Welt in die Kunst vorzuführen; um zu zeigen, dass es so ist."[729]

Traditionen und Kunsttheorien, aus denen sie stammen. Ästhetische Begriffe sind also Indikatoren für ästhetische Traditionen, ästhetische Theorien und Ideologien. Der Kampf zwischen konkurrierenden, ästhetischen Beobachterstandpunkten lässt sich mit Hilfe der Theorie sozialer Systeme als eine Form sozialen Wandels, oder besser gesagt, als ideologische Auseinandersetzung um die ‚richtige' Richtung dieses Wandels beschreiben." (Huber 2005, S. 373).

728 Luhmann (1995), S. 496 f.

729 Luhmann (1995), S. 497. Luhmann bezieht sich mit seiner These, dass das Kunstwerk selbst zur Philosophie der Kunst geworden ist, das Kunstwerke ihre Theorie selbst vorführen, explizit auf das Buch *Die philosophische Entmündigung der Kunst* des amerikanischen Philosophen Arthur C. Danto. Danto entwickelt dort eine Theorie der „Kunst als Philosophie": „Wenn die Kunst ihre eigene Geschichte verinnerlicht, wenn sie sich ihrer Geschichte bewusst wird, wie es in unserem Jahrhundert geschehen ist, so dass das Bewusstsein ihrer eigenen Geschichte zu ihrer Natur gehört, dann verwandelt sie sich vielleicht zwangsläufig zuletzt in Philosophie." (Danto 1993, S. 38). „Man kann die jüngste Geschichte der Kunst als ein philosophisches Bemühen der Kunst verstehen, ihre eigene Identität wieder geltend zu machen, den Platz, den frei zu lassen sie von der Theorie gezwungen worden war, selber auszufüllen (...)." (Danto 1993, S. 47). „Malerei und Plastik wurden sich [in der Moderne], als Kunst, selbst zum Objekt, und

Luhmann sieht Probleme in dieser Entwicklung, in diesem Zusammenbruch der internen Grenzen zwischen Selbstbeschreibung und Operation. Wenn das Kunstwerk zur Selbstbeschreibung wird, ist dann diese Selbstbeschreibung noch wahrnehmbar? Kann man sie sehen, hören und in der Literatur erleben? Oder kann man etwa nur noch *wissen* und *verstehen*, dass es so gemeint ist? Wenn das Kunstwerk selbst zur eigentlichen Philosophie der Kunst geworden ist, dann können „Intellektuelle dies nur noch kommentieren“[730]. „Muss man damit rechnen“, fragt Luhmann, „dass im Kunstsystem jetzt vor allem mit Intelligenzderivaten gehandelt wird – so wie auf den Finanzmärkten mit derivativen Finanzierungsinstrumenten?“[731]

Erneut drängt sich hier die Frage auf, welche Position Luhmanns Thematisierung der Kunst zuzuweisen ist. Seine Thematisierung des Kunstsystems darf nicht als Kunstphilosophie oder Ästhetik verstanden werden, denn zu offensichtlich diskreditiert er die Leistungen dieser Theorieeinrichtungen.

Als Verdacht können wir hier folgende Möglichkeit in Betracht ziehen: Luhmanns Kunsttheorie kann nicht *im Inneren des Kunstsystems* situiert sein, denn da wird die Theoretisierung bereits von den Kunstwerken selbst geleistet. Schlecht stehen auch die Karten bei einer Platzierung von Luhmanns Kunsttheorie *außerhalb aber in der Nähe des Kunstsystems*. Die Theorien in diesem Umfeld – Luhmann siedelt hier u.a. den Strukturalismus und die Hermeneutik an – werden abgetan als Handel mit Intelligenzderivaten. Eine dritte und vielleicht Erfolg versprechende Möglichkeit besteht in einer *dezidiert distanzierten Thematisierung* von Kunst, in einer Thematisierung, die sich im Rahmen einer allgemeinen und umfassenden Gesellschaftstheorie auf die Selbstbeschreibung des Kunstsystems bezieht.

Wenn es sich bei diesem Lösungsvorschlag vorerst auch nur um eine bloße Mutmaßung handelt, so können doch die anderen beiden angesprochenen Möglichkeiten ausgeschlossen werden und gewonnen ist zumindest eine Eingrenzung des Möglichen.

1.5 Autonomie durch Einführung der Negation

Die Perfektionierung der Autonomie des Kunstsystems wird durch „Placierung der Negation des Systems im System“[732] erreicht. Autonomie in einem radikalen

---

von da an konnte die weitere Evolution der Kunst sich nur noch auf der Ebene der Philosophie vollziehen. Die moderne Kunst ist Philosophie (…).“ (Danto 1993, S. 240).

730 Luhmann (1995), S. 497.

731 Luhmann (1995), S. 497.

732 Luhmann (1995), S. 473.

Sinne lässt sich gemäß Luhmann nur denken „als Einschluss der Selbstnegation ins System (oder anders: als Ausschluss von Fremdnegation)"[733].

Konkret kann diese Selbstnegation des Systems im System etwa so aussehen, dass Künstler *alles* als Kunst erklären: sei es ein Urinoir, seien es Anordnungen von Steinen an einem Strand, sei es ein Loch in einem Stadtpark. Wenn alles Kunst ist, ist nichts Kunst. Das System kann die Negation des Systems als seine Selbstbeschreibung enthalten, „zum Beispiel als Negation jeder Grenze oder jeder eigenen Bestimmtheit oder auch als Negation jeder Verpflichtung auf Vorgaben durch eine Tradition."[734]

Negation des Systems im System heißt aber niemals Auslöschung dieses Systems, im Gegenteil: „Negation ist (...) in jedem Falle eine positive Operation (...), die auf eine rekursive Sinnabsicherung in einem tatsächlich existierenden autopoietischen System angewiesen ist. Auch Selbstnegation ist daher nur möglich, wenn das System, das sie vollzieht, autopoietisch operiert, wenn es über Gedächtnis verfügt und Zukunft projektiert – und sei es in der Leerform ‚ich weiß nicht weiter'."[735] Selbstnegation ist gesteigerte Autonomie, „ein Versuch, an die Grenze zu gehen, um das Ausgeschlossene einzuschließen; (...) oder ein Versuch, jede mögliche Nichtkunst in die Kunst wiedereintreten zu lassen."[736] So erklären Künstler wie Marcel Duchamps oder Andy Warhol alltägliche Gebrauchsgegenstände zu Kunstwerken; sinnlich nicht unterscheidbare Kunstwerke werden mit verschiedenem Kunstsinn belegt[737]; unlesbare Erzählungen werden geschrieben, entweder durch „massierte Verwendung von Bildungsgut, über das niemand mehr verfügt, oder durch Verwendung eines Unterschichtenjargons (Burroughs, Pasolini), der nur denen verständlich ist, die als Leser nicht in Betracht kommen"[738]. Luhmann bemerkt zu Versuchen dieser Art ganz richtig: Wie „könnte so etwas gesellschaftlich möglich sein, wenn nicht auf der Basis von Autonomie? All solche Versuche beruhen mithin auf der Autonomie der Kunst und versuchen, sie am Grenzfall zu realisieren."[739]

Die Autonomie des Kunstsystems ist laut Luhmann also auch dann noch gewährleistet, wenn „Autonomie als Autonomieverzicht praktiziert wird"[740], wenn beispielsweise versucht wird, Kunst und Leben wieder zu versöhnen, oder wenn Kunst in einer Weise kommerzialisiert wird, dass Kunst in Kommerz auf-

733 Luhmann (1995), S. 473.
734 Luhmann (1995), S. 472.
735 Luhmann (1995), S. 472 f.
736 Luhmann (1995), S. 475.
737 Zu hier anschließenden Reflexionen vgl. Danto (1984).
738 Luhmann (1995), S. 475.
739 Luhmann (1995), S. 475.
740 Luhmann (1995), S. 475.

zugehen scheint und „die Kunst in der Kunst nur noch darin liegt, dass sie diese restlose Preisgabe als Inszenieren von Kunst *will*."[741]

Die Einführung der Negation des Systems in das System ist die höchste Form der Autonomie. Die Selbstnegation wird realisiert auf der Ebene der Operationen: Die Kunstwerke selbst realisieren sie. Damit beansprucht die Selbstnegation des Kunstsystems zugleich Kunstwerk und Selbstbeschreibung zu sein:

> „Die Selbstnegation wird auf der Ebene der autopoietischen Operationen, wird als Kunstwerk realisiert, damit es weitergehen kann. Das viel beschworene ‚Ende der Kunst' muss nicht Stillstand bedeuten; sie kann weiterhin bewegt sein – wenn nicht wie ein Fluss, so wie ein Meer. Das Ende der Kunst, die Unmöglichkeit von Kunst, der letzte Ausverkauf aller möglichen Formen, nimmt eine Form an, die Selbstbeschreibung und Kunstwerk zugleich zu sein beansprucht. Und stellt auf genau diese Weise die Reproduktion der Kunst unter Einschluss eigener Negation, also als perfekt autonomes System sicher."[742]

Wir wollen am Ende dieses ersten Teils versuchen, ein Fazit zu ziehen über Luhmanns Behandlung und Zugriff auf die Selbstbeschreibung des Kunstsystems. Wir haben gesehen, dass Luhmann *erstens* den Anspruch erhebt, dass nur das Kunstsystem selbst bestimmen kann, was Kunst ist. Er hat klar deklariert, dass er inhaltlich keine Setzungen vornehmen und bloß eine „Wiederbeschreibung der Selbstbeschreibung"[743] liefern will. Im Rückblick auf die von Luhmann „wiedergegebenen" Stationen der Selbstbeschreibungen des Kunstsystems wird klar, dass dieser Anspruch kaum Bestand haben kann. Bereits die Bestimmung der Ästhetik von Baumgarten bis Hegel als *Selbst*beschreibung des Kunstsystems muss als mutig, wenn nicht gar als fragwürdig bezeichnet werden. Wenn dann die von Danto entwickelte Theorie, dass das Kunstwerk selbst zur eigentlichen Philosophie der Kunst wird, als Beleg für die Selbstbeschreibung des Kunstsystems im 20. Jahrhundert herangezogen wird, so ist das eine interessante und durchaus fruchtbare Entscheidung. Für diese Festsetzung können im Kunstsystem selbst Anhaltspunkte gefunden werden, zwingend ist sie aber keineswegs. Im Kunstsystem gibt es mehrere andere mögliche Kandidaten für den Posten der Selbstbeschreibung. Die Favorisierung der Dantonschen Theorie ist klar eine Setzung Luhmanns und nicht eine bloße Wiedergabe der Selbstbeschreibung. (Wir werden sehen, dass im Kontext von Luhmanns Theoriegebäude diese Setzung nicht beliebig, sondern für Luhmanns Absichten und Zwecke maßgeschneidert ist.)

---

741 Luhmann (1995), S. 475.
742 Luhmann (1995), S. 480.
743 Luhmann (1995), S. 296.

Wie wir auch gesehen haben, besteht ein *zweiter* Anspruch Luhmanns darin, die Kontingenz der Selbstbeschreibungen aufzudecken. Als Beleg wiederholen wir ein bereits oben angeführtes Zitat: „Alle Produkte der Selbstbeschreibung müssen, auch wenn sie dem auf semantischer Ebene widersprechen, als kontingent behandelt werden; und vor allem: als selektiv und als völlig unfähig, die Gesamtheit dessen, was im System vor sich geht, im Systemgedächtnis aufzubewahren und zu repräsentieren."[744] Gerade Luhmann deklariert aber die von ihm namhaft gemachten Selbstbeschreibungen weder als kontingent noch als nur partiell gültig. Dass Kunstwerke heute die Selbstbeschreibung des Kunstsystems vollziehen, wird von Luhmann als eine Tatsache angesehen. Diese Selbstbeschreibungsart wird nicht in einen Horizont weiterer möglicher Selbstbeschreibungen gestellt und scheint keine anderen Selbstbeschreibungen neben sich zu dulden.

Wenn Luhmann also im Folgenden auf die „Selbstbeschreibung" des Kunstsystems rekurrieren wird, so bezieht er sich mindestens ebenso sehr auf eine Fremdbeschreibung dieses Systems aus eigener Hand wie auf eine vom Kunstsystem selbst vorgenommene Zuschreibung.

2. Gesellschaftstheorie der Kunst versus Ästhetik

2.1 Ästhetische Theorie als Gesellschaftstheorie

Wenn „das Kunstwerk selbst" zur „eigentlichen Philosophie der Kunst"[745] wird, und also die Rolle der Selbstbeschreibung übernimmt, gibt es *im Kunstsystem* keinen Platz mehr für eine philosophische Ästhetik. Luhmanns generelle und scharfe Diskreditierung der Ästhetik hängt mit der von ihm selbst vorgenommenen Positionierung derselben als Selbstbeschreibung des Kunstsystems zusammen. Seine Kritik an der philosophischen Ästhetik ist deshalb mit Vorbehalten zu versehen, die wir im Kapitel 2.2 anbringen werden. Hier soll vorerst jedoch nur Luhmanns Sicht, die Absetzung seiner Gesellschaftstheorie der Kunst von der Ästhetik, dargelegt werden.

Eine nicht nur bloß kunsthistorisch-exegetische wissenschaftliche Thematisierung von Kunst ist heute laut Luhmann nur noch im Rahmen einer Gesellschaftstheorie, nur noch als Kunstsoziologie möglich. Kunst wird bei Luhmann nicht von der philosophischen Ästhetik her betrachtet, sondern von einer soziologischen Theorie, für die sie *ein Bereich gesellschaftlicher Kommunikation unter vielen ist*. Welchen Ort weist Luhmann aber der Ästhetik zu, die traditionell ein Teil der Philosophie ist und die er als vorliegendes Theoriegebäude nicht

---

744 Luhmann (1995), S. 394.
745 Luhmann (1995), S. 497.

ignorieren kann? Er diskutiert zentrale ästhetische Ansätze, nicht aber, wie zu erwarten wäre, um deren Mängel aufzuzeigen und dadurch die Qualität seines eigenen Ansatzes hervorzuheben. Luhmann postuliert vielmehr eine prinzipielle Differenz des Selbstverständnisses zwischen philosophischer Ästhetik und seiner Kunstsoziologie. Die philosophische Ästhetik ist in der Zeit zwischen Baumgarten und Hegel in der Position der Selbstbeschreibung des Kunstsystems. Diese Aufgabe wird dann aber von der romantischen Kunstkritik und schließlich vom Kunstwerk selber übernommen, so dass Luhmann ihr heute keine Berechtigung mehr zubilligt.

Die *ästhetische Theorie* dagegen, also Luhmanns Kunstsoziologie hat ihren Platz im Wissenschaftssystem und ist eine Beobachtung dritter Ordnung. Als solche operiert sie in einer hohen Abstraktionslage und in großer Entfernung zu physisch greifbaren Kunstwerken:

> „Eine ästhetische Theorie, die konsequent von der Ebene der Beobachtung dritter Ordnung aus operiert (...) [lässt] ‚Praxisnähe‘ abreißen (...). Eine ästhetische Theorie, die solchen Ansprüchen zu genügen suchte, würde sich selbst daran hindern, eine Rezepttheorie – sei es für Kunsthersteller, sei es für Kunstkritiker – zu sein. Sie könnte statt dessen einen Beitrag zum Verständnis der modernen Gesellschaft leisten.“[746]

In Luhmanns ästhetischer Theorie tritt das Konkrete von Kunstwerken, ihre Materialität, in den Hintergrund zu Gunsten von Beobachtungen fixierter Beobachtungen. Das Kunstwerk tritt in Erscheinung als Kommunikation, und somit als *gesellschaftliches* Ereignis. Wenn sich Luhmann mit Kunst auseinandersetzt, dann ist er mit einer Beobachtung beschäftigt, „deren Gegenstand das Beobachten von Beobachtungen ist“[747]. Er befindet sich dann also „auf der Ebene des Beobachtens bzw. Beschreibens dritter Ordnung“[748].

> „Für die ästhetische Theorie muss (...) eine dritte (und letzte) Ebene der Beobachtung zur Verfügung stehen. Sie muss formulieren können, dass und weshalb die Kunst ihre Welt auf dieser Differenz von erster und zweiter Beobachtungsordnung gründet. Eine genauere Analyse der Ästhetik im modernen, auf schöne Kunst spezialisierten Sinne könnte vermutlich zeigen, dass sie sich zumindest bemüht, dieser Problemlage gerecht zu werden.“[749]

Die moderne Ästhetik, die „sich zumindest bemüht“, der Problemlage der Beobachtung dritter Ordnung gerecht zu werden, befindet sich auf dem richtigen

---

746 Luhmann (1990), S. 32.
747 Luhmann (1986 a), S. 214.
748 Luhmann (1986 a), S. 214.
749 Luhmann (1990), S. 28.

Weg, auf dem Weg Luhmanns. Luhmann fordert von der ästhetischen Theorie das, was er selbst bereits ausführt. Der Begriff *ästhetische Theorie* soll im Folgenden die von Luhmann als noch für möglich gehaltene wissenschaftliche Thematisierung von Kunst bezeichnen. Die ästhetische Theorie ist Teil der Gesellschaftstheorie und als solche im Wissenschaftssystem angesiedelt.

Die ästhetische Theorie als Beobachterin dritter Ordnung ist eine dem Kunstsystem externe Thematisierung von Kunst. Sie hat vom System der Wissenschaft aus zu operieren. Da sie einem kunstfremden Bereich zugehört, kann sie „nicht selbst als Kunstwerk in die Kunst“[750] eintreten. Sie gibt, so Luhmann, „keine ‚Denkanstösse‘, geschweige denn Rezepte für die Produktion von Kunstwerken. Sie bleibt, was Kunst angeht, steril. Sie kann allenfalls im Kontext der Autopoiesis theoretischer Bemühungen fruchtbar werden.“[751] Dass die von Luhmann ausgeführte Kunstsoziologie *im Kontext der Autopoiesis theoretischer Bemühungen fruchtbar werden* kann, bedeutet, dass die wissenschaftliche Thematisierung der Kunst und die daraus folgenden Ergebnisse *für die Gesellschaftstheorie* relevant sind.

Ästhetische Theorie ist nur noch als abstrakte, als externe Beobachtung des Kunstsystems, als Kunstsoziologie möglich, denn die interne Beobachtung, die Selbstbeschreibung, wird von den Kunstwerken selbst übernommen. Das Objekt dieser Kunstsoziologie ist Kunst*kommunikation*, also ein genuin gesellschaftliches Ereignis. Die Bedingungen von Kunst sind die Bedingungen der Gesellschaft. Wer Kunst verstehen will, muss gesellschaftliche Gegebenheiten wie funktionale Differenzierung und Autopoiesis verstehen, denn Kunst ist Vollzug von Gesellschaft. Ästhetische Theorie ist deshalb gemäß Luhmann nur als Gesellschaftstheorie möglich.

> Die soziologische Beschreibung der Kunst „erfordert eine Theorie, die erfassen kann, dass und wie die Kunst sich unter gesellschaftlichen Bedingungen (also keineswegs ‚frei schwebend‘!) als ein geschlossenes System der Selbstreproduktion halten und entfalten kann. Genau das versucht eine Theorie autopoietischer Systeme zu leisten (…).Gegen Adorno gewendet, geht es (...) nicht um ‚Verselbständigung der Gesellschaft gegenüber‘[752], sondern um Verselbständigung in der Gesellschaft; und wir sehen die Gesellschaftlichkeit der Kunst auch nicht in einer Negativität, in einer ‚Gegenposition zur Gesellschaft‘[753], sondern darin, dass die Freisetzung für eine spezifische Funktion nur als Vollzug von Gesellschaft möglich ist. Entsprechend

---

750 Luhmann (1986 a), S. 214.

751 Luhmann (1986 a), S. 214. Luhmann bemerkt in einer Fußnote: „Anders noch die Hoffnungen der älteren kybernetischen Ästhetik“ und verweist auf Herbert W. Franke's *Phänomen Kunst: Die naturwissenschaftlichen Grundlagen der Ästhetik*, (d.h. Franke 1974).

752 Adorno (1970), S. 334.

753 Adorno (1970), S. 335.

ist die in der Neuzeit erreichte Autonomie der Kunst nicht etwas, was der Abhängigkeit von der Gesellschaft widerstreitet; nichts, was die Kunst in ein hoffnungsloses Abseits treibt. Im Gegenteil: die Kunst teilt das Schicksal der modernen Gesellschaft gerade dadurch, dass sie als autonom gewordenes System zurechtzukommen sucht."[754]

Das Problem der philosophischen Ästhetik, die sich nicht an Beobachtungen von Beobachtungen orientiert, die noch nicht Gesellschaftstheorie ist, ist laut Luhmann, dass sie es nicht geschafft hat, sich dem leitenden Prozess der modernen Gesellschaft anzupassen: der Ausdifferenzierung der Gesellschaft in autonome Funktionssysteme im Allgemeinen und der Ausdifferenzierung des Kunstsystems im Speziellen. So bleibt es der laut Luhmann rückständigen philosophischen Ästhetik verwehrt, das Verhältnis von Kunst und Gesellschaft zu klären:

> „Die philosophische Ästhetik nach Hegel hat ersichtlich Mühe gehabt, die semantischen Konsequenzen der Ausdifferenzierung des Kunstsystems speziell in seiner modernen Version zu begreifen. Einerseits überdimensionierte Ansprüche, die nichts auslassen mögen, nicht einmal die Nichtkunst; und andererseits ein eigentümliches Sondermilieu, das sich vor allem mit sich selbst beschäftigt und ständig gegen die eigene Geschichte protestiert. Ob man nun mit Gehlen und Marquard der Kunst eine nur noch entlastende oder kompensatorische Rolle zuweist oder ob man mit Adorno puristische und gesellschaftskritische Ambitionen auf einen Nenner der Negativität zu bringen versucht: das Problem des Verhältnisses von Kunst und Gesellschaft bleibt ungeklärt."[755]

Luhmann sieht den Vorteil seiner Theorie sozialer Systeme auch darin, dass sie zeigen kann, „dass Universalismus und Spezifikation einander nicht widersprechen, sondern gerade bedingen."[756] Kunst ist Gesellschaft und nichts als Gesellschaft und gleichermaßen Kunst und nichts als Kunst. Luhmanns Theorie der modernen Gesellschaftsdifferenzierung besagt, „dass *Universalitätsansprüche* in der modernen Gesellschaft funktionale Differenzierung und damit eine *spezifische* Systemreferenz voraussetzen."[757] Gerade etwa vom Kunstsystem aus kommt so die Gesellschaft in den Blick. Wer ästhetische Theorie im Sinne Luhmanns betreibt, wer als Gesellschaftstheoretiker beobachtet, wie Kunstwerke Beobachtungszusammenhänge durch Beobachtung arrangieren, erfährt viel über Kunst und dadurch viel über die Gesellschaft. Eine Beobachtung des autopoietischen Systems Kunst nimmt *die ganze Gesellschaft* wahr, nicht nur Museen und

754 Luhmann (1986 b) S. 621 ff.
755 Luhmann (1995), S. 488.
756 Luhmann (1995), S. 488.
757 Luhmann (1995), S. 489.

Opernhäuser. Alles wird aber durch die kunstsystemspezifische Brille einer unwahrscheinlichen Ordnung gesehen. Kunst zu beobachten bedeutet, den kunstsystemischen Blick als Teil der Gesellschaft, der auf die ganze Gesellschaft gerichtet ist, kennen zu lernen.

Ästhetik ist heute gemäß Luhmann nur noch als Gesellschaftstheorie möglich. Es ist die Aufgabe der ästhetischen Theorie, die vom Kunstsystem ausgehenden Irritationen in wissenschaftlicher, d.h. in systemtheoretischer Sprache zu formulieren. Kunstwerke *zeigen* die unwahrscheinliche Entstehung von Ordnung, *zeigen*, dass im Bereich des nur Möglichen nicht Beliebigkeit herrscht, Kunstwerke *zeigen*, dass der Umgang mit Paradoxien möglich und fruchtbar ist und Kunstwerke *zeigen* damit die Emanzipation der Kontingenz. Erst die ästhetische Theorie aber, und das ist ihre Aufgabe, *formuliert* das von der Kunst gezeigte im Rahmen einer umfassenden Gesellschaftstheorie und entfaltet so in einem wissenschaftlichen, also in einem gesellschaftstheoretischen Kontext die Wirkung der Kunst.

2.2 Supertheorie

Soeben wurde die Beziehung zwischen Luhmanns supertheoretischer Kunstsoziologie und ästhetischen Konzepten aus der Sicht Luhmanns herausgearbeitet. Nun soll reflektiert werden, was Luhmann berechtigt, den traditionellen Begriff der Ästhetik zu reformulieren, was die Chancen, aber auch was die Gefahren einer solchen Rethematisierung von Kunst sind.

In seinem 1978 erschienenen Aufsatz *Soziologie der Moral* und dann auch wieder 1984 in *Soziale Systeme* will Luhmann seine Gesellschaftstheorie verstanden wissen als eine „Supertheorie“[758]. Das Charakteristische von Supertheorien ist ihr Universalitätsanspruch: Solche Theorien müssen „die Bereitschaft bekunden, über jeden Gegenstand ihres Bereichs Aussagen machen zu können“[759]. Luhmanns supertheoretische Gesellschaftstheorie hat den Anspruch, alle gesellschaftlichen Bereiche und Phänomene beschreiben und erklären zu können. Das schließt insbesondere ein, Aussagen über die eigene sowie über benachbarte Theorien machen zu können. Luhmann bemerkt knapp und klar: „Supertheorien sind Theorien mit universalistischen (und das heißt auch: sich selbst und ihre Gegner einbeziehenden) Ansprüchen.“[760]

Sein Universalitätsanspruch, so betont Luhmann, sei nicht zu verwechseln mit einem Exklusivitätsanspruch. Luhmann behauptet, dass er nicht beanspruche,

758 Luhmann (1984), S. 19.
759 Luhmann (1978), S. 17.
760 Luhmann (1984), S. 19.

die einzig richtige Theorie zu vertreten. Er wolle seine Gegner nicht *widerlegen*, sondern in sein Konzept *miteinbeziehen*. Mittels eines theoretischen Verfahrens, dass er „Totalisierung“ nennt, will Luhmann die gegnerischen Theorien – also beispielsweise die philosophische Ästhetik – nicht argumentativ bekämpfen, sondern den ihnen nach seinem Dafürhalten gebührenden Platz zuweisen. Totalisierung bezeichnet den Versuch, „für den Gegner einen berechtigten Platz im eigenen theoretischen Rahmen zu finden“[761]. Es soll also versucht werden, das Vorkommen dieser Theorien zu erklären und sie somit zum Gegenstand der eigenen Theorie zu machen.

Luhmanns Qualifizierung der Nachbartheorien als „Gegner“ lässt vermuten, dass die Suche nach einem „berechtigten Platz“ weder objektiv noch vorurteilsfrei sein wird. Er gibt die Einseitigkeit seiner Totalisierungsstrategie zu, wenn er betont, den Gegner mit eigenen Begriffen zu rekonstruieren: „Totalisierungsstrategien rekonstruieren (...) mit eigenen Begriffen (...) ihren Gegner und machen verständlich, weshalb er opponiert.“[762]

Das Begriffsnetz, mit dem Luhmann arbeitet, ist eine hochabstrakte Sprache. Diese Sprache, diese Theorie lässt vieles sichtbar werden, indem sie Vergleichsgesichtspunkte eröffnet. Sie ist aber – so muss gesagt werden – auch für vieles blind. Luhmanns Flug findet in großer Höhe statt, und unter der geschlossenen Wolkendecke befindet sich nicht nur die Alltagswelt, sondern auch Luhmanns gegnerische Theorien. Diese erkennt der Pilot nur auf den Anzeigen seiner eigenen Instrumente.[763] Die *Rekonstruktion* von gegnerischen Theorien durch Luhmanns Begriffe nimmt eine eigentümliche Dynamik an. Diese Rekonstruktion ist nicht eine möglichst getreue Übersetzung, sondern eine *Neuschöpfung in einem fremden Medium*. Eine zentrale These dieser Arbeit, die wir Schritt um Schritt entwickeln werden, lautet deshalb: Wenn der Systemtheoretiker Luhmann auf dem Feld der Kunst spielt, wenn der Kunstsoziologe Luhmann ästhetische Theorien ‚rekonstruiert‘, dann ist ein kreativer Schöpfer, ein Künstler, am Werk. Objektivität ist nicht zu erwarten, allein schon deshalb, weil der im Wissenschaftssystem operierende Luhmann vom Kunstsystem nur *Irritationen* empfängt.

Das Kunstsystem und das Wissenschaftssystem sind je operativ geschlossene, selbstreferentielle Systeme. Luhmann beobachtet als Soziologe, als Wissenschaftler das Kunstsystem. D.h. die soziologische Theorie muss sich durch die Kunst irritieren lassen, sie muss die Störungen, das Rauschen der Kunst wahrnehmen. Die Umarbeitung von Irritation in Information ist dann eine wissenschaftsinterne Angelegenheit. Wie genau aber gestaltet sich Luhmanns Zugriff auf die Kunst? Luhmann sieht seine Position als die eines Beobachters dritter

761 Luhmann (1978), S. 18.
762 Luhmann (1978), S. 18.
763 Vgl. zu diesem Abschnitt das fünfte Kapitel dieses Teils: *Luhmanns (Kunst-)Sprache*.

Ordnung: Er beobachtet die *Selbst*beobachtung, d.h. die *Selbst*beschreibung des Kunstsystems. Indem er sich auf die Selbstbeschreibung des Kunstsystems bezieht, lässt er das Kunstsystem die Hauptaufgabe machen. Luhmann behauptet, nur zu beobachten, zunächst ganz im Gestus eines empirischen Wissenschaftlers. Was Kunst ist und was nicht, wie sich das Kunstsystem entwickelt, was die Bedeutung und Funktion der Kunst ist, darüber, so Luhmanns Selbstdeklaration, mache er keine Aussagen, er gebe nur die Selbstbeschreibung des Kunstsystems wieder.

Luhmanns Beobachtungen sind weder objektiv noch neutral: Sie können dies prinzipiell nicht sein, weil sie sich vom Wissenschaftssystem ja lediglich irritieren lassen können und Irritationen stets vage sind. Es ist zudem festzustellen, dass die Wahrnehmung des Wissenschaftlers Luhmann in Bezug auf das Kunstsystem auffällig selektiv ist, dass er also gezielt und direkt auf bestimmte Strömungen zugreift und sich nicht bloß auf die *Selbstbeschreibung des Kunstsystems* bezieht. Wie sollte dies auch möglich sein? Luhmanns Tun, so zeigt sich, beschränkt sich nicht auf eine wissenschaftliche Umarbeitung von Irritationen aus dem Kunstsystem.

Supertheorien stehen zwei Totalisierungsstrategien zur Verfügung, zwei Arten, den fremden Theorien zustehenden Platz im eigenen System zuzuweisen: eine historisierende und eine problemorientierte. Erstere charakterisiert Luhmann so: „Eine historisierende Totalisierung erfordert den Nachweis, dass der Gegner einer früheren Epoche der soziokulturellen Entwicklung angehöre, also überholt sei.“[764] Es gehört durchaus zu Luhmanns Strategie, Theorien, die in seiner Nachbarschaft vertreten werden, zu historisieren. Er weist diesen Theorien dabei eine Semantik auf, die mit einer überholten Gesellschaftsstruktur korreliert und allenfalls ihr adäquat war. Ein Hauptkritikpunkt Luhmanns geht dahin, dass die von ihm beurteilten Theorien der Beschreibung der *funktional differenzierten* Gesellschaft nicht genügen können.

Wie wir oben gesehen haben, hält Luhmann der philosophischen Ästhetik nach Hegel, ganz gemäß dieser Totalisierungsstrategie, vor, sie habe „ersichtlich Mühe gehabt, die semantischen Konsequenzen der Ausdifferenzierung des Kunstsystems speziell in seiner modernen Version zu begreifen. Einerseits überdimensionierte Ansprüche, die nichts auslassen mögen, nicht einmal die Nichtkunst; und andererseits ein eigentümliches Sondermilieu, das sich vor allem mit sich selbst beschäftigt und ständig gegen die eigene Geschichte protestiert.“[765]

Die historisierende Totalisierung der philosophischen Ästhetik, ja jeder Art von Kunsttheorie läuft bei Luhmann darauf hinaus, dass sich diese Arten der Theoretisierung von Kunst als Theorien selbst abschaffen und somit obsolet wer-

764 Luhmann (1978), S. 19.
765 Luhmann (1995), S. 488.

den. Luhmann lässt die Selbstbeschreibungsgeschichte des Kunstsystems darauf hinauslaufen, dass das einzelne Kunstwerk selbst zu seiner Theorie, zu seiner Philosophie der Kunst wird und sich daher eine weitere Theoretisierung innerhalb des Kunstsystems erübrigt. So ist die Bahn dann frei für Luhmanns Kunstsoziologie. Diese kann nun die Probleme analysieren, in die sich das Kunstsystem als Teil der Gesellschaft hineinmanövriert hat, sie kann zeigen, wie es soweit gekommen ist, was das Schicksal des Kunstsystems über die Gesellschaft insgesamt aussagt, welche gesellschaftliche Funktion der Kunst zukommt usw.

Luhmanns historisierende Totalisierung der Kunsttheorie gibt sich dabei ganz unschuldig. Die kunsttheoretisch-ästhetischen Ansätze vor ihm führen ganz natürlich und ganz von selbst zu seiner ästhetischen Theorie hin. Luhmann hat als Beobachter höherer Ordnung bloß das Kunstsystem beobachtet, bloß eine „Wiederbeschreibung der Selbstbeschreibung“[766] geliefert. Er hat in dieser Position mehr gesehen als das Kunstsystem selbst, und siehe da: Luhmanns gesellschaftstheoretische Kunstsoziologie ist die logische Folge der Selbstbeschreibungsgeschichte des Kunstsystems: Ein durchsichtiges Manöver.

Die zweite, von Luhmanns Supertheorie oft angewandte Art, einer gegnerischen Theorie entgegenzutreten, ist die problemorientierte Totalisierung. Auffallend bei Luhmanns Beschreibung dieser Strategie ist die als ganz selbstverständlich angenommene Überlegenheit der eigenen Theorie, die das Bezugsproblem besser lösen könne:

> Problemorientierte Totalisierungen „beziehen das Aussagesystem des Gegners auf Probleme, die auch anders gelöst werden könnten. Man reformuliert das Problembewusstsein des Gegners, reproblematisiert seine Theorie und unterstellt ihm dabei ein Bezugsproblem, das die eigene Theorie, wie sich dann herausstellt, besser lösen kann.“[767]

Die beiden Totalisierungsstrategien, die historisierende und die problemorientierte lassen die hegemonialen Interessen von Luhmanns Theorie klar hervortreten. Zwar bezeugt Luhmann wiederholt, dass seine Theorie „keine Exklusivität impliziert“[768], dass sie, statt Exklusivität zu behaupten, totalisierend verfahre[769], gleichwohl wird in den Beschreibungen der Totalisierungen der implizite Exklusivitätsanspruch deutlich. Zu einem gleichen Schluss kommt Thomas Khuranas Interpretation von Luhmanns Totalisierungstheorie. Er schreibt: „Es scheint (...) nicht (...) darauf hinauszulaufen, dass [der] Exklusivitätsanspruch tatsächlich

766 Luhmann (1995), S. 296.
767 Luhmann (1978), S. 20.
768 Luhmann (1978), S. 17.
769 Vgl. Luhmann (1978), S. 17.

ersetzt wird durch Totalisierung. Vielmehr ist die Form, in der die Supertheorien Exklusivität anstreben, die der Totalisierung."[770]

Wenn Luhmann seine Kunstsoziologie als die einzig richtige und heute noch mögliche Theoretisierung von Kunst auffasst, so missversteht er sich selbst. Eine angemessene Theorie der Gesellschaft kann gerade gemäß Luhmann nur kontingent sein, nicht zuletzt auch deshalb, weil sie in ihrem Gegenstand selbst wieder vorkommt. Luhmann thematisiert das selber, sollte es also wissen. Seine ästhetische Theorie darf nicht Exklusivität beanspruchen, sie muss weitere gleichberechtigte Thematisierungen von Kunst – also etwa auch Positionen philosophischer Ästhetiken – neben sich zulassen. Luhmanns falsche Selbstdeklaration bezüglich des Status seiner ästhetischen Theorie hat jedoch keine weittragenden Konsequenzen: Seine Kunstsoziologie, daran ändert sich nichts, liefert neue und sehr interessante Einsichten in die Eigentümlichkeit von Kunst und die Beziehung von Kunst und Gesellschaft. Diesen Chancen, aber auch den Gefahren seiner Gesellschaftstheorie soll nun vertieft nachgegangen werden.

3. Wieso Gesellschaftstheorie?

Luhmann thematisiert die unterschiedlichsten Wissensbereiche im Kontext seiner umfassenden Gesellschaftstheorie. Wieso aber *Die Kunst der Gesellschaft* und nicht Ästhetik? Wieso *Die Wissenschaft der Gesellschaft* und nicht Philosophie? Wieso *Die Religion der Gesellschaft* und nicht Theologie? Was macht laut Luhmann eine gesellschaftstheoretische Rethematisierung notwendig, was ist ihr Vorteil und was ihr Preis? Diese generellen Fragen bezüglich des Status von Luhmanns Gesellschaftstheorie sollen hier gestellt werden, bevor wir im vierten Kapitel den Fokus auf die Parallelen von Gesellschaftstheorie und Kunst richten.

---

770 Khurana (2000), S. 334. Auch Friedrich Balke hebt diesen Hegemonialanspruch Luhmanns, der in einem Spannungsverhältnis zu seiner Selbsteinschätzung steht, hervor. Er schreibt: „Auch wenn es kaum eine Seite seines Werkes gibt, auf der Luhmann nicht betont, dass die Position, „die als die ‚herrschende' für alle sprechen könnte", eliminiert ist (Luhmann 1997, S. 1124), man auf „eine einhellige Erfassung des Objekts [in unserem Fall: der Gesellschaft, F.B.] verzichten muss" und es daher keinen Sinn mehr macht, „eine Selbstbeschreibung der Gesellschaft ab[zu]liefern mit der Erklärung: dies sei die richtige" (Luhmann 1997, S. 1134), hat man nicht den Eindruck, dass er diese epistemologisch prekäre Lage zum Anlass nimmt, von den starken Ansprüchen, wie sie Alteuropa an der Sinnform ‚Theorie' adressierte, abzurücken." (Balke 1999, S. 138).

Luhmanns Hauptargument für seine Gesellschaftstheorie folgt aus seiner Form- bzw. Beobachtungstheorie. Luhmann stützt sich bei seiner Formtheorie auf das Buch *Laws of Form* von George Spencer-Brown.[771] Die Bezugnahme auf dieses mathematische Kalkül ist jedoch ziemlich frei. So erklärt Luhmann in einer Vorlesung offen: „Ich gehe explizit nicht auf den Calculus selber ein. Ich habe ihn technisch nie wirklich durchgeprüft. Von Experten hört man, er sei in Ordnung, er sei sehr viel eleganter als die ursprüngliche Mathematik, aber es gehe auch etwas dabei verloren.“[772]

Der Bezug auf die *Laws of Form* ist wichtig, darf aus zwei Gründen jedoch nicht überbewertet werden: Luhmann bezieht sich erstens nur sehr selektiv auf Spencer-Brown – er zitiert mehr oder weniger ausschließlich Passagen der ersten Seite sowie des Schlusses dieses Buches.[773] Zweitens ändert Luhmann die Spencer-Brownsche Theorie oft stillschweigend oder explizit so ab, dass sie für seine Zwecke fruchtbar ist. Es soll deshalb hier auf eine Rekonstruktion von Spencer-Browns Theorie verzichtet und direkt auf *Luhmanns Gebrauch des Formbegriffs* eingegangen werden.[774]

Luhmann versteht unter Form etwas, „was zwei Seiten hat, die unterschieden werden.“[775] Eine Form ist stets eine Zwei-Seiten-Form. Sie ist eine Unterscheidung von zwei Seiten, wobei die beiden Seiten nicht gleichberechtigt sind. Die Innenseite der Form ist die bezeichnete Seite (der *marked space*), die Außenseite dagegen alles andere, das Nichtbezeichnete (der *unmarked space*). Ein auf ein leeres Blatt gezeichneter Kreis ist eine Form. Dabei ist die Kreisfläche die Innenseite der Form und alles außerhalb der Kreislinie die Außenseite. Auch die Unterscheidung schön/hässlich ist eine Form. Schönes kann nur bezeichnet werden als Innenseite einer Form, als ein Teil einer Unterscheidung mit einer anderen Seite.

Jede Beobachtung ist eine Form. Anhand des Beobachtungsbegriffs kann man sich dem Formbegriff gut nähern. Eine Beobachtung *ist* eine Unterschei-

771 D.h. Spencer-Brown (1979), engl., Ders. (1997), dt.

772 Luhmann (2002), S. 75.

773 Luhmann befindet sich hier in guter Gesellschaft: „Tatsächlich“, so Elena Esposito zu Recht, „vertieft sich unter denen, die sich von Spencer-Brown fasziniert zeigen, kaum jemand in die Details des Kalküls.“ Esposito (1993), S. 99 f.

774 Als Darstellungen von Spencer-Browns *Laws of Form* und zum Verhältnis dieses Kalküls zur Logik vgl.: Baecker (1993 a), Bühl (2000), Esposito (1993), Hennig (2000), Schorr (1993), Simon (1993) sowie Varga von Kibéd/Matzka (1993). Vgl. für eine Rückbindung der Luhmannschen Differenztheorie an Denkfiguren der Transzendentalphilosophie und insbesondere der Transzendentallogik des Neukantianismus Merz-Benz (2000), sowie auch Merz-Benz (2004).

775 Luhmann (2001), S. 244.

dung und *bezeichnet* gleichzeitig die eine, aber nicht die andere Seite dieser Unterscheidung. Die Beobachtung ist also stets *Unterscheidung* und *Bezeichnung* in einem. Beobachtung[776] ist nur dann möglich, wenn eine Unterscheidung eingeführt wird zwischen dem Beobachteten und dem Hintergrund: Die Beobachtung bezieht sich auf etwas, das *bezeichnet* wird (*indication*) –, und gleichzeitig *unterscheidet* sie dies vom Hintergrund (*distinction*). Eine Beobachtung ist immer die Artikulation einer Differenz von Unterscheidung und Bezeichnung. Die Beobachtung hat die Struktur dies-und-nichts-anderes. Die Beobachtung ist differenziell strukturiert, sie ist die Differenz zwischen dem, was festgehalten wird (Identität), und dem, wovon sie unterschieden wird (Differenz).

Jede Beobachtung, ja jede Form ist laut Luhmann ein Paradox. Die Paradoxie der Beobachtung besteht in der Unzugänglichkeit der Beobachtung für sich selbst, d.h. in der Unmöglichkeit für eine Beobachtung, sich selbst beobachten zu können. Eine Beobachtung kann nur beobachten, weil sie sich selbst nicht beobachten kann. Jede Beobachtung ist sich selbst ihr blinder Fleck. Das hängt direkt mit der Struktur der Beobachtung zusammen. Eine Beobachtung ist eine Form, d.h. eine Zwei-Seiten-Form, eine Unterscheidung, eine Differenz. Die Paradoxie der Beobachtung tritt dann ans Licht, wenn die Beobachtung sich selbst beobachten will, weil sie dann die Einheit der sie konstituierenden Differenz beobachten muss. Die Figur *Einheit der Differenz* ist ein Paradox. In den Worten Luhmanns: „Jeder Beobachter beobachtet, was er beobachten kann, aufgrund seiner für ihn unsichtbaren Paradoxie, aufgrund einer Unterscheidung, deren Einheit sich seiner Beobachtung entzieht. (...) Jede Beobachtung braucht ihre Unterscheidung und also ihr Paradox der Identität des Differenten als ihren blinden Fleck, mit dessen Hilfe sie beobachten kann."[777] In einem etwas längeren Zitat wird klarer, was Luhmann unter der Paradoxie der Form versteht:

> „[D]ie Einheit der Differenz, die Form selbst, [bleibt] uns unzugänglich (...). Es bleibt eine Zwei-Seiten-Form, aber wir können nie beide Seiten zugleich verwenden, nicht auf der einen *und* auf der anderen Seite anknüpfen. In der Formentheorie von George Spencer-Brown ist die Unterscheidung als Operation dasselbe wie die Bezeichnung – und sie ist nicht dasselbe, weil sie von der Bezeichnung unterschieden wird. ‚We take', heißt es, ‚as given the idea of distinction and the idea of indication and that we cannot make an indication without drawing a distinction. We take, therefore, the form of distinction for the form'. Die Form der Unterscheidung unterscheidet sich gleichsam selbst in Unterscheidung und Bezeichnung. Sie ist paradox gebaut, indem sie in sich selbst wieder vorkommt, keinen Anfang erlaubt, sondern nur

776 Vgl. für das Folgende: Baraldi et all. (1997), S. 72 ff., S. 123 ff., S. 131 ff.
777 Luhmann (1991), S. 62 f.

einen infiniten Regress in der Suche nach der ersten Unterscheidung in der Welt auslösen kann.“[778]

Eine Beobachtung ist eine Form mit einer Innenseite und einer Außenseite. Die Innenseite ist der belichtete Raum, hier kann etwas bezeichnet werden. Will eine Beobachtung sich selbst beobachten, dann muss sie in diesen belichteten Raum, d.h. in ihre Innenseite, eintreten. Die Form muss also in sich selbst eintreten, genauer auf der einen Seite ihrer selbst, nämlich auf der Innenseite. Im Anschluss an Spencer-Brown nennt Luhmann diese Figur ein *re-entry*.

Eine Beobachtung ist ein Paradox. Erst recht sind dann ganze Beobachtungs*systeme* paradox. Grundlegend für jedes System ist die Unterscheidung von System und Umwelt. Jedes System ist die eine Seite der Unterscheidung von System und Umwelt[779]. Ein System, z.B. das Kunstsystem, kann die eigene Identität als System nur aufbauen, wenn es dazu fähig ist, sich von seiner eigenen Umwelt zu unterscheiden, also nur wenn es negieren kann, was es nicht ist. Das System kann sich aber von seiner Umwelt nur durch *eigene*, *interne* Operationen unterscheiden, es kann auch die Operation der Negation der Umwelt nur durch eigene Operationen produzieren. Das System muss also die Unterscheidung zwischen sich selbst und der eigenen Umwelt als eigenes Produkt beobachten. Das ist aus folgendem Grund paradox: Das System muss sich von einer ihm *nichtzugehörigen* Umwelt unterscheiden und zugleich beobachten, dass diese Umwelt nichts anderes ist als ein *internes Produkt* seiner Operationen. Die Unterscheidung von System und Umwelt muss in das System selbst eintreten. Es handelt sich hier wieder um die Figur des *re-entry*: Die Form muss auf der Innenseite ihrer selbst wieder in sich eintreten.[780]

---

778 Luhmann (1992 b), S. 67. Vgl. dazu auch: Luhmann (1993 c).Das Spencer-Brown Zitat ist der erste Satz auf Seite eins der *Laws of Form*.

779 Vgl. für das Folgende: Baraldi et all. (1997), S. 132.

780 Der Import der Theoriefigur des *re-entry* aus dem mathematischen Kalkül Spencer-Browns in die Luhmannsche Theorie macht einmal mehr deutlich, dass Luhmann sehr frei auf andere Konzeptionen zurückgreift. Wenn Luhmann vom *re-entry* spricht, so lässt er viele Implikationen dieses bei Spencer-Brown schwierigen Begriffs beiseite. Dies macht er in seiner Vorlesung *Einführung in die Systemtheorie* deutlich, wenn er fragt, *Wieso der ganze Theorieaufwand?*: „Ein dritter Punkt, ebenfalls von Spencer-Brown ausgehend, benutzt den Begriff des ‚reentry‘, des Wiedereintritts der Form in die Form oder der Unterscheidung in das, was unterschieden worden ist. (…) Im Laufe der Entwicklung des Kalküls kommt Spencer Brown (…) an den Punkt, an dem er (…) [das reentry] als eine theoretische Figur vorführt, die sich dem Kalkül entzieht. (…) Das führt in die Theorie der imaginären Zahlen hinein. (…) Sobald wir jedoch auf die Theorie sozialer Systeme kommen und den normalen Apparat der Kommunikation, die ja auch Kommunikation über Kommunikation sein kann, voraussetzen können, verliert das Problem seine Schwierigkeit und wird sogar überzeugend, sodass man sich fragt, wozu der ganze Aufwand an Theorie dient, wenn wir etwas erarbeiten, was wir schon längst gewusst haben.“ Luhmann (2002), S. 80.

Das Paradox wird immer dann offensichtlich, wenn ein selbstreferentielles, beobachtungsfähiges System sich selbst beobachtet. Das Problem der Paradoxie stellt sich somit bei der Beobachtung sowie bei den Beobachtungssystemen. Die Paradoxie ist ein Problem der Einheit der Differenz, also ein Problem der Selbstbeobachtung von Formen. Luhmann betont die Unvermeidbarkeit von Paradoxien, denn er geht davon aus, „dass alles Erkennen letztlich im Unterscheiden besteht, also letztlich auf Paradoxien gegründet werden muss."[781] Es gilt nicht, Paradoxien zu vermeiden, sondern sie zu entfalten. Luhmann geht deshalb in Distanz zum logischen Begriff der Paradoxie, weil die Logik Paradoxien als etwas grundsätzlich zu Vermeidendes betrachte. Luhmann bemerkt demgegenüber, „dass alle beobachtenden Operationen, auch die der Logik, Paradoxien nicht vermeiden, sondern nur entfalten, das heißt durch Unterscheidungen ersetzen können."[782] Luhmann nennt die Paradoxie „der Satz vom Grunde"[783] der Systemtheorie, ja „ihr transzendentaler Grundsatz"[784].

Will ich also etwas wissen, so muss ich mich darauf beziehen, ich muss es beobachten, es bezeichnen, d.h. es von anderem unterscheiden. Das Bezeichnete und das von ihm Unterschiedene sind die beiden Seiten einer der Beobachtung zugrunde liegenden Form. Ein Problem ergibt sich daraus, dass ich nicht zugleich die bezeichnete Seite der Form und die Einheit der Form beobachten kann. Ich kann nicht zugleich die Differenz und die Einheit beobachten. D.h. bei jedem Beobachten entgeht mir etwas Wesentliches, nämlich die die Beobachtung konstituierende Form: Sie ist der blinde Fleck jeder Beobachtung. Ich kann nur

---

Damit meint Luhmann: „Entweder macht man die Frage: ‚Warum hast du etwas gesagt?', oder die Frage: ‚Hast du vielleicht gelogen?', zum Thema, geht also vom der Mitteilung aus, oder man geht von der Information aus und kommuniziert über das, was gesagt worden ist. (…) Das ist ein Indikator dafür, dass in die Operation selbst immer schon die Differenz von Fremdreferenz qua Information und Selbstreferenz qua Mitteilung eingebaut ist. Dies ist (…) eine Erläuterung des allgemeinen Themas des ‚reentry': Das System tritt in sich selbst wieder ein oder kopiert sich in sich selbst hinein. Die Kommunikation bleibt eine interne Operation. Sie verlässt das System nie, denn der Anschluss ist auch wieder im System vorzusehen und muss im System stattfinden.

In dieser Weise kann man, glaube ich, plausibel machen (…), dass ein soziales System, das mit diesem Operator Kommunikation arbeitet, immer schon das ‚reentry' eingebaut hat und anders gar nicht funktionieren könnte. Eine interne Referenz, eine Selbstreferenz, und eine externe Referenz werden mehr oder weniger gleichzeitig prozessiert. Anders gesagt, das System kann in jedem Moment von der einen zur anderen Seite übergehen, aber immer nur mit internen Operationen." Luhmann (2002), S. 82. Vgl. zu Spencer-Browns Begriff des *re-entry* auch Baecker (1993).

781 Luhmann (1991), S. 63.

782 Luhmann (1995), S. 74, Fußnote 102. Vgl. dazu: Luhmann (1991).

783 Luhmann (2000), S. 55.

784 Luhmann (2000), S. 55. Siehe zur Bedeutung der Paradoxie für Luhmanns Erkenntnistheorie auch das dritte Kapitel des vierten Teils: *Wieso Gesellschaftstheorie?*

beobachten und also wissen, weil mir dabei Entscheidendes entgeht, weil ich mein Beobachten in seinem Vollzug nicht selbst beobachten kann. *Es kann so keine Letztfundierung des Wissens, keinen sichereren und unbeweglichen Ausgangspunkt geben. Es kann nur beobachtet werden, wie Beobachter beobachten.* Dass die Beobachtung allen Seins von Unterscheidungen geleitet, also nie bedingungslos ist, könnte man als Luhmanns Metaphysik bezeichnen. In seiner Abschiedsvorlesung mit dem Titel *„Was ist der Fall?" und „Was steckt dahinter?". Die zwei Soziologien und die Gesellschaftstheorie* fragt Luhmann: „Was sind die metà tà phýsika?" Er antwortet postwendend: „Doch nicht mehr die wahren Einteilungen des Seins, die Kategorien, sondern die Unterscheidungen. Die Unterscheidungen eines Beobachters."[785]

Das Beobachtungsparadox: dass ich nur (etwas) beobachten kann, weil ich (die Einheit der Form, d.h. die Bedingung der Möglichkeit des Beobachtens) nicht beobachten kann, kann nicht aufgelöst, nur *entfaltet* werden. D.h. das jeweilige Beobachten kann sich wohl nicht *in seinem Vollzug*, kann sich nicht selbst beobachten. Es kann aber *durch andere Beobachtungen* beobachtet werden. Wissen entsteht so durch beobachten von Beobachtungen, durch endlose rekursive Beobachtungszusammenhänge, man kann auch sagen: durch Kommunikationsnetzwerke, d.h. letztlich *durch die Gesellschaft.*

Auf die Gesellschaft, bzw. auf ihre Subsysteme, muss sich dann beziehen, wer etwas über einen gesellschaftlichen Teilbereich, wer etwas über Kunst, Recht, Erziehung usw., wissen will. Die Gesellschaft konstituiert in ihren funktional differenzierten Teilsystemen Wissen. Die Teilsysteme beobachten sich selbst und fertigen auf dieser Grundlage eine Selbstbeschreibung an. Als Selbstbeschreibung des rekursiven Beobachtungs- oder Kommunikationszusammenhangs „Religion" entsteht so Theologie, die Selbstbeschreibung des Kunstsystems nennt sich bis Hegel Ästhetik.

Luhmann beobachtet die Gesellschaft bei ihrem Beobachten. Er gewinnt so Vergleichsgesichtspunkte. Sein externer, der Sache fremder Standpunkt verschafft ihm einen neuen Blick. Aus dieser Warte kann er sich Einsicht in Gemeinsamkeiten und Unterschiede zwischen den gesellschaftlichen Teilbereichen verschaffen. Dabei bleibt Luhmann aber selbst immer beobachtbar. Er muss seine Standpunktgebundenheit stets mitreflektieren.

Das Beobachten von Beobachtungen löst laut Luhmann die Metaphysik ab. Dieses Beobachten zweiter Ordnung ist die neue Metaphysik: „Die Metaphysik – das ist der Beobachter."[786] Wer aber ist dieser Beobachter? Es ist, so Luhmann, der „real operierende Beobachter. Also der zu beobachtende Beobachter. Also der Beobachter beobachtende Beobachter. Also das rekursive Netzwerk des

---

785 Luhmann (1993), S. 251.
786 Luhmann (1993), S. 252.

Beobachtens des Beobachtens. Also Kommunikation, und zwar tatsächlich stattfindende Kommunikation."[787]

Luhmanns Insistenz auf den *real operierenden* Beobachter ist zu verstehen als eine Abgrenzung von philosophischen Konzeptionen, die den Beobachter als *res cogitans* oder als transzendentales Subjekt fassen. Laut Luhmann löste die Transzendentalphilosophie die Metaphysik (zu verstehen als Substanzontologie) ab. Die Transzendentalphilosophie ist aber nur eine Zwischenstation, die von der (Luhmannschen – wie sich versteht) Soziologie abgelöst wird:

> „Die Unterscheidung von Subjekt und Objekt hat die Metaphysik aufgelöst. Sie wird nun ihrerseits dekonstruiert dadurch, dass man sieht, dass nur Objekte Subjekte sein können, nämlich real operierende, Beobachtungen beobachtende Beobachter. Und das ist zugleich die Stunde der Soziologie."[788]

Es gibt, so Luhmanns überzeugende Position, keinen unhintergehbaren, sicheren Ausgangpunkt des Wissens mehr, keine Substanzontologie und keine Transzendentalphilosophie.[789] Rekursive Beobachtungszusammenhänge bilden die Grundlage der Wissensbildung. Diese rekursiven Beobachtungszusammenhänge sind in der Gesellschaft stattfindende Vorgänge. Sie sind als Kommunikationen die konstituierenden Elemente der Gesellschaft und somit Gegenstand der Soziologie.[790]

3.2 Beobachtung der Gesellschaft in der Gesellschaft

Luhmann gesteht ein, dass seine Theorie sich selbst beschreibender Systeme „über weite Strecken hin eine Parallelkonstruktion zur klassischen Figur des Subjekts"[791] ist. Systemtheoretische Selbstbeschreibung kann nur gelingen durch Unterscheidung von Selbst- und Fremdreferenz. In paralleler Weise betont Husserls transzendentale Phänomenologie, dass das Bewusstsein „immer zugleich im Phänomenbezug und im Selbstbezug operiert."[792] Luhmanns Absetzung besteht in der Abkopplung von der Beschränkung auf *Bewusstseinsprozesse*, in einer *kommunikationstheoretischen Reformulierung*: Indem Kommunikation zwischen

---

787 Luhmann (1993), S. 252.

788 Luhmann (1993), S. 252. Für einen Rückbezug der Luhmannschen Soziologie auf transzendentalphilosophische Figuren vgl. Merz-Benz (2000) sowie Merz-Benz (2004).

789 Als wichtigste Kritiker traditioneller philosophischer Subjektkonzeptionen gibt Luhmann (1993, S. 255, Fn. 17) an: Heideggers Humanismus-Brief, §10 von Sein und Zeit, sowie Derridas Aufsatz Les fins de l'homme, in: Marges de la Philosophie.

790 Vgl. dazu auch die mit dem Titel *Von der Wissenschaftstheorie zur Wissenschaftssoziologie* bezeichneten Seiten 316 ff. in Nassehi (2003).

791 Luhmann (1993), S. 255.

792 Luhmann (1993), S. 255.

Information und Mitteilung unterscheidet und beide im Verstehen synthetisiert, bildet sie „genau diese Struktur des Unterscheidens und Simultanprozessierens von Selbstreferenz (Mitteilung) und Fremdreferenz (Information)."[793]

In Luhmanns Theorie tritt *Kommunikation* an die Stelle des klassischen Subjekts – Kommunikation oder, was hier gleichgesetzt werden kann, die *Gesellschaft* als „das umfassende Sozialsystem aller Kommunikationen"[794]. Daraus folgt, dass die Soziologie, die nichts anderes als ein Kommunikationssystem ist, die Gesellschaft nur *intern* beschreiben kann. Soziologie ist Kommunikation, sie ist selbst Teil der Gesellschaft, die sie beschreiben will. Luhmann formuliert diese Einsicht vorerst noch vorsichtig im Konjunktiv:

> „Soziologie, die sich als Wissenschaft nur auf der Grundlage von Kommunikation etablieren kann, könnte (...) nur Beiträge zur internen Beschreibung dieses Systems [d.i. der Gesellschaft als das umfassende Sozialsystem aller Kommunikationen] leisten, nicht aber eine externe Beobachtungsposition einnehmen, weil das hieße: zu verstummen. Will die Soziologie die Gesellschaft als ein sich selbst beschreibendes System beschreiben (und wie sonst?), definiert sie damit zugleich ihre eigene Position in ihrem Objekt. Sie schließt sich als Beobachter in das von ihr Beobachtete ein (und eben das dekonstruiert die Unterscheidung von Subjekt und Objekt, weil das Subjekt sich als winzigen Teil seines eigenen Objekts begreifen muss). Sie ist damit qua eigener Disposition ständig zu ‚autologischen' Schlüssen gezwungen – zu Schlüssen von ihrem Gegenstand auf sich selber."[795]

Die Gesellschaft kann nur in der Gesellschaft beobachtet werden. Über die Gesellschaft kann nur in der Gesellschaft kommuniziert werden. Die Gesellschaft bleibt so in sich selbst gefangen. Sie ist ein sich selbst beschreibender Gegenstand. Luhmann legt diesen unausweichlichen Schluss plausibel dar. Unbestritten

---

793 Luhmann (1993), S. 255.

794 Luhmann (1993), S. 255.

795 Luhmann (1993), S. 255. Das zirkuläre Verhältnis der Soziologie zu ihrem Gegenstand drückt Luhmann auch zu Beginn des ersten Kapitels der *Gesellschaft der Gesellschaft* aus: „Die folgenden Untersuchungen betreffen das Sozialsystem der modernen Gesellschaft. Ein solches Vorhaben, und darüber muss man sich als erstes Rechenschaft geben, aktualisiert eine *zirkuläre Beziehung zu seinem Gegenstand.* Weder steht vorab fest, um welchen Gegenstand es sich handelt. Mit dem Wort Gesellschaft verbindet sich keine eindeutige Vorstellung. Selbst das, was man üblicherweise als ‚sozial' bezeichnet, hat keine eindeutig objektive Referenz. *Noch kann der Versuch, die Gesellschaft zu beschreiben, außerhalb der Gesellschaft stattfinden.* Er benutzt Kommunikation. Er benutzt soziale Beziehungen. Er setzt sich in der Gesellschaft der Beobachtung aus. Wie immer man den Gegenstand definieren will: die Definition selbst ist schon eine der Operationen des Gegenstandes. Die Beschreibung vollzieht das Beschriebene. Sie muss also im Vollzug der Beschreibung sich selbst mitbeschreiben. *Sie muss ihren Gegenstand als einen sich selbst beschreibenden Gegenstand erfassen.*" Luhmann (1997), S. 16, Hervorhebungen von M.K. Vgl. auch Luhmann (1997), S. 78 f.

ist aber auch, dass die Unmöglichkeit einer externen Beobachtung der Gesellschaft große Probleme für eine soziologische Theoriebildung mit sich führt. Luhmann liefert aber auch hierzu einen überzeugenden Lösungsvorschlag.

3.3 Soziologie als externe Beobachterin in der Gesellschaft

Bezogen auf die Gesamtgesellschaft ist die Soziologie eine *interne* Beobachterin. Da die Gesellschaft selbst aber innerhalb ihrer Grenzen funktional differenziert ist, also aus in sich wieder geschlossenen Kommunikationssystemen besteht, kann sich die Soziologie „*in* der Gesellschaft als ein *externer* Beobachter"[796] installieren. Sie kann dies nicht für die Gesamtgesellschaft, wohl aber für die Teilsysteme der Gesellschaft. Die Soziologie als Teil der Wissenschaft kann andere Sozialsysteme – etwa das Kunstsystem – als Teile der „innergesellschaftlichen Umwelt"[797] des Wissenschaftssystems beschreiben. Laut Luhmann bedeutet dies:

> „dass die Gesellschaft sich selbst intern Möglichkeiten externer Beobachtung schafft, sich also nicht ausschließlich auf die Selbstbeschreibung ihrer Funktionssysteme (auf Theologie, Pädagogik, Rechtstheorie, Staatslehre, marktwirtschaftlich orientierte Nationalökonomie (...)) verlässt, sondern diese Selbstbeschreibungen, die heute in Theorieform auftreten, mit einer externen Beobachtung konfrontiert, die nicht an die Normen und institutionellen Selbstverständlichkeiten ihrer jeweiligen Objektbereiche gebunden ist."[798]

Der Soziologe verspricht sich von seiner systemtheoretischen Rethematisierung der Selbstbeschreibungen von sozialen Systemen, von seiner „internen externen Beobachtung"[799] größere Freiheiten, d.h. geringere institutionelle Gebundenheit. Der Preis dafür ist aber eine hohe Selbstbelastung seiner Theorie: Kann Luhmann als Nichttheologe, als Nichtökonom, als Nichtkunstwissenschaftler usw. von der Soziologie aus kompetent das Fachwissen der Theologie, der Ökonomie, der Kunstwissenschaft usw. rethematisieren? Obwohl Luhmann diese Übersetzungsleistungen in all seinen Studien zu den gesellschaftlichen Funktionssystemen leistet, merkt er kritisch an: „Weithin verfügt die Soziologie noch gar nicht über das theoretische Rüstzeug, um über die ‚einheimischen Theorien' der Funk-

796 Luhmann (1993), S. 255.
797 Luhmann (1993), S. 255.
798 Luhmann (1993), S. 255. Vgl. hierzu auch Luhmann (1984), S. 88 f.
799 Luhmann (1993), S. 256.

tionssysteme, über Gott oder Gerechtigkeit, über Bildung oder Nutzenmaximierung zu sprechen."[800]

Luhmanns Ziel ist die Konfrontation der Selbstbeschreibungen eines Systems, die sich selbst als notwendig, als so und nicht anders erachten, mit anderen Sichtweisen. Luhmann macht den Funktionssystemen ein Angebot, sich in einem andern Licht zu sehen, und ihre Selbsteinschätzung als kontingent, als eine unter mehreren Möglichen zu sehen:

> Die „Form der Beobachtung [kann] nicht Besserwissen oder Kritik sein; denn gerade dafür fehlt es (wie die Soziologie selber einsehen muss) in einer funktional differenzierten Gesellschaft an der Autorität einer ‚Metaposition'. Man könnte aber einen Sinn darin sehen, Dasselbe mit anderen Unterscheidungen zu beschreiben und das, was den Einheimischen als notwendig und als natürlich erscheint als kontingent und artifiziell darzustellen. Man könnte damit gleichsam ein Überschusspotential für Strukturvariation erzeugen, das den beobachtenden Systemen Anregungen für Auswahl geben kann."[801]

Wenn Luhmann in diesem Zitat den Kontingenznachweis, die Konfrontation der Funktionssysteme mit anderen Beschreibungen, als die einzige Leistung seiner Soziologie sieht, so gibt er sich allzu bescheiden. Zwar macht Luhmanns Beobachtungstheorie die Unmöglichkeit eines sich selbst durchsichtigen Fixpunktes der Erkenntnis deutlich: Es kann keine Metaposition geben, von der aus alles sicher überblickt und eingeteilt werden kann. Es kann keinen archimedischen Punkt geben, der in sich ruht und um den sich alles dreht. Aber Luhmann macht doch auch den Anspruch geltend, dass seine Theorie ‚eine Beschreibung höherer Ebene' ist. Seine Soziologie hat ihre Überlegenheit darin, dass sie den Theorien und Selbstbeschreibungen der Funktionssysteme nicht nur Kontingenz nachweisen kann, sondern immer auch *um ihre eigene Kontingenz weiß*, oder besser gesagt – wie wir hier gestützt auf unsere Kritik in Kapitel 2.2: *Supertheorie* skeptisch einwenden müssen –, wissen müsste. Zur Kontingenz des systemtheoretischen Wissens eine längere Passage aus einem Interview:

> Franco Volpi: „Die Lage der Gegenwart scheint durch eine Krise der Selbstbeschreibung charakterisiert zu sein, durch einen Mangel an archimedischen Punkten, von denen aus man das Ganze beschreiben könnte. Weder Kunst noch Religion, weder Philosophie noch Politik scheinen noch privilegierte Standpunkte zu sein, von denen aus man im Namen der anderen Teile der Gesellschaft sprechen könnte. Worin besteht in dieser Situation die Aufgabe des soziologischen Denkens? Vielleicht

---

800 Luhmann (1993), S. 256.
801 Luhmann (1993), S. 256.

kann die Soziologie, vor allem in ihrer systemtheoretischen Formulierung, als archimedischer Punkt fungieren, von dem aus man das Ganze beschreiben könnte?"

Niklas Luhmann: „Ich teile ihre Beschreibung der Situation der Gegenwart, aber ich glaube, dass es heute nicht mehr möglich ist, an archimedische Punkte zur Beschreibung des Ganzen zu denken. Auch die Soziologie kann nicht ein solcher Punkt sein. Ich denke jedoch, dass die Soziologie immerhin die Möglichkeit hat, dieses Problem zu reflektieren, das heißt ihre eigene Ansicht der Gesellschaft als eine selbstreferentielle Beschreibung zu reflektieren, die sich selbst reflektiert als etwas, das seinerseits einen Ort innerhalb dieser Gesellschaft hat. Die Soziologie kann dann auch ihre Weigerung reflektieren, einen ontologischen, subjekt-transzendental oder epistemologisch privilegierten Standpunkt zu beziehen. Ich kann zum Beispiel sagen, dass ich die Gesellschaft als ein funktional differenziertes System beschreibe. Aber diese Beschreibung von mir ist nur eine wissenschaftliche Beschreibung, und wenn zum Beispiel die Politik die Folgerungen einer solchen Beschreibung nicht akzeptiert, dann ergibt sich dies eben daraus, dass die Politik einen anderen Standpunkt, eine andere Perspektive repräsentiert, die eine andere Beschreibung derselben Realität erzeugt. Aber als Soziologe kann ich die Gründe, aus denen die Politik meine Beschreibung nicht akzeptiert, verstehen. Unter wissenschaftlichem Gesichtspunkt halte ich also aufrecht, dass die Soziologie eine Beschreibung höherer Ebene ist. Und ich glaube, dass man das zeigen kann."[802]

Luhmanns Gesellschaftstheorie liefert eine Selbstbeschreibung der Gesellschaft in der Perspektive der Wissenschaft. Sie beobachtet aus einem operativ geschlossenen, autopoietischen Teilsystem heraus und spiegelt so keine objektive Realität, sondern stellt bloß eine Perspektive unter anderen bereit. Das macht klar, dass Luhmanns Gesellschaftstheorie keine Metabeobachtung, kein archimedischer Punkt sein kann. Sie hat aber den Vorteil, dass sie auf die strukturellen Bedingungen ihrer Beschreibung reflektieren kann: Die Soziologie kann die Figur des Beobachters einschließen. Sie weiß, dass ihre Beschreibung der Gesellschaft ein inneres und also kontingentes Ergebnis der Gesellschaft selbst ist. Problematisch ist Luhmanns Systemtheorie dann, wenn sie die Kontingenz der eigenen Position nicht berücksichtigt und die eigenen Einsichten absolut setzt.

Die Soziologie mag eine Beschreibung höherer Ebene sein, trotzdem ist sie mit dem notwendigen Makel jedes Beobachtungssystems und mithin jeder Theorie behaftet: Sie ist sich selbst nicht transparent. Der Beginn einer Theorie ist mit einer ersten Beobachtung zu machen. Eine erste Unterscheidung trennt den *marked space*, der etwas bezeichnet, d.h. etwas beobachtbar macht, von einem *unmarked space*. Diese erste Unterscheidung macht zwar *etwas* beobachtbar, für *sie selbst* ist sie aber blind. Sie ist sich selbst nicht durchsichtig, weil sie die

802 Luhmann (1987), S. 165 f.

Einheit ihrer beiden Seiten nicht selbst sehen kann. Es gibt keine Beobachtung, „deren Selbstbezeichnung nicht durch eine Paradoxie blockiert würde.“[803] Die Reflexion einer Beobachtung auf sich selbst ist eine paradoxe Figur: Die *Einheit* einer *Differenz* kann nicht gedacht werden.

Jede Theorie beginnt mit einem Paradox. Etwas kann nur beobachtet werden, weil die Beobachtung selbst sich nicht beobachten kann. Die anfängliche Paradoxie ist die Bedingung der Möglichkeit einer jeden Theorie.

Es besteht die Möglichkeit, die Paradoxie der ersten Unterscheidung zu entschärfen: Mittels einer zweiten Beobachtung kann die Einheit der die erste Beobachtung konstituierenden Differenz beobachtet werden. Wie die erste Beobachtung kann auch die zweite auf ihre Einheit nicht reflektieren, auch sie ist sich ein Paradox. Das Spiel kann nun mit einer dritten Beobachtung und endlos weitergespielt werden: Die Paradoxie kann nicht aus der Welt geschaffen, nur mit jeder Beobachtung verschoben werden. Die Paradoxie wird dadurch, wie Luhmann sagt, entfaltet. Er fasst das Problem so:

> „Die Thematisierung einer differenzlosen Einheit oder einer Differenz als Einheit ist nur in der Form einer Paradoxie möglich, und das heißt: nur in der Form einer irritierenden Selbstblockierung des Beobachters, der daraufhin aufhören muss – oder die Paradoxie entfalten, also zu neuen Unterscheidungen und Bezeichnungen übergehen muss.“[804]

Eine Beobachtung, die auf die sie konstituierende Einheit reflektiert, blockiert sich selbst: Die Reflexion auf die Einheit der Form, die Einheit der Unterscheidung, führt zu einer Selbstblockierung des Beobachtens, führt zu einer Paradoxie. Diese Blockierung der Beobachtung kann aber durch Entparadoxierung aufgelöst werden. „Paradoxie“, so Luhmann, „ist dann aber nichts anderes als die Aufforderung, nach Unterscheidungen zu suchen, die for the time being so plausibel sind, dass man sie ‚unmittelbar‘ anwenden kann, ohne nach ihrer Einheit, nach der Selbigkeit des Unterschiedenen zu fragen.“[805] An die Stelle der paradoxen Einheit „tritt die Rekursivität, die Führung der Operationen durch die Resultate der Operationen oder, auf der Ebene des Beobachtens, die Führung des Beobachtens durch die Resultate des Beobachtens.“[806]

---

803 Luhmann (1993 a), S 212.

804 Luhmann (1993), S. 257 f.

805 Luhmann (1995), S. 159.

806 Luhmann (1991), S. 61. Luhmanns Verständnis von und sein Umgang mit Paradoxien, sein Rückbezug auf Logik, Mathematik und Kybernetik ist ein schwieriges Problem, das zweifellos eine umfangreiche Untersuchung verdiente. Wir müssen es hier mit einigen Literaturangaben bewenden lassen, die keinerlei Anspruch auf Vollständigkeit erheben. Luhmann (1987 b, 1990 a, S. 33, 43, 1991, 1993 a, 1995, S., 72 ff., und 2002, S. 87 ff.), Bühl (2000), Esposito (2004),

Wie jedes Beobachtungssystem entgeht auch die Gesellschaftstheorie der ihr zugrunde liegenden Paradoxie nicht, auch sie muss es entfalten. Sie ist in dem Sinn keine Metatheorie, als sie dies weiß. Sie ist aber eine Beschreibung der Gesellschaft höherer Ebene, insofern sie einen Universalitätsanspruch geltend macht und insofern sie der Struktur der modernen Gesellschaft, der funktionalen Differenzierung, angepasst ist. Sie missversteht sich dann aber selbst, wenn sie neben ihrem Universalitätsanspruch unter der Hand auch einen Exklusivitätsanspruch geltend macht.

4. Gesellschaftstheorie und Kunst: Kontingenz

Zwischen dem Kunstsystem und dem von Luhmann beschriebenen Wissenschaftssystem bestehen bedeutende Gemeinsamkeiten.[807] Am Leitfaden des Kontingenzbegriffs soll hier im vierten Kapitel eine wichtige Kontaktebene zwischen dem Kunstsystem und Luhmanns Gesellschaftstheorie analysiert werden. Kunst und Wissenschaft zeichnen sich durch ein hohes Kontingenzbewusstsein aus. Dabei definiert Luhmann Kontingenz so: „Kontingent ist etwas, was weder notwendig ist noch unmöglich ist; was also so, wie es ist (war, sein wird) sein kann, aber auch anders möglich ist."[808]

Ein Kunstwerk ist eine *mögliche,* aber nicht *notwendige* Anordnung von Formen. Kunstwerken gleich sind auch wissenschaftliche Theorien laut Luhmann kontingent: Als beobachtungsabhängige Beschreibung der Gesellschaft in der Gesellschaft, als Beobachtungsserie, die von einem blinden Fleck ausgehen muss und diesen Fleck nur verschieben, nie einholen kann, ist keine Theorie *notwendig*, sondern immer nur eine *mögliche* Beschreibung unter anderen.

Seit die Kunst nicht mehr zu imitieren und repräsentieren hat, wurde ihr Charakter der Kontingenz zunehmend akzeptiert: Die verschachtelten Nasen von Picassos Portraits oder Warhols grüne, gelbe und rote Marilyn Monroes lösen

---

Geyer (2002), Hagenbüchle (2002), Hofstadter (1991), Jahraus (2003 a), Nassehi (1995), S. 49-57, Schwanitz (2002), Simon (2002), Sommaruga-Rosolemos (2002), Spencer-Brown (1979), Stäheli (2000), S. 46 ff., Vollmer (2002).

807 Die Schnittstelle zwischen Kunst und Wissenschaft erfährt allgemein ein zunehmendes Interesse. Zeugnis davon liefert etwa das Buch *Bilderwissen. Die Anschaulichkeit naturwissenschaftlicher Phänomene* des renommierten Kunsthistorikers Martin Kemp (Kemp 2003), die von der Volkswagenstiftung finanzierte Ausstellung *science + fiction. Zwischen Nanowelt und globaler Kultur* (vgl. Iglhaut/Springer 2003), der Themenschwerpunkt *Bildkompetenzen* der Neuen Rundschau (114. Jahrgang 2003, Heft 3), oder der vom Collegium Helveticum der ETH Zürich herausgegebene, sehr breit angelegte Band *FAKT&FIKTION_7.0. Wissenschaft und Welterzählung* (Michel/Collegium Helveticum 2003).

808 Luhmann (1984), S. 152. Für eine Diskussion von Luhmanns Kontingenz-Begriff im Kontext poststrukturalistischer Theorien vgl.: Wellbery (1992).

keine Proteste mehr aus. Aber dass eine wissenschaftliche Theorie nur kontingent sein soll und nicht notwendigerweise wahr, ist eine provokative Aussage.

Inwiefern ist eine wissenschaftliche Theorie kontingent? Dass sich Luhmanns Gesellschaftstheorie ihrer eigenen Kontingenz bewusst ist, haben wir im letzten Abschnitt herausgearbeitet. Kontingenz wird aber nicht nur der Gesellschaftstheorie, sondern jeder wissenschaftlichen Theorie zugesprochen. Mit Luhmann muss man sich dieses Faktum so vorstellen: Der Beginn einer jeden Theorie ist kontingent, denn: „jede erste Unterscheidung [muss] als kontingent begriffen werden“[809]. Die erste Unterscheidung kann nicht ‚bewusst‘ vollzogen werden, sie ist sich selbst nicht durchsichtig. Das bedeutet: Die Soziologie muss mit einer „stets kontingenten, stets theorieabhängigen, stets beobachterabhängigen Auflösung der Paradoxie des Beobachtens beginnen“[810].

Wenn die soziologische Theorie diese Lage ernst nimmt, dann ist in der Soziologie Raum zu schaffen für eine „Emanzipation de Kontingenz“[811]. Kontingenz ist unumgänglich. Wenn die Soziologie als etablierte Wissenschaft das Faktum der Kontingenz ernst nimmt, dann wird sie die Emanzipation der Kontingenz unterstützen. Luhmann bemerkt zum Begriff *Emanzipation der Kontingenz*:

> „Es ist kein Zufall, dass diese Formulierung sich auf die moderne/postmoderne Kunst bezieht, und man könnte sich fragen, ob hier [also in der modernen/postmodernen Kunst] nicht schon längst Einsichten über die moderne Gesellschaft Form gewonnen haben, die in der Soziologie nachgebaut werden könnten.“[812]

Kontingenz, das Auch-anders-möglich-Sein, hat sich im Kunstsystem emanzipiert lange bevor es im Wissenschaftssystem zugelassen wurde. Dies drückt Luhmann in *Die Wissenschaft der Gesellschaft* weniger vorsichtig aus als im obigen Zitat: „Im Entwickeln und Etablieren von Weisen der Beobachtung, die sich darauf kaprizieren, zu beobachten, was andere *nicht* beobachten können, hat offenbar die Kunst eine Vorreiterfunktion wahrgenommen.“[813] Es ist nicht die Wissenschaft, die das Problem der Intransparenz der Beobachtung, das Problem der Latenz oder des blinden Flecks und damit zusammenhängend: das Problem

---

809 Luhmann (1993), S. 258.

810 Luhmann (1993), S. 258.

811 Luhmann (1993), S. 258. Luhmann übernimmt diese Formulierung von Roberts (1991), S. 150, 158. Seite 158f heißt es bei Roberts: „What I propose is an alternative reconstruction of the enlightenment of art, in which the vanishing point of indifference, brought about by the progress of aesthetic necessity, becomes the ground of paradigm change – the emancipation of contingency. It is thus a reconstruction from the side of freedom, not necessity: freedom understood, as Richard Rorty puts it, as the recognition of the contingency, not necessity.“ Und als Folge davon bemerkt Roberts: „Art become its own risk.“ (S. 159).

812 Luhmann (1993), S. 258.

813 Luhmann (1990), S. 90. Vgl. auch Luhmann (1995), S. 138, sowie Baecker (1990 a).

der Kontingenz für sich entdeckt und aufnimmt, sondern die Kunst. Hier wird eine traditionelle Hierarchie auf den Kopf gestellt: Kunst wird nicht mehr als eine defizitäre, weil sinnliche Erkenntnisform begriffen. Sie ist (oder war) der Philosophie vielmehr darin voraus, dass sie es versteht, Beobachtungen auf ihre Beobachtungsbedingungen hin zu relativieren.

Luhmann gibt zwei konkrete Beispiele der Latenzbeobachtung in der bildenden Kunst: In der Antike beginnt man in der Architektur und der Skulptur die Sehweise des Beobachtens zu studieren. Kunstwerke werden so gestaltet, dass ein beabsichtigter Eindruck entsteht, wobei wegen des optischen Einrucks gegebenenfalls Formen deformiert werden müssen. Diese Konzentration auf die Ebene der Beobachtung zweiter Ordnung wird mit der Entwicklung der Zentralperspektive in der Frührenaissance auch in der Malerei bedeutsam. Mit der Perspektive wird der Beobachter sichtbar, und zwar gerade in dem Punkt, in dem er für sich selbst unsichtbar ist.[814]

Die Führung in der Entwicklung von Latenzbeobachtungen geht von der bildenden Kunst auf das Theater und die Literatur, speziell auf den Roman über, denn literarische Kunstwerke verfügen über bessere Möglichkeiten, Beobachtungen zweiter Ordnung zu inszenieren.[815] Dem Leser wird vorgeführt, was die Helden des Romans selbst nicht erleben, dem Leser werden latente Motive erratbar gemacht. Er wird aber auch angeleitet, sein Beobachten zu beobachten und damit seine eigenen Eigentümlichkeiten, Vorurteile und Beschränktheiten zu bemerken. Luhmann spricht hier explizit Richardsons Roman *Pamela* an, der „das Nichtsehenkönnen psychologisier[t] und damit individualisier[t]“[816]: „Der Leser gewinnt Einblicke in die Motivstruktur der Helden, die diesen selbst verschlossen sind.“[817] Entscheidend ist, dass die mit latenten Motiven arbeitende komplexe Erzählstruktur des Romans die Generalisierung des Topos latenter Motive vorbereitet. Romane bilden die Gewohnheit aus, latente Motive zu erschließen. Luhmann nennt diese künstlerisch-literarische Vorgeschichte der wissenschaftlichen Beobachtung zweiter Ordnung eine „illegitime Geburt“[818]:

> „Erst seit gut zweihundert Jahren findet das Problem der Latenz mehr und mehr Aufmerksamkeit, aber man hat den Eindruck einer illegitimen Geburt. Es ist das natürliche Kind der Epistemologie, dem nicht erlaubt wird, in die Familie einzutreten und sie fortzusetzen. Die Möglichkeit, zu beobachten, was andere nicht (und zwar:

814 Vgl. auch Luhmann (1990), S. 90, sowie dazu die aufschlussreichen Erläuterungen von Susanne Lüdemann, Lüdemann (1999), S. 65 ff.

815 In der Literaturwissenschaft wird Luhmanns Beobachtungstheorie rege rezipiert. Vgl. etwa Mussil (1993), Scheffer (2000), Schmidt (1996), Sill (1997 a).

816 Luhmann (1990 a), S. 34. Vgl. dazu Lüdemann (1999), S. 68 ff.

817 Luhmann (1990), S. 90.

818 Luhmann (1990), S. 90.

konstitutiv nicht) beobachten können, ist als ein uneheliches Kind von Wissenschaft und Literatur auf die Welt gekommen, nämlich mit dem Roman des 18. Jahrhunderts."[819]

Das Problem der Latenz und das damit zusammenhängende Problem der Kontingenz führt bis ins 20. Jahrhundert hinein ein „epistemologisches Schattendasein"[820], denn „erst die Theorie beobachtender Systeme ermöglicht es", so Luhmann, „das Latenzproblem in die Erkenntnistheorie aufzunehmen."[821]

Die folgenden vier Unterkapitel setzen sich mit der Bedeutung der Kontingenz für Kunst und Wissenschaft auseinander. Hervorgehoben werden sollen dabei die Gemeinsamkeiten zwischen diesen gesellschaftlichen Funktionsbereichen. Das soll aber nicht auf eine Gleichsetzung von Wissenschaft und Kunst herauslaufen, sondern nur einen Versuch einer Annäherung über den Kontingenzbegriff darstellen.

Die sich in allen Bereichen der Gesellschaft durchsetzende Beobachtung zweiter Ordnung macht im Kunstsystem die Kontingenz alles Beobachteten bzw. Dargestellten *wahrnehmbar*, während im Wissenschaftssystem die Kontingenz des Beobachteten *begrifflich formuliert* wird. 4.4.2 sieht in der *Parodie der Gesellschaft* eine Gemeinsamkeit zwischen Kunst und Soziologie. 4.4.3 zieht Parallelen zwischen der *Selbstgesetzgebung* des Kunstsystems und des Wissenschaftssystems. 4.4.4 schließlich weist im Bezug auf die *Emanzipation der Kontingenz* die Vorreiterrolle der Kunst auf. Die Entwicklung dieses gesamten vierten Kapitels läuft Schritt für Schritt auf eine am Schluss explizierte These hinaus: Kontingenzbewältigung als Funktion der Kunst wird von Luhmann dazu benötigt und gezielt eingesetzt, eine drängende Aufgabe nicht nur der Gesellschaft, sondern vor allem *der Luhmannschen Theorie der Gesellschaft* zu lösen.

4.1 Kunst und Wissenschaft als Beobachtungen zweiter Ordnung

Kontingenz ist laut Luhmann „der ‚Eigenwert' der Moderne"[822]. Kontingenz ist „das, was sich als unveränderlicher Fixpunkt ergibt, wenn im Modus der Beo-

---

819 Luhmann (1990), S. 90. Vgl. zu dieser Verbindung von Wissenschaft und Literatur auch Dietrich Schwanitz' Aufsatz *Zeit und Geschichte im Roman – Interaktion und Gesellschaft im Drama* mit dem sprechenden Untertitel: *zur wechselseitigen Erhellung von Systemtheorie und Literatur* (Schwanitz 1987). Schwanitz bezieht sich hier vor allem auf Cervantes *Don Quixote*, Laurence Sternes *Tristram Shandy*, Jane Austens *Emma* und James Joyces *Ulysses*.

820 Lüdemann (1999), S. 65.

821 Luhmann (1990), S. 91.

822 Luhmann (1993), S. 258. Der Begriff Eigenwert stammt vom Mathematiker David Hilbert, der diesem Wert im Zusammenhang rekursiver Funktionen zum ersten Mal begegnet ist. „Das Erstaunliche ist dabei, dass die Eigenzustände von den Anfangsbedingungen ihrer Entstehung unab-

bachtung zweiter Ordnung kommuniziert wird“[823]. Ganz unabhängig davon, welche Beobachtungen beobachtet werden: Wenn im Modus der Beobachtung zweiter Ordnung beobachtet wird – und genau das ist in der modernen Gesellschaft der Fall –, dann wird eine Eigenart der beobachteten Beobachtung ersichtlich. Es zeigt sich das *Wie* der Beobachtung erster Ordnung. Es zeigt sich, welche Unterscheidung diese Beobachtung konstituiert, denn durch eine Beobachtung zweiter Ordnung werden die beiden Seiten der die Beobachtung erster Ordnung konstituierenden Unterscheidung sichtbar. So zeigt sich die *Kontingenz* der Beobachtung erster Ordnung: Dasselbe wie mit einem gewählten Beobachtungsschema beobachtet wird, ließe sich auch mit einer anderen Unterscheidung bezeichnen. Es erscheint dann jedoch in einem anderen Licht, ist mit anderen Konnotationen behaftet. Die Beobachtung erster Ordnung sieht nur das Resultat der Beobachtung, sieht nur das Bezeichnete, nicht aber das Zustandekommen, nicht die für die Sichtbarkeit des Bezeichneten konstitutive Unterscheidung. Die hohe Bedeutung der Unterscheidung, deren eine Seite das Bezeichnete ist, macht Luhmann mit der Operation der „Gegenbegriffsauswechslung“[824] deutlich. Die Gegenbegriffsauswechslung zeigt die Wirkung der nicht bezeichneten und für die Beobachtung erster Ordnung unsichtbaren Seite der Unterscheidung:

> „Was geschieht, wenn die Unterscheidung utilitas/honestas im Drehpunkt des Nutzens durch die Unterscheidung nützlich/unnütz (oder schädlich) ersetzt wird und mit dieser Wende Adel und vor allem Mönchstum auf die Seite des Unnützen geraten? Oder: was geschieht und warum geschieht es, wenn die Unterscheidung Natur/Gnade durch die Unterscheidung Natur/Zivilisation ersetzt wird? Offensichtlich koloriert der Gegenbegriff die Seite der Unterscheidung, die im Zentrum der Aufmerksamkeit steht; aber für den Beobachter erster Ordnung, der sich für Natur oder für Nutzen interessiert, bleibt dies latent, weil er nicht sieht, dass er die Unterscheidung nicht sieht, die dies bewirkt.“[825]

Da jede Beobachtung zweiter Ordnung die Kontingenz der Beobachtung erster Ordnung sichtbar macht und da in den Funktionssystemen auf der Ebene der Beobachtung zweiter Ordnung beobachtet wird, kann Luhmann Kontingenz als den Eigenwert der Moderne bezeichnen.

---

hängig sind. Wegen der sowieso erfolgenden Korrekturen kann man beliebig einsteigen.“ (Schwanitz 1990, S. 62). Ein anschauliches mathematisches Beispiel ist das Wurzelziehen. Egal aus welcher Zahl man die Quadratwurzel zieht, man gelangt ad infinitum zur Annäherung an den mathematischen Wert 1. Vgl. zur Theorie der Eigenwerte auch von Foerster 1999, S. 211 ff.

823 Luhmann (1993), S. 258.

824 Luhmann (2002a), S. 69 f.

825 Luhmann (2002a), S. 70.

Die Teilsysteme der modernen Gesellschaft erweisen sich bei aller Verschiedenheit als ähnlich, so dass Luhmann von „'Tiefenstrukturen' der modernen Gesellschaft"[826] sprechen kann: Sie alle haben operative Geschlossenheit und autopoietische Autonomie realisiert. Dies ist nur möglich „in der Form von Arrangements, die unter anderem ein Beobachten zweiter Ordnung als systemtragende Normaloperation vorsehen."[827] Das Beobachten zweiter Ordnung erklärt den „auffälligen Befund, dass diese Gesellschaft sich wie keine andere vor ihr auf Kontingenzen einlässt."[828] Die Funktionssysteme haben jedoch jeweils eigene Formen der Beobachtung zweiter Ordnung ausgebildet und also „je verschiedene Kontingenzerfahrungen"[829].

Während sich im Kunstsystem die Kontingenzerfahrung durch den Nachvollzug des Formengefüges einstellt, wird die Kontingenz im Wissenschaftssystem durch das Beobachten von in Publikationen angeordneten Erkenntnissen ersichtlich. Publikationen werden in der Perspektive erster Ordnung produziert und gelesen, führen aber in der Perspektive der Beobachtung zweiter Ordnung zugleich zum Durchblick auf die Beobachtungsweise anderer Wissenschaftler und gewinnen erst darin ihren eigentlichen wissenschaftlichen Sinn. Werden auf der Ebene der Beobachtung erster Ordnung Daten angehäuft und Erkenntnisse über Sachlagen gewonnen, so wird dieses Tun in der Beobachtung zweiter Ordnung reflektiert und auf das *Wie* der Beobachtung erster Ordnung hin befragt.[830] Das Resultat der Beobachtung zweiter Ordnung in Kunst und Wissenschaft, so können wir hier feststellen, ist dasselbe: Das der Beobachtung dargebotene, das Kunstwerk oder der Erkenntnisgewinn, ist weder notwenig noch unmöglich, sondern kontingent.

Die Theorie der Beobachtung zweiter Ordnung macht deutlich, dass es nicht *die* richtige Beschreibung oder *die* richtige Abbildung der Welt gibt, sondern nur noch kontingente Zugriffe. Dies gilt für alle Funktionssysteme der Gesellschaft. Jede Bezugnahme auf die Welt, sei es von der Wissenschaft aus durch Erkenntnis oder von der Kunst aus durch „Abbildung", macht die Welt[831] als die Einheit der Differenz der beiden Seiten einer Unterscheidung unsichtbar. Die Welt ist immer nur als eine durch eine Unterscheidung verletzte sichtbar: Für den Beobachter zweiter Ordnung, so Luhmann, „erscheint die Welt (...) als Konstruktion

---

826 Luhmann (1992c), S. 125.
827 Luhmann (1992c), S. 125.
828 Luhmann (1992c), S. 125.
829 Luhmann (1992c), S. 126.
830 Vgl. Luhmann (1995), S. 105 f., sowie Luhmann (1992 c), S. 119 f.
831 Vgl. zu Luhmanns Weltbegriff im ersten Teil dieser Arbeit das Kapitel 3.4: *Die Welt als Fremdreferenz des sich selbst programmierenden Kunstwerks* sowie ebenfalls im ersten Teil das Kapitel 4.2: *Weltkunst.*

über je verschiedenen Unterscheidungen."[832] Der Versuch, die Welt *vor* der Verletzung, also den *unmarked state* zu sehen, führt in der Wissenschaft zur Paradoxie der Einheitsreflexion und deren Entfaltung und in der Kunst zur Paradoxie der Form und deren Dynamisierung. Wissenschaft und Kunst gehorchen also derselben Logik. Luhmann macht dies an prominenter Stelle, ganz zu Ende der *Wissenschaft der Gesellschaft*, explizit:

> „Erkenntnis dient, wie in anderer Weise auch Kunst[833], der Invisibilisierung der Welt als ‚unmarked state', den Formen nur verletzen, aber nicht repräsentieren können. Jeder andere Versuch muss sich (was ebenfalls sinnvoll ist) mit paradoxen, bzw. tautologischen Beschreibungen abfinden."[834]

Die Einheit, die als Welt vorausgesetzt war, zieht sich ins Unbeobachtbare des *unmarked state* zurück. „Beobachten kann man nur mit Hilfe eines Schnittes, einer Grenze, einer Einkerbung, die man zwar kreuzen, aber nicht ‚aufheben' kann, ohne ins Unbeobachtbare zurückzukehren."[835] Denn um irgendetwas beobachtbar zu machen – sei es in der Kunst oder in der Wissenschaft –, muss es von anderem unterschieden werden. Dies kann *nur in der Welt* geschehen. Die Welt kann also nicht von außen beobachtet werden. Vielmehr verrät jeder Beobachter seine Anwesenheit, er bleibt selbst beobachtbar: „Als Beobachter erster Ordnung bleibt [auch] der Beobachter zweiter Ordnung in der Welt (und bleibt folglich selbst beobachtbar)."[836] Als Eckpfeiler seiner Beobachtungstheorie – und damit auch seiner Erkenntnistheorie – nennt Luhmann im Zusammenhang mit dem Weltbegriff drei Punkte:[837]

1. Alles Beobachten findet in der Welt statt als ein seinerseits beobachtbarer Vorgang.

---

832 Luhmann (1997), S. 1122.

833 Luhmann fügt hier in einer Fußnote ein: „Wir haben hier ein Unterscheidungsproblem Wissenschaft/Kunst, mit dem auch Hegel sich in seinen Vorlesungen über Ästhetik auseinander setzen musste. Hegels Lösung lag bekanntlich in der Selbstreflexion der Unterscheidung von Allgemeinem und Besonderem. In unserem Theorierahmen müsste man auf unterschiedliche Weisen der Realisierung (Materialisierung, Imaginierung) von Formen abstellen." Für eine Bezugnahme von Luhmanns Kunstsoziologie auf Hegels Ästhetik siehe auch Balke (1999), insbesondere Kap. 2: *Mit Hegel gegen Hegel*, S. 139-142.

834 Luhmann (1990), S. 718 f.

835 Luhmann (2002a), S. 70.

836 Luhmann (1995), S. 94.

837 Vgl. Luhmann (1995), S. 95 f. Luhmann gibt an, diese Punkte der „heute weitgehend akzeptierte[n] operative[n] Epistemologie" (ebed.) zu entnehmen. Dies kann natürlich nur ironisch gemeint sein, denn die operative Epistemologie ist keineswegs weitgehend akzeptiert.

2. Alles Beobachten setzt eine Grenzziehung voraus, über die hinweg der Beobachter etwas anderes (und gegebenenfalls sich selbst als anderen) beobachten kann.
3. Alles Beobachten konstituiert die Unvollständigkeit von Beobachtungen, indem es sich selbst und die für es konstitutive Differenz der Beobachtung entzieht. Das Beobachten muss sich also auf einen blinden Fleck einlassen, dank dessen es etwas (aber nicht alles) sehen kann.

Der Beobachter ist erstens „kein ‚extramundanes Subjekt'"[838], die Beobachtung ist zweitens immer ein Unterscheiden, also ein differenztheoretisch gefasstes Phänomen, und Beobachtung ist drittens immer unvollständig. In Anlehnung an und Abgrenzung gegen Kant bringt Luhmann seine erkenntnistheoretische Position so auf den Punkt:

> „Die Unbeobachtbarkeit der Operation des Beobachtens ist die transzendentale Bedingung seiner Möglichkeit. Die Bedingung der Möglichkeit des Beobachtens ist nicht ein Subjekt (geschweige denn: ein mit Vernunft ausgestattetes Subjekt), sondern ein Paradox, an dem derjenige scheitert, der die Welt transparent zu machen sucht."[839]

Diese operative Logik des Beobachtens macht klar, dass die Welt nie beobachtet werden kann, denn unter *Welt* versteht Luhmann immer die Einheit der Differenz von System und Umwelt, also die „Letzteinheit", die „‘ultimate reality'", die „Gesamtrealität"[840]. Luhmann zieht zur Erläuterung seines Weltbegriffs die Husserlsche Metapher des Horizonts bei. Wie die Welt ist auch der Horizont nie erreichbar, er verschiebt sich mit jedem Schritt, den man auf ihn zu macht: „[I]n dem Maße, in dem sich in der neuzeitlichen Gesellschaft das Beobachten zweiter Ordnung in allen Funktionssystemen ausbreitet (...), muss die Welt, etwa im Sinne der Metapher Husserls, als ein Horizont begriffen werden, der sich mit allen Operationen verschiebt, ohne je erreichbar zu sein".[841]

Wollte man die Welt auf einmal, als Objekt, beobachten, müsste man sie von etwas anderem unterscheiden, also „eine Überwelt voraussetzen, die die Welt und ihr Anderes enthält."[842] Die Welt als die *letzte Einheit* kann nicht bezeichnet werden – genauso wie sich die Beobachtung, die sich gewissermaßen als *erste Einheit* gegeben ist, nicht selbst beobachten kann. Weder das Ende noch der Anfang kann eingeholt werden: „Das, was jeweils als Welt fungiert, wider-

838 Luhmann (1995), S. 95.
839 Luhmann (1995), S. 96.
840 Alle: Luhmann (1995), S. 150.
841 Luhmann (1995), S. 151.
842 Luhmann (1995), S. 96.

steht (...) jeder Beobachtung – ebenso wie das, was jeweils als Beobachtungsoperation fungiert."[843]

Luhmann selbst bezeichnet seine hier dargestellten erkenntnistheoretischen Erörterungen als einen Versuch, „Grundlagen (die keine sind)"[844] zu gewinnen. Er liefert zwar mit seiner Beobachtungstheorie auch eine theoretische Fundierung. Nur handelt es sich dabei nicht um ein sicheres und festes Fundament. Seine Grundlagen sind nicht, wie etwa die Metaphysik von Descartes, starke Wurzeln, welche dem Baum der Wissenschaften unerschütterlichen Halt geben. Luhmann betont die Unmöglichkeit eines festen Ausgangspunktes, von dem her sich alles erschließen ließe. Statt von einem *statischen* Punkt geht er von einer *operativen* Beobachtungstheorie aus, einer unendlichen Beobachtungsreihe, deren *Anfang* sich selbst nicht reflektieren kann, sondern vielmehr immer schon gemacht ist; einer unendlichen Beobachtungsreihe, deren *jeweils aktuelle* Beobachtungsoperation sich selbst stets intransparent ist; die nie ein Ganzes fassen kann, die nie zu einer in sich geschlossenen Einheit, zu einem *Ende* führen kann.

Das Bewusstsein der Kontingenz führt in der Wissenschaft zu einer „epistemologische[n] Wende"[845], hat sich aber im Kunstsystem schon lange zuvor etabliert. So wird laut Luhmann heute in der Wissenschaft und in der Kunst „nicht mehr das Ziel verfolgt, eine für alle Beobachter zugängliche Weltbeschreibung anzufertigen."[846] Man ist sich dank der Beobachtung zweiter Ordnung bewusst, dass das nicht mehr möglich ist, da man weiß, dass jede Unterscheidung die Welt unausweichlich in kontingente Formen übersetzt und daher keinen Zugang zu einer vom Beobachter unabhängigen objektiven Welt erlaubt.

Luhmanns Gesellschaftstheorie geht noch einen Schritt weiter. Mehr noch als die Wissenschaft im Allgemeinen und die Kunst, welche über die Kontingenz alles Beobachteten wissen, weiß die Gesellschaftstheorie um die Kontingenz des eigenen Beobachtens.

Die Selbstbeschreibungen der Funktionssysteme etablieren sich auf der Ebene der Beobachtung zweiter Ordnung. Das müsste bedeuten, dass die Funktionssysteme sehr kritisch gegenüber eigenen Geltungs- und Wissensansprüchen sind. Folglich wären sie durchsetzt mit einer ständigen Skepsis gegenüber sich selbst, denn das „Beobachten zweiter Ordnung (...) durchsetzt die Lebenswelt (im Sinne Husserls) mit einem Verdacht gegen sich selbst, ohne sie verlassen zu können." Der Beobachter zweiter Ordnung „liebt die Weisheit und das Können

843 Luhmann (1995), S. 96.
844 Luhmann (1995), S. 96.
845 Luhmann (2002a), S. 70.
846 Luhmann (2002a), S. 70.

und das Wissen nicht, er versucht zu verstehen, wie es und durch wen es erzeugt wird und wie lange die Illusion hält."[847]

Weiß der Beobachter zweiter Ordnung tatsächlich um diese seine skeptischen und desillusionierenden Eigenschaften, um seine, wie Luhmann sagt „toxische Qualität"[848]? Beschreibt die Theologie die Religion auf diese Weise? Beschreibt sich das Kunstsystem als eine Beobachtungs- und Wissensart, die die Wahrheit nicht liebt? Die Antwort auf diese Fragen ist nein. Die toxische Qualität ist vielmehr der *Beobachtung dritter Ordnung* eigen. Luhmann bemerkt gleich im Anschluss an obiges Zitat:

> „[I]ndem wir so analysieren, nehmen wir bereits die Position eines Beobachters dritter (und letzter) Ordnung ein. Oder wir sind Beobachter zweiter Ordnung, die den autologischen Schluss ziehen und sich als Beobachter zweiter Ordnung selbst beobachten. Und dann kann man bilancieren, wenngleich ohne die Hoffnung, damit eine Ruheposition oder eine Abschlussformel gewinnen zu können."[849]

Die soziologische Theorie als Beobachterin dritter Ordnung kann den autologischen Rückschluss auf sich selbst ziehen und weiß daher um ihre eigene Blindheit. Sie weiß also nicht nur um die Kontingenz des *Was* ihrer Beobachtung, sondern auch um die Kontingenz des *Wie* ihrer eigenen Beobachtung. Der Reflexionsvorsprung der Soziologie gegenüber den Selbstbeschreibungen der Funktionssysteme liegt gemäß Luhmann darin, dass sie „die strukturellen Bedingungen für ihre Position als Beobachter zweiter Ordnung (...) reflektieren [kann]"[850]. Sie weiß, dass nicht nur das von ihr Beobachtete, sondern auch ihr eigenes Beobachten kontingent ist.

4.2 Parodie anstelle von Repräsentation

Wenn Kontingenz eine reale Eigenschaft der realen Gesellschaft ist, dann muss es die Aufgabe der soziologischen Theorie sein, „diese Form [d.h. die Kontingenz] in der Gesellschaft zu realisieren"[851]. Als Selbstbeschreibung der Gesellschaft, „als ein Modell der Gesellschaft in der Gesellschaft"[852], kann die Soziologie Kontingenz nur glaubwürdig beschreiben, wenn sie diese in ihrer Theorie auch manifestiert. Das führt zu einem vergleichsweise bescheidenen Wahrheits-

847 Luhmann (1995), S. 156 f.
848 Luhmann (1995), S. 156.
849 Luhmann (1995), S. 157.
850 Luhmann (1997), S. 1124.
851 Luhmann (1993), S. 258.
852 Luhmann (1993), S. 258.

anspruch: Die soziologische Idee von Wahrheit, so Luhmann, „bestünde dann nicht mehr in der (...) Übereinstimmung ihrer Aussagen mit ihrem Gegenstand, sondern in einer Art Formkongruenz“[853]. Diese Formkongruenz, die das Kriterium der Repräsentation ablöst, besteht darin, dass die Form der Kontingenz sowohl in der Gesellschaft wie auch in der Gesellschaftstheorie (die ja ein Teil der Gesellschaft ist) realisiert ist. Luhmann zieht im Rahmen dieses Gedankens einen Vergleich zwischen seiner Theorie und Kunst:

> „Man könnte (...), in Analogie zu Kunstformen, sagen, dass die Soziologie die Gesellschaft in der Gesellschaft zu parodieren hätte.“[854]

Die Parodie der Gesellschaft durch die Soziologie kann nur „unter sehr strengen Voraussetzungen geschehen“[855] und ist eine „Gegenposition zum ‚anything goes‘“[856]. Diese Parodie ist gleich wie die Entstehung und Dechiffrierung eines Kunstwerks strenge, eigengesetzliche Arbeit.

Was aber ist darunter zu verstehen, dass Kunst und Soziologie die Gesellschaft in der Gesellschaft zu parodieren hätten? Luhmann verweist in einer Fußnote auf ein Kapitel von David Roberts *Art and Enlightenment*, das wir hier also zur Klärung herbeiziehen müssen. Roberts grenzt da Parodie von Repräsentation ab: „The function of parody may be defined in the most general sense as the critique of the representation of reality in literature (…) “.[857] Eine Parodie ganz allgemein, d.h. nicht nur eine literarische Parodie, repräsentiert das Parodierte nicht, sie will nicht eine möglichst genaue Abbildung sein. Eine Parodie lässt sich insofern als eine Kritik an der Repräsentation der Realität verstehen, als sie den repräsentierenden Charakter des Parodierten bloß stellt, auf dessen theatralischen, künstlichen Zug aufmerksam macht – unter genauer Bezugnahme auf das Parodierte freilich.

Luhmann sieht die „Reflexionsform der Parodie“[858] als eine „enge(...) Verwandte(...) der Paradoxie“[859] und wehrt sich gegen den Einwand, „die Einbezie-

853 Luhmann (1993), S. 258.
854 Luhmann (1993), S. 258.
855 Luhmann (1993), S. 258.
856 Luhmann (1993), S. 258.
857 Roberts (1991), S. 164. An anderer Stelle bemerkt Roberts:
„Modern parody is (...) the critical, progressive spirit of negation, whose immanent impulse is the subversion of the (ideological) identity of form and content. It is an eminently ironic spirit, whose consciousness of the ‚theatrical relation‘ of representation dissolves the latency of the system at the same time as it dissolves the hierarchical separation of parody's own latent and manifest functions.“ (S. 170).
858 Luhmann (1993), S. 258.
859 Luhmann (1993), S. 258.

hung von Paradoxien in Theoriekonstruktionen sei logisch unseriös"[860]. Er setzt diesem Einwand „eine lange theologische und rhetorische (und übrigens auch: ästhetische) Tradition der rationalen Verwendung von Paradoxien"[861] entgegen, in deren Fortsetzung er sein Theorieprojekt sieht.

Wenn Luhmann die Aufgabe seiner Gesellschaftstheorie nicht darin sieht, ein Abbild der Gesellschaft anzufertigen, die Gesellschaft zu repräsentieren, sondern die Gesellschaft zu parodieren, so bleibt diese Beschreibung inhaltlich recht unbestimmt. Die Vermutung liegt nahe, dass es Luhmann bei der Bestimmung der Aufgabe der Soziologie als Parodie vorrangig um eine Absetzung geht, um eine Befreiung von Repräsentation. Diese Befreiung gibt dann Anlass zu einem Vergleich: In ihrem Bezug auf die Gesellschaft hat die Soziologie gleiche Freiheiten wie die Kunst. Auch die Soziologie muss und kann nicht ein Punkt-für-Punkt-Abbild liefern.

Parodie bedeutet keineswegs Beliebigkeit: Parodie funktioniert durch einen starken Bezug auf das Parodierte. Der Bezug von Kunst und Soziologie auf die Gesellschaft bleibt in ihrer Parodie erhalten, mehr noch: charakteristische Züge treten mit größerer Deutlichkeit hervor.

4.3 Beschränkung durch das System

Die moderne Kunst wie die Wissenschaft richten sich nicht an der ‚Realität' aus, sondern an ihren eigenen systemischen Vorgaben. Auf der letzten Seite der *Gesellschaft der Gesellschaft*, an sehr prominenter Stelle also, betont Luhmann diese Gemeinsamkeit zwischen Wissenschaft und Kunst. Er betont, dass sowohl die Soziologie wie auch die Kunst auf den bloßen Genuss des Wiedererkennens, d.h. auf Repräsentation verzichten müssen und nur systemintern konstituiert und verstanden werden können:

> „[E]ine heute adäquate Gesellschaftstheorie (ebenso wie eine Theorie der postmodernen Kunst) verlangt, auf den bloßen Genuss des Wiedererkennens zu verzichten und die Theoriekonstruktion aus sich selbst heraus zu beurteilen."[862]

Wieso setzt Luhmann in diesem Zitat die Analogie zwischen Gesellschaftstheorie und Kunst in Klammern? Man kann sich des Eindrucks nicht erwehren, dass er vor allzu großer Nähe von Wissenschaft und Kunst letztlich doch zurückschreckt.

---

860 Luhmann (1993), S. 246.
861 Luhmann (1993), S. 246.
862 Luhmann (1997), S. 1149.

Was bedeutet aber die Aussage, dass eine Theoriekonstruktion nur noch *aus sich selbst heraus* beurteilt werden darf? Erinnert das nicht an die Selbstprogrammierung jeden Kunstwerks? Daran auch, dass ein Kunstwerk nur verstanden werden kann, wenn das von ihm selbst festgelegte Programm erkannt wird? Wie bei einem Kunstwerk das Zusammenspiel der einzelnen Elemente, das Passen, zentral ist, so sollen sich die Begriffe einer Theorie „aneinander schärfen“[863]: „Jede Begriffsbestimmung muss (...) als Einschränkung der Möglichkeit weiterer Begriffsbestimmungen gelesen werden. Die Gesamttheorie wird so als ein sich selbst limitierender Kontext aufgefasst.“[864] Luhmanns Gesellschaftstheorie bezieht „ihre Beschränkungen nicht als Vorgabe aus der ‚Natur‘ oder dem ‚Wesen‘ ihres Gegenstandes“, sie muss ihre Beschränkungen „selbst konstruieren“ und ist damit „ihre eigene Methode“ [865]. Luhmann spricht erstaunlicherweise nicht nur bei der Herstellung eines Kunstwerks, sondern auch bei der Konstruktion seiner Theorie davon, dass jeder Schritt „eingepasst werden“[866] muss. Auf diese Weise wird ein Komplex von zueinander passenden Elementen geschaffen, es entsteht eine „selbsttragende Konstruktion“[867].

Wie wissenschaftliche Theorien müssen auch Kunstwerke ihre Beschränkungen an sich selbst finden, indem bei jeder neu hinzugefügten Form gefragt werden muss, ob sie zu den bereits festgelegten Formen passt. Wie die Theorie der modernen Gesellschaft ihre eigene Methode finden muss, muss sich jedes Kunstwerk selbst programmieren. Resümierend beschreibt Luhmann den Status der von ihm angestrebten Soziologie in folgendem Zitat. Die Theorie, die Luhmann vor Augen schwebt, wäre

> „ein Modell der Gesellschaft in der Gesellschaft, das über die Eigenart dieser Gesellschaft ‚in-formiert‘. Ihre Leistung wäre: *sichselbstdisziplinierende Beobachtungsmöglichkeiten* freizusetzen, die nicht an die im Alltag oder in den Funktionssystemen eingeübten Beschränkungen gebunden sind. (...) Wenn dies gelänge, hätte man eine Gesellschaft, die sich mit Hilfe der Soziologie selbst beschreibt.“[868]

Die Nähe dieser Beschreibung einer wissenschaftlichen Theorie zu Luhmanns Beschreibung von Kunstwerken ist augenfällig, etwa wenn er von *sich selbst disziplinierenden Beobachtungsmöglichkeiten* spricht.

---

863 Luhmann (1984), S. 12.
864 Luhmann (1984), S. 12.
865 Luhmann (1993), S. 258.
866 Luhmann (1984), S. 11.
867 Luhmann (1984), S. 11.
868 Luhmann (1993), S. 258 f. Hervorhebung von M.K.

4.4 *Emanzipation der Kontingenz in der Kunst*

In keinem anderen Funktionssystem der Gesellschaft ist die Emanzipation der Kontingenz so weit fortgeschritten wie im Kunstsystem. Kontingenz ist aber nicht etwas, das von der Kunst gemacht wird, etwas, das es ohne sie nicht gäbe. Kontingenz ist eine gesellschaftliche Tatsache, sie ist eine notwendige Begleiterscheinung funktionaler Differenzierung. Die Kunst ist insofern ein Modell der Gesellschaft in der Gesellschaft, ja schlechthin „das Paradigma der modernen Gesellschaft“[869], als die Kontingenz hier zu ihrem Recht kommt und nicht als etwas zu Vermeidendes, als etwas Minderwertiges angesehen wird. In der Kunst emanzipiert sich die Kontingenz. *Kontingenz ist ein gesellschaftliches Faktum, und das Kunstsystem zeigt, wie mit ihr umgegangen werden kann.*[870] Insofern haben „in der modernen/postmodernen Kunst“ tatsächlich, wie Luhmann schreibt, „längst Einsichten über die moderne Gesellschaft Form gewonnen (...), die in der Soziologie nachgebaut werden könnten.“[871]

Ganz im Sinne unserer Arbeit hebt auch Friedrich Balke die ausgezeichnete Stellung des Kunstsystems für die Gesellschaft, und damit zusammenhängend: die hohe Bedeutung von Luhmanns Kunstbuch für seine Gesellschaftstheorie hervor: „*Die Kunst der Gesellschaft*“, so Balke, „ist ein Buch, das – anders als die übrigen Teilsystembeschreibungen, die Luhmann vorgelegt hat – durchaus doppelsinnig verstanden werden will. Gemeint ist nicht nur die Kunst der Gesellschaft als abgrenzbares, nach eigener Logik funktionierendes Teilsystem, sondern

869 Luhmann (1995), S. 499.

870 Vgl. dazu das Kapitel sieben im zweiten Teil dieser Arbeit: *Die Funktion der Kunst.*

871 Luhmann (1993), S. 258. Hier ergibt sich ein interessanter Berührungspunkt mit Nelson Goodman, da auch er die Kunst auf eine Ebene mit der Wissenschaft stellt. Auch Goodman hebt den „Zusammenhang und [die] Einheit“, ja die „Affinität zwischen Kunst, Wissenschaft und Wahrnehmung“ hervor (Goodman 1984, S. 161) und betont, „dass die Künste als Modi der Entdeckung, Erschaffung und Erweiterung des Wissens (…) ebenso ernst genommen werden müssen wie die Wissenschaft“ (Goodman 1984, S. 127). Zudem hat wie Luhmanns Konzeption der aus einer Vielzahl von autopoietischen Funktionssystemen bestehenden Gesellschaft auch Goodmans Analyse der *Weisen der Welterzeugung* mit dem Problem der Kontingenz und des Relativismus zu kämpfen. Die Beliebigkeit muss gezügelt werden, d.h. die Komposition der Systemelemente muss geregelt werden. Wie dies möglich ist zeigt bei Luhmann die Kunst, während Goodman auf den Schreiner zurückgreift: „Was ich bisher sagte, weist offensichtlich auf einen radikalen Relativismus hin; doch werden ihm strenge Einschränkungen auferlegt. Die Bereitschaft, zahllose alternative wahre oder richtige Weltversionen zu akzeptieren, bedeutet nicht, dass alles erlaubt wäre, dass lange Geschichten ebensogut wären wie kurze, dass Wahrheiten von Falschheiten nicht mehr unterschieden würden, sondern nur, dass Wahrheit anders gedacht werden muss denn als Korrespondenz mit einer fertigen Welt. Obwohl wir Welten erzeugen, indem wir Versionen erzeugen, erzeugen wir ebensowenig eine Welt, indem wir Symbole nach dem Zufallsprinzip zusammenfügen, wie der Schreiner einen Stuhl macht, indem er Holzstücke zufällig zusammenfügt.“ (Goodman 1984, S. 117 f.).

auch die Kunst, mit der sich die Gesellschaft insgesamt unter den extrem ‚unwahrscheinlichen' Bedingungen der Moderne laufend reproduziert. Kunst und Gesellschaft stehen in einem engeren Verhältnis zueinander als Recht und Gesellschaft, Wirtschaft und Gesellschaft" usw. „Im Verhältnis zu anderen Teilsystemen und zur Gesellschaft insgesamt kommt der Kunst das Privileg zu, den „Möglichkeitssinn" (Robert Musil), der auch sonst schon überall institutionalisiert ist, ungehemmter und systematischer zum Zuge zu bringen und damit die Uneindeutigkeit und Direktionslosigkeit der *condition moderne* noch zu verstärken."[872]

Der Zusammenbruch der Grenze zwischen Operation und Selbstbeschreibung im Kunstsystem, der Umstand, dass die Kunstwerke selbst zur Philosophie der Kunst geworden sind, führt zu einer Vielzahl ganz unterschiedlicher Beschreibungen des Kunstsystems, zu einer „Pluralität von Komplexitätsbeschreibungen"[873]. *Die Selbstbeschreibung des Kunstsystems führt der Gesellschaft wahrnehmbar vor, dass die Gesellschaft nur noch – wie Luhmann mit einem Ausdruck von Gotthard Günther sagt – polykontextural beschrieben werden kann.* Die Aussage, dass Kunst die Gesellschaft polykontextural beschreibt, besagt, dass sie auf die Unterstellung einer Einheit aller Beobachtungen verzichtet und somit auch auf die Möglichkeit einer Letztabsicherung.

> „Mehr und vor allem deutlicher als in anderen Funktionssystemen kann in der Kunst vorgeführt werden, dass die moderne Gesellschaft und, von ihr aus gesehen, die Welt nur noch polykontextural beschrieben werden kann. Die Kunst lässt insofern die ‚Wahrheit' der Gesellschaft in der Gesellschaft erscheinen und zeigt zugleich (wenn sie es kann!), dass gerade unter dieser Bedingung Formzwänge entstehen, Stimmigkeit und Unstimmigkeit zum Problem werden und jedenfalls die so oft befürchtete Beliebigkeit des ‚anything goes' nicht zu erwarten ist."[874]

Balke führt den hier von Luhmann verwendeten Begriff *‚Wahrheit' der Kunst* auf Hegel zurück: „Auch wenn man Wahrheit an dieser Stelle in Anführungszeichen setzt, wird die philosophisch-spekulative Bürde nicht geringer (...). Wieder darf man, wie bei fast allen philosophisch hochgespielten Ausführungen Luhmanns, an Hegel denken, der das Ende der Kunst ja nur verkündetet hatte, weil er sie in seiner Philosophie des absoluten Geistes aufgehoben wähnte und ihr gerade deshalb – zusammen mit der Religion – eine emphatische *Wahrheitsfähigkeit* bescheinigte. Dass die Kunst die Wahrheit auch bei Luhmann erscheinen lässt, ist eine kaum noch verhüllte semantische Anspielung auf Hegels berühmte Definition des Schönen als des ‚sinnlich[n] *Scheinen*[s] der Idee'."[875]

---

872 Balke (1999), S. 148 f.
873 Luhmann (1995), S. 494.
874 Luhmann (1995), S. 494 f.
875 Balke (1999), S. 149. Balke verweist auf Hegel (1986), S. 151.

Kunstwerke stehen unter Formzwang. Es gibt zwar keine zwingenden Kriterien, was gelungene und was misslungene Werke sind. Gleichwohl bestimmt durch Selbstprogrammierung jedes einmal begonnene Werk, welche Formen zu den bereits festgelegten Formen passen.[876] Die Kunst demonstriert so der Gesellschaft die *Notwendigkeit* der Kontingenz:

> „Mehr als irgendeinem Funktionssystem scheint es der Kunst zu gelingen, oder jedenfalls ist ihr daran gelegen, die moderne Gesellschaft in der modernen Gesellschaft darzustellen, also – mit einer glücklichen Formulierung von David Roberts – die ‚Emanzipation der Kontingenz' als Modell der Gesellschaft in der Gesellschaft ins Werk zu setzen. gewissermaßen um zu zeigen: so ist es! Oder auch: es ist möglich! Die Paradoxie, die im Werk nicht dargestellt, sondern nur entfaltet werden kann, besteht nun in der Notwendigkeit der Kontingenz."[877]

Luhmanns paradoxe Rede von der *Notwendigkeit der Kontingenz* muss hier ein doppelter Sinn zugesprochen werden: Kontingenz ist einerseits in der Gesellschaft unausweichlich, also notwendig. Andererseits – und das ist der entscheidende Punkt – führt gerade das nach Luhmann sich stets selbstprogrammierende Kunstwerk vor, dass das Prozessieren kontingenter Formanschlüsse zu einer Art Notwendigkeit führen kann: Das Kunstwerk steht für sich selbst, es ist wie es ist und wenn es gelungen ist, besitzt es eine gewisse Dringlichkeit, es ist ein in sich stimmiges Gefüge, an dem nichts geändert werden kann.

Diese Notwendigkeit der Kontingenz wird im Kunstsystem auf eine kunstspezifische Weise demonstriert, indem Anschlüsse von Formen an Formen beobachtbar gemacht werden, indem also ein Angebot gemacht wird, Beobachtungen zu beobachten. *Es wird so ersichtlich, dass jede festgelegte Form eine von mehreren möglichen, also eine kontingente, ist, dass das Ganze sich aber schlussendlich trotzdem zu einer stimmigen Einheit formt – zu einer als notwendig wahrgenommenen Komposition.*

„Das Kunstsystem vollzieht" somit gemäß Luhmann „Gesellschaft an sich selbst als exemplarischem Fall.":

> „Es zeigt, wie es ist. Es zeigt, auf was die Gesellschaft sich eingelassen hatte, als sie Funktionssysteme ausdifferenzierte und sie damit einer autonomen Selbstregulierung überließ. Es zeigt an sich selbst, dass die Zukunft durch die Vergangenheit nicht mehr garantiert ist, sondern unvorhersehbar geworden ist. Operative Schließung, Emanzipation von Kontingenz, Selbstorganisation, Polykontexturalität, Hyperkomplexität der Selbstbeschreibung oder einfacher und unverständlicher formuliert: Pluralismus, Relativismus, Historismus, all das sind nur verschiedene An-

876 Vgl. Kapitel 3.2 im ersten Teil dieser Arbeit: *Die Selbstprogrammierung des Kunstwerks.*
877 Luhmann (1995), S. 497 f.

schnitte dieses Strukturschicksals der Moderne. Die Kunst zeigt in der Form des Leidens an sich selbst, dass es so ist, wie es ist. Wer dies wahrnehmen kann, sieht in der modernen Kunst das Paradigma der modernen Gesellschaft."[878]

Moderne Kunst ist das Paradigma der modernen Gesellschaft; das Kunstsystem vollzieht Gesellschaft an sich selbst als exemplarischem Fall (was heißen will: Kunst ist der Proband der Gesellschaft); in der Kunst gewinnen Einsichten über die moderne Gesellschaft Form, die in der Soziologie nachgebaut werden können; Kunst lässt die Wahrheit der Gesellschaft in der Gesellschaft erscheinen: Diese Aussagen Luhmanns machen deutlich, dass dem Kunstsystem in Luhmanns Theoriekosmos eine Sonderstellung zukommt.

Es fällt auf, dass – entgegen Luhmanns Bestimmung der Aufgabe einer Funktion – das Kunstsystem nicht mit einem *Teilproblem* der Gesellschaft befasst ist, das in einem Teilbereich der Gesellschaft gelöst werden muss, weil anders die Gesellschaft nicht funktionieren würde: Irgendwo muss der Umgang mit Recht, Macht, Geld, Transzendenz, Liebe oder Informationen geregelt oder zumindest erleichtert werden. Aber steht das Kunstsystem auf einer Ebene mit dem Rechtssystem, der Politik, der Wirtschaft usw.?

Der Kunst kommt die Aufgabe zu, den „*Nachweis von Ordnungszwängen im Bereich des Möglichen*"[879] zu liefern. Kunst bewältigt Kontingenz, das ist ihre Funktion. Ist die Kontingenzbewältigung wirklich ein so drängendes Problem der Gesellschaft, dass es dazu eines eigenständigen Funktionssystems bedarf? Kunst scheint nicht ein Teilproblem der Gesellschaft lösen zu müssen, sondern gleichsam aufs Ganze zu gehen: als Paradigma, als Proband, als Wahrheitsverkünderin.

Dieser Sonderstatus des Kunstsystems hängt nach Ansicht dieser Arbeit damit zusammen, dass das Kunstsystem in erster Linie ein Problem von Luhmanns systemtheoretischer Gesellschafts*theorie* lösen muss und nicht ein Problem der *Gesellschaft*, obwohl diese beiden Aspekte natürlich eng miteinander verknüpft sind. *Luhmanns Theorie* hat ein Problem mit der Kontingenz: Es gibt nach seiner Auffassung von Wissenschaft keine Notwendigkeit und trotzdem herrscht nicht Beliebigkeit, Luhmann verwahrt sich gegen ein *anything goes*. Gemäß Luhmann ist Wissenschaft allgemein, und damit auch seine Theorie, kontingent. Aber wie kann eine bloß kontingente Theorie der Beliebigkeit entgehen? Wie kann sie eine gewisse Dringlichkeit erlangen? Wie ohne sicheres Fundament ein geordnetes stabiles Gebäude darstellen? *Die Kunst zeigt es*. Sie zeigt die Notwendigkeit der Kontingenz, sie lässt die Wahrheit erscheinen. Kunst löst also ein Problem der Gesellschaft, das durchaus in der Gesellschaft vorhanden

---

878 Luhmann (1995), S. 499.
879 Luhmann (1995), S. 238.

ist, das aber allererst durch eine systemtheoretische Thematisierung der Gesellschaft wirklich dringend wird. Diese Ansicht deckt sich mit Beobachtungen, die auch Urs Stäheli antönt:

> „Es scheint, als ob das Kunstsystem die Aufgabe übernommen hätte, Luhmanns systemtheoretisches Verständnis von Gesellschaft zu exemplifizieren. Denn Kunstwerke lösen – unter erschwerten Bedingungen, da sie nicht über äußere Zwecke verfügen – jene Probleme, welche die von der Systemtheorie beobachtete Gesellschaft ebenfalls zu lösen hat: Wie kann Ordnung geschaffen werden, wenn keine letzten gemeinsamen Grundlagen (weder vernunftrechtliche Kategorien, noch vertragstheoretischer Konsensus, noch ein ewiger Wertehimmel etc.) bestehen? Während andere Funktionssysteme über auf sie zugeschnittene spezifische Medien, Codes und Funktionen verfügen, übernimmt im Kunstsystem die allgemeine systemtheoretische Begrifflichkeit gleichsam die Aufgabe, die Spezifik des Kunstsystems zu beschreiben: Das Medium bezeichnet das Möglichkeitsfeld von Formkombinationen, der Code dient als Kriterium über die Stimmigkeit von Anschlüssen und die Funktion liegt im Aufweis der Emergenz von Ordnung. All dies sind generelle, nicht subsystemspezifische Probleme, mit denen sich die Systemtheorie beschäftigt. Damit einher geht (…) ein Verlust an – auf das Kunstwerk und das Kunstsystem zugeschnittener – Spezifik.“[880]

Etwas zugespitzt soll hier die These vertreten werden: Die der Kunst von Luhmann zugewiesene Funktion, d.h. das Problem, welches das Kunstsystem für die Gesellschaft löst, ist ein zumindest teilweise von Luhmann selbst geschaffenes Problem. Die Funktion der Kontingenzbewältigung wird dazu benötigt und eingesetzt, eine drängende Aufgabe nicht nur der Gesellschaft, sondern vor allem der Luhmannschen Theorie der Gesellschaft zu lösen.

Aus der Position der philosophischen Ästhetik kritisiert auch Harry Lehmanns umfassende und weittragende Studie *Die flüchtige Wahrheit der Kunst. Ästhetik nach Luhmann* die besprochene Funktionsbestimmung der Kunst. Lehmann sieht darin eine „Fremdbestimmung der Kunst (…) durch Systemtheorie“. „Die Zuschreibung der gesellschaftlichen Funktion“, so seine Kritik, „erweist sich als eine Funktionalisierung der Kunst.“[881] Was damit gemeint ist, legt Lehmann in den folgenden Ausführungen, denen wir nur zustimmen können, dar:

> „Die abstrakte Formel von der *Ordnungsfähigkeit des Möglichen* (…) lässt sich (…) als untergründige Polemik der Systemtheorie gegen die derzeit herrschende Selbstbeschreibung der Gesellschaft verstehen, mit der sie konkurriert – der Postmoderne. Dies wird deutlich, wenn Luhmann sein Ordnungspostulat gesellschaftstheoretisch verankert und aus dieser Theorieperspektive die Funktion der Kunst benennt: „Was

880 Stäheli (1996), S. 635.
881 Lehmann (2006), S. 21.

in der Kunst sichtbar wird, ist nur die Unvermeidlichkeit von Ordnung schlechthin. Dass dabei transhierarchische … Strukturen in Anspruch genommen werden, entspricht den gesellschaftlichen Bedingungen der Moderne und zeigt an, dass eine in Funktionssysteme differenzierte Gesellschaft auf Autorität und Repräsentation verzichten muss. Die Kunst zeigt, dass dies nicht, wie Traditionalisten befürchten können, auf einen Ordnungsverzicht hinausläuft. Man kann deshalb auch sagen, es sei die Funktion der Kunst, Welt in der Welt erscheinen zu lassen."[882] Der Verzicht auf Autorität und Repräsentation ist ein Topos der Postmoderne; ihr immer augenscheinlicher gewordenes Defizit besteht darin, dass sie die Negation der traditionellen Ordnungsmuster *positiv* lediglich als Weltanschauung der Pluralität, Ambiguität und Unentscheidbarkeit artikulieren kann. Diese Position der sprichwörtlich gewordenen Beliebigkeit haben dann „Traditionalisten" im Blick und setzen wegen der praktisch schwer akzeptierbaren Konsequenzen eines solchen generalisieren „Ordnungsverzichts" erneut auf autoritäre und repräsentationale Orientierungsformen.

Luhmanns Gesellschaftstheorie zielt, nachdem sie *mit* der Postmoderne das Zerbrechen der alten Ordnung konstatiert, auf das *neue* Problem, das hieraus entsteht: „sich überhaupt an Möglichkeiten zu orientieren".[883] Das erkenntnistheoretische Programm des Konstruktivismus, auf das Luhmann dabei zurückgreift, wird zum Nachfolgeprogramm der Postmoderne, welche dieses Orientierungsproblem überhaupt nicht sieht. (…) Unverkennbar wird das Kunstwerk nach Luhmanns Funktionsbestimmung zu einem zweiseitigen Sinnbild – zum Bild seiner systemtheoretischen Gesellschaftsbeschreibung auf der einen und zum Gegenbild der Postmoderne auf der anderen Seite."[884]

Luhmanns Buch – so das Fazit der gesammelten Kritik – hätte vielleicht passender den Titel *Die Kunst der Systemtheorie* tragen sollen. Dieser Titel bietet sich nicht nur an, weil die Kunst hier Probleme von Luhmanns Theorie löst, sondern auch, weil die Systemtheorie in auffälliger Weise kunstspezifische Züge aufweist. Dies betrifft vor allem sprachliche und kompositorische Eigenschaften und soll Thema des folgenden Abschnittes sein.

882 Luhmann (1995), S. 241.
883 Luhmann (1995), S. 239.
884 Lehmann (2006), S. 26 ff. Harry Lehmann entwickelt im Anschluss an diese berechtigte Kritik an der Luhmannschen Funktionsbestimmung von Kunst eine eigenständige ästhetische Position, indem er „*mit* der Systemtheorie *gegen* die Systemtheorie denkt" (S. 9).Seine Leitfrage zielt auf den Wahrheitsgehalt von Kunst ab und lautet, „wie diese ästhetische Wahrheit zu denken sei, wenn die moderne Gesellschaft im großen und ganzen so funktioniert, wie sie Luhmanns Systemtheorie beschreibt" (S. 330).

5. Luhmanns (Kunst-)Sprache

Welche Aussagen lassen sich über die Eigentümlichkeiten von Luhmanns Sprache formulieren? Argumentiert hier ein reiner Wissenschaftler – oder komponiert hier auch ein Künstler? Welche Gründe könnten dafür sprechen, Luhmanns Theorieprojekt als ein Kunstobjekt zu betrachten?

5.1 Wissenschaft als Konstruktion

Die Lektüre eines Buches, der Besuch eines Theaters, einer Oper, eines Konzertes, das Betrachten eines Bildes oder einer Plastik: Die Begegnung mit einem Kunstwerk kann zu einem emotional und kognitiv intensiven Erlebnis werden. Ein Kunstwerk kann berühren, verstören, schockieren, erstaunen, langweilen, vor den Kopf stoßen usw.

Wenn Luhmann über Kunst spricht, und das wird mit dem Titel *Die Kunst der Gesellschaft* versprochen, bedient er sich eines ganz anderen Vokabulars: Statt einer Betroffenheit Ausdruck zu verleihen, spricht er von funktionaler Differenzierung, von Code, Programm, Medium, Form, psychischen Systemen usw. Luhmanns Sprache ist unterkühlt, sehr abstrakt und vor allem: kunstunspezifisch. Seine Sprache ist nicht aus der Betrachtung von Kunstwerken entstanden. Hier ringt nicht jemand angesichts einer unmittelbaren Wahrnehmung um Worte, versucht nicht jemand, Nichtaussprechbares zu beschreiben. Wenn Luhmann über Kunst spricht, dann mittels einer Sprache, die ihre Ingredienzien aus der Beobachtungskybernetik des Physikers Heinz von Foersters, aus dem mathematischen Formenkalkül Spencer-Browns oder aus der Evolutionsbiologie Humberto Maturanas und Francisco Varelas bezieht. Luhmann thematisiert Kunst in einer Sprache, in der er mühelos auch Abhandlungen über die Wirtschaft, das Rechtssystem, über ökologische Gefährdung oder über Kommunikationssperren in der Unternehmensberatung schreiben kann. Er bekennt sich theoretischer Vorgaben zu bedienen, „die nicht aus einer Beobachtung von Kunstwerken herausgezogen werden können“[885]. Luhmann hat aber den Anspruch, dass diese theoretischen Vorgaben gleichwohl „am kommunikativen Gebrauch von Kunstwerken nachgewiesen werden müssen“[886]. Welche Gründe können für eine solche allgemeine und kunstfremde Thematisierung von Kunst namhaft gemacht werden, und welche Vorteile ergeben sich daraus?

Aus Gründen, die in seiner eigenen Gesellschaftstheorie liegen, kann Luhmanns Zugriff auf die Kunst nur ein sehr indirekter sein: *Erstens* kann Kunst nur

885 Luhmann (1995), S. 9.
886 Luhmann (1995), S. 9.

verstanden werden durch eine Thematisierung des Kunstsystems, oder noch eine Ebene höher: des Gesellschaftssystems. Zu beachten sind somit die Ausdifferenzierung, die Beobachtungsverhältnisse, die Kommunikationsstrukturen, die Kopplungsbedingungen, die Irritationspotentiale, der Code, die Selbstprogrammierung etc.: Dies sind Mechanismen, die nicht direkt vom einzelnen Kunstwerk abgeleitet werden können, da sie ihren Ursprung nicht im konkreten Einzelding haben, sondern in gesamtgesellschaftlichen Strukturen und Prozessen, die auch im Kunstsystem wirken. Folgt man der Luhmannschen Systemtheorie, so ist ein Verständnis des konkreten Einzelkunstwerks nur vor diesem Hintergrund möglich.

Interessanterweise führt diese extrem theoretische Thematisierung von Kunst aber letztlich zu einer ganz direkten, untheoretischen Begegnung mit Kunst: Der Beobachter von Kunst ist letztendlich verwiesen auf die Selbstprogrammierung des Werks. Schaffen und Verstehen kann ein Kunstwerk nur, wer die Selbstprogrammierung erkennen und nachvollziehen kann. Der Beobachter ist dabei ganz auf das Werk selbst verwiesen, das seine eigene Anleitung und Theorie enthält.

Zweitens, aber damit zusammenhängend, ist Luhmanns Kunsttheorie ihrem Gegenstand äußerlich, weil sie einen auf den ersten Blick unüberwindbaren Graben zu überwinden hat: den Graben zwischen den beiden operativ geschlossenen, autopoietischen Funktionssystemen Wissenschaft und Kunst. Luhmann ist Soziologe und bleibt dem Wissenschaftssystem verhaftet. In seinem Handeln und in seinem Wahrnehmen bleibt er hinter den Mauern des Wissenschaftssystems gefangen.

Wissenschaftliche Erkenntnis benötigt einen geschützten Raum. Wissenschaftliche Erkenntnis ist nur möglich *in einem System der Wissenschaft*, ist nur möglich also durch Eingrenzung. Wie jedes Funktionssystem der modernen Gesellschaft ist auch das Wissenschaftssystem ein Bereich reduzierter Komplexität. Es führt die unbestimmte Komplexität der Welt in bestimmte, in handhabbare Komplexität über. Wissenschaftliche Theorien sind Simplifikationen der Realität, und zwar „Simplifikationen im Sinne eines Absehens von anderem, dessen Realität unbestritten bleibt"[887]. Wissenschaft, so Luhmann, probiert „Simplifikationen aus, lässt sie in eine gegebene Welt ein und sucht festzustellen, ob die dazu notwendigen Isolierungen gelingen."[888] Wissenschaft ist somit „nicht Entdeckung, sondern Konstruktion"[889]. Luhmann begreift seine Gesellschaftstheorie als *eine* wissenschaftliche Konstruktion *unter anderen*. Den Vorteil seines Zugriffs sieht er aber in der Universalität seiner Theorie:

887 Luhmann (1990), S. 713.
888 Luhmann (1990), S. 714
889 Luhmann (1990), S. 714.

> Die Gesellschaftstheorie „setzt ihr Gegenstandsverhältnis als Verhältnis von intransparenter zu transparenter Komplexität. Sie reklamiert für sich selbst *nie: Widerspiegelung* der kompletten Realität des Gegenstandes. *Auch nicht: Ausschöpfung* aller Möglichkeiten der Erkenntnis des Gegenstandes. Daher *auch nicht: Ausschließlichkeit* des Wahrheitsanspruchs im Verhältnis zu anderen, konkurrierenden Theorieunternehmungen. *Wohl aber: Universalität* der Gegenstandserfassung in dem Sinne, dass sie als soziologische Theorie *alles* Soziale behandelt."[890]

Die Stärke von Luhmanns Theorie liegt mithin darin, dass sie Kunst in einem gesamtgesellschaftlichen Kontext thematisieren kann.

5.2 Der Flug über den Wolken schafft Übersicht

Diese Möglichkeit einer Thematisierung von Kunst in einem gesamtgesellschaftlichen Kontext beinhaltet die Chance einer Vergleichbarkeit unterschiedlicher gesellschaftlicher Bereiche. Hier nun interessieren Parallelen von Kunst und Wissenschaft.

Das Kunstsystem liegt, durch Grenzen getrennt, in der Umwelt des operativ geschlossenen Wissenschaftssystems. Alles, was der Wissenschaftler vom Kunstsystem wahrnehmen kann, ist Irritation, Rauschen oder Störung. „Zunächst einmal", so Luhmann, muss sich die Wissenschaft d.h. hier die soziologische Theorie, „durch die Kunst irritieren lassen"[891]. Diese Irritationen müssen dann umgearbeitet werden in für das Wissenschaftssystem handhabbare Informationen. Dies ist schon „eine rein wissenschaftsinterne Angelegenheit"[892]. Die Bewährungsprobe für diese Informationsgehalte muss innerhalb der Wissenschaft durchgeführt werden, ohne Rücksicht auf das Kunstsystem.

Die Geschlossenheit des Wissenschaftssystems, das von außen nur Irritation, nicht aber Information erfährt, fasst Luhmann in eine Metapher: Der Luhmannsche Wissenschaftler befindet sich in der gleichen Lage wie ein Pilot, der über einer geschlossenen Wolkendecke fliegt und sich nur auf seine Instrumente verlassen kann:

> „Diese Theorieanlage erzwingt eine Darstellung in ungewöhnlicher Abstraktionslage. Der Flug muss über den Wolken stattfinden, und es ist mit einer ziemlich geschlossenen Wolkendecke zu rechnen. Man muss sich auf die eigenen Instrumente verlassen. Gelegentlich sind Durchblicke nach unten möglich – ein Blick auf Gelän-

---

890 Luhmann (1984), S. 9.

891 Luhmann (1995), S. 9. Vgl. zu Luhmanns nicht unproblematischem Irritationsbegriff Kapitel zwei im zweiten Teil dieser Arbeit: *Irritation als systemeigener Zustand.*

892 Luhmann (1995), S. 10.

de mit Wegen, Siedlungen, Flüssen oder Küstenstreifen, die an Vertrautes erinnern; oder auch ein Blick auf ein größeres Stück Landschaft mit den erloschenen Vulkanen des Marxismus. Aber niemand sollte der Illusion zum Opfer fallen, dass diese wenigen Anhaltspunkte genügen, um den Flug zu steuern.

(...) Entscheidend ist (...), dass die Wissenschaft, Systeme bildend, über (...) Punkt-für-Punkt Entsprechungen hinausgeht; dass sie sich nicht darauf beschränkt, zu copieren, zu imitieren, widerzuspiegeln, zu repräsentieren; sondern dass sie Differenzerfahrungen und damit Informationsgewinnung organisiert und dafür adäquate Eigenkomplexität ausbildet. Dabei muss der Wirklichkeitsbezug gewahrt bleiben, aber andererseits darf die Wissenschaft, und besonders die Soziologie, sich von der Wirklichkeit auch nicht düpieren lassen."[893]

Die Abstraktheit von Luhmanns Begrifflichkeit birgt Gefahren.[894] Darunter fällt sicher die zentrale Frage, ob ein so kunstunspezifisches Vokabular der Eigenart von Kunst gerecht werden kann,[895] die Frage also, ob die Kunst nicht einfach zum Zwecke der Vollständigkeit von Luhmanns Gesellschaftstheorie abgehandelt und in ein allzu enges, allzu fremdes Korsett gezwängt werde. Bei allen Bedenken muss auf jeden Fall auch der Vorzug dieser Abstraktheit bedacht werden, der darin besteht, „dass das Kunstsystem in seinen eigenen Operationen davon profitieren kann, ein Theorieangebot zu erhalten, das Kontext und Kontingenz der Kunst gesellschaftstheoretisch zu klären versucht"[896]. Etwas ausführlicher:

„Mit der Theorie beobachtender Systeme (...) steht ein zugleich hochdifferenziertes, aber ganz unspezifisches Analyseinstrumentarium zur Verfügung, wenn es darum geht, eine angemessene Beschreibung moderner Kunst zu liefern. Die Abstraktion der Begriffe wird oft beklagt, aber ohne sie kommt es nicht zu einem hinreichend differenzierten Verständnis und vor allem nicht zu vergleichenden Analysen, die verständlich werden lassen, *inwiefern die Kunst an Strukturen partizipiert, die für die moderne Gesellschaft charakteristisch sind.*"[897]

---

893 Luhmann (1984), S. 12 f. Für Luhmanns Wissenschaftsverständnis zentral sind die Seiten 7-14.

894 Luhmann selbst warnt vor den Gefahren der Abstraktion: „Abstraktion darf (...) weder als reine Artistik noch als Rückzug auf eine ‚nur analytisch' relevante, formale Wissenschaft missverstanden werden. Niemand wird ja bestreiten wollen, dass es so etwas wie Sinn, Zeit, Ereignisse, Handlungen, Erwartungen usw. in der wirklichen Welt gibt. Das alles ist zugleich erfahrbare Realität und Bedingung der Möglichkeit der Ausdifferenzierung von Wissenschaft." Luhmann (1984), S. 13.

895 Diesen Verdacht formuliert Khurana (2000), S. 366 so: „Der Verdacht gegenüber der Systemtheorie liegt nahe, sie operiere mit einer derartig abstrakten und verallgemeinerten Theoriesprache, dass sie sich von den Besonderheiten dessen, worüber sie zu reden vorgibt, soweit distanziert, dass sie ihnen gegenüber blind wird und ständig nur die eigene Sprache ihrer Muster reproduzieren lässt."

896 Luhmann (1995), S. 9.

897 Luhmann (1990a), S. 26. (Hervorhebungen von M.K.)

Der hier gepriesene Vorteil der Luhmannschen Theoriesprache besteht in der *Vergleichbarkeit des Verschiedenen.* Alle Funktionssysteme benutzen die Operationsweise des Gesamtsystems, also Kommunikation, alle erfüllen die Bedingungen der Systembildung, nämlich Autopoiesis und operative Schließung, alle sind sie Bereiche reduzierter Komplexität, die strukturell an ihre Umwelt gekoppelt sind usw. Der Vorteil von Luhmanns Gesellschaftstheorie besteht in der Vergleichbarkeit der unterschiedlichsten gesellschaftlichen Bereiche. [898]

So ist es interessant, dass Luhmann immer wieder *Parallelen gerade zwischen dem Wissenschafts- und dem Kunstsystem* aufzeigt. Im folgenden Zitat hebt er hervor, dass es in beiden Systemen zentral um die Frage von Freiheit und systeminternem Zwang geht. In beiden Systemen wird Beliebigkeit nicht akzeptiert.

> „Ein gesellschaftstheoretisches Interesse, das auf Differenz und Vergleichbarkeit (...) [der] Funktionssysteme achtet, ist natürlich ein Spezialinteresse des Soziologen. Als Soziologe ist man nicht an Förderung oder Kritik der Kunst interessiert, sondern an der Verbesserung der Beschreibungs- und Erklärungsleistungen des eigenen Fachs, und das führt leicht zu einer idealischen Unangepasstheit der Analyse. Aber *in der Frage von Freiheit und Bindung treffen diese soziologischen Interessen mit Interessen der Kunsttheorie zusammen.* Eine Gesellschaftstheorie muss die Annahme ausschließen, dass es in irgendeinem Funktionssystem beliebig zugehen könnte."[899]

Mit der *Frage von Freiheit und Bindung* spricht Luhmann das oben ausgeführte Interesse der Systemtheorie an der Funktion der Kunst an.

5.3 Gelehrte Poesie

Wissenschaft und Kunst sind getrennt operierende Systeme, die sich aber in verschiedener Hinsicht sehr nahe sind. Hier soll gezeigt werden, dass Luhmanns grandioses Theoriegebäude als Gesamtkunstwerk aus dem Geiste der Poesie verstanden werden kann. Dass soll nicht sagen, dass Luhmann ein genuiner Künstler und nicht ein Wissenschaftler sei, sondern nur, dass seine Theorie auffällig viele künstlerische Züge trägt – und damit über die disziplinären Grenzen hinweg ein verbindendes Element schafft.

---

898 Vgl. Luhmann (1981 a), S. 173. Den Nutzen von Luhmanns abstrakter Sprache sieht Khurana (2000), S. 367 so: „Luhmanns Entwürfe zählen (...) zu den wenigen Beispielen abstrakt und universalistisch ausformulierter Theorien mit hoher Anpassungsfähigkeit. Der Gewinn der abstrakten Sprache ist dabei nicht nur Durchsichtigkeit, sondern vor allem das Aufscheinen unerwarteter Vergleichbarkeiten, ein Verfremdungseffekt, der festgefahrene Semantiken irritiert und innovativ wirken kann."

899 Luhmann (1992b), S. 73 f. (Hervorhebungen vom M.K.)

In der Konzeption seiner Theoriesprache geht Luhmann dezidiert auf Distanz zu einer „Beschreibungsebene der Moral“[900]. Er bevorzugt „die Unterkühltheit der theoretisch erzwungenen Abstraktionen“[901]. So sieht er sein Projekt im Rahmen einer Generierung von Theorien, „die eine Distanz zu den Selbstverständlichkeiten des Alltags in Kauf nehmen, ja bewusst erzeugen, um ein abstrakter gesichertes Konsistenzniveau zu erreichen“[902]. Mit einer Verschiebung des Beobachterstandpunktes auf die Ebene zweiter oder dritter Ordnung wird, so Luhmann, die „‘so ist es‘-Attitüde (...) ersetzt durch ein Begriffsspiel, das an sich selber Halt findet“[903].

Wenn Luhmann von seiner Theorie als einem *Begriffsspiel, das an sich selber Halt* findet, spricht, so rückt er sie in den Kontext des Kunstsystems. Denn es ist das Kunstwerk, dessen Formen laut Luhmann zueinander *passen* müssen und so ein Ganzes bilden, dass sich selbst Halt gibt. Luhmanns Deklaration seiner Theorie als eines sich selbst programmierenden Kunstwerks veranlasst David Roberts, in Bezug auf Luhmanns Theoriegebäude von einem Gesamtkunstwerk zu sprechen:

> „Die Selbstbeschreibung der Soziologie als die Selbstbeschreibung der Gesellschaft, die die Soziologie neben die Kunst als paradigmatische Verdopplung der Realität stellt, legt es nahe, das ganze grandiose Theoriegebäude als Gesamtkunstwerk zu betrachten, ein Gesamtkunstwerk aus dem Geist nicht der Musik, sondern der Literatur (und des Zettelkastens), fassbar zum Beispiel in Luhmanns Affinität zur Paradoxiepflege in der Literatur der Renaissance oder zur Jeaner Romantik. (...) Wenn nach Luhmann Paradoxie zur Orthodoxie unserer (Post-)Moderne geworden ist, dann wird damit, was man wohl die ästhetische Wende der Gesellschaftstheorie nennen könnte, angezeigt: der Übergang von der Ebene der Themen zu der der Formen der Selbstbeschreibung.“[904]

Der Eintrittspreis in Luhmanns Sprach- und Theoriewelt ist hoch, und viele sind nicht bereit ihn zu bezahlen. *Unverständlichkeit* ist ein Standardeinwand gegen

---

900 Luhmann (1997), S. 1130.

901 Luhmann (1997), S. 1129. Dietrich Schwanitz beschreibt in seiner *Niklas Luhmann – aritfex mundi* betitelten Würdigung Luhmanns Stil so: „An Stelle des Pathos der Nähe pflegte die Systemtheorie Distanz, statt Engagement empfahl sie Skepsis, statt Emotionalität pflegte sie Sachlichkeit, statt Moral predigte sie die Bodenlosigkeit ihrer Konstruktionen, statt Fundamentalismus Relativismus, und an die Stelle der Selbstverwirklichung und des Kults der Authentizität setzte sie die Verkehrsformen der Höflichkeit und den Adel der Distanz. Ihr zentraler Gestus ist die Grenzziehung der Distinktion und der Stil der ironischen Unaufgeregtheit – eine *impassibilité*, die Luhmann in die Gesellschaft der Vertreter der Neuen Sachlichkeit wie Musil, Jünger, Carl Schmitt oder Plessner rückt.“ Schwanitz (1999), S. 56 f.

902 Luhmann (1997), S. 1133.

903 Luhmann (1997), S. 1132.

904 Roberts (1999), S. 30.

Luhmanns Denken. In einem Vortrag vor der Deutschen Akademie für Sprache und Dichtung setzt sich Luhmann mit der Unverständlichkeit von Theorien explizit auseinander, indem er ironisch ausgeht von den beiden Sätzen: „Wer überhaupt spricht oder schreibt, sollte sich verständlich ausdrücken. Das ist eine auf den ersten Blick einleuchtende Forderung.“[905]

Luhmann stimmt dieser Aussage zu, bemerkt jedoch sogleich, dass die Soziologie nicht die Lehre vom ersten, sondern vom zweiten oder dritten Blick ist. Als Beobachtung höherer Ebene hat die Soziologie zu prüfen, wieso unverständlich gesprochen wird und warum dies oft unvermeidlich ist. Luhmann geht dabei von Formulierungsproblemen aus, die ihm in seiner eigenen Schreibpraxis bewusst geworden sind. Spezialterminologien, Fremdwörter, die erklärt und ersetzt werden können, sind dabei nicht das Hauptproblem. Sprache, so Luhmann, „ist nicht nur ein Problem der *Worte*: sie ist vor allem ein Problem der Übermittlung von *Selektionszusammenhängen.*“[906]

Luhmann umreißt in Bezug auf die Unverständlichkeit von Theorien fünf Problemkreise: (1) Soll der Wissenschaftler traditionelle Terminologien übernehmen, die sich eingespielt haben, die das Gemeinte aber nur unzureichend treffen? (2) Die Sprache soll sich dem Operationsbewusstsein der Forschung anpassen. „Man weiß dann noch, was man tut; aber man weiß nicht, worum es sich handelt.“[907] (3) Anspruchsvolle Theorien lassen sich nicht serialisieren, da die einzelnen Theorieelemente komplexe Abhängigkeitsbeziehungen zueinander unterhalten. Jeder Anfang ist dann mit nichtexplizierbaren Voraussetzungen belastet und es ergeben sich „Arrangier- und Vertextungsprobleme“[908]. (4) Eine umfassende Theorie der Gesellschaft muss sich selbst als Gegenstand enthalten. Eine Theorie, die zugleich Maßstab und zu Messendes sein soll, hat aber mit dem logischen Problem des Widerspruches zu rechnen. (5) Problem des Auflöse- und Rekombinationsvermögens: „Wie erzeuge ich mit sprachlichen Mitteln hinreichende *Simultanpräsenz* komplexer Sachverhalte und damit hinreichende Kontrolle über die Anschlussbewegung des Redens und Verstehens.“[909]

Diese Schwierigkeiten sind laut Luhmann mitverantwortlich für die Unverständlichkeit der Systemtheorie. Die Schwierigkeit seiner Theorie hat gemäß Luhmann aber auch ihr Positives: *Sie schützt vor allzu schneller Vereinnahmung.* Will die Soziologie eine Lehre vom zweiten Blick sein, so wird dieser zweite Blick gerade durch Luhmanns Sprache dringlich. Luhmann will sich in seinen

905 Luhmann (1981 a), S. 170. Vgl. hierzu auch: Reese-Schäfer (1992), S. 19-25.
906 Luhmann (1981 a), S. 172.
907 Luhmann (1981 a), S. 173.
908 Luhmann (1981 a), S. 174.
909 Luhmann (1981 a), S. 175.

Analysen „durch das Wahrscheinlichwerden des Unwahrscheinlichen“[910], das in der Gesellschaft die Regel ist, beeindrucken lassen. In gleicher Weise soll der Luhmannleser durch den Gestus der Sprache sich durch das Wahrscheinlichwerden des Unwahrscheinlichen überraschen lassen. Luhmann arbeitet gegen die Gefahr eines vermeintlichen, eines allzu schnellen Verständnisses seiner Theorie. So kann er formulieren: „[M]an möchte sich Sprachformen wünschen, die ein hinreichendes Maß an Vorbehalten mitvermitteln und ein zu rasches Verstehen verhindern.“[911] Luhmann grenzt sich ab von Vereinnahmungen seiner Theorie durch Politik, aber auch durch „Pädagogen, Historiker, Theologen, Juristen und (...) Philosophen“[912]. Um das Verbleiben der Wissenschaftssprache in ihren Grenzen zu gewährleisten verwahrt sich Luhmann gegen den Duktus eines wissenschaftlichen Erzählens. Er wünscht sich eine dicht gewobene, vielfältige Beziehungen unterhaltende Sprache der Lyrik: eine *gelehrte Poesie* wie er schreibt:

> „Ich denke manchmal, es fehlt uns nicht an gelehrter Prosa, sondern an gelehrter Poesie. Wissenschaftliche Theorien haben einen eigentümlichen Weltstimmungsgehalt, den sie selbst (bei allem Einbau von Selbstreferenzialität) nicht formulieren, vielleicht nicht einmal wahrnehmen können. (...) Vielleicht sollte es (...) für anspruchsvolle Theorieleistungen eine Art Parallelpoesie geben, die alles noch einmal anders sagt und damit die Wissenschaftssprache in die Grenzen ihres Funktionssystems zurückweist.“[913]

Es ist bemerkenswert, in welch enge Beziehung hier Wissenschaft und Kunst gerückt werden: Die Sprache der Wissenschaft sollte also gemäß Luhmann eine Sprache der Kunst sein: ein sich am Code *passend/nicht passend* orientierendes, selbstprogrammierendes Formengefüge. So spricht Luhmann auch von seinem Bemühen, „wenn es nicht zu zeitaufwendig wird – an der Formulierung zu basteln und auf Rhythmik in Sätzen zu achten“[914]. Luhmanns Sätze wollen als Sätze, als Sprache passend sein. Beim Formulieren achtet er nicht nur auf den Inhalt, sondern auch auf die Form, auf die – wie er explizit sagt – „Theorie-Komposition(...)“[915]. Seine Sätze wollen ein passendes Ganzes bilden. Jedes hinzugefügte Formelement, jedes sprachliche Rhythmus- oder Melodieelement soll zu den bereits festgelegten Teilen passen. Das dadurch entstandene Sprachgefüge, dessen Komponenten vielstimmig miteinander konzertieren, erlangt allein schon durch seine Form den von

910 Luhmann (1984), S. 164.
911 Luhmann (1981 a), S. 176.
912 Luhmann (1981 a), S. 175.
913 Luhmann (1981 a), S. 176f. Ohne die zitierte Stelle explizit anzusprechen meint Friedrich Balke: „Luhmanns Schrift ist wie die der Romantiker poetisch konstituiert.“ (Balke 1999, S. 154).
914 Luhmann (1987), S. 94.
915 Luhmann (1981), S. 169.

Luhmann angesprochenen *eigentümlichen Weltstimmungsgehalt*. Luhmann selbst charakterisiert literarische Sprache so:

> „Sie reflektiert den Gebrauch von Sprache – so als ob Sprache wie anderes Material etwas sei, das man in der Welt vorfindet. Sie benutzt nicht die Denotationen, sondern die Konnotationen der Worte und setzt damit die Worte als Medium voraus, in dem einander wechselseitig auswählende Konnotationen Formen bilden können. Sie bringt den diffusen Verweisungsreichtum der Worte nicht in eine möglichst eindeutige Beziehung zu Weltsachverhalten, sondern in eindeutige Oppositionen (unter Einschluss von Mitgemeintem, das nicht gesagt wird).“[916]

Wichtiger als die *Referenz* der Worte ist in der literarischen Sprache deren *Materialität*, deren „Ornamentalität“[917]. Sie arbeitet bewusst mit Rhythmus, Wortklang, dem Verhältnis von Kürzen und Längen, mit Wiederholungen, Stereotypisierungen usw. Zentral ist auch hier die Wahrnehmung und nicht das Denken. „Das Textkunstwerk organisiert sich selbst mit Hilfe dieser Klangliches, Rhythmisches und Sinnhaftes kombinierenden selbstreferentiellen Verweisungen. Die Einheit von Fremdreferenz und Selbstreferenz liegt in der Wahrnehmbarkeit der Worte. (…) [D]ie künstlerische Qualität liegt nicht in der Themenwahl, sondern in der Wortwahl.“[918] Der literarische Text ist ein mehr oder weniger auffälliges Arrangement von Worten, dessen Weltbezug und Sinn nur durch eine sinnlich nachvollzogene Wahrnehmung erschlossen werden kann. Alles, was literarische Kunstwerke präsentieren, präsentieren sie durch eine Präsentation ihres sinnlichen Mediums. Der literarische Satz muss, so Martin Seel im Anschluss an Luhmann, „als individuelle Konstellation von Worten auffällig – eigens beachtet und eigens erkundet – werden, um verstanden werden zu können.“[919] Seel fährt fort:

> „Alle Arten der Zeichenverwendung *bedürfen* eines sinnlichen Mediums, aber nicht alle *präsentieren* es. Nicht alle präsentieren das, was sie präsentieren, auf dem Weg einer Präsentation ihres Mediums. So aber steht es mit literarischen Sätzen (…). Diese bieten *etwas* nur dar, indem sie *sich* darbieten. Sie bieten nur dem etwas dar, der sie als eine individuelle (durch keine andere Kombination von Elementen ersetzbare) Konstellation von Erscheinungen wahrnimmt. Diese Wahrnehmung ist auf die Simultaneität eines Zusammenseins oder Zusammen-sich-Ereignens von Erscheinungen gerichtet. Auf dieses Zugleichsein, diese Interaktion, diesen, wie Adorno immer wieder betont hat, *Prozess* der Kunstwerke muss achten, wer ihre Gehalte erfahren will. Ihre Weltpräsentation vollzieht sich als Selbstpräsentation.“[920]

---

916 Luhmann (1995), S. 200.
917 Luhmann (1995), S. 202.
918 Luhmann (1995), S. 47.
919 Seel (2003), S. 183.
920 Seel (2003), S. 183.

In der Lyrik[921] ist diese Selbstpräsentation des Mediums Wort offensichtlich. Sie gilt aber für alle Gattungen literarischer Sprache. Selbst „wer einen Roman, wie man so sagt, ‚allein inhaltlich' – etwa wegen einer spannenden Geschichte – liest, liest ihn nicht allein so; ihm fällt nur das literarisch Auffällige, das Mediale nicht eigens auf."[922]

Ist Luhmann ein Literat, ein Künstler?[923] Die Schilderung seines Produktionsprozesses, der Herstellung seiner Werke, tönt nicht unähnlich der Arbeit eines Künstlers[924]:

> „Ich denke ja nicht alles allein, sondern das geschieht weitgehend im Zettelkasten. (...) Meine Produktivität ist im wesentlichen aus dem Zettelkasten-System zu erklären. (...) Wenn ich Ihnen das kurz erklären darf: Alle Zettel haben eine feste Nummer, es gibt keine systematische Gliederung, der Zettelkasten ist also nicht systematisch geordnet. Hinter diesen einzelnen Nummern gibt es dann Unterabteilungen, zum Beispiel a, b, c, a1, a2, a3 usw., das geht manchmal bis zu 12 Stellen. Ich kann dann von jeder Nummer auf jede andere Stelle in dem Zettelkasten verweisen. Es gibt also keine Linearität, sondern ein spinnenförmiges System, das überall ansetzen kann. In der Entscheidung, was ich an welcher Stelle in den Zettelkasten hineintue, kann damit viel Belieben herrschen, sofern ich nur die anderen Möglichkeiten durch Verweisung verknüpfe. Wenn man das immer macht, entsteht eine innere Struktur, die auf diese Weise nie hineingegeben worden ist, die man dann aber herausziehen kann. (...) Die neuen Ideen ergeben sich (...) aus den verschiedenen Kombinationsmöglichkeiten der Zettel zu den einzelnen Begriffen. Ohne die Zettel, also allein durch Nachdenken, würde ich auf solche Ideen nicht kommen. (...) Diese Technik, so glaube ich, erklärt auch, warum ich überhaupt nicht linear denke und beim Bü-

---

921 Vgl. hierzu Hühn (1933) sowie Wellbery (1996).

922 Seel (2003), S. 205. Vgl. zum Verhältnis von Kunst und Sprache bei Luhmann auch Esposito (1996), insbesondere S. 67-73.

923 An diese Frage ließe sich ein interessanter Vergleich anknüpfen zu Paul Feyerabends Konzeption von *Wissenschaft als Kunst*. Laut Feyerabend kommen „künstlerische Verfahren überall in den Wissenschaften vor" (Feyerabend 1984, S. 8). In Klammern wagt Feyerabend folgende bemerkenswerte Aussage: „(Würden wir in einer Zeit leben, in der man naiv an die heilende Macht und die ‚Objektivität' der Künste glaubt, Kunst und Staat nicht trennt, die Künste aus Steuermitteln reich beschenkt, in den Schulen als Pflichtfächer lehrt, während man die Wissenschaften für Sammlungen von Spielereien hält, aus denen sich die Spielenden bald das eine, bald das andere Spiel auswählen, dann wäre es natürlich ebenso angebracht, darauf zu verweisen, dass die Künste Wissenschaften sind. In einer solchen Zeit leben wir aber leider nicht.) (Feyerabend 1984, S. 78).

924 Der von Luhmann geschilderte eigene Schreibprozess gleicht der Art und Weise, der von ihm beschriebenen künstlerischen Produktion. Vgl. dazu das dritte und vierte Kapitel im ersten Teil dieser Arbeit: *Codierung und Programmierung des Kunstsystems* bzw. *Das selbstreferentielle Kunstwerk*.

cherschreiben Mühe habe, die richtige Kapitelfolge zu finden, weil eigentlich ja jedes Kapitel in jedem andern Kapitel wieder vorkommen müsste."[925]

---

925 Luhmann (1987), S. 142 ff. Luhmanns Arbeitstechnik, sein virtuoser Umgang mit dem Zettelkasten wird noch deutlicher in einem der letzten Interviews vor seinem Tod 1998, einem Radiogespräch mit Wolfgang Hagen. Der Künstler Niklas Luhmann wird hier förmlich greifbar, was die Länge der wiedergegebenen Passage, so glaube ich, rechtfertigt:
„Jetzt müssen Sie uns zum Schluss noch etwas über Ihren legendären Zettelkasten sagen, denn dieses ganze Werk wäre nicht geschrieben worden, die vielen Bücher und Aufsätze, wenn Sie nicht ein offensichtlich perfektes – man sagt von Hegel, er hatte so etwas ähnliches, aber ich weiß nicht genau, wie es aussah – System der Verzettelung Ihrer Lektüren oder Gedanken hätten. Den haben Sie schon, diesen Zettelkasten, seit dem Beginn des Studiums, haben Sie, glaube ich, mal gesagt.
Nein, nach dem Ende des Studiums. Ich habe zunächst einmal mit Mappen gearbeitet und Zetteln, die fliegen dann raus, und dann muss man ... Und dann habe ich das so ... Ich glaube, 1951 oder so etwas, habe ich das Ganze umorganisiert auf einen Kasten, wo jeder Zettel eine feste Nummer hat.
Einfach durchnummeriert, von 0 bis ...
Ja, dann gibt es also schon Clusterbildung und so etwas, aber im Prinzip ist es eine Unendlichkeit, die also nach innen, wenn man also, sagen wir mal, den Zettel 21/3a17 hat, dann kann man 18 machen oder man kann 17a machen und ...
Sie haben eigene Sigel.
Ja. Jeder Zettel hat seine feste Nummer, die nie geändert wird.
Aber das ist ein Sigel, schon? Hat die Nummer irgendeinen Sinn?
Nein. Man hat natürlich eine Gewohnheit, dass man weiß, wenn man also „Paradoxie" sucht, dann müsse das unter der und der Nummer zu finden sein. Aber ich habe natürlich ein Schlagwortregister, wo ich nachgucken kann.
Aha. Und unter dem Schlagwortregister werden wieder diese Nummern eingetragen.
Ja.
Was für Registrierungen dieser Zettel haben Sie sonst außer dem Schlagwortregister?
Im Zettelkasten selbst gibt es einen Zettel mit Verweisungen, wo dann steht, also hier geht es um Paradoxie, Paradoxie-Schule usw. Der Vorteil dieser festen Nummerierung, die nie geändert wird, ist, dass man eben von jedem Punkt auf jeden anderen verweisen kann.
Aber Sie müssen diese Verweise immer nachtragen.
Ja.
Und bei neuen Zetteln gucken, wie viele alte Zettel habe ich, auf die ich jetzt verweisen müsste.
Ja.
Das heißt, Sie arbeiten, selbstreferentiell sozusagen, permanent diesen ihren Zettelkasten auch wieder durch ...
Ja.
... und schmeißen auch was raus?
Nein.
Nie?
Nie.
Also auch Zettel, die sich einfach nicht verweisen lassen.
Nein, die bleiben dann so stehen. Die haben ihre Nummer und bleiben dann.
Die sind sozusagen ,Leichen'.
Ja, ja.
Und wenn Sie lesen, verzetteln Sie sofort?
Ja.

Kein Wunder also kann Luhmann sagen: „Die Theorie schreibt sich (...) selbst“[926]. Ein kleiner Schritt wäre es dann zu sagen: Luhmanns Texte sind sich selbst programmierende Kunstwerke.[927] Die Selbstreferentialität des für Luhmanns wissenschaftliche Produktion wesentlich mitverantwortlichen Zettelkastens besteht darin, dass jeder Zettel nur ein Element ist, „das seine Qualität erst aus dem Netz der Verweisungen und Rückverweisungen im System erhält“[928].

Verzetteln Sie sich sozusagen ...
Ja, ich lese ein Buch durch, mache Notizen und dann ...
... unterstreichen auch richtig, mit Bleistift?
Nein, im Buch nicht. Nein, nein.
(...) [Auslassung von M.K.]
Was ist, wenn Sie ein Buch ein zweites, ein drittes Mal lesen? Nehmen Sie dann den alten Zettel und erweitern ihn?
Manchmal mache ich es ganz neu, aber das kommt relativ selten vor. Ich meine überhaupt, ein wiederholtes Lesen kommt relativ selten vor.
Auch die großen Standardwerke, zum Beispiel, Krisisschrift, Husserl.
Ja, kommt also ... lese ich nicht noch mal, ich meine, ich könnte es, aber ich habe ja gar keine Zeit, ich muss ... Ich lese sehr stark problemorientiert immer und ...
Ja, das heißt, was einmal in diesem Zettelkasten als gelesen und verstanden notiert ist, selbst wenn es der größte Irrtum war, bleibt.
Ja, ja.
Bis Ihnen jemand sozusagen die Augen öffnet, und sagt: „Mein Freund, das steht da gar nicht. Das hast du da nur reingelesen.“
Ja, ja. Dann kann ich das auf dem Zettel vermerken.
Und diese Zettel ..., um das auch klar zu machen, diese Zettelarchitektur oder Kastendimension ist inzwischen gewaltig, nicht?
Es ist ziemlich umfangreich, ja.
Ein paar Meter.
Ja, ja.
... und ist die Basis sozusagen Ihrer Arbeit. Wenn man das Ihnen nehmen würde, dann wäre es schwer.
Ja, dann wäre es schwer. Ich habe jetzt eine Alternative, es sind sozusagen halbfertige Buchmanus-kripte, die so in Kartons unter dem Tisch liegen und dann kann ich natürlich ... Wenn ich jetzt über „Souveränität“ irgendwas Interessantes entdecke, dann kann ich das in das Manuskript direkt hineintun, wo “Staat“ und „Souveränität“ behandelt wird.
Sie schreiben mit der Hand oder mit der Schreibmaschine oder mit dem Computer?
Schreibmaschine.
Immer direkt in die Schreibmaschine?
Ja, ja. Die Zettel nicht, das ist zu kompliziert. Diese kleinen Zettel, die mache ich mit der Hand.“ (Luhmann 2004 a, S. 103-107) Vgl. zu Luhmanns Umgang und Technik des Zettelkastens auch sein Aufsatz *Kommunikation mit Zettelkästen: Ein Erfahrungsbericht* (= Luhmann 1992 d).

926 Luhmann (1984), S. 12.

927 Auch Philip Ursprung betont die künstlerische Arbeitsweise Luhmanns: „Luhmanns selbstreferentielles, sich immer weiter ausbauendes System gleicht eher einer künstlerischen Arbeitsweise als einer innerhalb theoretischer Regeln methodisch nachvollziehbar operierenden Technik.“ (Ursprung 1992, S. VII).

928 Luhmann (1992 d), S. 58.

Das Kunstwerk benötigt erste, zufällige Formfestlegungen, um dann die weiteren Anschlüsse mit Hilfe des Codes passend/nicht passend rein selbstreferentiell bestimmen zu können. Ebenso setzt die Selbständigkeit des Zettelkastens ein Mindestmaß an Eigenkomplexität voraus: „Der Zettelkasten braucht einige Jahre, um genügend kritische Masse zu gewinnen."[929] Ist diese kritische Masse erreicht, entsteht die wissenschaftliche Publikation aber nicht einfach durch ein Abschreiben dessen, was zu diesem Zweck im Zettelkasten schon niedergelegt ist. „Die Kommunikation mit dem Zettelkasten wird erst auf höher generalisierten Ebenen fruchtbar, nämlich auf der Ebene der kommunikativen Relationierung von Relationen. Und sie wird erst im Moment der Auswertung produktiv, also zeitgebunden und in hohem Maße zufällig."[930] Das Kunstwerk schafft sich selbst, der Künstler ist nur sein Vollstrecker, er tut, was das Kunstwerk verlangt. Auch der für die Produktion von Luhmanns Theorie zentrale Zettelkasten setzt bei Abfragen sein internes Verweisungsnetz in Betrieb: „Der Zettelkasten gibt aus gegebenen Anlässen kombinatorische Möglichkeiten her, die so nie geplant, nie vorgedacht, nie konzipiert worden waren."[931]

Mehr nach der Aussage eines Künstlers als nach der eines Wissenschaftlers tönt auch Luhmanns Eingeständnis, er lasse sich beim Schreiben bisweilen leiten durch „Lust an der Provokation oder Lust an Unsinn"[932]. Und er wünsche sich Leser, die nicht nur genügend Geduld und Neugier mitbringen, sondern auch „hinreichend (...) Fantasie und Geschick"[933] – Luhmanns Stil verbindet, so Dietrich Schwanitz, „die Klarheit des Theoretikers mit dem Eigensinn eines Künstlers."[934]

Als kreativer und fantasievoller Leser gibt sich Luhmann selbst auf jeden Fall immer wieder zu erkennen. So ist der Bezug zu den von ihm zitierten Autoren sehr lose. Explizit stützt er sich etwa immer wieder auf George Spencer-Brown, wobei er aber stets dieselben zwei, drei Sätze zitiert und ansonsten recht frei interpretiert. Das gesteht er auch ein, wenn er in einer Vorlesung bezüglich Spencer-Browns logischem Kalkül äußert: „Ich gehe explizit nicht auf den Calculus selber ein. Ich habe ihn technisch nie wirklich durchgeprüft."[935] Nur ganz am Rande soll hier noch bemerkt werden, dass Luhmann in einem Gespräch mit Peter Fuchs einmal geäußert haben soll, „dass er theoretische Texte, ja Texte überhaupt farbig strukturiert wahrnehme."[936]

929 Luhmann (1992 d), S. 58.
930 Luhmann (1992 d), S. 60.
931 Luhmann (1992 d), S. 59 f.
932 Luhmann (1987), S. 93.
933 Luhmann (1984), S. 14.
934 Schwanitz (1999), S. 57.
935 Luhmann (2002), S. 75.
936 Fuchs (2001), S. 68.

Bibliographie

Luhmann allgemein

Luhmann, Niklas (1970), Soziologische Aufklärung 1, Aufsätze zur Theorie sozialer Systeme, Opladen: Westdeutscher Verlag.

Habermas, Jürgen/Niklas Luhmann (1971), Theorie der Gesellschaft oder Sozialtechnologie – Was leistet die Systemforschung? Frankfurt a.M.: Suhrkamp.

Luhmann, Niklas (1978), Soziologie der Moral, in: Luhmann, Niklas/Stephan H. Pfürtner: Theorietechnik und Moral, Frankfurt a.M.: Suhrkamp, S. 8-116.

Luhmann, Niklas (1981 a), Unverständliche Wissenschaft. Probleme einer theorieeigenen Sprache, in: Ders., Soziologische Aufklärung 3, Opladen: Westdeutscher Verlag, S. 170-177.

Luhmann, Niklas (1982), Liebe als Passion. Zur Codierung von Intimität, Frankfurt a.M.: Suhrkamp.

Luhmann, Niklas (1984), Soziale Systeme. Grundriss einer allgemeinen Theorie, Frankfurt a.M.: Suhrkamp.

Luhmann, Niklas (1985), Das Problem der Epochenbildung und die Evolutionstheorie, in: Gumbrecht, Hans Ulrich/Ursula Link-Heer (Hrsg.), Epochenschwellen und Epochenstrukturen im Diskurs der Literatur- und Sprachhistorie, Frankfurt a.M.: Suhrkamp, S. 11-33.

Luhmann, Niklas (1986), Ökologische Kommunikation. Kann die moderne Gesellschaft sich auf ökologische Gefährdung einstellen? Opladen: Westdeutscher Verlag.

Luhmann, Niklas (1987), Archimedes und wir, Interviews, herausgegeben von Dirk Baecker und Georg Stanitzek, Berlin: Merve.

Luhmann, Niklas (1987 b), Tautologie und Paradoxie in den Selbstbeschreibungen der modernen Gesellschaft, in: Zeitschrift für Soziologie, Jg. 16, Heft 3, Juni 1987, S. 161-174.

Luhmann, Niklas (1988), Selbstreferentielle Systeme, in: Simon, Fritz B. (Hrsg.), Lebende Systeme. Wirklichkeitskonstruktionen in der Systemischen Therapie, Berlin: Springer, S. 47-53.

Luhmann, Niklas (1989), Individuum, Individualität, Individualismus, in: Ders., Gesellschaftsstruktur und Semantik, Studien zur Wissenssoziologie der modernen Gesellschaft, Band 3, Frankfurt a.M.: Suhrkamp, S. 149-258.

Luhmann, Niklas (1989 a), Reden und Schweigen, in: Ders./Peter Fuchs, Reden und Schweigen, Frankfurt am Main: Suhrkamp, S. 7-20.

Luhmann, Niklas (1990), Die Wissenschaft der Gesellschaft, Frankfurt a.M.: Suhrkamp.

Luhmann, Niklas (1990 d), Gleichzeitigkeit und Synchronisation, in: Ders., Soziologische Aufklärung 5, Opladen: Westdeutscher Verlag, S. 95-130.
Luhmann (1990 e), Das Erkenntnisprogramm des Konstruktivismus und die unbekannt bleibende Realität, in: Ders., Soziologische Aufklärung 5, Opladen: Westdeutscher Verlag, S. 31-58.
Luhmann, Niklas (1991), Sthenographie und Euryalistik, in: Gumbrecht, Hans Ulrich/K. Ludwig Pfeiffer (Hrsg.), Paradoxien, Dissonanzen, Zusammenbrücke: Situationen offener Epistemologie, Frankfurt am Main: Suhrkamp, S. 58-82.
Luhmann, Niklas (1992c), Kontingenz als Eigenwert der modernen Gesellschaft, in: Ders., Beobachtungen der Moderne, Opladen: Westdeutscher Verlag, S. 93-128.
Luhmann, Niklas (1992 d), Kommunikation mit Zettelkästen, in: Ders., Universität als Milieu. Kleine Schriften, hrsg. von André Kieserling, Bielefeld: Haux, S. 53-61.
Luhmann, Niklas (1992 e), Das Moderne der modernen Gesellschaft, in: Ders., Beobachtungen der Moderne, Opladen: Westdeutscher Verlag, S. 11-49.
Luhmann, Niklas (1993), „Was ist der Fall?" und „Was steckt dahinter?". Die zwei Soziologien und die Gesellschaftstheorie, in: Zeitschrift für Soziologie, Jg.22, Heft 4, S. 245-260.
Luhmann, Niklas (1993 a), Die Paradoxie der Form, in: Baecker, Dirk (Hg.), Kalkül der Form, Frankfurt am Main: Suhrkamp, S. 197-213.
Luhmann, Niklas (1993 c), Zeichen als Form, in: Baecker, Dirk (Hg.), Probleme der Form, Frankfurt am Main: Suhrkamp, S. 45-69.
Luhmann, Niklas (1995 a), Die Behandlung von Irritationen: Abweichung oder Neuheit?, in: Ders., Gesellschaftsstruktur und Semantik, Band 4, Frankfurt a.M.: Suhrkamp, S. 55-100.
Luhmann, Niklas (1995 b), Soziologische Aufklärung 6, Die Soziologie und der Mensch, Opladen: Westdeutscher Verlag.
Luhmann, Niklas (1995 c), Die Autopoiesis des Bewusstseins, in: Ders., Soziologische Aufklärung 6, Die Soziologie und der Mensch, Opladen: Westdeutscher Verlag, S. 55-112.
Luhmann, Niklas (1995 d), Die Form „Person", in: Ders., Soziologische Aufklärung 6, Die Soziologie und der Mensch, Opladen: Westdeutscher Verlag, S. 142-154.
Luhmann, Niklas (1995 e), Die Tücke des Subjekts und die Frage nach dem Menschen, in: Ders., Soziologische Aufklärung 6, Die Soziologie und der Mensch, Opladen: Westdeutscher Verlag, S. 155-168.
Luhmann, Niklas (1995 f), Dekonstruktion als Beobachtung zweiter Ordnung, in: Baecker, Dirk (Hg.), Probleme der Form, Frankfurt am Main: Suhrkamp, S. 9-35.
Luhmann, Niklas (1997), Die Gesellschaft der Gesellschaft, Frankfurt a.M.: Suhrkamp.
Luhmann, Niklas (2000), Organisation und Entscheidung, Opladen/Wiesbaden: Westdeutscher Verlag.
Luhmann, Niklas (2001), Aufsätze und Reden, hrsg. v. Oliver Jahraus, Stuttgart: Reclam.
Luhmann, Niklas (2001 a), Wie ist Bewusstsein an Kommunikation beteiligt?, in: Ders. (2001), S. 111-136.
Luhmann, Niklas (2001 b), Dekonstruktion als Beobachtung zweiter Ordnung, in: Ders. (2001), S. 262-296.

Luhmann, Niklas (2002), Einführung in die Systemtheorie, herausgegeben von Dirk Baecker, Heidelberg: Carl-Auer-Systeme Verlag.
Luhmann, Niklas (2002a), Wie lassen sich latente Strukturen beobachten?, in: Krieger, Peter/Paul Watzlawick (Hrsg.), Das Auge des Betrachters. Beiträge zum Konstruktivismus, Heidelberg: Carl-Auer-Systeme Verlag, S. 61-74.
Luhmann, Niklas (2004), Die Realität der Massenmedien, 3. Auflage, Wiesbaden: VS Verlag für Sozialwissenschaften.
Luhmann, Niklas (2004 a), Die Realität der Massenmedien. Niklas Luhmann im Radiogespräch mit Wolfgang Hagen, in: Hagen, Wolfgang (Hg.), Warum haben Sie keinen Fernseher, Herr Luhmann, Berlin: Kadmos, S. 79-107.

Zu Luhmanns Kunstsoziologie

Luhmann, Niklas (1981), Ist Kunst codierbar? in: Niklas Luhmann, Aufsätze und Reden, hrsg. v. Oliver Jahraus, Stuttgart: Reclam 2001, S. 159-197.
Luhmann, Niklas (1986 a), Das Medium der Kunst, in: Niklas Luhmann, Aufsätze und Reden, hrsg. v. Oliver Jahraus, Stuttgart: Reclam 2001, S. 198-217.
Luhmann, Niklas (1986 b), Das Kunstwerk und die Selbstreproduktion der Kunst, in: Hans Ulrich Gumbrecht/K. Ludwig Pfeiffer, Stil. Geschichten und Funktionen eines kulturwissenschaftlichen Diskurselements, Frankfurt a.M.: Suhrkamp, S. 620. 672. (Erstmals publiziert in: Delfin III 1984, S. 51-69)
Luhmann, Niklas (1990 a), Weltkunst, in: Niklas Luhmann/Frederick Bunsen/Dirk Baecker, Unbeobachtbare Welt. Über Kunst und Architektur, Bielefeld: Cordula Haux, S. 7-45.
Luhmann, Niklas, Frederick D. Bunsen, Dirk Baecker (1990 b), Das Kabelkalb. Ein Gespräch über Kunst, in: Niklas Luhmann/Frederick Bunsen/Dirk Baecker, Unbeobachtbare Welt. Über Kunst und Architektur, Bielefeld: Cordula Haux.
Luhmann, Niklas (1990 c), Kunst ist nicht mehr Objektkunst. Wie dem Künstler, der die Welt sichtbar machen will, die Welt immer wieder unsichtbar wird: Ein Gespräch zwischen Niklas Luhmann, Frederick Bunsen und Dirk Baecker, in: Bielefelder Stadtblatt vom 30. September 1990, S. 10.
Luhmann, Niklas (1991 a), Die Welt der Kunst, in: Wolfgang Zacharias (Hg.), Schöne Aussichten? Ästhetische Bildung in einer technisch-medialen Welt, Essen: Klartext, S. 49-63.
Luhmann, Niklas (1991b), Interview mit Hans-Dieter Huber, in: Texte zur Kunst, Herbst 1991, Nr. 4, S. 121-133.
Luhmann, Niklas (1992 a), Wahrnehmung und Kommunikation an Hand von Kunstwerken, in: Lux, Harm/Philip Ursprung, STILLSTAND switches, Gedankenaustausch zur Gegenwartskunst, Zürich, S. 65-83.
Luhmann, Niklas (1992 b), Zeichen der Freiheit – oder Freiheit der Zeichen? Vortrag im Kunstmuseum Bern anlässlich der 21. Kunstausstellung des Europarates, in: Gerhard Johann Lischka (Hg.), Zeichen der Freiheit, Wabern-Bern: Benteli-Werd Verlag.

Luhmann, Niklas (1993 b), Die Evolution des Kunstsystems, in: Kunstforum International 124, S. 221-228.
Luhmann, Niklas (1994), Die Ausdifferenzierung des Kunstsystems, Vortrag und Gespräch im Kunstmuseum Bern, 1993, Bern: Benteli Verlag.
Luhmann, Niklas (1995), Die Kunst der Gesellschaft, Frankfurt a.M.: Suhrkamp.
Luhmann, Niklas (1996), Sinn der Kunst und Sinn des Marktes – zwei autonome Systeme, in: Florian Müller/Michael Müller (Hg.), Markt und Sinn: dominiert der Markt unsere Werte?, Frankfurt a.M.: Campus, S. 195-207.
Luhmann, Niklas (1996 a), Eine Redeskription „romantischer Kunst", in: Fohrmann, Jürgen/ Harro Müller (Hrsg.), Systemtheorie der Literatur, München: Fink, S. 325-344.
Luhmann, Niklas (1997 a), Ausdifferenzierung der Kunst, in: Institut für soziale Gegenwartsfragen, Freiburg i. Br./ Kunstraum Wien (Hg.), Art & Language & Luhmann, Wien: Passagen Verlag, S. 133-148.
Luhmann, Niklas (1997 b), Die Autonomie der Kunst, in: Institut für soziale Gegenwartsfragen, Freiburg i. Br./ Kunstraum Wien (Hg.), Art & Language & Luhmann, Wien: Passagen Verlag, S. 177-190.

Sekundärliteratur

Adorno, Theodor W. (1970), Ästhetische Theorie, Frankfurt a. M.: Suhrkamp.
Albrecht, Harro (2004), Schwellenbrand im Körper, in: DIE ZEIT Nr. 32, 29. Juli 2004, S. 23.
Amman, Jean-Christophe (2005), Identität und Authentizität. Das Ästhetische, das Dokumentarische – und das Ideologische in der Kunst, in: Neue Zürcher Zeitung, 14./15. Mai 2005, Nr. 111, S. 69.
Baecker, Dirk (1990), Die Dekonstruktion der Schachtel: Innen und außen in der Architektur, in: Niklas Luhmann/Frederick Bunsen/Dirk Baecker, Unbeobachtbare Welt. Über Kunst und Architektur, Bielefeld: Cordula Haux, S. 67-104.
Baecker, Dirk (1990 a), Die Kunst der Unterscheidung, in: ars electronica (Hg.), Im Netz der Systeme, Berlin: Merve, S. 7-39.
Baecker, Dirk (1993), Das Spiel mit der Form, in: Ders. (Hg.), Probleme der Form, Frankfurt am Main: Suhrkamp, S. 148-158.
Baecker, Dirk (1993 a), Im Tunnel, in: Ders. (Hg.), Kalkül der Form, Frankfurt am Main: Suhrkamp, S. 12-37.
Baecker, Dirk (1994), Postheroisches Management. Ein Vademecum, Berlin:Merve.
Baecker, Dirk (1996), Die Adresse der Kunst, in: Fohrmann, Jürgen/Harro Müller (Hrsg.), Systemtheorie der Literatur, München: Fink, S. 82-105.
Baecker, Dirk (2005), Form und Formen der Kommunikation, Frankfurt a.M.: Suhrkamp.
Balke, Friedrich (1999), Dichter, Denker und Niklas Luhmann. Über den Sinnzwang in der Systemtheorie, in: Koschorke, Albrecht/Cornelia Vismann (Hrsg.), Widerstände der Systemtheorie: Kulturtheoretische Analysen zum Werk von Niklas Luhmann, Berlin: Akademie Verlag, S. 135-157.

Balke, Friedrich (2002), Celluloidbälle, Sand, Messer. Die Bewirtschaftung des Medialen bei Fritz Heider und Niklas Luhmann, in: Brauns, Jörg (Hg.), Form und Medium, Weimar: Verlag und Datenbank für Geisteswissenschaften, S. 21-37.

Baraldi, Claudio/Giancarlo Corsi/Elena Esposito (1997), GLU: Glossar zu Niklas Luhmanns Theorie sozialer Systeme, Frankfurt a.M.: Suhrkamp.

Belting, Hans/Christiane Kruse (1994), Die Erfindung des Gemäldes. Das erste Jahrhundert der niederländischen Malerei, München: Hirmer.

de Berg, Henk, (1993) Die Ereignishaftigkeit des Textes: in: de Berg, Henk/Matthias Prangel (Hrsg.), Kommunikation und Differenz: systemtheoretische Ansätze in der Literatur- und Kunstwissenschaft, Opladen: Westdeutscher Verlag, S. 32-52.

de Berg, Henk/Matthias Prangel (1997), Noch einmal: Systemtheoretisches Textverstehen. Eine Antwort auf Lutz Kramaschkis Kritik am ‚Leidener Modell', in: de Berg, Henk/Matthias Prangel (Hrsg.), Systemtheorie und Hermeneutik, Tübingen; Basel: Francke, S. 117-142.

de Berg, Henk (2000), Kunst kommt von Kunst. Die Luhmann-Rezeption in der Literatur- und Kunstwissenschaft, in: Ders./Johannes Schmidt (Hrsg.), Rezeption und Reflexion. Zur Resonanz der Systemtheorie Niklas Luhmanns außerhalb der Soziologie, Frankfurt am Main: Suhrkamp, S. 175-221.

Bergmann, Werner (1994), Der externalisierte Mensch. Zur Funktion des „Menschen" für die Gesellschaft, in: Fuchs, Peter/Andreas Göbel (Hrsg.), Der Mensch – das Medium der Gesellschaft?, Frankfurt a.M.: Suhrkamp, S.92-109.

Bernhard, Thomas (1971), Gehen, Frankfurt am Main: Suhrkamp.

Bierbrodt, Johannes (2000), Naturwissenschaft und Ästhetik 1750-1810, Würzburg: Königshausen und Neumann.

Bilstein, Johannes/Matthias Winzen (Hrsg.), (2004), Seele – Konstruktionen des Innerlichen in der Kunst, Nürnberg: Verlag für moderne Kunst.

Binczek, Natalie (2002), Zur Funktion des Ornaments in Luhmanns *Kunst*-Buch. Mit einem Supplement zum Bild des Ornaments in *L'année dernière à Marienbad*, in: Schwering, Gregor/Carsten Zelle (Hrsg.), Ästhetische Positionen nach Adorno, München: Wilhelm Fink, S. 103-122.

Binczek, Natalie (2002 a), Medium/Form, dekonstruiert, in: Brauns, Jörg (Hg.), Form und Medium, Weimar: Verlag und Datenbank für Geisteswissenschaften, S. 113-129.

Blom, Tannelie/Ton Nijhuis (1995), Sinn und Kunst. Die Umarmung Niklas Luhmanns durch die Literaturtheorie und Kunstgeschichte, in: de Berg, Henk/Matthias Prangel (Hrsg.), Differenzen: Systemtheorie zwischen Dekonstruktion und Konstruktivismus, Tübingen und Basel: Franke, S. 247-274.

Blomberg, Katja (2005), Wie Kunstwerte entstehen, Hamburg: Murmann.

Boehm, Gottfried (1982), Kunst versus Geschichte: ein unerledigtes Problem. Zur Einleitung in George Kublers ‚Die Form der Zeit', in: Kubler, George (1982), Die Form der Zeit. Anmerkungen zur Geschichte der Dinge, Frankfurt am Main: Suhrkamp, S. 7-26.

Boehm, Gottfried (2004), Jenseits der Sprache? Anmerkungen zur Logik der Bilder, in: Maar, Christa/Hubert Burda (Hrsg.), Iconic Turn. Die neue Macht der Bilder, Köln: DuMont, S. 28-43.

Bohn, Cornelia (2003), Individuen und Personen: Vom Inklusionsindividuum zum Exklusionsindividuum, in: Huber, Jörg (Hg.), Person/Schauplatz, (= Interventionen 12), Zürich: Edition Voldemeer, S. 161-181.

Brandt, Reinhard (2004), Bilderfahrung – Von der Wahrnehmung zum Bild, in: Maar, Christa/Hubert Burda (Hrsg.), Iconic Turn. Die neue Macht der Bilder, Köln: DuMont, S. 44-54.

Brauns, Jörg (2002), Die Metaphysik des Mediums, in: Ders. (Hg.), Form und Medium, Weimar: Verlag und Datenbank für Geisteswissenschaften, S. 9-20.

Bühl, Walter L. (2000), Luhmanns Flucht in die Paradoxie, in: Merz-Benz, Peter-Ulrich/ Gerhard Wagner, Die Logik der Systeme. Zur Kritik der systemtheoretischen Soziologie Niklas Luhmanns, Konstanz: UVK Universitätsverlag Konstanz, S. 225-256.

Clam, Jean (2000), Unbegegnete Theorie. Zur Luhmann-Rezeption in der Philosophie, in: de Berg, Henk/Johannes Schmidt (Hrsg.), Rezeption und Reflexion. Zur Resonanz der Systemtheorie Niklas Luhmanns außerhalb der Soziologie, Frankfurt am Main: Suhrkamp, S. 296-321.

Dainat, Holger/Hans-Martin Kruckis (1996), Kunst, Werk, Stil, Evolution. Zu Luhmanns Stil-Begriff, in: Fohrmann, Jürgen/ Harro Müller (Hrsg.), Systemtheorie der Literatur, München: Fink, S. 159-172.

Danto, Arthur C. (1984), Die Verklärung des Gewöhnlichen. Eine Philosophie der Kunst, Frankfurt a.M.: Suhrkamp.

Danto, Arthur C. (1993), Die philosophische Entmündigung der Kunst, München: Fink.

Demand, Christian (2005), Warum ist „Kunst" ein Singular?, in: Neue Rundschau, 116. Jahrgang, 2005, Heft 1, S.30-39.

Disselbeck, Klaus (1993), Die Ausdifferenzierung der Kunst als Problem der Ästhetik, in: de Berg, Henk/Matthias Prangel (Hrsg.), Kommunikation und Differenz: systemtheoretische Ansätze in der Literatur- und Kunstwissenschaft, Opladen: Westdeutscher Verlag, S. 137-158.

Dürfeld, Michael (2003), ornamental – organisch – evolutionär. Architektonisches Entwerfen zwischen systemischer Konstruktion und evolutionärer Selbstorganisation, in: Weltzien, Friedrich/Amrei Volkmann (Hrsg.), Modelle künstlerischer Produktion, Berlin: Reimer, S.57-68.

Dziewas, Ralf (1992), Der Mensch – ein Konglomerat autopoietischer Systeme?, in: Krawietz, Werner/Michael Welker (Hrsg.), Kritik der Theorie sozialer Systeme. Auseinandersetzungen mit Luhmanns Hauptwerk, Frankfurt a.M.: Suhrkamp, S. 113-132.

Ellrich, Lutz (1997), Hat das Verstehen einen Haken? Zur Frage der ‚Beobachtbarkeit' von Sinnkonstitution und Sinnentzug, in: de Berg, Henk/Matthias Prangel (Hrsg.), Systemtheorie und Hermeneutik, Tübingen; Basel: Francke, S. 89-116.

Esposito, Elena (1993), Ein zweiwertiger nicht-selbständiger Kalkül, in: Baecker, Dirk (Hg.), Kalkül der Form, Frankfurt am Main: Suhrkamp, S. 96-111.

Esposito, Elena (1995), Illusion und Virtualität. Kommunikative Veränderungen der Fiktion, in: Rammert, Werner (Hg.), Soziologie und Künstliche Intelligenz, Frankfurt a.M.: Campus, S. 187-216.

Esposito, Elena (1996), Code und Form, in: Fohrmann, Jürgen/ Harro Müller (Hrsg.), Systemtheorie der Literatur, München: Fink, S. 56-81.

Esposito, Elena (1998), Fiktion und Virtualität, in: Krämer, Sybille (Hg.): Medien, Computer, Realität: Wirklichkeitsvorstellungen und Neue Medien, Frankfurt a.M.: Suhrkamp, S. 269-296.
Esposito, Elena (2004), Die Verbindlichkeit des Vorübergehenden: Paradoxien der Mode, Frankfurt a.M.: Suhrkamp.
Feyerabend, Paul (1984), Wissenschaft als Kunst, Frankfurt a.M.: Suhrkamp.
Focillon, Henry (1954), Das Leben der Formen, Bern: Francke.
Focillon, Henry (1989), The Life of Forms in Art, Reprint New York: Zone Books.
von Foerster, Heinz (1993), Die Gesetze der Form, in: Baecker, Dirk (Hg.), Kalkül der Form, Frankfurt am Main: Suhrkamp, S. 9-11.
von Foerster, Heinz (1999), Sicht und Einsicht. Versuche zu einer operativen Erkenntnistheorie, Heidelberg: Carl-Auer-Systeme Verlag.
Franke, Herbert W. (1974), Phänomen Kunst: Die kybernetischen Grundlagen der Ästhetik, Köln: DuMont.
Fuchs, Peter (1987), Vom Zeitzauber der Musik. Eine Diskussionsanregung, in: Baecker, Dirk et all., Theorie als Passion. Niklas Luhmann zum 60. Geburtstag, Frankfurt a.M.: Suhrkamp, S. 214-237.
Fuchs, Peter (1989), Vom schweigenden Aufflug ins Abstrakte: Zur Ausdifferenzierung der modernen Lyrik, in: Luhmann, Niklas/Peter Fuchs, Reden und Schweigen, Frankfurt am Main: Suhrkamp, S. 138-177.
Fuchs, Peter (1993), Niklas Luhmann – beobachtet. Eine Einführung in die Systemtheorie, 2., durchgesehene Auflage, Opladen: Westdeutscher Verlag.
Fuchs, Peter (1993 a), Moderne Kommunikation, Frankfurt am Main: Suhrkamp.
Fuchs, Peter (1994), Der Mensch – das Medium der Gesellschaft?, in: Fuchs, Peter/Andreas Göbel (Hrsg.), Der Mensch – das Medium der Gesellschaft?, Frankfurt a.M.: Suhrkamp, S. 15-39.
Fuchs/Peter (1998), Das Unbewusste in Psychoanalyse und Systemtheorie: Die Herrschaft der Verlautbarung und die Erreichbarkeit des Bewusstseins, Frankfurt a.M.: Suhrkamp.
Fuchs, Peter (2001), Theorie als Lehrgedicht, in: Pfeiffer, Ludwig K. et all. (Hrsg.), Theorie als kulturelles Ereignis, Berlin: de Gruyter, S. 62-74.
Fuchs, Peter (2002), Die Form der autopoietischen Reproduktion am Beispiel von Bewusstsein und Kommunikation, in: Soziale Systeme 8, Heft 2, S. 333-351.
Fuchs, Peter (2002 a), Die Beobachtung der Medium/Form-Unterscheidung, in: Brauns, Jörg (Hg.), Form und Medium, Weimar: Verlag und Datenbank für Geisteswissenschaften, S. 71-83.
Fuchs, Peter (2003), Die Signatur des Bewusstseins: Zur Erwirtschaftung von Eigen-Sinn in psychischen Systemen, in: Huber, Jörg (Hg.), Person/Schauplatz, (= Interventionen 12), Zürich: Edition Voldemeer, S. 123-135.
Fuchs, Peter (2003 a), Das psychische System und die Funktion des Bewusstseins, in: Jahraus, Oliver/Nina Ort (Hrsg.), Theorie – Prozess – Selbstreferenz. Systemtheorie und transdisziplinäre Theoriebildung, Konstanz: UVK, S. 25-47.
Gabriel-Schneider, Claudia (2003), Schwieriges Investieren in Kunst. Kein Ausweg aus Börsenflauten, in: Neue Zürcher Zeitung, 3. November 2003, Nr. 255, S. 22.

Gehrig, Gerlinde (2003), „Das Grab des Betrachters". Kontrolle und Schaffensprozess bei Jeff Wall, in: Weltzien, Friedrich/Amrei Volkmann (Hrsg.), Modelle künstlerischer Produktion, Berlin: Reimer, S. 111-125.

Geyer, Paul (2002), Das Paradox: Historisch-systematische Grundlegung, in: Hagenbüchle, Roland/Paul Geyer (Hrsg.), Das Paradox. Eine Herausforderung des abendländischen Denkens, Würzburg: Königshausen & Neumann, S. 11-24.

Giesecke, Michael (1987), Die ‚Grundfragen der Allgemeinen Sprachwissenschaft' und die alternativen Antworten einer systemischen Kommunikationstheorie, in: Baecker, Dirk et all., Theorie als Passion. Niklas Luhmann zum 60. Geburtstag, Frankfurt a.M. : Suhrkamp, S. 269-297.

Glanville, Ranulph (1993), Das Selbst und das andere: Der Zweck der Unterscheidung, in: Baecker, Dirk (Hg.), Kalkül der Form, Frankfurt am Main: Suhrkamp, S. 86-95.

Goetz, Rainald, Mark Terkessidis, Niels Werber (1992), Schlagabtausch – Über Dissidenz, Systemtheorie, Postmoderne, Beobachter mehrerer Ordnung und Kunst, in: Texte zur Kunst, 2. Jahrgang, Nr. 7, S. 57-75.

Goodman, Nelson (1984), Weisen der Welterzeugung, Frankfurt a.M.: Suhrkamp.

Groys, Boris (1996), Die dunkle Seite der Kunst, in: Soziale Systeme 2 (1) 1996, S. 160-165.

Gumbrecht, Hans Ulrich (1987), Pathologien im Literatursystem, in: Baecker, Dirk et all., Theorie als Passion. Niklas Luhmann zum 60. Geburtstag, Frankfurt a.M.: Suhrkamp, S. 137-180.

Gumbrecht, Hans Ulrich (1995), Interpretation versus Verstehen von Systemen, in: de Berg, Henk/Matthias Prangel (Hrsg.), Differenzen: Systemtheorie zwischen Dekonstruktion und Konstruktivismus, Tübingen und Basel: Franke, S. 171-186.

Gumbrecht, Hans Ulrich (1997), Form ohne Materie versus Form als Ereignis, in: de Berg, Henk/Matthias Prangel (Hrsg.), Systemtheorie und Hermeneutik, Tübingen; Basel: Francke, S. 31-46.

Habermas, Jürgen (1985), Der philosophische Diskurs der Moderne. Zwölf Vorlesungen, Frankfurt a.M.: Suhrkamp.

Hagenbüchle, Roland (2002), Was heißt „paradox"? Eine Standortbestimmung, in: Hagenbüchle, Roland/Paul Geyer (Hrsg.), Das Paradox. Eine Herausforderung des abendländischen Denkens, Würzburg: Königshausen & Neumann, S. 27-43.

Hahn, Torsten/Niels Werber (2004), Das Populäre als Form, in: Soziale Systeme, Zeitschrift für Soziologische Theorie, 10 (2), S. 347-354.

Händle, Frank/Stefan Jensen (Hrsg.) (1974), Systemtheorie und Systemtechnik, München.

Heftrich, Eckhard (1971), Das ästhetische Bewusstsein und die Philosophie der Kunst, in: Helmut Koopman/J. Adolf Schmoll gen. Eisenwerth (Hrsg.), Beiträge zur Theorie der Kunst im 19. Jahrhundert Bd. 1, Frankfurt, S. 30-43.

Hegel, Georg Wilhelm Friedrich (1986), Vorlesungen über die Ästhetik I, Werke 13, Frankfurt a. M.: Suhrkamp.

Heider, Fritz (1926), Ding und Medium, in: Symposion. Philosophische Zeitschrift für Forschung und Aussprache 1, S. 109-157.

Hennig, Boris (2000), Luhmann und die Formale Mathematik, in: Merz-Benz, Peter-Ulrich/ Gerhard Wagner, Die Logik der Systeme. Zur Kritik der systemtheoretischen Soziologie Niklas Luhmanns, Konstanz: UVK Universitätsverlag Konstanz, S. 157-198.

Hermsen, Thomas (2001), Die Kunst der Wirtschaft und die Wirtschaft der Kunst, in: Soziale Systeme, Jahrgang 7 (2001), Heft 1, S. 157-176.

Hilmer, Brigitte (2002), Kunst als Spiegel der Philosophie, in: Kern, Andrea/Ruth Sonderegger (Hrsg.), Falsche Gegensätze. Zeitgenössische Positionen zur philosophischen Ästhetik, Frankfurt a. M.: Suhrkamp, S. 112-130.

Hoeg, Peter (1994), Fräulein Smillas Gespür für Schnee, München, Wien: Hanser.

Hofstadter, Douglas R. (1991), Gödel, Escher, Bach, ein Endloses Geflochtenes Band, München: Deutscher Taschenbuch Verlag.

Hörisch, Jochen (1994), Etcetera-Typen. Der Mensch im Licht der Literatur/Wissenschaft, in: Fuchs, Peter/Andreas Göbel (Hrsg.), Der Mensch – das Medium der Gesellschaft?, Frankfurt a.M.: Suhrkamp, S. 352-364.

Huber, Hans Dieter (1989), System und Wirkung. Rauschenberg – Twombly – Baruchello. Fragen der Interpretation und Bedeutung zeitgenössischer Kunst. Ein systemtheoretischer Ansatz, München: Wilhelm Fink Verlag.

Huber, Hans Dieter (2005), Paolo Veronese. Kunst als soziales System, München: Wilhelm Fink Verlag.

Hubig, Christoph (1991), Kunst als Anwalt heuristischer Vernunft. Über die Möglichkeit der Kunst und die Kunst des Möglichen, in: Koppe, Franz (Hg.), Perspektiven der Kunstphilosophie, Frankfurt am Main: Suhrkamp, S. 133-146.

Hühn, Peter (1993), Lyrik und Systemtheorie, in: de Berg, Henk/Matthias Prangel (Hrsg.), Kommunikation und Differenz: systemtheoretische Ansätze in der Literatur- und Kunstwissenschaft, Opladen: Westdeutscher Verlag, S.114-136.

Hutter, Michael (1996), Wie der Unterschied zwischen Ornament und Figur in die Welt kam, in: Soziale Systeme 2 (1996), H. 1, S. 153-177.

Hutter, Michael (2001), Structural Coupling between Social Systems: Art and the Economy as Mutual Sources of Growth, in: Soziale Systeme, Jahrgang 7 (2001), Heft 1, S. 290-312.

Hutter, Michael (2004), Pop: Kunst als Markt, in: Soziale Systeme, Zeitschrift für Soziologische Theorie, 10 (2), S. 325-332.

Iglhaut, Stefan/Spring, Thomas (Hrsg.) (2003), Zwischen Nanowelt und globaler Kultur. science + fiction. Künstler und Wissenschaftler über Fremdes und Eigenes, Hirnforschung, Nanotechnologie, Wissenschaft und Öffentlichkeit, Berlin: jovis.

Iser, Wolfgang (1981), Das Literaturverständnis zwischen Geschichte und Zukunft. Hochschule Sankt Gallen: Aulavorträte 10.

Jäger, Georg (1991), Die Avantgarde als Ausdifferenzierung des bürgerlichen Literatursystems. Eine systemtheoretische Gegenüberstellung des bürgerlichen und des avantgardistischen Literatursystems mit einer Wandlungshypothese, in: Titzmann, Michael (Hrsg.), Modelle des literarischen Strukturwandels, Tübingen: Niemeyer, S. 221-244.

Jahraus, Oliver/Schmidt, Benjamin Marius (1998), Systemtheorie und Literatur. Teil III. Modelle systemtheoretischer Literaturwissenschaft in den 1990ern, in: IASL, Bd. 23, H. 1, S. 66-111.

Jahraus, Oliver (2001), Nachwort, Zur Systemtheorie Niklas Luhmanns, in: Niklas Luhmann, Aufsätze und Reden, hrsg. v. Oliver Jahraus, Stuttgart: Reclam, S. 299-333.

Jahraus, Oliver (2003), Literatur als Medium. Sinnkonstitution und Subjekterfahrung zwischen Bewusstsein und Kommunikation, Weilerswist: Vellbrück Wissenschaft.
Jahraus, Oliver (2003 a), Autoreflexivität, in: Jahraus, Oliver/Nina Ort (Hrsg.), Theorie – Prozess – Selbstreferenz. Systemtheorie und transdisziplinäre Theoriebildung, Konstanz: UVK, S. 69-106.
Junge, Kay (1993), Medien als Selbstreferenzunterbrecher, in: Baecker, Dirk (Hg.), Kalkül der Form, Frankfurt am Main: Suhrkamp, S. 112-151.
Kemp, Martin (2003), Bilderwissen. Die Anschaulichkeit naturwissenschaftlicher Phänomene, Köln: DuMont.
Kemp, Martin (2004), Wissen in Bildern – Intuitionen in Kunst und Wissenschaft, in: Maar, Christa/Hubert Burda (Hrsg.), Iconic Turn. Die neue Macht der Bilder, Köln: DuMont, S. 382-406.
Kemp, Wolfgang (1991), Kontexte. Für eine Kunstgeschichte der Komplexität, in: Texte zur Kunst 2 (2), S. 89-101.
Kern, Andrea (2002), Ästhetischer und philosophischer Gemeinsinn, in: Kern, Andrea/Ruth Sonderegger (Hrsg.), Falsche Gegensätze. Zeitgenössische Positionen zur philosophischen Ästhetik, Frankfurt am Main: Suhrkamp, S. 81-111.
Khurana, Thomas (2000), Supertheorien, theoretical jetties und die Komplizenschaft von Theorien. Zu Verständnis- und Konstruktionsweisen im Feld selbstbezüglicher Theorien, in: Merz-Benz, Peter-Ulrich/Gerhard Wagner (Hrsg.), Die Logik der Systeme. Zur Kritik der systemtheoretischen Soziologie Niklas Luhmanns, Konstanz: Universitätsverlag Konstanz, S. 327-370.
Koschorke, Albrecht (1999), Die Grenzen des Systems und die Rhetorik der Systemtheorie, in: Ders./Cornelia Vismann (Hrsg.), Widerstände der Systemtheorie: Kulturtheoretische Analysen zum Werk von Niklas Luhmann, Berlin: Akademie Verlag, S. 49-60.
Kramaschki, Lutz (1995), Das einmalige Aufleuchten der Literatur. Zu einigen Problemen im ‚Leidener Modell' systemtheoretischen Textverstehens, in: de Berg, Henk/Matthias Prangel (Hrsg.), Differenzen: Systemtheorie zwischen Dekonstruktion und Konstruktivismus, Tübingen und Basel: Franke, S. 275-301.
Krause, Detlef (2001), Luhmann-Lexikon, Eine Einführung in das Gesamtwerk von Niklas Luhmann, 3., neu bearbeitete und erweiterte Auflage, Stuttgart: Lucius & Lucius.
Lehmann, Harry (2006), Die flüchtige Wahrheit der Kunst. Ästhetik nach Luhmann, München: Wilhelm Fink Verlag.
Lehmann, Maren (2002), Das Medium der Form. Versuch über die Möglichkeiten, George Spencer-Browns Kalkül der ‚Gesetze der Form' als Medientheorie zu lesen, in: Brauns, Jörg (Hg.), Form und Medium, Weimar: Verlag und Datenbank für Geisteswissenschaften, S. 39-56.
Julia Kristeva (1969), Sémiotikè: Recherches pour une sémanalyse, Paris: Éditions du Seuil.
Kubler, George (1982), Die Form der Zeit. Anmerkungen zur Geschichte der Dinge, Frankfurt am Main: Suhrkamp.
Kulenkampff, Jens (2002), Metaphysik und Ästhetik: Kant zum Beispiel, in: Kern, Andrea/Ruth Sonderegger (Hrsg.), Falsche Gegensätze. Zeitgenössische Positionen zur philosophischen Ästhetik, Frankfurt am Main: Suhrkamp, S. 49-80.

Latour, Bruno/Peter Weibel (Hrsg.), (2002), iconoclash. BEYOND THE IMAGE WARS IN SCIENCE, RELIGION AND ART, Cambridge, London: MIT Press.

Lingner, Michael (1989), Zur Konzeption künftiger öffentlicher Kunst. Argumente für eine Transformierung ästhetischer Autonomie, in: Plagemann, Volker (Hg.), Kunst im öffentlichen Raum. Anstösse der 80er Jahre, Köln, DuMont, S. 246-258.

Lüdemann, Susanne (1999), Beobachtungsverhältnisse. Zur (Kunst-)Geschichte der Beobachtung zweiter Ordnung, in: Koschorke, Albrecht/Cornelia Vismann (Hrsg.), Widerstände der Systemtheorie: Kulturtheoretische Analysen zum Werk von Niklas Luhmann, Berlin: Akademie Verlag, S. 63-75.

Maar, Christa/Hubert Burda (Hrsg.) (2004), Iconic Turn. Die neue Macht der Bilder, Köln: DuMont.

Maset, Pierangelo (2005), Die „Kunst der Gesellschaft“ in Gesellschaft der Kunst, in: Runkel, Gunter/Günter Burkart (Hrsg.), Funktionssysteme der Gesellschaft. Beiträge zur Systemtheorie von Niklas Luhmann, Wiesbaden: VS Verlag für Sozialwissenschaften, S. 89-100.

Maturana, Humberto R. (1982), Erkennen: Die Organisation und Verkörperung von Wirklichkeit. Ausgewählte Arbeiten zur biologischen Epistemologie, Braunschweig: Vieweg.

Maturana, Humberto R./Francisco J. Varela (1987), Der Baum der Erkenntnis. Die biologischen Wurzeln menschlichen Erkennens, Bern und München: Scherz.

Menke, Christoph (1991), Die Souveränität der Kunst. Ästhetische Erfahrung nach Adorno und Derrida, Frankfurt am Main: Suhrkamp.

Menke, Christoph (1991 a), Umrisse einer Ästhetik der Negativität, in: Koppe, Franz (Hg.), Perspektiven der Kunstphilosophie, Frankfurt am Main: Suhrkamp, S. 191-216.

Menke, Christoph (2002), Wahrnehmung, Tätigkeit, Selbstreflexion: Zu Genese und Dialektik der Ästhetik, in: Kern, Andrea/Ruth Sonderegger (Hrsg.), Falsche Gegensätze. Zeitgenössische Positionen zur philosophischen Ästhetik, Frankfurt am Main: Suhrkamp, S. 19-48.

Merz-Benz, Peter-Ulrich (2000), Die Bedingung der Möglichkeit von Differenz. Das transzendentallogische Missverständnis in der Systemtheorie Luhmanns, in: Ders./Gerhard Wagner, Die Logik der Systeme. Zur Kritik der systemtheoretischen Soziologie Niklas Luhmanns, Konstanz: UVK Universitätsverlag Konstanz, S. 37-72.

Merz-Benz, Peter-Ulrich (2004), Wirklichkeit im Horizont der Unbestimmtheit. Natorp und Luhmann: Poiesis, Autopoiesis, Moral und Kunst, in: Ders./Ursula Renz (Hrsg.), Ethik oder Ästhetik? Zur Aktualität der neukantianischen Kulturphilosophie, Würzburg: Königshausen & Neumann, S. 155-188.

Metzner, Andreas (1989), Die ökologische Krise und die Differenz von System und Umwelt, in: Das Argument 31, S. 871-886.

Meyer, Eva (1990), Der Unterscheidung, der eine Umgebung schafft, in: ars electronica (Hg.), Im Netz der Systeme, Berlin: Merve, S. 110-122.

Meyer, Michael/Ali Al-Roubaie (1996), Organisation der Kunst. Wie Kulturorganisationen Redundanz sichern und Umwelt beobachten, in: Soziale Systeme, Jahrgang 2 (1996), Heft 2, S. 389-417.

Michel, Matthias/Collegium Helveticum der ETH Zürich (Hrsg.) (2003), FAKT&FIKTION_7.0. Wissenschaft und Welterzählung: Die narrative Ordnung der Dinge, Zürich: Chronos.

Müller-Doohm, Stefan (1996), Die Herrschaft der Differenz oder vom Erscheinen des Beobachters in der Kunst, in: Soziologische Revue, 19, 2, S. 150-155.

Müller, Harro (1996) Identität, Paradoxie, Differenz. Ein Versuch zu Zeitkonzeptionen in der Literatur der Moderne, in: Fohrmann, Jürgen/ Harro Müller (Hrsg.), Systemtheorie der Literatur, München: Fink, S. 225-237.

Mussil, Stephan (1993), Literaturwissenschaft, Systemtheorie und der Begriff der Beobachtung, in: de Berg, Henk/Matthias Prangel (Hrsg.), Kommunikation und Differenz: systemtheoretische Ansätze in der Literatur- und Kunstwissenschaft, Opladen: Westdeutscher Verlag, S. 183-202.

Mussil, Stephan (1995), Wahrheit oder Methode. Zur Anwendung der systemtheoretischen und dekonstruktiven Differenzlehre in der Literaturwissenschaft, in: de Berg, Henk/Matthias Prangel (Hrsg.), Differenzen: Systemtheorie zwischen Dekonstruktion und Konstruktivismus, Tübingen und Basel: Franke, S.61-90.

Nassehi, Armin (1992), Wie wirklich sind Systeme? Zum ontologischen und epistemologischen Status von Luhmanns Theorie selbstreferentieller Systeme, in: Krawietz, Werner/Michael Welker (Hrsg.), Kritik der Theorie sozialer Systeme. Auseinandersetzungen mit Luhmanns Hauptwerk, Frankfurt a.M.: Suhrkamp, S. 43-70.

Nassehi, Armin (1995), Différend, Différance und Distinction. Zur Differenz der Differenzen bei Lyotard, Derrida und in der Formenlogik, in: Baecker, Dirk (Hg.), Probleme der Form, Frankfurt am Main: Suhrkamp, S. 22-44.

Nassehi, Armin (1995), Différend, Différance und Distinction. Zur Differenz der Differenzen bei Lyotard, Derrida und in der Formenlogik, in: de Berg, Henk/Matthias Prangel (Hrsg.), Differenzen: Systemtheorie zwischen Dekonstruktion und Konstruktivismus, Tübingen und Basel: Franke, S. 37-59.

Nassehi, Armin (2003), Geschlossenheit und Offenheit. Studien zur Theorie der modernen Gesellschaft, Frankfurt a.M.: Suhrkamp.

Naumann, Bruce (1996), Interviews 1967-1988, hg. v. Christine Hoffmann, Dresden: Verlag der Kunst.

Ort, Nina (1999), Versuch über das Medium: das ‚was sich zeigt', in: Jahraus, Oliver/Bernd Scheffer (Hrsg.), Interpretation, Beobachtung, Kommunikation. Avancierte Literatur und Kunst im Rahmen von Konstruktivismus, Dekonstruktivismus und Systemtheorie, Tübingen: Niemeyer, S. 147-170.

Ortmann, Günther (2003), Regel und Ausnahme. Paradoxien sozialer Ordnung, Frankfurt am Main: Suhrkamp.

Paetzold, Heinz (1991), Die beiden Paradigmen der Begründung philosophischer Ästhetik, in: Koppe, Franz (Hg.), Perspektiven der Kunstphilosophie, Frankfurt am Main: Suhrkamp, S. 270-295.

Plumpe, Gerhard/Niels Werber (1993), Literatur ist codierbar. Aspekte einer systemtheoretischen Literaturwissenschaft, in: Schmidt, Siegfried J. (Hg.), Literaturwissenschaft und Systemtheorie. Positionen, Kontroversen, Perspektiven, Opladen, Westdeutscher Verlag, S. 9-43.

Plumpe, Gerhard (1993a), Ästhetische Kommunikation der Moderne. Band 1: Von Kant bis Hegel, Opladen: Westdeutscher Verlag.
Plumpe, Gerhard/Niels Werber (1995), Différance, Differenz, Literatur. Systemtheoretische und dekonstruktivistische Lektüren, in: de Berg, Henk/Matthias Prangel (Hrsg.), Differenzen: Systemtheorie zwischen Dekonstruktion und Konstruktivismus, Tübingen und Basel: Franke, S. 91-112.
Plumpe, Gerhard/Niels Werber (1995 a), Umwelten der Literatur, in: dies. (Hrsg.), Beobachtungen der Literatur. Aspekte einer polykontexturalen Literaturwissenschaft, Opladen: Westdeutscher Verlag, S. 9-33.
Plumpe, Gerhard/Niels Werber (1995 b), Vorbemerkungen, in: dies. (Hrsg.), Beobachtungen der Literatur. Aspekte einer polykontexturalen Literaturwissenschaft, Opladen: Westdeutscher Verlag, S. 7-8.
Prangel, Matthias (1995), Kontexte – aber welche? Mit Blick auf einen systemtheoretischen Begriff ‚objektiven' Textverstehens, in: de Berg, Henk/Matthias Prangel (Hrsg.), Differenzen: Systemtheorie zwischen Dekonstruktion und Konstruktivismus, Tübingen und Basel: Franke, S. 153-169.
Rauterberg, Hanno (2002), Was soll uns diese Kunst?, in: DIE ZEIT, 6. Juni 2002, S. 37.
Rauterberg, Hanno (2003), Kleben für den Frieden, in: DIE ZEIT, 18. Juni 2003, S. 35.
Rauterberg, Hanno (2005), Sehnsucht Leben. Von der verzweifelten Suche der Kunst nach sozialer und politischer Bedeutung, in: Neue Rundschau, 116. Jahrgang, 2005, Heft 1, S. 40-53.
Reese-Schäfer, Walter (1992), Luhmann zur Einführung, Hamburg: Junius.
Rieger, Stefan (1999), Die Kybernetik des Menschen. Steuerungswissen um 1800, in: Vogel, Joseph (Hg.), Poetologien des Wissens um 1800, München: Fink, S. 97-119.
Roberts, David (1991), Art and Enlightenment. Aesthetic Theory after Adorno, Lincoln and London: University auf Nebraska Press.
Roberts, David (1992), The paradox of form: Literature and self-reference, in: Poetics 21, S. 75-91.
Roberts, David (1993), Die Paradoxie der Form in der Literatur, in: Baecker, Dirk (Hg.), Probleme der Form, Frankfurt am Main: Suhrkamp, S. 22-44.
Roberts, David (1995), The Law of the Text of the Law. Derrida before Kafka, in: Deutsche Vierteljahrsschrift für Literaturwissenschaft und Geistesgeschichte, 69. Jahrgang, Heft 2, Juni 1995, S. 344-367.
Roberts, David (1996), Genealogie der Literatur. Zur Selbstbeobachtung in stratifizierten Gesellschaften, in: Fohrmann, Jürgen/ Harro Müller (Hrsg.), Systemtheorie der Literatur, München: Fink, S. 292-309.
Roberts, David (1997), Paradox Preserved: From Ontology to Autology. Reflections on Niklas Luhmann's *The Art of Society*, in: Thesis Eleven, Number 51, November 1997, S. 53-74.
Roberts, David (1999), Wissenschaft und Kunst. Gedanken zur soziologischen Imagination bei Niklas Luhmann, in: Bardmann, Theodor M./Dirk Baecker (Hrsg.), „Gibt es eigentlich den Berliner Zoo noch?", Konstanz: Universitätsverlag Konstanz, S. 29-31.
Roeck, Bernd (2004), Das historische Auge. Kunstwerke als Zeugen ihrer Zeit, Göttingen: Vandenhoeck & Ruprecht.

Roeck, Bernd (2004 b), Heutige Kunst braucht den Skandal, in: Tages-Anzeiger, 18. Dezember, S. 49.

Rusch, Gebhard (1993), Literatur in der Gesellschaft, in: Schmidt, Siegfried J. (Hg.), Literaturwissenschaft und Systemtheorie. Positionen, Kontroversen, Perspektiven, Opladen, Westdeutscher Verlag, S. 170-193.

Schäffner, Wolfgang (1994), „Es hat sich so ereignet. Aber es hat sich auch nicht so ereignet." Zu einer Statistischen Poetologie des Wissens um 1920, in: Fuchs, Peter/Andreas Göbel (Hrsg.), Der Mensch – das Medium der Gesellschaft?, Frankfurt a.M.: Suhrkamp, S. 323-361.

Scheffer, Bernd (2000), Vorstösse ins Unbeobachtbare. Experimentelle Literatur und multimediales Zusammenspiel von Schrift und Bild, in: Jahraus, Oliver/Nina Ort (Hrsg.), Beobachtungen des Unbeobachtbaren. Konzepte radikaler Theoriebildung in den Geisteswissenschaften, Weilerswist: Velbrück Wissenschaft, S. 137-147.

Schimank, Uwe (2003), „Gespielter Konsens": Fluchtburg des Menschen in Luhmanns Sozialtheorie, in: Mittelweg 36, Zeitschrift des Hamburger Instituts für Sozialforschung, 12. Jg., Februar/März 2003, S. 23-40.

Schmidt, Benjamin Marius (2003), Wie kann avancierte Systemtheorie mit einer Wissenschaft des Bewusstseins kooperieren?, in: Jahraus, Oliver/Nina Ort (Hrsg.), Theorie – Prozess – Selbstreferenz. Systemtheorie und transdisziplinäre Theoriebildung, Konstanz: UVK, S. 49-68.

Schmidt, Siegfried J. (1984), The Fiction is that Reality Exists. A Constructivist Model of Reality, Fiction, and Literature, in: poetics today, Volume 5, Number 2, S. 253-274.

Schmidt, Siegfried J. (1989), Die Selbstorganisation des Sozialsystems Literatur im 18. Jahrhundert, Frankfurt a.M.: Suhrkamp.

Schmidt, Siegfried J. (1993), Kommunikationskonzepte für eine systemorientierte Literaturwissenschaft, in: Schmidt, Siegfried J. (Hg.), Literaturwissenschaft und Systemtheorie. Positionen, Kontroversen, Perspektiven, Opladen, Westdeutscher Verlag, S. 241-268.

Schmidt, Siegfried J. (1996), ‚System' und ‚Beobachter': Zwei wichtige Konzepte in der (künftigen) literaturwissenschaftlichen Forschung, in: Fohrmann, Jürgen/ Harro Müller (Hrsg.), Systemtheorie der Literatur, München: Fink, S. 106-133.

Schmidt, Siegfried J. (1998), Medien: Die Kopplung von Kommunikation und Kognition, in: Krämer, Sybille (Hg.): Medien, Computer, Realität: Wirklichkeitsvorstellungen und Neue Medien, Frankfurt a.M.: Suhrkamp, S. 55-72.

Schmücker, Reinold (Hg.) (2003), Identität und Existenz. Studien zur Ontologie der Kunst, Paderborn: mentis.

Schöfthaler, Traugott (1985), Soziologie als ‚interaktionsfreie Kommunikation'. Niklas Luhmanns leidenschaftlicher Antihumanismus, in: Das Argument 27, S. 372-383.

Schorr, Karl Eberhard (1993), Zu Formenanalyse und Formgebrauch in der Logik, in: Baecker, Dirk (Hg.), Probleme der Form, Frankfurt am Main: Suhrkamp, S. 70-87.

Schütz, Anton (1999), Luhmanns unheimliches Argument, in: Koschorke, Albrecht/ Cornelia Vismann (Hrsg.), Widerstände der Systemtheorie: Kulturtheoretische Analysen zum Werk von Niklas Luhmann, Berlin: Akademie Verlag, S. 97-111.

Schwanitz, Dietrich (1987), Zeit und Geschichte im Roman – Interaktion und Gesellschaft im Drama: zur wechselseitigen Erhellung von Systemtheorie und Literatur, in: Baecker, Dirk et all., Theorie als Passion. Niklas Luhmann zum 60. Geburtstag, Frankfurt a.M.: Suhrkamp, S. 181-213.
Schwanitz, Dietrich (1990), Systemtheorie und Literatur. Ein neues Paradigma, Opladen, Westdeutscher Verlag.
Schwanitz, Dietrich (1993), Kommunikation und Bewusstsein. Zur systemtheoretischen Rekonstruktion einer literarischen Bestätigung der Systemtheorie, in: de Berg, Henk/Matthias Prangel (Hrsg.), Kommunikation und Differenz: systemtheoretische Ansätze in der Literatur- und Kunstwissenschaft, Opladen: Westdeutscher Verlag, S. 101-113.
Schwanitz, Dietrich (1995), Zur wechselseitigen Beobachtung von Systemtheorie und Dekonstruktion, in: de Berg, Henk/Matthias Prangel (Hrsg.), Differenzen: Systemtheorie zwischen Dekonstruktion und Konstruktivismus, Tübingen und Basel: Franke, S. 113-130.
Schwanitz, Dietrich (1999), Niklas Luhmann – artifix mundi, in: Stichweh, Rudolf (Hg.), Niklas Luhmann – Wirkungen eines Theoretikers. Gedenkcolloquium der Universität Bielefeld am 8. Dezember 1998, Bielefeld: transcript, S. 49- 59.
Schwanitz, Dietrich (2002), Laurence Sternes Tristram Shandy und der Wettlauf zwischen Achilles und der Schildkröte, in: Hagenbüchle, Roland/Paul Geyer (Hrsg.), Das Paradox. Eine Herausforderung des abendländischen Denkens, Würzburg: Königshausen & Neumann, S. 409-430.
Schweizerische Nationalbank (Hg.) (2002), Geld und Wert / Das letzte Tabu, Zürich, Edition Oehrli.
Seel, Martin (1991), Kunst, Wahrheit, Welterschliessung, in: Koppe, Franz (Hg.), Perspektiven der Kunstphilosophie, Frankfurt am Main: Suhrkamp, S. 36-80.
Seel, Martin (2002), Ein Schritt in die Ästhetik, in: Kern, Andrea/Ruth Sonderegger (Hrsg.), Falsche Gegensätze. Zeitgenössische Positionen zur philosophischen Ästhetik, Frankfurt am Main: Suhrkamp, S. 330-343.
Seel, Martin (2003), Ästhetik des Erscheinens, Frankfurt a.M.: Suhrkamp.
Seel, Martin (2003 a), Medien der Realität und Realität der Medien, in: Krämer, Sybille (Hg.): Medien, Computer, Realität: Wirklichkeitsvorstellungen und Neue Medien, Frankfurt a.M.: Suhrkamp, S. 244-268.
Seel, Martin (1996), Die Kunst der Gesellschaft, by Niklas Luhmann, in: European Journal of Philosophy 4 (3), S. 390-393.
Sill, Oliver (1997), ‚Fiktionale Realität' vs.'reale Realität'? Zu den kunst- bzw. literaturtheoretischen Reflexionen Niklas Luhmanns und Wolfgang Isers, in: Soziale Systeme 3 (1), S. 137-155.
Sill, Oliver (1997 a), Literatur als Beobachtung zweiter Ordnung. Ein Beitrag zur systemtheoretischen Debatte in der Literaturwissenschaft, in: de Berg, Henk/Matthias Prangel (Hrsg.), Systemtheorie und Hermeneutik, Tübingen; Basel: Francke, S. 69-88.
Simon, Fritz B. (1993), Mathematik und Erkenntnis: *Eine* Möglichkeit, die „Laws of Form" zu lesen", in: Baecker, Dirk (Hg.), Kalkül der Form, Frankfurt am Main: Suhrkamp, S. 38-57.

Simon, Josef (2002), Das philosophische Paradoxon, in: Hagenbüchle, Roland/Paul Geyer (Hrsg.), Das Paradox. Eine Herausforderung des abendländischen Denkens, Würzburg: Königshausen & Neumann, S. 45-60.
Singer, Wolf (2004), Das Bild in uns – Vom Bild zur Wahrnehmung, in: Maar, Christa/Hubert Burda (Hrsg.), Iconic Turn. Die neue Macht der Bilder, Köln: DuMont, S. 56-76.
Solger, Karl Wilhelm Ferdinand (1973), Vorlesungen über Ästhetik, hrsg. von Karl Wilhelm Ludwig Heyse, Leipzig 1829, Nachdruck Darmstadt 1973.
Sommaruga-Rosolemos, Giovanni (2002), Paradoxien der modernen Logik, in: Hagenbüchle, Roland/Paul Geyer (Hrsg.), Das Paradox. Eine Herausforderung des abendländischen Denkens, Würzburg: Königshausen & Neumann, S. 105-129.
Sonderegger, Ruth (2002), Wie Kunst (auch) mit Wahrheit spielt, in: Kern, Andrea/Ruth Sonderegger (Hrsg.), Falsche Gegensätze. Zeitgenössische Positionen zur philosophischen Ästhetik, Frankfurt am Main: Suhrkamp, S. 209-238.
Spencer-Brown, George (1979), Laws of Form, Reprint, New York: Cognizer Co.
Spencer-Brown, George (1997), Gesetze der Form, Lübeck, Bohmeier.
Stäheli, Urs (1996), Niklas Luhmann: Die Kunst der Gesellschaft, in: Schweizerische Zeitschrift für Soziologie, 22 (3), S. 633-636.
Stäheli, Urs (2000), Sinnzusammenbrüche. Eine dekonstruktive Lektüre von Niklas Luhmanns Systemtheorie, Weilerswist: Vellbrück Wissenschaft.
Stäheli, Urs (2004), Pop als Provokation?, in: Soziale Systeme, Zeitschrift für Soziologische Theorie, 10 (2), S. 333-339.
Stanitzek, Georg (1996), Was ist Kommunikation? in: Fohrmann, Jürgen/ Harro Müller (Hrsg.), Systemtheorie der Literatur, München: Fink, S. 21-55.
Stanitzek, George (2002), Referat über Essay und Ästhetik, in: Schwering, Gregor/Carsten Zelle (Hrsg.), Ästhetische Positionen nach Adorno, München: Wilhelm Fink, S. 87-101.
Starnitzke, Dierk (1992), Theoriebautechnische Vorentscheidungen, Differenzhandhabung und ihre Implikationen, in: Krawietz, Werner/Michael Welker (Hrsg.), Kritik der Theorie sozialer Systeme. Auseinandersetzungen mit Luhmanns Hauptwerk, Frankfurt a.M.: Suhrkamp, S. 71-85.
Stichweh, Rudolf (1988), Inklusion in Funktionssysteme der modernen Gesellschaft, in: Mayntz, Renate et all. (Hrsg.), Differenzierung und Verselbständigung: Zur Entwicklung gesellschaftlicher Teilsysteme, Frankfurt/New York: Campus, S. 261-293.
Stichweh, Rudolf (1996), Wissenschaftliche Beobachtung der Kunst. Ästhetik, Kunstwissenschaft und Kunstgeschichte in der Ausdifferenzierung des Kunstsystems, in: Fohrmann, Jürgen/ Harro Müller (Hrsg.), Systemtheorie der Literatur, München: Fink, S. 209-225.
Stöckmann, Ingo (1995), Die Politik der Literatur. Zur politischen Beobachtung der historischen Avantgarden, in: Plumpe, Gerhard/Niels Werber (Hrsg.), Beobachtungen der Literatur. Aspekte einer polykontexturalen Literaturwissenschaft, Opladen: Westdeutscher Verlag, S. 101-134.
Szondi, Peter (1977), Über philologische Erkenntnis, in: Ders., Hölderlin-Studien. Mit einem Traktat über philologische Erkenntnis, Frankfurt a.M.: Suhrkamp, S. 9-34.

Thomas, Günter (1992), Welt als relative Einheit oder als Letzthorizont? Zur Azentrizität des Weltbegriffs, in: Krawietz, Werner/Michael Welker (Hrsg.), Kritik der Theorie sozialer Systeme. Auseinandersetzungen mit Luhmanns Hauptwerk, Frankfurt a.M.: Suhrkamp, S. 327-354.

Ulrich, Wolfgang (2005), Vorsicht mit Blankoschecks! Wie die Autonomie der Kunst zum Verhängnis wurde, in: Neue Rundschau, 116. Jahrgang, 2005, Heft 1, S. 9-29.

Ursprung, Philip (1992), Zur Publikation, in: Lux, Harm/Philip Ursprung, STILLSTAND switches, Gedankenaustausch zur Gegenwartskunst, Zürich, S. III-VIII

Ursprung, Philip (2003), Grenzen der Kunst: Allan Kaprow und das Happening, Robert Smithson und die Land Art, München: Silke Schreiber.

Varga von Kibéd, Matthias/Rudolf Matzka (1993), Motive und Grundgedanken der „Gesetze der Form“, in: Baecker, Dirk (Hg.), Kalkül der Form, Frankfurt am Main: Suhrkamp, S. 58-85.

Vergil (1994), Aeneis, Übersetzt und herausgegeben von Wilhelm Plankl, Stuttgart: Reclam.

Vergil (1998), Aeneis, Übersetzt und herausgegeben von Edith und Gerhard Binder, Stuttgart: Reclam.

Vollmer, Gerhard (2002), Paradoxien und Antinomien. Stolpersteine auf dem Weg zur Wahrheit, in: Hagenbüchle, Roland/Paul Geyer (Hrsg.), Das Paradox. Eine Herausforderung des abendländischen Denkens, Würzburg: Königshausen & Neumann, S. 159-189.

Wagner, Benno (1994), Von Massen und Menschen. Zum Verhältnis von Medium und Form in Musils *Mann ohne Eigenschaften*, in: Fuchs, Peter/Andreas Göbel (Hrsg.), Der Mensch – das Medium der Gesellschaft?, Frankfurt a.M.: Suhrkamp, S. 264-296.

Walser, Robert (1978), Der Spaziergang, Frankfurt am Main: Suhrkamp.

Waser, Georges (2001), ‚Ich – ein Künstler? Ich bin ein Markenname!‘, Kunst und Geld – oder: ‚The marketability of art‘, in: Neue Zürcher Zeitung 4./5. August 2001, S. 66.

Weber, Stefan (2003), Jenseits der Science Wars. Ein non-dualistisches Modell von Natur und Kultur als Anwort auf wieder erstarkte Essentialismen, in: Jahraus, Oliver/Nina Ort (Hrsg.), Theorie – Prozess – Selbstreferenz. Systemtheorie und transdisziplinäre Theoriebildung, Konstanz: UVK, S. 11-23.

Wegmann, Nikolaus (1996), Engagierte Literatur? Zur Poetik des Klartextes, in: Fohrmann, Jürgen/ Harro Müller (Hrsg.), Systemtheorie der Literatur, München: Fink, S. 345-365.

Wellbery, David E. (1992), Zur literaturwissenschaftlichen Relevanz des Kontingenzbegriffs. Eine Glosse zur Diskussion um den Poststrukturalismus, in: Hempfer, Klaus W. (Hg.), Poststrukturalismus – Dekonstruktion – Postmoderne, Stuttgart: Steiner, S. 161-169.

Wellbery, David E. (1996), Das Gedicht: zwischen Literatursemiotik und Systemtheorie, in: Fohrmann, Jürgen/ Harro Müller (Hrsg.), Systemtheorie der Literatur, München: Fink, S. 366-383.

Wellbery, David E. (1999), Die Ausblendung der Genese. Grenzen der systemtheoretischen Reform der Kulturwissenschaften, in: Koschorke, Albrecht/Cornelia Vismann (Hrsg.), Widerstände der Systemtheorie: Kulturtheoretische Analysen zum Werk von Niklas Luhmann, Berlin: Akademie Verlag, S. 19-27.

Weltzien, Friedrich (2003), Maurice Merleau-Pontys ‚Fieber‘ und das ‚Scheitern‘ Willi Baumeisters. Zur Theorie autopoietischer Kunstproduktion, in: Weltzien, Friedrich/Amrei Volkmann (Hrsg.), Modelle künstlerischer Produktion, Berlin: Reimer, S. 23-37.

Werber, Niels (1992), Literatur als System: Zur Ausdifferenzierung literarischer Kommunikation, Opladen: Westdeutscher Verlag.

Werber, Niels (1995), Der Markt der Musen, in: Plumpe, Gerhard/Niels Werber (Hrsg.), Beobachtungen der Literatur. Aspekte einer polykontexturalen Literaturwissenschaft, Opladen: Westdeutscher Verlag, S. 183-216.

Werber, Niels (1996), Nur Kunst ist Kunst, in: Soziale Systeme, Jahrgang 2, Heft 1, S. 166-177.

Werber, Niels (1997), Das Kunstwerk im Zeitalter seiner systemtheoretischen Beobachtbarkeit. Zu Niklas Luhmanns Buch „Die Kunst der Gesellschaft“, in: Weimarer Beiträge 43, 3, S. 339-349.

Werber, Niels/Ingo Stöckmann (1997): Das ist ein Autor! Eine polykontexturale Wiederaufstehung, in: de Berg, Henk/Matthias Prangel (Hrsg.): Systemtheorie und Hermeneutik, Tübingen und Basel: Francke Verlag, S. 233-262.

Willke, Helmut (1987), Strategien der Intervention in autonome Systeme, in: Baecker, Dirk et all., Theorie als Passion. Niklas Luhmann zum 60. Geburtstag, Frankfurt a.M. : Suhrkamp, S. 333-361.

Zijlmans, Kitty (1995), Differenztheorien in der Kunstgeschichte, in: de Berg, Henk/ Matthias Prangel (Hrsg.), Differenzen: Systemtheorie zwischen Dekonstruktion und Konstruktivismus, Tübingen und Basel: Franke, S. 131-152.

Zinggl, Wolfgang (2005), Was Kunst wird. Einige grundsätzliche Überlegungen, in: Neue Rundschau, 116. Jahrgang, 2005, Heft 1, S. 54-67.

GPSR Compliance

The European Union's (EU) General Product Safety Regulation (GPSR) is a set of rules that requires consumer products to be safe and our obligations to ensure this.

If you have any concerns about our products, you can contact us on ProductSafety@springernature.com

In case Publisher is established outside the EU, the EU authorized representative is:

Springer Nature Customer Service Center GmbH
Europaplatz 3
69115 Heidelberg, Germany

Batch number: 10809466

Printed by Printforce, the Netherlands